Fertigungs- und stoffgerechtes
Gestalten in der Feinwerktechnik

Konstruktionsbücher

Herausgeber Professor Dr.-Ing. K. Kollmann, Karlsruhe

Band 13

Fertigungs- und stoffgerechtes Gestalten in der Feinwerktechnik

Von

K.-H. Sieker   K. Rabe

Zweite überarbeitete Auflage

Springer-Verlag

Berlin/Heidelberg/New York

1968

Baudirektor Dr.-Ing. KARL-HEINZ SIEKER VDI
Direktor der Staatlichen Ingenieurakademie Gauß, Berlin

Oberbaurat KURT RABE VDI
Dozent an der Staatlichen Ingenieurakademie Gauß, Berlin

ISBN -13: 978-3-540-04212-9   e-ISBN-13: 978-3-642-95063-6
DOI: 10.1007/978-3-642-95063-6

Titel Nr. 6152

Vorwort zur zweiten Auflage

Der Band hat in der einschlägigen Fachwelt Resonanz gefunden, und die Vermutung, daß mit ihm eine Lücke in der Feinwerktechnik geschlossen wird, ist bestätigt worden. In der Überarbeitung ist die Weiterentwicklung berücksichtigt; den strukturellen Aufbau des Buches zu ändern, war jedoch nicht nötig. Er hat sich bewährt und ist deshalb in der Neuauflage erhalten geblieben.

Die Norm DIN 27 (Zeichnerische Darstellung von Gewinden, Schrauben und Muttern), Ausgabe März 1967, änderte die Darstellung von Gewindelinien. Statt der bisher gestrichelten Linien wird jetzt eine dünne ausgezogene Linie benutzt. Der Verlag verzichtete aber auf die Anwendung dieser Neuerung, da bei den relativ kleinen Abbildungen reproduktionstechnische Schwierigkeiten entstanden wären, dem Leser eindeutig Gewindedarstellungen zu zeigen. Wegen der Einheitlichkeit wurde auch bei größeren Bildern so verfahren.

Die Verfasser sind dem Verlag und dem Herausgeber für die bereitwillige Erfüllung aller Wünsche zu Dank verpflichtet.

Berlin, im Herbst 1967

K.-H. Sieker   **K. Rabe**

Vorwort zur ersten Auflage

Die Gestaltung in der Feinwerktechnik ist mehr als auf anderen Gebieten der Technik von den Fertigungsverfahren und den Eigenschaften der Werkstoffe abhängig. Besonders in der Massenfertigung müssen diese Zusammenhänge sehr weitgehend beachtet werden, damit die Produktion den wirtschaftlichen Anforderungen gerecht wird. Über die wichtigsten Verfahren, wie z. B. die der Stanzereitechnik, der Druckgußtechnik, der Pulvermetallurgie, der Verarbeitung von Kunststoffen usw., gibt es gute Monographien, in denen auch die Fragen der Gestaltung weitgehend berücksichtigt worden sind. Eine zusammenfassende Darstellung fehlte jedoch bisher. Diese Lücke soll mit der vorliegenden Arbeit geschlossen werden. Dabei konnten verständlicherweise die Einzelgebiete nicht so eingehend berücksichtigt werden, wie es der jeweilige Spezialist wahrscheinlich für notwendig halten wird. Jedoch mußten im Hinblick auf das Gesamtthema die Einzelgebiete auf das Wichtigste beschränkt bleiben. Der Spezialist möge es mir nachsehen, wenn manches für ihn Wichtige fortblieb und anderes ihm weniger wichtig Erscheinende berücksichtigt wurde. Für Hinweise dieser Art bin ich dankbar, um sie eventuell in späteren Auflagen berücksichtigen zu können. Mein Kollege Herr K. Rabe stellte mir zahlreiche Beispiele, die er in seiner Lehrtätigkeit gesammelt hat, bereitwilligst zur Verfügung und war mir auch sonst bei der Ausarbeitung behilflich; ich bin ihm für diese aktive Mitarbeit zu Dank verpflichtet. Ferner verdanke ich manchen wertvollen Hinweis auf werkstoffkundlichem Gebiet meinem Kollegen Herrn W. Köhler. Dem Verlag und dem Herausgeber bin ich dankbar, daß sie bereitwilligst auf alle meine Wünsche eingegangen sind und sie verwirklicht haben.

Berlin, Dezember 1953

K.-H. Sieker

Inhaltsverzeichnis

I. Metallische Bauteile

II. Nichtmetallische Bauteile

Einleitung

1. Merkmale der Feinwerktechnik

Die *Feinwerktechnik* hat sich in den letzten Jahrzehnten neben dem allgemeinen Maschinenbau zu einem selbständigen technischen Fachgebiet mit beachtlicher wirtschaftlicher Bedeutung entwickelt. Charakteristische Merkmale der Feinwerktechnik erhält man, wenn man nach dem *Zweck* der Erzeugnisse dieses Fachgebietes fragt: *Die Feinwerke sind für den Menschen die technischen Hilfsmittel, mit denen die sinnliche Wahrnehmung und der Gedankenaustausch erleichtert, verbessert und erweitert wird*[1].

Die Geräte und Anlagen der *Fernmeldetechnik* z. B. dienen dem Menschen zum Gedankenaustausch durch Sprache und Schrift. Mit den Mitteln der Fernsprechtechnik hat man die Möglichkeit, sich mit einem räumlich weit entfernten Partner zu unterhalten. Im *Rundfunk* und im *Fernsehen* sind technische Mittel entwickelt worden, mit denen Geschehnisse vielen Menschen zugleich mitgeteilt werden können und mit denen vielen zugleich Unterhaltung in Form von Sprache, Musik und Bild zugesandt werden kann. In der *Schreibmaschine* steht ein Gerät der Feinwerktechnik zur Verfügung, mit dem Gedanken zeitlich festgehalten werden können; mit der *Fernschreibmaschine* können dabei ebenfalls größere Entfernungen überbrückt werden.

Die *Meßgeräte* sind Erzeugnisse der Feinwerktechnik mit denen physikalische oder geometrische Größen wertmäßig unseren Sinnen entweder durch Sehen oder Hören oder Fühlen zugänglich gemacht werden. Durch Umwandlung in den Meßgeräten können wir Größen erfassen, für die wir keine Sinne besitzen. Mit *Rechengeräten* können wir Zahlengrößen nach bestimmten Funktionen zusammenfassen, wodurch uns Auswertungen und Rechnungen oft komplizierter Art erspart bzw. wesentlich erleichtert werden. In *Regelgeräten* stehen technische Mittel zur Verfügung, mit denen automatisch, also unter vollständiger Ausschaltung der sinnlichen Wahrnehmung des Menschen, bestimmte Zustände erhalten oder Abläufe gesteuert werden.

Die *optischen Geräte* erweitern den natürlichen Wahrnehmungsbereich unseres Gesichtssinnes in Raum und Zeit. Mit dem Fernrohr können wir entfernte Gegenstände betrachten, die mit bloßem Auge nur undeutlich oder überhaupt nicht mehr sichtbar sind. Mittels Lupe und Mikroskop dringen wir in die Welt des Kleinen weiter ein; mit dem Elektronenmikroskop können heute sogar Moleküle sichtbar gemacht werden. Mit der Photo- und Kinokamera können Bilder und Vorgänge festgehalten werden, die uns dann — gegebenenfalls mittels Projektionsgeräten — zu jeder Zeit wieder vor Augen geführt werden können.

Die Analyse dieser Feinwerke führt durch Auflösung der Gesamtwerke zu Baueinheiten, die bestimmte *Funktionen* im Gesamtaufbau zu erfüllen haben (Funktionsanalyse). Führt man die Analyse darüber hinaus noch weiter durch, so löst sich das Gerät in Einzelteile auf, die als *Werkstücke* für den praktischen Zusammenbau der Gesamtwerke von Bedeutung sind (Bauanalyse).

---

[1] Sieker, K.-H.: Über die Grenzen der feinmechanischen Technik. Feinmech. u. Präz. 50 (1942) S. 11.

Ebenso wie in anderen Techniken sind diese Werkstücke als Bausteine in ihrer *Formgebung* und *Zusammenfügung* auch für das Gebiet der Feinwerktechnik durch besondere Eigenarten gekennzeichnet. Da in der Feinwerktechnik häufig hohe Stückzahlen benötigt werden, sind besondere Verfahren der *Massenherstellung* entwickelt worden, wie Stanzen, Spritzgießen, Fließpressen, Punktschweißen usw., die ihrerseits dann wieder die Entwicklung besonders geeigneter Werkstoffe ausgelöst haben, wie Stanz- und Tiefziehbleche, Gußlegierungen, Sintermetalle, Preßstoffe usw.

Die Gestaltung der Werkstücke, die im Hinblick auf ihre Grundform funktionsbedingt ist, wird in ihrer feineren Ausprägung hauptsächlich durch das zu verwendende Fertigungsverfahren festgelegt.

Für die Zwecke der Feinwerktechnik sind *Werkstoffe, Fertigungsverfahren* und *Konstruktionen* entwickelt worden, die für dieses Fachgebiet charakteristisch sind und auf anderen Gebieten des Maschinenbaues selten oder überhaupt nicht verwendet werden. So sind z. B. Sintermetalle und Druckgußlegierungen typische Werkstoffe der Feinwerktechnik, oder der besonders entwickelte Automatenstahl dient vorwiegend zur Massenherstellung von Drehteilen auf Automaten für Zwecke der Feinwerktechnik.

Zum Zusammenfügen von Werkstücken zu Bauteilen oder gegeneinander beweglichen Gliedern sind besondere charakteristische Formen entwickelt worden, wie die Lappverbindungen, besondere Schweiß- und Lötverbindungen usw. oder die Spitzenlagerungen, Schneidenlagerungen, Federgelenke usw.

Wenn auch hier — ebenso wie auf anderen Gebieten menschlicher Schöpfungen — keine scharfen Grenzen zu ziehen sind, so hat sich doch durch die besondere Aufgabenstellung und die damit verbundene Gestaltung und Formgebung die Feinwerktechnik zu einem *eigenständigen Fachgebiet* entwickelt.

In dieser Arbeit soll die Konstruktion einzelner Werkstücke unter Berücksichtigung des Werkstoffes, ihrer Herstellung — besonders der Massenherstellung — und ihrer Zusammenfügbarkeit zu Bauteilen behandelt werden. Die Kenntnis hierüber ist für jeden Konstrukteur Voraussetzung für seine Berufsarbeit, die darin besteht, nach einer bestimmten gestellten Aufgabe die technisch beste Gestaltung zu finden. Die Konstruktion muß bei Erfüllung bestimmter Anforderungen an das Feinwerk im praktischen Gebrauch unter Berücksichtigung der physikalischen Gesetze und unter Ausnutzung günstiger Werkstoffeigenschaften eine wirtschaftliche Fertigung des Gerätes ermöglichen.

2. Ein- und Mehrteilgestaltung

Bei der Gestaltung der Bauteile, aus denen die Feinwerke zusammengefügt werden (Synthese), ist die Überlegung wichtig, ob sie zweckmäßig aus einem Stück hergestellt oder aus mehreren Teilen zusammengesetzt werden[1]. Es sollen deshalb zunächst einige allgemeine Gesichtspunkte zu dem Problem der *Einteil-* und *Mehrteilgestaltung* gegeben werden.

Die Gründe, die zum Zusammensetzen von Bauteilen aus mehreren Werkstücken führen, sind *vorwiegend* fertigungstechnischer Natur und erstreben *Arbeits-* und *Werkstoffersparnis*. Von grundlegender Bedeutung hierfür ist die herzustellende *Stückzahl*, die maßgebenden Einfluß darauf hat, welches Herstellungsverfahren wirtschaftlich ist: ob z. B. Halbzeuge als Ausgangswerkstoff verwendet werden sollen oder ob dem Werkstoff aus dem flüssigen oder pulverförmigen Zu-

---

[1] SIEKER, K.-H.: Verbindungen von Werkstücken zu Bauteilen feinmechanischer Geräte. Z. Fernmeldetechn. 14 (1933) S. 134—138. — KOZER, F.: Gestaltung feinmechanischer Geräteteile. Feinmech. u. Präz. 47 (1939) S. 23—26 u. 289—293.

stand durch den Herstellungsvorgang direkt die fertige Form gegeben werden soll. Bei der Herstellung eines Bauteiles aus Halbzeugen müssen diese gegebenenfalls an den verschiedenen Stellen des Teiles zweckentsprechende Form haben wie Blech-, Draht-, Rohrform od. dgl., die u. U. aus verschiedenen Werkstoffen bestehen. Die aus den unterschiedlichen Halbzeugen gefertigten Werkstücke müssen dann zu Bauteilen zusammengefügt werden. An einigen Beispielen sollen diese Gedankengänge erläutert werden:

Soll eine Kurvenscheibe, Zahnscheibe od. dgl. auf einer Welle lösbar befestigt werden (Abb. 1), so muß die Scheibe eine Nabe erhalten, an der sie z. B. mittels einer Schraube auf der Welle festgeklemmt wird. Würde man nun die Scheibe mit der Nabe aus einem Stück durch Drehen herstellen wollen, so wäre die Fertigung sehr zeitraubend und stoffverschwendend und damit unwirtschaftlich. Deshalb wird die aus Rundwerkstoff gedrehte Nabe als Buchse in die aus Blech hergestellte Scheibe eingenietet, wobei durch ein Rändel auf dem Nietzapfen die Verbindung gegen Verdrehen gesichert werden kann.

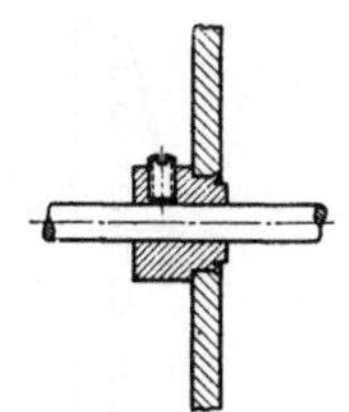

Abb. 1. Nabe in Bauteil aus Blech eingenietet

Die Kupplungsmuffe in Abb. 2 erfordert — aus dem Vollen gedreht — einen hohen Aufwand an Arbeit und Werkstoff. Es ist deshalb bei größerer Stückzahl wirtschaftlicher, die Muffe aus zwei Ziehteilen durch Hartlöten im Durchlaufofen zusammenzusetzen.

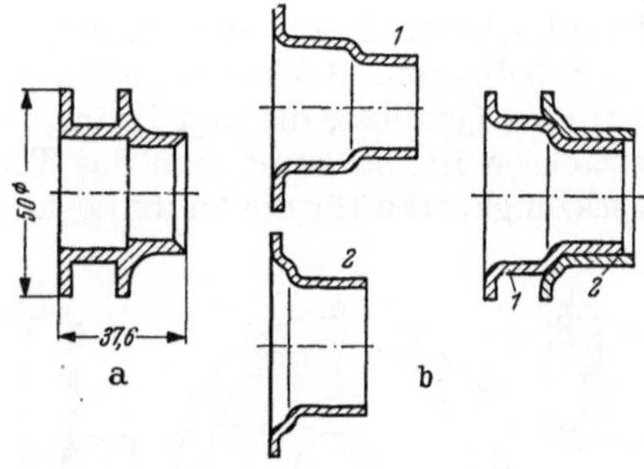

Abb. 2. Kupplungsmuffe. a aus dem Vollen gedreht; b Teile *1* und *2* aus Blech gezogen und hart gelötet

Die in Abb. 3 dargestellte Schutzkappe wird man bei großer Stückzahl zweckmäßig aus einem Stück herstellen (Abb. 3a). Hierfür gibt es zwei Möglichkeiten: das Tiefziehen oder das Fließpressen. Kann als Werkstoff Aluminium verwendet werden, so wird das zuletzt genannte Verfahren am wirtschaftlichsten sein, weil der Arbeits- und Werkzeugaufwand kleiner und der Werkstoffverlust geringer ist als beim Tiefziehen. Ist die Stückzahl klein, so lohnt sich der Werkzeugaufwand nicht. Die Kappe muß dann aus mehreren Blechteilen oder aus einem Vierkantrohr und einem Bodenblech (Abb. 3b) z. B. durch Punktschweißen zusammengesetzt werden.

Das Hauptteil eines Drehschalters (Abb. 4a) ist eine Kreisscheibe *1* aus Isolierstoff zur Aufnahme der Kontaktstücke mit einer Nabe *2* zum Befestigen des Schalters in Einlochmontage und zur Aufnahme der Schalterwelle, an der die Kontaktfeder befestigt ist. Bei kleiner Stückzahl wird man die Scheibe aus Hart-

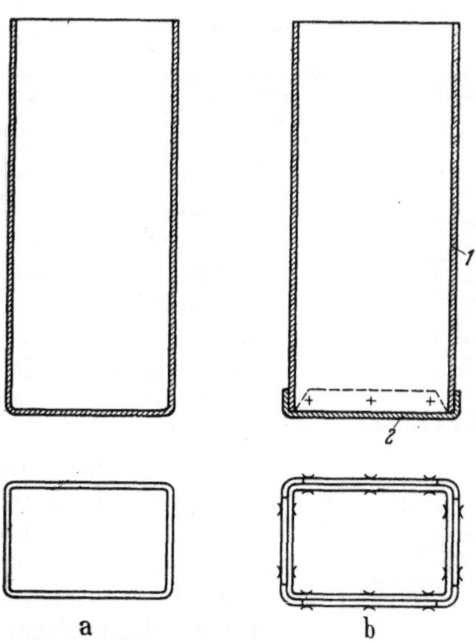

Abb. 3. Schutzkappe. a aus einem Stück Blech gezogen; b zusammengesetzt aus Vierkantrohr (*1*) und gebogenem Bodenstück (*2*)

1*

papier herstellen, in die man eine Buchse einnietet (Abb. 4b) oder mit einer Mutter einschraubt (Abb. 4c). Damit kann man durch geeignete Auswahl des Werkstoffes der Buchse als Befestigungsmittel und Lager Rechnung tragen. Bei größerer Stückzahl lohnt sich der Werkzeugaufwand für eine Preßform: Die Isolierscheibe (Abb. 4d) ist ein Preßteil aus einem Kunstharzstoff, in die eine

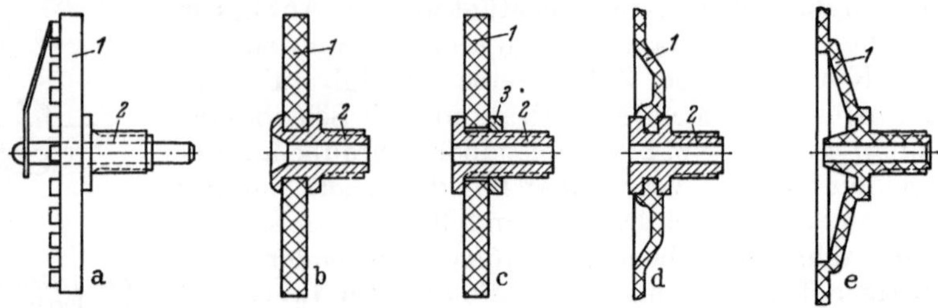

Abb. 4. Drehschalter. a Ansicht; b Buchse eingenietet; c Buchse verschraubt; d Buchse eingebettet; e Preßteil aus einem Stück

Metallbuchse z. B. aus Messing eingebettet ist. Die Kosten für den Zusammenbau von Scheibe und Buchse entfallen dadurch. Wählt man für den Kunstharzpreßstoff eine Qualität, die den Beanspruchungen für die Befestigung und Führung gewachsen ist, so kann man das Teil aus einem Stück (Abb. 4e) herstellen. Die Werkzeugkosten für die letzte Lösung werden zwar höher, aber die gesamten Herstellungskosten werden niedriger.

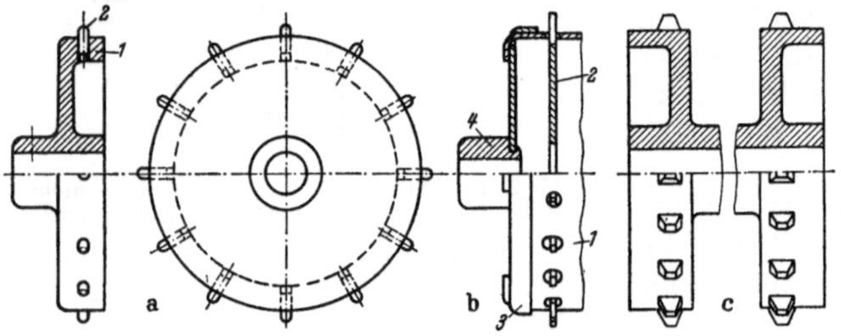

Abb. 5. Transportrolle für gelochte Bänder. a Teil 1 gedreht, Stifte 2 eingedrückt; b Teil 1…3 aus Blech gestanzt; Buchse 4 gedreht und eingenietet; c Spritzgußteil aus einem Stück

Abb. 5 zeigt als weiteres Beispiel Transportrollen für gelochte Papier- oder Filmbänder in verschiedenen Ausführungsformen. Ist die benötigte Stückzahl klein, so kann die Ausführung Abb. 5a verwendet werden: Zylindrische Stifte sind am Umfang eines zylindrischen Drehteiles eingepreßt. Für größere Stückzahlen kann die werkstoffsparende Konstruktion in Abb. 5b verwendet werden: Die Rolle ist aus drei Blechteilen und einem Drehteil zusammengesetzt. Für die Herstellung der Blechteile werden mehrere Stanzwerkzeuge benötigt und für den Zusammenbau sind drei Arbeitsgänge erforderlich. Abb. 5c zeigt eine Transportrolle allerdings für höhere Ansprüche aus einem Spritzgußteil. Diese Ausführung ist nur für eine große Stückzahl lohnend.

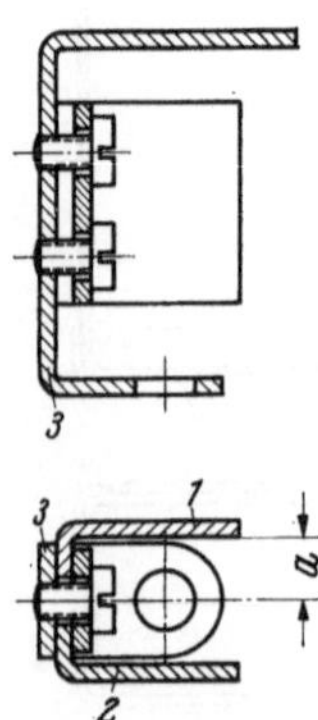

Abb. 6. Blechteil mit genauem Maß a, Teile 1, 2 und 3 zusammengeschraubt

Für die Ein- und Mehrteilgestaltung können neben der Arbeits- und Werkstoffersparnis auch noch andere Gründe maßgebend sein. Machmal werden an Bauteile hohe *Genauigkeitsansprüche* — bedingt durch die Funktion des Teiles im Gerät — gestellt, deren Einhaltung bei Einteilherstellung schwierig und unwirtschaftlich sein würde, bei der Zusammensetzung aus mehreren Teilen aber leicht erreicht werden kann. So läßt sich z. B. in dem in Abb. 6 dargestellten Blechteil bei der Herstellung aus einem Stück das Maß a nur mit einer begrenzten Genauigkeit einhalten bis etwa $\pm 0,1$ mm. Ist diese nicht ausreichend, so wird zweckmäßig eine Mehrteilgestaltung gewählt, bei der sich die Genauigkeit beim Zusammenbau durch Einstellen erreichen läßt.

Abb. 7 zeigt ein weiteres Beispiel: eine keramische Leiste für Kontaktfedersätze. Da keramische Teile infolge des starken Schwindens beim Brennen nur mit begrenzter Genauigkeit herstellbar sind (1,5···2%), muß in vorliegendem Beispiel eine Zusammensetzung aus mehreren Teilen vorgesehen werden,

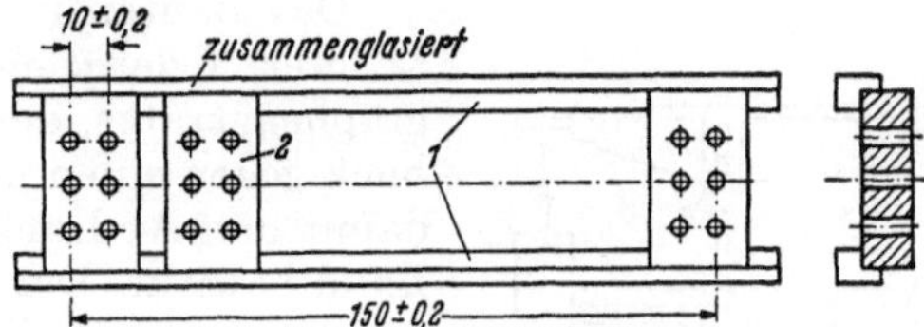

Abb. 7. Keramische Leiste für Kontaktfedersätze, Schienen *1* und Teile *2* zusammenglasiert

wenn die Genauigkeitsanforderungen für die Entfernung der Befestigungslöcher höher sind. Die Leiste ist in mehrere Platten unterteilt, die als fertig gebrannte Einzelteile hergestellt, dann zusammengesetzt und mit einer als Feuerkitt wirkenden Glasur im Muffelofen vereinigt werden. Damit läßt sich eine Gesamttoleranz einhalten, die nicht größer ist als die eines Teiles.

Ein weiterer Grund für die Mehrteilgestaltung kann in den besonderen Anforderungen des *Zusammenbaues* und der leichten *Auswechselbarkeit* z. B. für Reparaturen liegen. Der Lagerzapfen *3* in Abb. 8 wird mit dem aufgesetzten Gelenkteil *2* in die Grundplatte *1* eingenietet. Schon beim Zusammenbau selbst können sich dabei Schwierigkeiten ergeben. Wird der Bundansatz durch eine Sicherungsscheibe ersetzt, so ergeben sich eine ganze Reihe von Vorteilen: Der Zapfen läßt sich aus gezogenem Halbzeug kleineren Durchmessers herstellen, Bauteil *2* kann *nach* dem Einnieten des Bolzens aufgesetzt, und die Teile können nach Entfernen der Scheibe leicht auseinandergenommen und ausgewechselt werden. Muß das Teil *2* vom Benutzer schnell und ohne Hilfsmittel ausgewechselt werden können, so ist an Stelle der Sicherungsscheibe eine vorgelegte

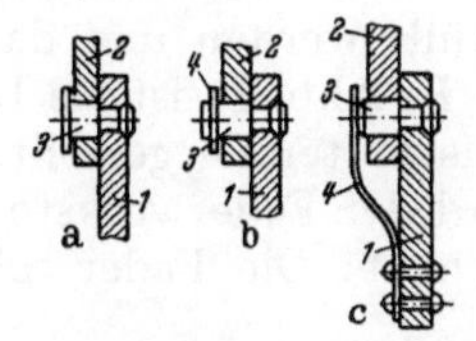

Abb. 8. Drehgelenk. a Gelenkbolzen (*3*) einteilig, Zusammenbau ungünstig; b Ansatz am Gelenkbolzen (*3*) durch Sicherungsscheibe (*4*) ersetzt, Teil *2* leicht austauschbar; c axiale Begrenzung durch Blattfeder (*4*), Teil *2* noch leichter austauschbar als bei b

Blattfeder *4* (Abb. 8c) günstiger. Damit ist auch die Gefahr vermieden, daß das Sicherungselement beim Auswechseln verlorengeht.

Schließlich muß eine Mehrteilgestaltung auch dann verwendet werden, wenn an verschiedenen Stellen eines Bauteiles *verschiedenartige Werkstoffeigenschaften* vorhanden sein müssen. In dem bereits behandelten Beispiel in Abb. 4 muß die Scheibe andere Werkstoffeigenschaften haben als die Buchse: Da die Scheibe elektrische Kontakte tragen soll, muß sie elektrisch isolieren; die Festigkeit an der Buchse muß ausreichen, um daran den Schalter zu befestigen, und an der Lagerbohrung müssen die Eigenschaften einer Gleitführung in bezug auf geringe Reibung und Abnutzung, Abneigung zum Festfressen usw. vorhanden sein. Nicht immer lassen sich diese verschiedenartigen Eigenschaften durch einen Werkstoff erreichen wie in der Ausführung in Abb. 4e. Ein deutliches Beispiel für die Notwendigkeit einer Mehrteilgestaltung der erforderlichen verschiedenartigen Werkstoffeigenschaften zeigt Abb. 9, das Fenster in der Schutzkappe eines Elektrizitätszählers. Die Kappe muß an einer Stelle durchsichtig sein, um an dem Gerät von außen Ablesungen

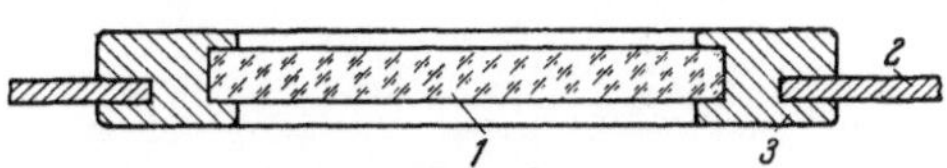

Abb. 9. Fenster in Schutzkappe, Glasscheibe *1* mit Blechkappe *2* durch Druckgußrahmen *3* verbunden

vornehmen zu können, der übrige innere Aufbau des Gerätes soll dagegen nicht sichtbar sein, so daß z. B. eine Kappe in Einteilgestaltung aus glasklarem Kunststoff nicht angebracht wäre. Die Glasscheibe für das Fenster ist über einen Rahmen aus Druckguß mit der Kappe aus Aluminiumblech verbunden.

Das Bauteil in Abb. 10 ist ein elektromagnetisch betätigter, federgelenkig geführter Schlaghebel eines Telegraphengerätes, der ein Papierband im richtigen Augenblick gegen einen umlaufenden Typenzylinder drückt und damit den Abdruck eines gewünschten Zeichens auf dem Band bewirkt. Der Werkstoff für den Hebel muß an den verschiedenen Stellen ganz verschiedenartige Eigenschaften haben: Die Ankerplatte 3, an der der Hebel vom Elektromagnet seinen Antrieb erhält, muß die erforderlichen magnetischen Eigenschaften haben; an der Lagerstelle dient ein Federband 4 als Federgelenk, das die notwendigen Federeigenschaften haben muß; die Druckleiste 2, über die das Papier gegen den Typenzylinder gedrückt

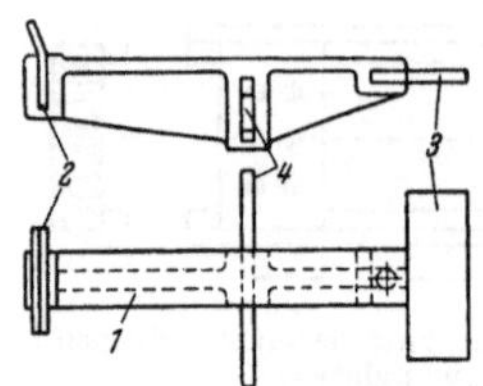

Abb. 10. Magnetanker aus einem Telegraphengerät. Druckleiste 2, Polplatte 3 und Gelenkfeder 4 in Druckgußhebel 1 eingebettet

wird, muß aus verschleißfestem Material bestehen. Die drei Teile: die Druckleiste, das Federblech und die Ankerplatte sind über Verbindungsstege 1 aus Druckguß zu einem Bauteil verbunden. Alle drei miteinander verbundenen Teile tragen dort, wo sie vom Druckguß umgeben sind, zur Verankerung Bohrungen, die ausgefüllt werden und damit die Verbindung sichern.

In Abb. 11 ist als Beispiel die Konstruktion der Kontaktfeder für einen Walzenschalter dargestellt. Wird die Feder aus einem Teil gestaltet (Abb. 11a), so wird der Federwerkstoff an den verschiedenen Stellen sehr unterschiedlich beansprucht: Die Feder soll bei genügendem Kontaktdruck gut federn, ohne überlastet zu werden; beim Betätigen der Feder muß sie zusätzliche Belastungen in Richtung des Federbandes aufnehmen; infolge des hohen Kontaktdruckes ist die Abnutzung durch Reibung an der Kontaktstelle groß; die Stromabnahme ist wegen der geringen Führung der Kontaktschraube ungünstig. Abb. 11b zeigt eine Konstruktion, bei der die Feder 1 mit einem Bügel 3 verbunden ist und ein beson-

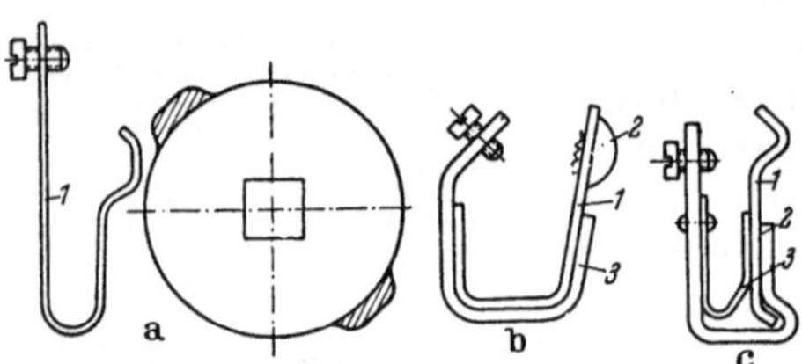

Abb. 11. Kontaktfeder für Walzenschalter. a Einteilgestaltung; b und c Mehrteilgestaltung

deres Kontaktstück 2 trägt. Die Feder läßt sich dadurch besser vorspannen, der Anschluß ist besser, die Knickbeanspruchung der Feder ist nicht mehr so groß, die Kontaktgabe ist günstiger. Eine noch günstigere Lösung zeigt Abb. 11c, bei der das starre Kontaktstück 1 die Kräfte besser aufnehmen kann und die Feder 3 die ihr zukommende Aufgabe der Federung besser erfüllen kann.

Die verschiedenen Beispiele zeigen, welche unterschiedlichen Gesichtspunkte für die Entscheidung über eine Ein- oder Mehrteilgestaltung maßgebend sein können. In allen Fällen ist aber diejenige Konstruktion die richtige, bei der mit dem geringsten Aufwand an Kosten brauchbare Teile hergestellt werden können.

I. Metallische Bauteile

A. Durch Zerspanen geformte Bauteile

3. Allgemeines

Die richtige Formgebung der Teile für spanabhebende Bearbeitung verlangt eine gute Kenntnis der Werkzeugmaschinen und Vorrichtungen, der erreichbaren Genauigkeit bei den verschiedenen Arbeitsverfahren und der Eigenschaften der Werkstoffe im Hinblick auf ihren wirtschaftlichen Einsatz. Ebenso wie die Fertigung auf die benötigte Stückzahl abgestellt werden muß, so muß auch bei der Gestaltung diese einflußreiche Größe berücksichtigt werden, um eine wirtschaftliche Fertigung zu ermöglichen.

Die Konstruktion eines Bauteiles soll möglichst ihre Herstellung mit *normalen* Werkzeugen ermöglichen. Sonderwerkzeuge benötigen einen großen Zeitaufwand für ihre Herstellung; sie erhöhen die Kosten und verlängern die Liefertermine. Deshalb dürfen sie nur ein letzter Ausweg sein, wenn die Herstellung mit normalen Werkzeugen nicht möglich ist und die Fertigungsstückzahl den Aufwand rechtfertigt. Die Anwendung von Sonderwerkzeugen wird häufig dadurch verursacht, daß eine Neukonstruktion nicht genügend auf betriebsreife Fertigung überprüft worden ist; sie zeugt von mangelnder Zusammenarbeit zwischen dem Betrieb und der Konstruktionsabteilung, die über alle vorhandenen Werkzeuge unterrichtet sein sollte. Zu den hauptsächlichsten Normalwerkzeugen gehören: Wendel- und Gewindebohrer, Senker, Fräser, Reibahlen sowie normale Spannwerkzeuge und Vorrichtungen wie Schraubstock, Bohrtisch, Kopierfrästisch usw.

Viel Zerspanungsarbeit namentlich beim Drehen, Fräsen und Hobeln läßt sich einsparen, wenn gezogene oder stranggepreßte Halbzeuge verwendet werden (s. Richtlinie ADB-AWF 1520). Neben den Herstellungskosten werden dadurch auch Werkstoffkosten erspart. Die genormten blankgezogenen Halbzeuge (Tab. 1) sollen bevorzugt verwendet werden. Daneben lassen sich aber auch blanke Sonderprofile anwenden (Tab. 2), wenn die Stückzahl diesen Aufwand rechtfertigt. Einschlägige Firmen fertigen diese Profile nach Zeichnung an. Sie ersetzen die durch Fräsen oder Hobeln hergestellten Formen vollwertig in bezug auf Oberflächengüte, Kantenbeschaffenheit, Werkstoffgüte und Maßhaltigkeit. Die Maßgenauigkeit beträgt $\pm\,0{,}1\cdots0{,}05$ mm, dieser Bereich kann aber auch noch unterschritten werden. Die Vorteile der gezogenen Sonderprofile werden nur dann richtig ausgenutzt, wenn ihre Form vollkommen entwickelt ist, wenn also jede Nacharbeit am Querschnittsprofil wie Abrunden, Nuten einfräsen usw. vermieden wird[1].

Folglich sollten stranggepreßte Profile möglichst so gestaltet sein, daß ein Stababschnitt bereits als Bauteil verwendet werden kann (s. Beispiele Abb. 12).

Ersparnisse an Werkstoff lassen sich oft auch durch Preßoperationen vor der spanabhebenden Bearbeitung und durch Schweißkonstruktion erreichen.

---

[1] PREUSSLER, H.: Blankgezogene Stahlprofile für die Feinwerktechnik. Feinwerktechn. 53 (1949) S. 55/56.
—, Über das Blankziehen von Stahlprofilen Z-Draht 9 (1958) H. 11.

Tabelle 1. *DIN-Nummern gezogener Profile (Halbzeuge).*

Werkstoff	Profilarten				
	Rund	Sechskant	Vierkant	Flach	Rohr
Stahl	175 177 668 671 1651	176	178	174	2391 2393 2394
Messing	1756 1757 1758	1763	1761	1759	1755
Aluminium und Al-Legierungen	1798	1797	1796	1769	1794 1795
Magnesium- legierungen	9707	9705	9703	9701	9710
Kupfer	1766 1767 46431			1768	1754

Bereits beim Entwurf muß der Zusammenbau bedacht werden, damit die Teile sich ohne kostspielige Nacharbeit zusammenfügen lassen. Die Teile sollen möglichst nur an den Stellen bearbeitet werden, wo ihre Funktion es erfordert.

Tabelle 2. *Gezogene Sonderprofile.*

Arten	Formbeispiele
Vollprofile (Formstangen)	
Hohlprofile (Formrohre)	
offene oder halb- offene Profile (Profilstangen)	

Bei der Herstellung von Bauteilen sollen keine engere Toleranz und keine höhere Oberflächengüte verlangt werden, als unbedingt erforderlich ist. Für Passungen sollten aus dem Isa-Toleranzsystem nur die in DIN 7154/55 empfohlenen verwendet werden. Dieses System ist so vollkommen, daß auch alle Herstellungstoleranzen damit erfaßt werden können. Abweichende Toleranzvorschriften erfordern Sonderlehren und sind deshalb unwirtschaftlich.

Für den Konstrukteur gelten also folgende Richtlinien betreffend die Konstruktion von Bauteilen, die durch Zerspanen geformt werden:

1. Die Normen über Werkzeuge, Abmessungen usw. und Werknormen müssen unbedingt berücksichtigt werden.

2. In der Fertigung muß man mit möglichst wenigen Werkzeugen verschiedener Art auskommen können.

3. Bei kleinen Stückzahlen sind Spezialwerkzeuge zu vermeiden.

4. Die vorgesehenen Arbeitsverfahren müssen sich gut durchführen lassen.

5. In der Massenfertigung müssen bei der Bauteilgestaltung moderne halbautomatische Fertigungsverfahren berücksichtigt werden.

6. Der gewählte Werkstoff muß sich gut für die Fertigung und die Funktion des Bauteiles eignen.

7. Bei zusammenwirkenden Teilen dürfen keine Überbestimmungen verlangt werden.

8. Die Maßtoleranzen für die Fertigung müssen so groß wie möglich zugelassen werden.

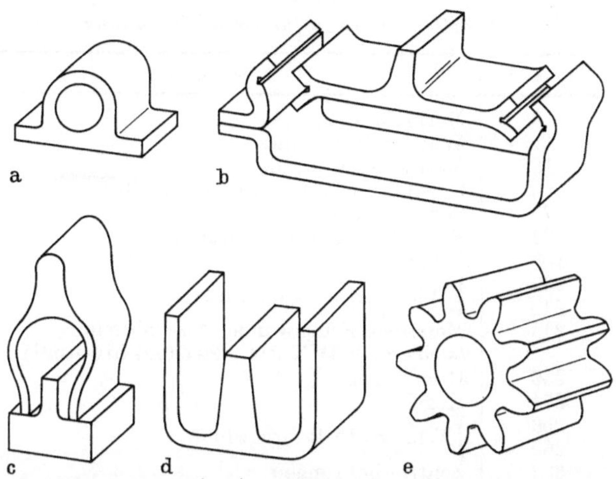

Abb. 12. Beispiele für Halbzeug-Bauteile. a Lagerbock (Ms 58); b Laufschienen für Schreibmaschinenwagen (MUST 34−2K); c Zwei Sonderprofile (CK 15K); d Magnet (Magnetweicheisen, geglüht); e Zahnrad (C 15K)

4. Drehteile

Für die Herstellung von Rotationskörpern durch Drehen stehen Drehmaschinen, Revolverdrehmaschinen und Drehautomaten zur Verfügung. Außerdem gibt es Sonderdrehmaschinen wie Vielschnittdrehmaschinen, Drehmaschinen mit Kopiereinrichtungen und Karusseldrehmaschinen. Für den Einsatz dieser Werkzeugmaschinen sind folgende Bestimmungsgrößen maßgebend: Spitzenhöhe, Spitzenweite, Spindelbohrung, für Drehautomaten außerdem: größter Umlaufdurchmesser, größte Vorschub- und Drehlänge. Das Werkstück wird entweder zwischen Spitzen aufgenommen, in Spannpatronen eingesetzt oder im Spannfutter oder auf der Planscheibe festgespannt. Für die Aufnahme zwischen Spitzen erhält das Werkstück Zentrierbohrungen (DIN 332). Für die Einspannung in Spannzangen oder -patronen sind die vorhandenen Größen maßgebend. Von den Spannfuttern wird wegen seiner einfachen und schnellen Handhabung das Dreibackenfutter bevorzugt verwendet, während sich die Planscheibe zum Festspannen beliebig geformter Werkstücke eignet.

Beim Entwerfen von Drehteilen wird als Ausgangsform möglichst gezogenes Halbzeug gewählt. In vielen Fällen kann der größte Durchmesser des Werkstückes dem Durchmesser der gezogenen Stange entsprechen, so daß dieser Außendurchmesser nicht bearbeitet zu werden braucht. Bei der Auswahl der Durchmesser sollten die Normalwerte nach DIN 3 bevorzugt werden. Werden kegelige Bohrungen vorgesehen, so müssen für ihre Abmessungen die normalen oder vorhandenen Werkzeuge berücksichtigt werden. DIN 254 enthält Angaben über die zweckmäßigen Kegelverhältnisse für die verschiedenen Anwendungszwecke.

Tab. 3 gibt eine Übersicht über die Normen, die bei der Drehteilgestaltung berücksichtigt werden müssen.

Im folgenden werden einige Richtlinien für die fertigungsgerechte Konstruktion von Drehteilen gegeben: Bei Wellen, Zapfen, Bolzen usw. wird Dreharbeit vermieden, wenn die gezogene Oberfläche unbearbeitet bleibt und nicht abgesetzt wird (Abb. 13). Bei dünnen Wellen wie in vorliegendem Beispiel kann ein Bund oder Kopf angestaucht werden (s. auch Abschn. 11 d). Bei Stangen mit größerem Durchmesser, die eine Querbohrung vertragen, kann ein verstifteter Ring oder eine vorgelegte Scheibe den Bund bilden (Abb. 13 c u. d). Wird eine Rille eingestochen, die eine Sicherungsscheibe oder einen Sprengring aufnimmt (Abb. 13 b), so läßt sich das Teil günstiger fertigen.

Verschiedene Ansätze innen und außen können zueinander nur laufen, wenn sie in einer Aufspannung gedreht werden können. Eine verlangte Mittigkeit kann häufig (Abb. 14) deshalb nicht eingehalten werden, weil während der Fertigung umgespannt werden muß. Die Ausführung in Abb. 14 b ist besser als die in Abb. 14 a, weil nicht umgespannt zu werden braucht und weil sich außerdem die Bohrung für das Kugellager reiben läßt.

Doppelte Einpaßstellen müssen vermieden werden, weil eine doch nur paßt (Abb. 15). In dem Beispiel muß deshalb $D > d$ gewählt werden (Abb. 15 b). Die Bohrung zur Aufnahme der Buchse muß einen genügend langen Auslauf haben, damit sie sich reiben läßt. Noch günstiger ist die Bohrung gestaltet (Abb. 15 c),

Tabelle 3. *Normen für Drehteilgestaltung.*

DIN-Nr.	Bezeichnung
3	Normaldurchmesser
11	Whitworth-Gewinde
13	Metrisches Gewinde
76	Gewindeauslauf und Gewinderillen
78	Schraubenenden
82	Rändel- und Kordelteilungen
103	Trapezgewinde
239, 240	Whitworth-Feingewinde
243	Metrische Feingewinde, Auswahlreihe (siehe auch DIN 244···247 und 516···521)
250	Rundungen
254	Kegel
259, 260	Whitworth-Rohrgewinde
332	Zentrierbohrungen
378, 379	Trapezgewinde
405	Rundgewinde
509	Freistiche
513, 514, 515	Sägengewinde
5418	Rundungen und Schulterhöhen für Wälzlagereinbau

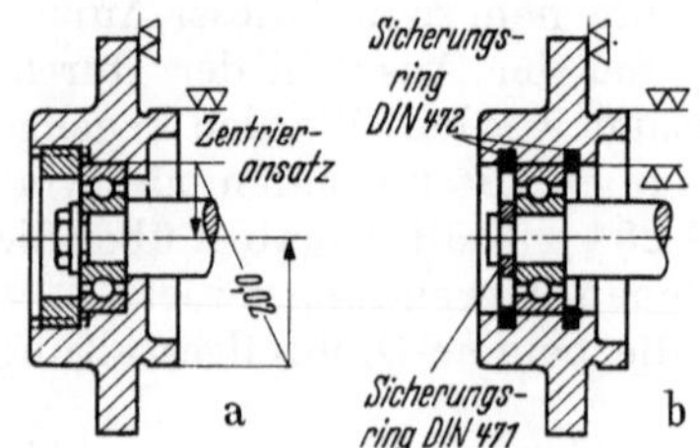

Abb. 13. Welle für Drehschalter. a mit festem Bund, ungünstig; b mit Sicherungsscheibe oder Sprengring, besser; c mit Ring und Kerbstift; d mit Unterlegscheibe und Kerbstift

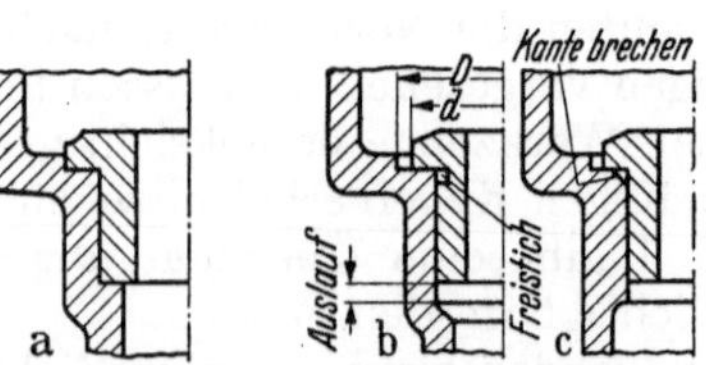

Abb. 14. Kugellagerung. a Lagerteil muß zum Bearbeiten umgespannt werden, schlecht; b maßgebende Ansätze können in einer Aufspannung hergestellt werden, besser

Abb. 15. Passung. a Einpaßstellen überbestimmt, schlecht; b Aufnahmeloch für Buchse hat Auslauf für das Reiben, besser; c Aufreiben frei möglich, noch besser

wenn sie sich frei durchreiben läßt. Damit der Bund der Buchse gut aufliegt, muß er freigestochen oder es muß an der Bohrung die Kante gebrochen sein.

Soll ein Zapfen bis zu einem Ansatz geschliffen werden (Abb. 16), so muß er freigestochen sein (Abb. 16 b) (DIN 509). Ein Gewindezapfen (Abb. 16 c/d), dessen Gewinde mit einem Gewindestahl geschnitten werden muß, muß am Ansatz eine Rille erhalten. Der äußere Abschluß des Zapfens mit einer ebenen Fläche und einer Fase ist günstiger für die Fertigung als eine Kuppe.

Wellen und Zapfen, die verschiedene Passungen tragen müssen, brauchen nicht immer abgesetzt zu werden (Abb. 17), wenn die Passungen nach dem Isa-System richtig gewählt werden. Das System der Einheitswelle (Abb. 17 b) ist dann günstiger als das der Einheitsbohrung (Abb. 17 a).

Bei Arbeiten von der Stange auf der Revolverdrehmaschine soll der Revolverkopf mit seinen Werkzeugen möglichst längs drehen. Deshalb ist in dem Beispiel die Ausführung Abb. 18 b günstiger als die in Abb. 18 a, weil im ersten Fall gleichzeitig gebohrt und längsgedreht werden kann, während dies im zweiten Fall wegen der von rechts nach links ansteigenden Durchmesser nicht möglich ist.

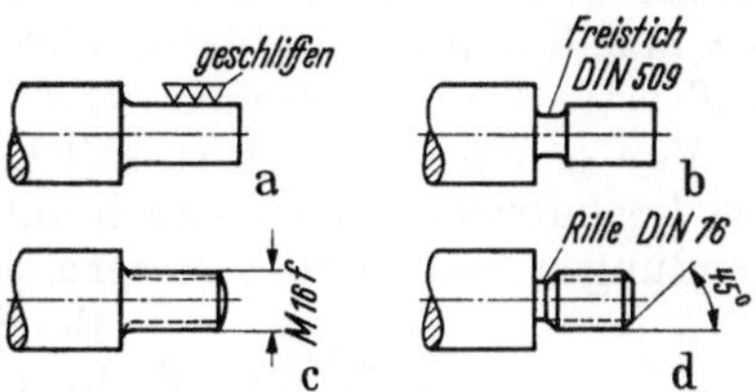

Abb. 16. Welle mit Absatz. a ohne Freistich, schlecht; b mit Freistich, besser. Gewindezapfen; c ohne Auslaufrille mit Kuppe, ungünstig; d mit Auslaufrille und Fase, besser

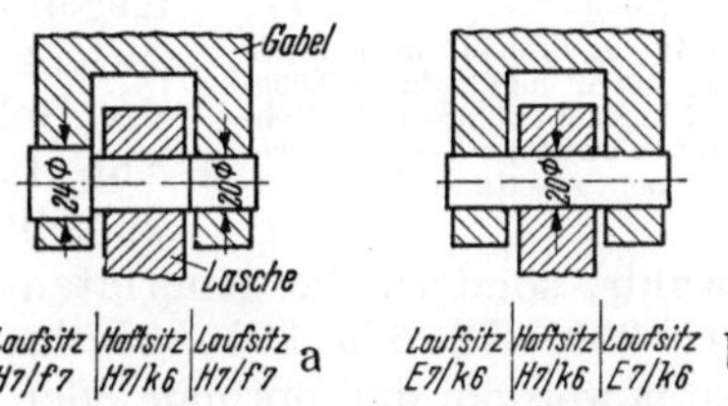

Abb. 17. Passungen an Wellen. a Welle abgesetzt, ungünstig; b Welle ohne Absatz, besser

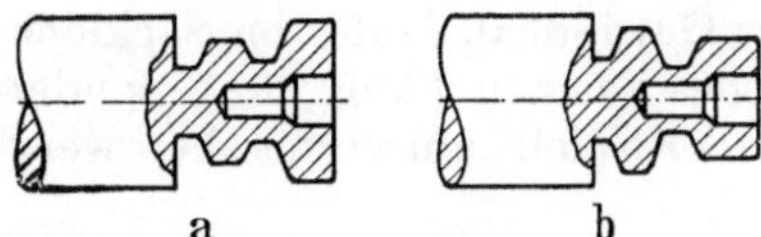

Abb. 18. Drehteil für Arbeit an Revolverdrehmaschine. a Form schlecht; b Form besser

5. Bohrteile

Bohrungen lassen sich mit folgenden Werkzeugmaschinen ausführen: Tisch-, Säulen-, Auslegerbohrmaschinen, Bohrwerke und Drehmaschinen. Die normalen Werkzeuge zum Bohren sind: Wendelbohrer, Senker, Reibahlen und Gewindebohrer. Für den Einsatz der Bohrmaschine ist maßgebend die Größe des Bohrfutters bzw. der Aufnahmekegel der Bohrspindel, die Entfernung der Spindel vom Tisch, der Hub und die Ausladung. Man kann entweder aus dem Vollen bohren oder vorgearbeitete oder vorgegossene Löcher ausbohren. Mit Senkern werden abgesetzte oder besonders geformte Bohrungen hergestellt. Mit Reibahlen werden Löcher aufgerieben, wodurch die Genauigkeit und Oberflächengüte von Bohrungen verbessert werden.

In Tab. 4 sind die Normen zusammengestellt, die bei der Bohrteilgestaltung berücksichtigt werden müssen.

Tabelle 4. *Normen für Bohrteilgestaltung.*

DIN-Nr.	Bezeichnung
69	Durchgangslöcher für Schrauben
75	Senkungen für Schraubenköpfe
76	Gewindeauslauf — Gewinderillen
254	Kegel
334	Kegelsenker 60°
335	Kegelsenker 90°
336	Bohrerdurchmesser für das Gewindeschneiden
347	Kegelsenker 120°
348	Kegelsenker 30°
1863	Senker für Senkniete

Die Anzahl verschieden großer Loch- und Gewindedurchmesser innerhalb einer Konstruktion muß klein gehalten werden; lassen sich verschieden große Durchmesser nicht vermeiden, so ist eine große Stufung zweckmäßig. Die Loch- und Gewindedurchmesser dürfen nicht zu klein gewählt werden, weil sonst leicht großer Werkzeugverbrauch durch Bruch hohe Fertigungskosten verursacht.

Von gebohrten Löchern soll keine zu hohe Genauigkeit sowohl in bezug auf den Lochdurchmesser als auch auf den Lochabstand verlangt werden, wenn Aufwendungen besonderer Art vermieden werden sollen.

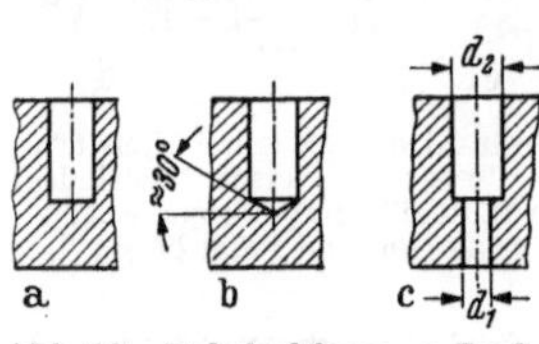

Abb. 19. Bohrlochform. a Lochgrund eben, ungünstig; b Lochgrund kegelig entsprechend Bohrerspitze, besser; c Loch mit ebenem Absatz, besser

Bei der Gestaltung von Bohrungen müssen folgende Richtlinien beachtet werden: Ein Sackloch mit einer senkrecht zur Lochachse liegenden Abschlußfläche (Abb. 19) ist schwer herzustellen und muß deshalb vermieden werden. Ein Sackloch sollte immer mit einer Kegelfläche abschließen, die der Bohrerspitze entspricht (Abb. 19b). Muß eine Auflagefläche senkrecht zur Bohrungsachse vorhanden sein, so ist die in Abb. 19c dargestellte Lochform leicht herstellbar. Dabei sollten die Durchmesser d_1 und d_2 nicht willkürlich gewählt, sondern die genormten Kopf- und Halssenker berücksichtigt werden (DIN 370, 372, 373, 375, 8057 bis 8060). Kegelige Bohrungen sollten nur so gestaltet werden, daß normale oder vorhandene Werkzeuge verwendet werden können (DIN 254).

Soll ein Gewindebolzen in ein Sackloch eingeschraubt werden, so darf wegen des Gewindeauslaufes im Sackloch das Bolzenende nicht bis zum Ende des Sackloches reichen (Abb. 20a), sondern es muß in der Konstruktion ein genügend großer Spielraum vorgesehen werden (Abb. 20b). Das Gewindesackloch wird des-

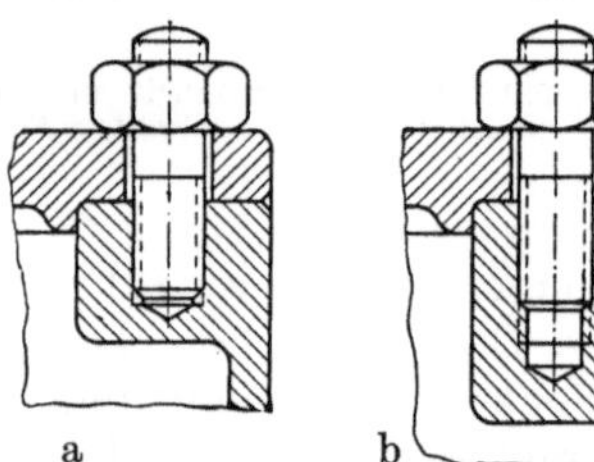

Abb. 20. Deckelverschraubung. a Gewindesackloch zu wenig Auslauf; b Gewindeauslauf berücksichtigt

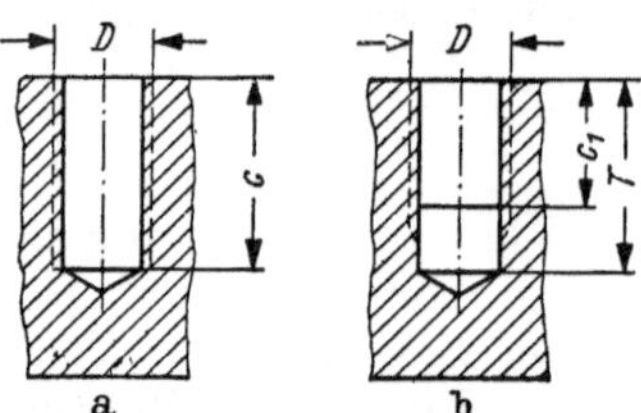

Abb. 21. Gewindesackloch. a Gewinde bis zum Grund bemaßt, schlecht; b Auslauf in der Bemaßung berücksichtigt, besser

halb auch zweckmäßigerweise nicht bis zum Ende bemaßt (Abb. 21a), sondern nur soweit, wie das Gewinde benutzt wird (Abb. 21b). Dabei soll die Bedingung $T - c_1 > D$ möglichst eingehalten werden. Da sich Gewindedurchgangslöcher besser herstellen lassen, sind diese den Sacklöchern vorzuziehen.

Paßstellen in Bohrungen oder Stellen größeren Durchmessers im Anschluß an Gewinden (Abb. 22) sind ungünstig, weil die Bohrung dann meist nur von zwei Seiten aus herstellbar ist. Fertigungstechnisch günstiger ist es deshalb,

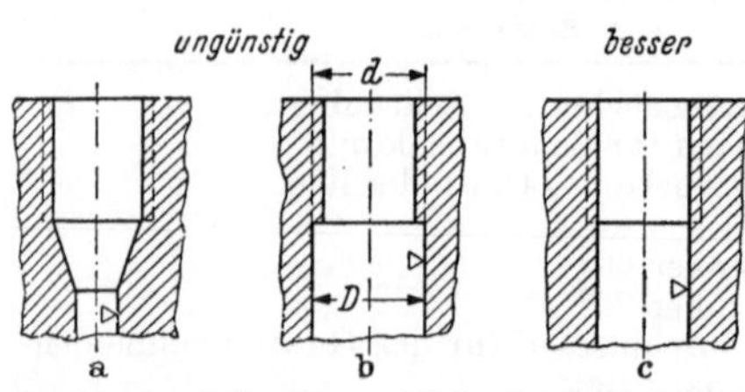

Abb. 22. Gewinde mit anschließender Paßbohrung. a und b Durchmesser der Paßbohrung ungünstig; c Durchmesser der Paßbohrung besser

wenn der Durchmesser des am Gewinde anschließenden Lochteiles dem Kerndurchmesser des Gewindes entspricht (Abb. 22c).

Soll ein Loch in ein Bauteil von einer Fläche aus hineingebohrt werden, die schräg zur Bohrerachse steht (Abb. 23a), so besteht die Gefahr, daß der Bohrer sich verläuft oder durch die einseitige Beanspruchung abbricht. Die Bruchgefahr ist ebenfalls vorhanden, wenn die Fläche, aus der die Bohrung heraustritt, zu schräg zur Bohrerachse verläuft (Abb. 23b). Deshalb muß bei schräg verlaufenden Bohrungen durch Ansenken, Anfräsen oder bei Gußstücken durch Augen dafür gesorgt werden, daß auf jeden Fall die Eingangsfläche der Bohrung (Abb. 23c), möglichst aber auch die Ausgangsfläche (Abb. 23d) senkrecht zur Bohrerachse steht.

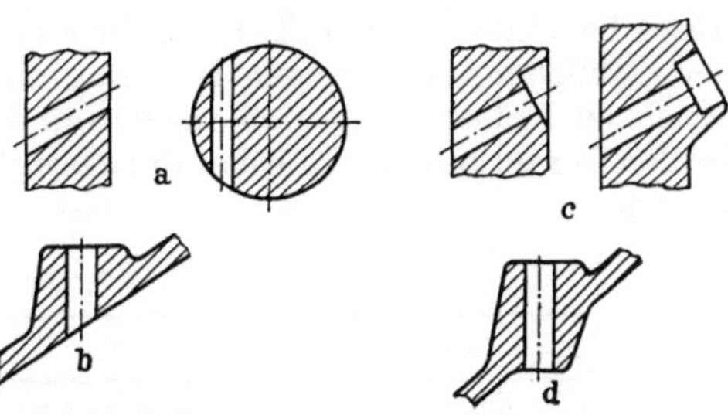

Abb. 23. Schräge Löcher. a Anschnitt und Auslauf ungünstig; b Auslauf ungünstig; c Anschnitt durch Ansenken besser; d Anschnitt und Auslauf besser

Schneidet die Bohrung zwei Teile aus verschiedenem Werkstoff an (Abb. 24), z. B. um die Teile miteinander zu verstiften, so ist die Herstellung nur möglich, wenn die beiden Werkstoffe annähernd gleichen Zerspanungswiderstand haben, weil sonst der Bohrer verläuft und leicht abbricht.

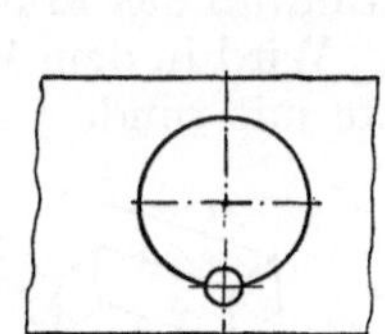

Abb. 24. Bohrung in verschiedenem Werkstoff

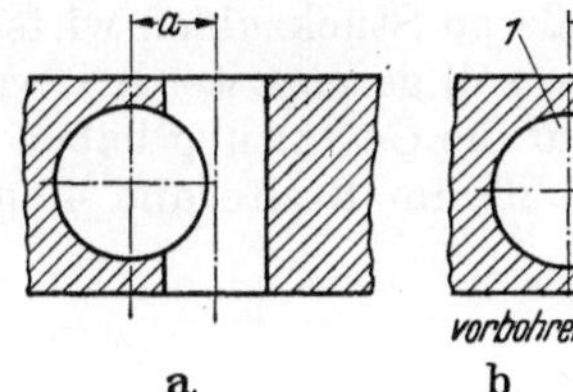

Abb. 25. Überschneidende Bohrungen. a Maß a zu klein; b Maß a so groß, daß vorgebohrt werden kann

Überschneidet sich eine Bohrung mit einem Hohlraum, z. B. mit einer anderen Bohrung (Abb. 25a), so wird der Bohrer einseitig beansprucht, verläuft infolgedessen leicht oder bricht sogar ab. Das Maß a muß deshalb so groß gewählt werden, daß das Loch klein vorgebohrt (Abb. 25b), dann mit einem Zapfensenker aufgebohrt werden kann.

Dicht beieinanderliegende Bohrungen, deren Achsen sich schneiden, sind ungünstig, da die Bohrvorrichtung keine normalen Bohrbuchsen erhalten kann (Abb. 26a). Die beiden Bohrungen werden besser um 90° oder 180° zueinander versetzt (Abb. 26b).

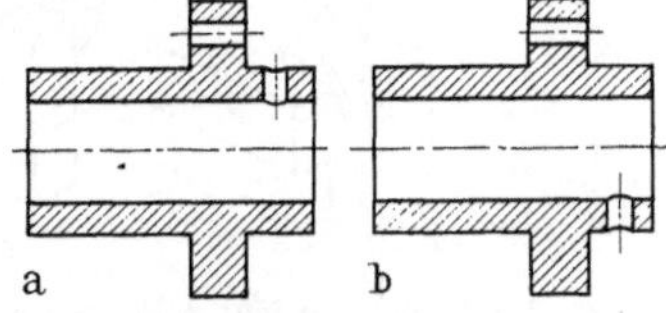

Abb. 26. Anordnung der Bohrungen unter Berücksichtigung der Bohrvorrichtung. a ungünstig; b besser

6. Frästeile

Ebene Flächen, die auch abgesetzt sein können, Nuten, Profile u. dgl. können entweder durch Hobeln oder Fräsen hergestellt werden. Zum Bearbeiten gefräster Flächen stehen Waagerecht- und Senkrechtfräsmaschinen zur Verfügung. Für den Einsatz dieser Werkzeugmaschinen ist maßgebend: die Tischgröße, der Abstand der Frässpindel vom Tisch bei den Waagerechtfräsmaschinen und von der Tischführung bei den Senkrechtfräsmaschinen. Die Universalfräsmaschine kann als Waagerecht- und Senkrechtfräsmaschine verwendet werden. Daneben gibt es Sonderformen, z. B. Zahnradfräsmaschinen.

Beim Entwerfen von Bauteilen mit Fräsarbeiten müssen die Normen für Fräser beachtet werden. Tab. 5 gibt einen Überblick über die vorhandenen Normen. Übliche Abmessungen in bezug auf das Verhältnis vom Durchmesser zur Breite der Fräser haben sich aus den in der Praxis am häufigsten vorkommenden Größen herausgebildet, die bei der Gestaltung neuer Teile berücksichtigt werden müssen.

Tabelle 5. *Normen für Fräswerkzeuge.*

DIN-Nr.	Bezeichnung
326···328	Langlochfräser
842	Winkelstirnfräser, Fräserwinkel 50°
844, 845	Schaftfräser
847	Prismenfräser
851	Schaftfräser für T-Nuten DIN 650
855	Halbkreisformfräser, konkav
856	Halbkreisformfräser, konvex

Für die Aufspannung der Werkstücke sollte man möglichst mit den üblichen Maschinenschraubstöcken auszukommen versuchen. Besondere Spanneinrichtungen sind nur bei größeren Stückzahlen wirtschaftlich gerechtfertigt.

An einigen Beispielen soll gezeigt werden, welchen Einfluß das Fräsverfahren und die Fräserformen auf die Gestaltung haben können. Wird in dem Werkstück in Abb. 27 die Nut mit 20 mm Breite und 40 mm Tiefe mit rundem Ende vor-

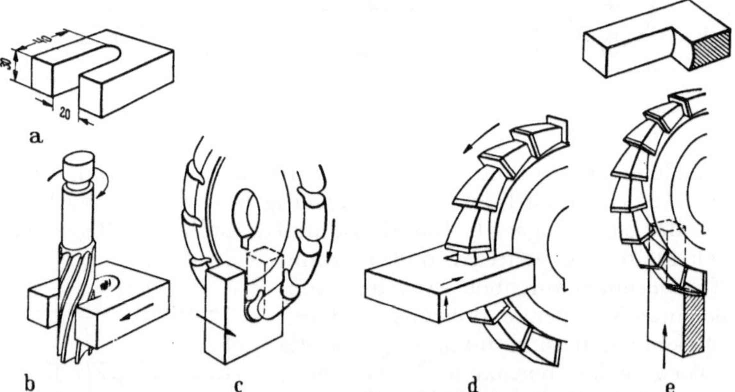

Abb. 27. Werkstück mit Nut. a Form des Werkstückes; b Herstellung der Nut mit Fingerfräser, ungünstig; c Herstellung der Nut mit Formfräser, besser; d Herstellung der Nut mit normalem Scheibenfräser, noch besser; e Herstellung der Nut mit normalem Scheibenfräser nach dem Tauchverfahren, am besten

gesehen, so kann sie entweder mit einem Fingerfräser (Abb. 27b) oder mit einem Formfräser (Abb. 27c) hergestellt werden. Die Herstellung mit einem Formfräser ist günstiger, weil sie nur 6,5 min dauert[1], während mit dem Fingerfräser eine Arbeitszeit von 7,8 min erforderlich ist. Kann das Ende der Nut gerade statt

---

[1] Nach Angaben der Fa. Ludw. Loewe, Berlin.

rund sein, so kann man an Stelle des Spezialfräsers einen üblichen Scheibenfräser verwenden (Abb. 27d). Die Arbeitszeit wird noch günstiger, nämlich nur 3,2 min, wenn nach dem sog. Tauchverfahren gearbeitet werden kann, wobei sich das Werkstück zum Fräser in Richtung der Nut verschiebt und nicht senkrecht dazu, wie bei den anderen Verfahren. Allerdings ist dann die Endfläche der Nut nicht mehr gerade, sondern ge-bogen (Abb. 27e) entspre-chend dem Halbmesser des Scheibenfräsers.

Ein ähnliches Beispiel zeigen die Abb. 28a···c, die Nuten in einem Zapfen zur Aufnahme einer Paßfeder.

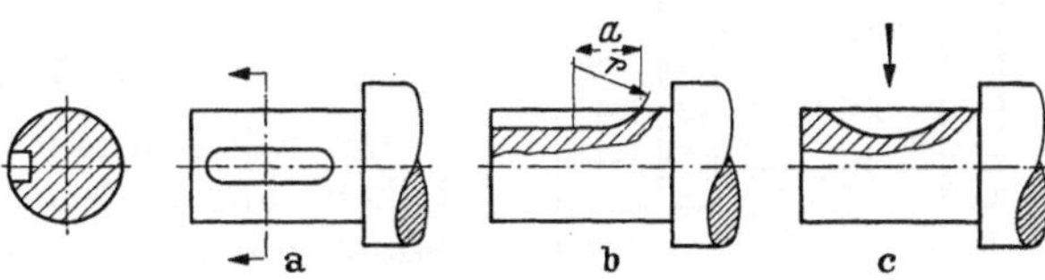

Abb. 28. Nut in einem Wellenzapfen. a Nutform ungünstig, nur mit Fingerfräser herstellbar; b Nutform besser, mit Scheibenfräser herstellbar; c Nutform noch besser, Tauchverfahren möglich

Die Form in Abb. 28a für eine rundstirnige Paßfeder muß mit einem Fingerfräser hergestellt werden; das Verfahren ist teuer. Wirtschaftlicher ist die Herstellung der Nut mit einem Schei-benfräser (Abb. 28b), wobei allerdings ein Auslauf mit einem Halbmesser r dem Fräserhalbmesser entsprechend entsteht. Noch günstiger ist die Verwendung einer Scheibenfeder (Abb. 28c), weil die Nut dann mit einem Scheibenfräser nach dem Tauchverfahren hergestellt werden kann.

Abb. 29a zeigt ein Werkstück, das durch Fräsen abgerundet werden soll. Wählt man den Rundungshalbmesser gleich der halben Werkstückbreite, $r = b/2$, so ist die kleinste Versetzung auffäl-lig bemerkbar und ergibt einen häß-lichen Absatz (Abb. 29b). Es muß also sehr genau gearbeitet werden, wenn man diese Auswirkung ver-meiden will. Weniger empfindlich gegen kleine Ungenauigkeiten ist eine Form, bei der der Rundungshalbmes-ser größer ist als die halbe Werkstück-breite: $r > b/2$ (Abb. 29c); sie ermög-licht deshalb eine wirtschaftlichere Fertigung.

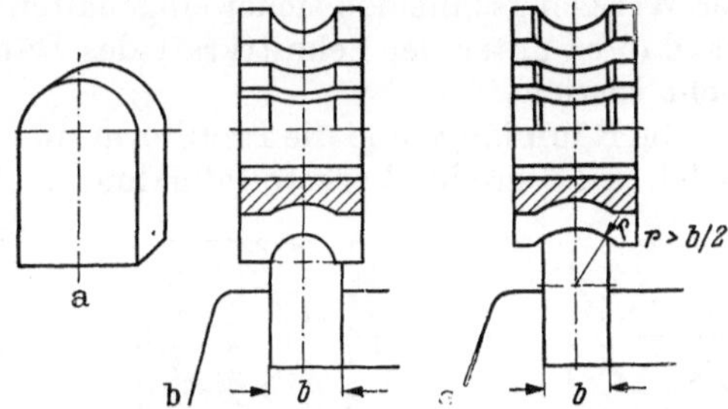

Abb. 29. Werkstück mit Rundung. a Form des Werk-stückes; b ungünstige Form der Rundung; c bessere Form der Rundung

Ähnliche Überlegungen gelten, wenn z. B. ein gebohrtes Teil aufge-schlitzt werden soll. Der Schlitz darf nicht das gleiche Maß wie das Loch erhalten, sondern ist kleiner (evtl. auch größer) zu wählen (Abb. 30), damit ein Versatz keine unsau-bere Fläche ergibt.

Beim Fräsen gilt besonders der Hinweis: eine im ersten Arbeitsgang fertiggestellte Fläche darf bei einem anderen zweiten Arbeitsgang nicht teilweise angegriffen werden. In dem

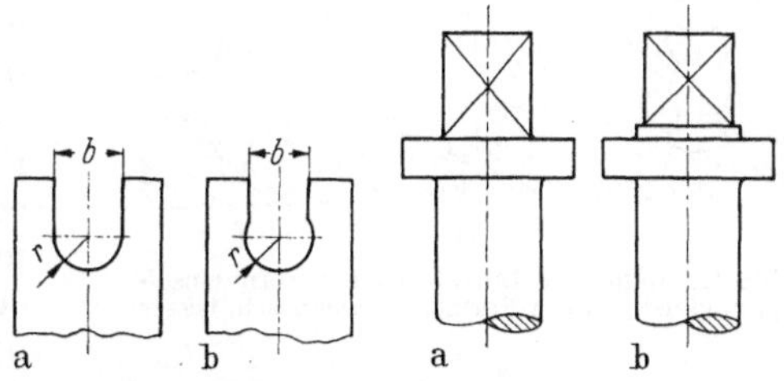

Abb. 30. Geschlitztes Bohr-teil. a ungünstig $r = b/2$; b günstig $r \lessgtr b/2$

Abb. 31. Drehteil mit ange-frästem Vierkant. a ungün-stig; b besser

Beispiel Abb. 31a wird die fertiggedrehte Planfläche beim Fräsen des Vierkants beschädigt. Durch einen kleinen zylindrischen Ansatz zwischen Bund und Vier-kant bleibt die gedrehte Fläche erhalten (Abb. 31b).

In dem in Abb. 32 gezeigten Beispiel ist das Fräswerkzeug aus zwei Scheiben-fräsern und einem Walzenfräser zusammengesetzt. Berücksichtigt man die normale Durchmesserstufung: $50 \cdots 60 \cdots 75 \cdots 90 \cdots 100 \cdots 130$ mm usw. der Fräser,

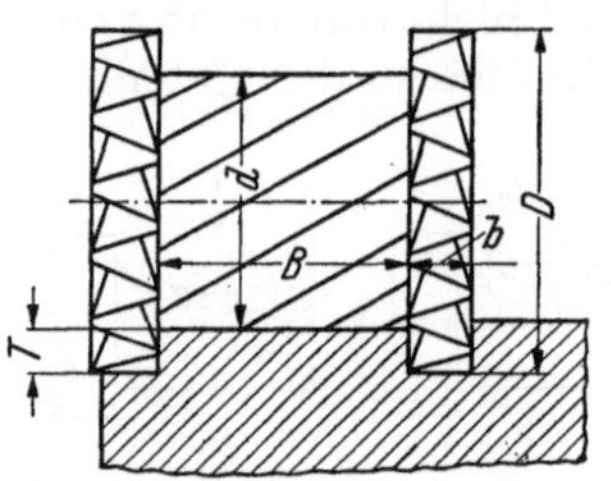

so ergeben sich für das Maß $T = \dfrac{D-d}{2}$ die Werte:

$5 \cdots 7{,}5 \cdots 10 \cdots 15$ mm usw.

Abb. 32. Fräser zusammengesetzt, Abstufungen und Breiten so wählen, daß genormte Fräser verwendet werden können

7. Räumteile

Das Räumen läßt sich wirtschaftlich nur in der Reihen- und Massenanfertigung anwenden, da die Räumwerkzeuge meist Einzweckwerkzeuge und ihre Kosten verhältnismäßig hoch sind. Im Verfahren unterscheidet man zwischen Innen- und Außenräumen. Beim Innenräumen geht man von vorgebohrten Löchern aus, deren Durchmesser so groß gewählt wird, daß der Kreisquerschnitt sich in den Querschnitt des zu räumenden Profils einbeschreiben läßt. Auf Sondervorrichtungen können auch schraubenförmig gewundene Nuten oder Gewinde mit großer Steigung geräumt werden. Beim Außenräumen werden Profile, Rundungen, Verzahnungen und ähnliche Formen direkt in das meist zylindrische Werkstück eingearbeitet.

Die mit dem Räumen erreichbare Oberflächengüte und Maßhaltigkeit genügt in der Regel, so daß sich eine Nacharbeit erübrigt. Die für den Austauschbau in der Massenfertigung notwendigen Toleranzen können wegen der hohen Standzeit der Werkzeugschneiden sicher eingehalten werden, wenn das Werkstück so stabil ist, daß es unter der Schnittkraft des Räumwerkzeuges nicht nachgibt und sich nicht verzieht.

Die Räumlänge und die Profilform sind bestimmend für den Aufbau der Räumnadel. Eine große Werkstoffabnahme bedingt entweder eine lange Räumnadel oder mehrere Nadeln. Ist das zu räumende Profil unsymmetrisch (Abb. 33a u. b), so werden sowohl die Räumnadel als auch das Werkstück einseitig beansprucht. Deshalb sind besondere Aufnahmevorrichtungen erforderlich, die das Werkstück und die Nadel abstützen. Räumnadel und Werkstück werden dagegen gleichmäßig beansprucht, und die besonderen Spannvorrichtungen sind deshalb nicht notwendig, wenn das Profil symmetrisch ist (Abb. 33c $\cdots$ f). Vielecke lassen sich um so besser räumen, je größer die Seitenzahl ist; beim Dreieck liegen infolgedessen die Verhältnisse ungünstiger als beim Quadrat, Sechseck usw. (Abb. 34).

Nach dem Innenräumverfahren lassen sich auch steilgängige Schraubennuten herstellen, wenn durch die schraubenförmig angeordneten Zähne der Räumnadel ein Drehen des Werkstücks gegeben ist.

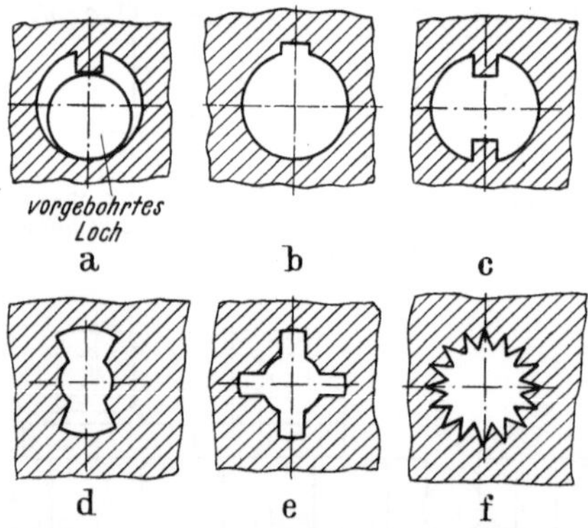

Abb. 33. Geräumte Innenformen. a Form einseitig, ungünstig; c $\cdots$ f Formen symmetrisch, besser

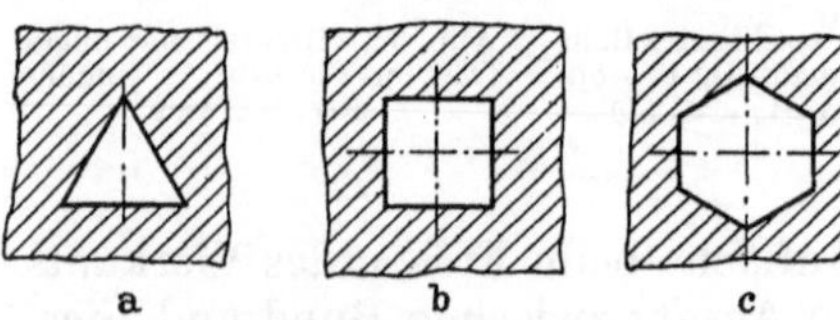

Abb. 34. Dreieckform (a) ungünstiger als Viereck-(b) oder Sechseckform (c)

Die Anlagefläche, an der sich das Werkstück beim Räumen abstützt, muß senkrecht zum Räumprofil verlaufen (Abb. 35 b). Der Verlauf der Begrenzungsfläche an dem Werkstück in Abb. 35 a ist deshalb ungünstig. Auch ein schräger Verlauf der Fläche am Einlauf der Räumnadel ist nachteilig, weil dann die Nadel anfangs einseitig schneiden muß und sich deshalb leicht verläuft.

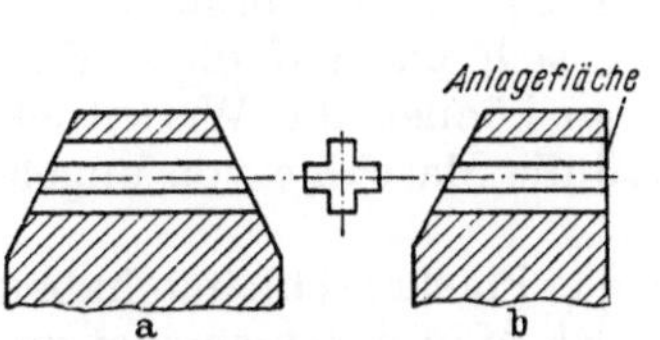
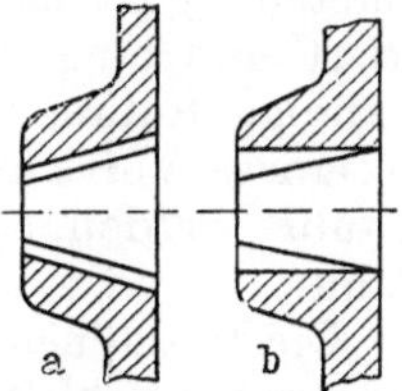

Abb. 35. Form der Anlage- und Einlauffläche. a beide Flächen schräg, ungünstig; b Anlagefläche senkrecht, besser — schräge Einlauffläche auch noch ungünstig

Abb. 36. Werkstück mit kegelförmigem Loch mit Nuten. a Nuten parallel zur Kegelmantellinie, ungünstig; b Nuten parallel zur Kegelachse, besser

Kegelige Bohrungen als Ausgangsform sind ungünstig, wenn eine Nut parallel zur Kegelmantellinie verlaufen soll. Noch ungünstiger sind zwei in dieser Weise verlaufende Nuten (Abb. 36 a), weil hierfür zwei Züge erforderlich wären. Die Form ist räumtechnisch günstiger, wenn die Nuten parallel zur Achse verlaufen (Abb. 36 b).

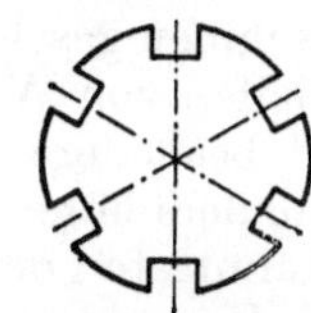

Abb. 37. Werkstück mit von außen geräumter profilierter Nut

Abb. 38. Werkstück mit außengeräumten Nuten, Räumen mit mehreren Räumnadeln

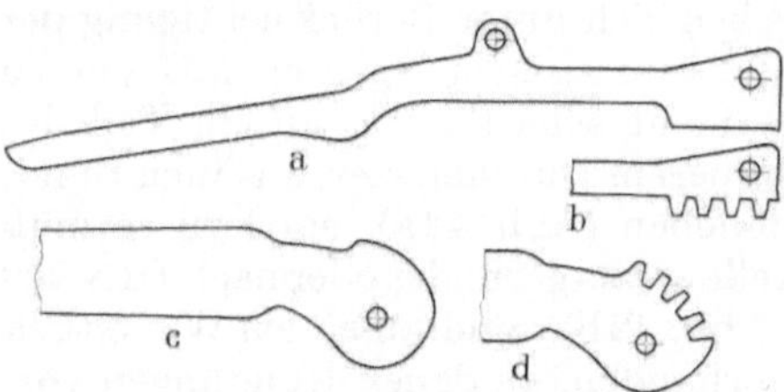

Abb. 39. Gestanzte Hebel aus Stahlblech mit geräumter Verzahnung. a u. c Schnittteile; b u. d geräumte Zähne

Abb. 40. Mutterschlüssel, gepreßte Maulöffnungen nachgeräumt

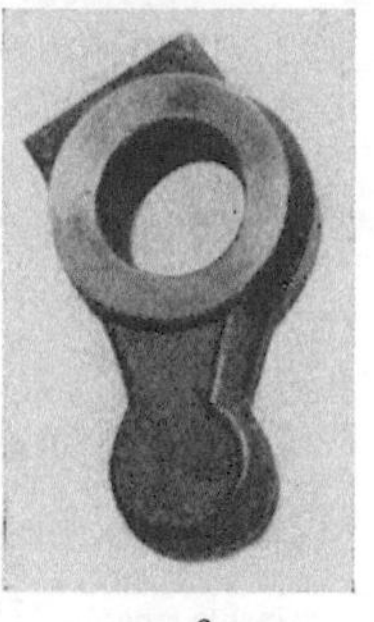
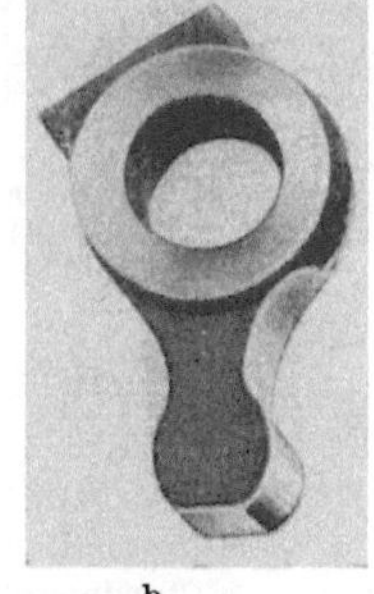

Abb. 41. Außengeräumtes Schmiedestück. a vor dem Räumen; b nach dem Räumen

Beim Außenräumen werden meistens besondere Vorrichtungen benötigt, die das Werkstück aufnehmen und die Räumnadel führen. Bei komplizierteren Formen kann das Räumwerkzeug aus mehreren Räumnadeln zusammengesetzt werden. Mit dem Außenräumverfahren lassen sich herstellen: Flächen, Schlitze (Abb. 37), Nuten (Abb. 38), Verzahnungen (Abb. 39) oder ähnliche Formen. Würde eine Verformung aus dem Vollen eine zu große Spanabnahme nötig machen, so werden die Werkstücke nach anderen Formungsverfahren, z. B. durch Pressen (Abb. 40), Schmieden (Abb. 41), vorgearbeitet und dann geräumt.

8. Schleifteile

Das Schleifen ist vorwiegend eine Feinbearbeitung für durch Drehen, Bohren, Fräsen usw. vorbearbeitete Werkstücke. Man unterscheidet das Rundschleifen und das Flächenschleifen.

Für das Rundschleifen werden Schleifmaschinen verwendet, die entweder das Werkstück zwischen Spitzen aufnehmen oder spitzenlos schleifen. In der Massenherstellung ist das spitzenlose Schleifen vorteilhaft, weil das Werkstück nicht zentriert und eingespannt zu werden braucht. Manche Werkstücke, z. B. dünnwandige Rohre, lassen sich nur auf diese Weise einwandfrei schleifen. Durch geeignete Vorrichtungen können die Werkstücke leicht selbsttätig zu- und abgeführt werden, so daß die Maschine von ungelernten Arbeitern bedient werden kann.

Die Maschinen für das Flächenschleifen haben entweder eine waagerechte oder senkrechte Schleifspindel. Man unterscheidet zwischen Maschinen für Grob- und Feinschliff. Das Werkstück wird entweder auf einen genuteten Tisch, in besonderen Vorrichtungen oder auf magnetisch wirkende Spannplatten aufgespannt. Die letzte Spannart wird meist bei stählernen Werkstücken verwendet.

Innenzylinder, Gewinde, Zahnflanken u. dgl. können auf besonderen Schleifmaschinen geschliffen werden. Ferner gibt es Sonderschleifmaschinen für das Anschleifen von Werkzeugen und für das Formschleifen. Für die Feinstbearbeitung sind besondere Werkzeuge und Maschinen entwickelt worden, mit denen eine besonders hohe Genauigkeit und Güte der Oberfläche erreicht werden kann. Die bekanntesten derartigen Arbeitsverfahren sind: Polierdrehen, Feinschleifen, Läppen, Honen oder Ziehschleifen, Preßpolieren.

Für die Gestaltung von Schleifteilen ergeben sich unter Berücksichtigung der Fertigung folgende Richtlinien: Beim Schleifen zwischen Spitzen darf ein zu schleifender Zapfen nicht scharfkantig an ein Teil des Werkstückes mit größerem Durchmesser, an einen Bund, Kopf od. dgl. anschließen (Abb. 42a), sondern er muß an der Übergangsstelle etwas gerundet oder nach DIN 509 eingestochen sein (Abb. 42b). Sind an einem Werkstück mehrere Absätze vorhanden, an denen Rundungen vorgesehen sind (Abb. 43b), so werden die Rundungshalbmesser gleich groß gemacht, weil sonst (Abb. 43a) die Schleifscheibe ausgewechselt oder neu abgerundet werden muß.

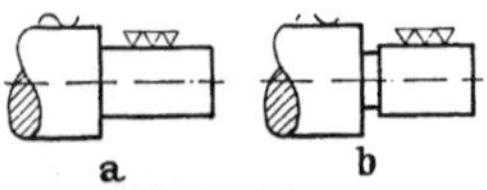

Sind einseitige Ausladungen vorhanden, wie sie sich bei durch Schmieden hergestellten Hebeln ergeben, so dürfen diese z. B. durch Kröpfungen (Abb. 44a) dem Schleifen nicht hinderlich sein. An Schleifteile, bei denen an beiden Enden Ansätze geschliffen werden sollen (Abb. 45a), kann der Mitnehmer nicht angesetzt werden, so daß das Schleifen in einer Aufspannung nicht möglich ist. Deshalb muß an dem Schleifansatz mit dem größeren Durchmesser ein unbearbeiteter Ansatz (Abb. 45b) vorgesehen werden.

Zum spitzenlosen Schleifen sind am besten glatte zylindrische Werkstücke, die allenfalls durch Übergänge mit kleineren Durchmessern unterbrochen sein können, geeignet, weil sie sich dann nach dem besonders günstigen Durchgangsverfahren schleifen lassen. Die Bolzen in den Abb. 46a u. b mit Bund oder Kopf lassen

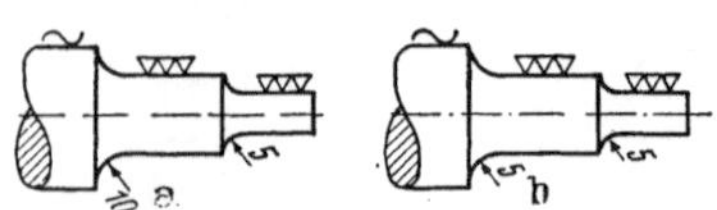

Abb. 42. Geschliffener Wellenzapfen. a ohne Freistich, schlecht; b mit Freistich nach DIN 509, besser

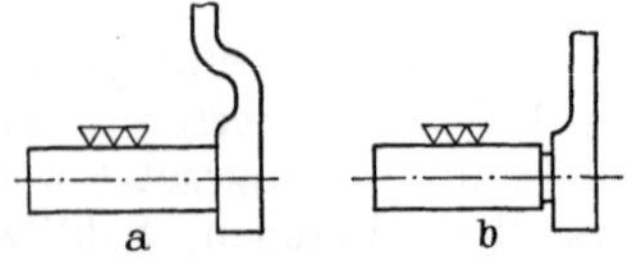

Abb. 43. Rundteil mit abgesetzten Schleifflächen. a Rundungen mit verschiedenen Halbmessern, ungünstig; b Rundungen mit gleichen Halbmessern, besser

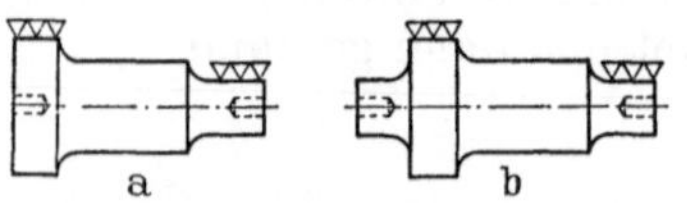

Abb. 44. Hebel mit geschliffenem Zapfen. a gekröpfte Form des Hebels ungünstig; b Form besser

Abb. 45. Werkstück mit Schleifflächen an beiden Enden. a Form ungünstig, weil Schleifen in einer Aufspannung nicht möglich; b Form besser, Zapfen an einem Ende zum Aufspannen des Mitnehmers

sich spitzenlos nur mit dem ungünstigeren Einstechverfahren schleifen. Werden die Ansätze durch Sicherungsscheiben (Abb. 46c u. d) geschaffen, so sind die Bolzen nach dem Durchgangsschleifen bearbeitbar. Aus denselben Grün-

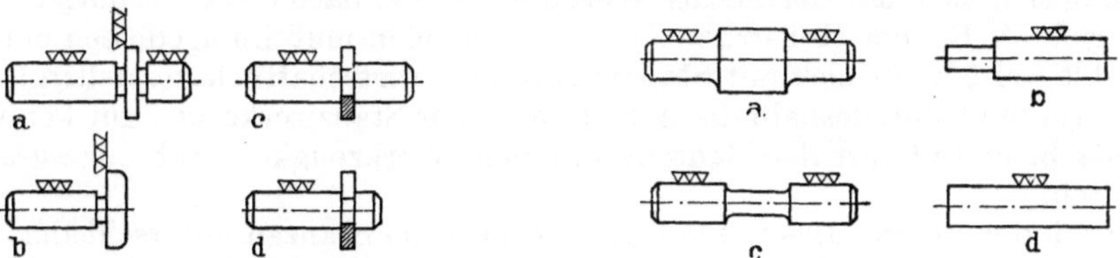

Abb. 46. Werkstücke mit Bund oder Kopf. a und b können spitzenlos nur im Einstechverfahren geschliffen werden, ungünstig; c und d können spitzenlos im Durchgangsschleifen hergestellt werden, besser

Abb. 47. Werkstücke für spitzenloses Schleifen. a und b Formen ungünstig; c und d Formen besser

den lassen sich die Formen in den Abb. 47c u. d besser spitzenlos schleifen als die in den Abb. 47a u. b dargestellten Formen. Auch eine Längsnut in einer zylindrischen Fläche (Abb. 48) macht das Teil zum spitzenlosen Schleifen ungeeignet; entweder muß die Nut *nach* dem Schleifen eingefräst werden, oder das Teil muß zwischen Spitzen geschliffen werden. Verläuft indessen die Nut schraubenförmig, so ist ein spitzenloses Schleifen angängig. Glatte Rohrteile auch mit dünnen Wandungen (Abb. 49) lassen sich spitzenlos gut schleifen, während das Schleifen zwischen Spitzen schwierig wäre.

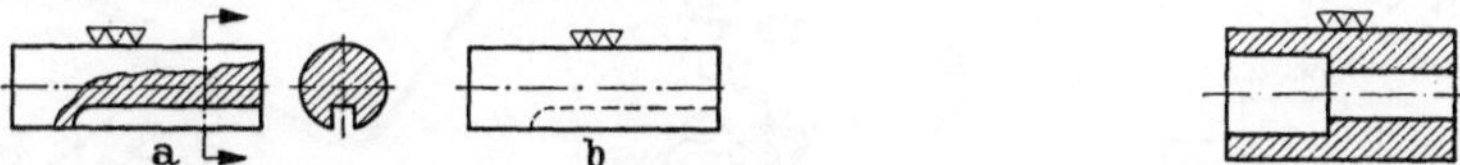

Abb. 48. Rundteil mit Nut. a Durch Längsnut genaues spitzenloses Schleifen nicht möglich; b Nut nach dem Schleifen fräsen

Abb. 49. Ausgebohrtes Rundteil mit dünner Wandung, Schleifen der Außenfläche spitzenlos möglich

Zum Flächenschleifen sollten die zu schleifenden Flächen frei und möglichst auch überhöht liegen (Abb. 50 u. 51). Überdeckte Flächen besonders mit engem Zwischenraum (Abb. 50a) lassen sich schlecht schleifen, weil Topfscheiben zu hoch und kleine Schleifscheiben mit waagerechter Drehachse zu unwirtschaftlich sind. Liegen benachbarte Flächen höher als die Schleiffläche (Abb. 51a), so ist das wirtschaftlich sehr vorteilhafte Schleifen mit dem Rundtisch nicht anwendbar.

Abb. 50. Werkstück mit ebener Schleiffläche. a Schleiffläche überdeckt und deshalb schlecht zugänglich; b Lage der Schleiffläche besser

Abb. 51. a Schleiffläche liegt tiefer als umliegende Flächen, ungünstig; b Schleiffläche liegt höher als umliegende Flächen, besser

B. Gestanzte Bauteile

9. Überblick über die Verfahren

Das Stanzen umfaßt eine Reihe von Herstellungsverfahren, die ausschließlich der Massenfertigung von Bauteilen dienen. Der Ausgangswerkstoff zur Herstellung der Stanzteile ist meist Blech, das häufig in Streifen vorgeschnitten wird. In besonderen zweiteiligen Stanzwerkzeugen erhalten die Werkstücke durch bleibende Verformung in einer oder auch in mehreren Arbeitsoperationen ihre fertige

2*

Gestalt. Die Maschinen — meistens Pressen —, in denen die Stanzwerkzeuge eingespannt werden, werden von ungelernten Arbeitern bedient. Wesentlich für die
Herstellung von Stanzteilen ist also der Aufwand von Werkzeugen, deren Ausbildung sich nach der Gestalt des Werkstückes und nach dessen benötigter Stückzahl richtet. Bei der Konstruktion von Stanzteilen muß infolgedessen eine Form
gewählt werden, die sich mit Stanzwerkzeugen wirtschaftlich herstellen läßt; der
Konstrukteur muß deshalb die Arbeitsweise der Stanzwerkzeuge gut kennen und
bereits beim Entwurf der Bauteile mit dem Werkzeugkonstrukteur zusammenarbeiten.

Nach der Art der Blechverformung kann beim Stanzen unterschieden werden
zwischen der Werkstofftrennung und der Werkstoffumformung. Je nach der Art
der *Werkstofftrennung* unterscheidet man zwischen Aus-, Ab- und Einschneiden,
Lochen, Stechen, Durchreißen und als Nacharbeitsverfahren Be- und Nachschneiden von Teilen.

Verfahren der *Werkstoffumformung* sind das eigentliche Stanzen, bei dem man
zwischen Biegen, Rollen, Form- und Flachstanzen unterscheidet, dann das Prägen,
Ziehen, Drücken und Pressen. Eine Zusammenstellung der Verfahren der Stanzereitechnik ist in Abb. 52 dargestellt[1].

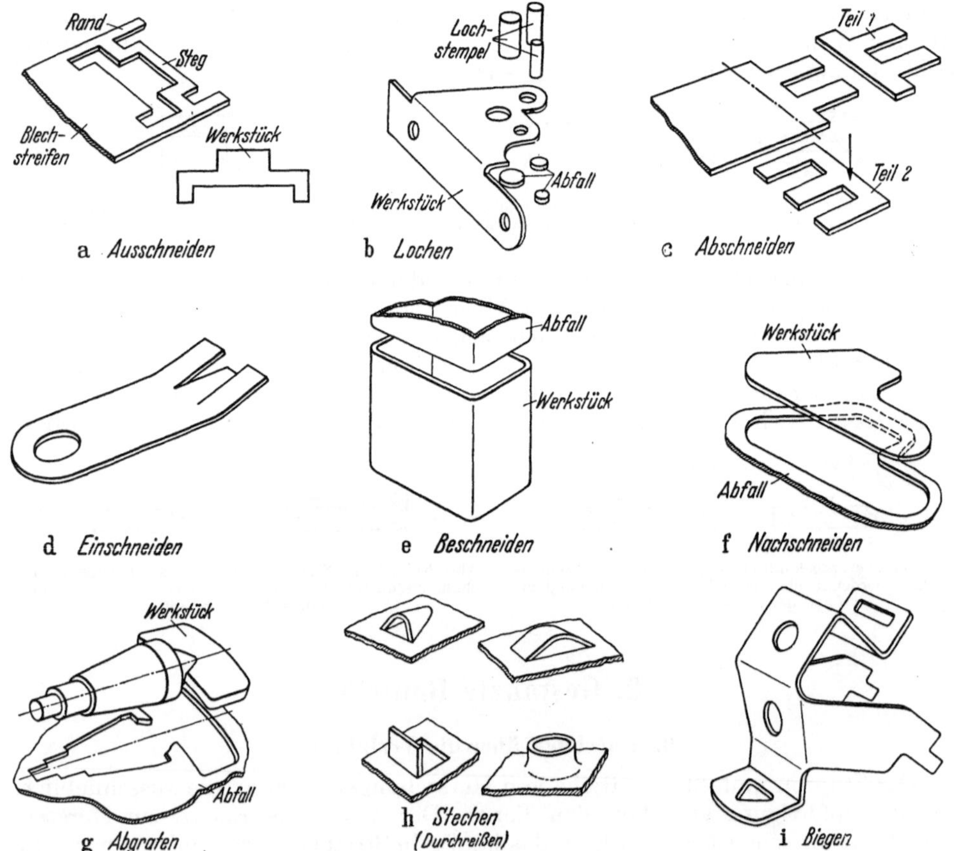

---

[1] Begriffe für Arbeitsverfahren der Stanzereitechnik. Siehe Entw. DIN 9870 Bl. 1···7.

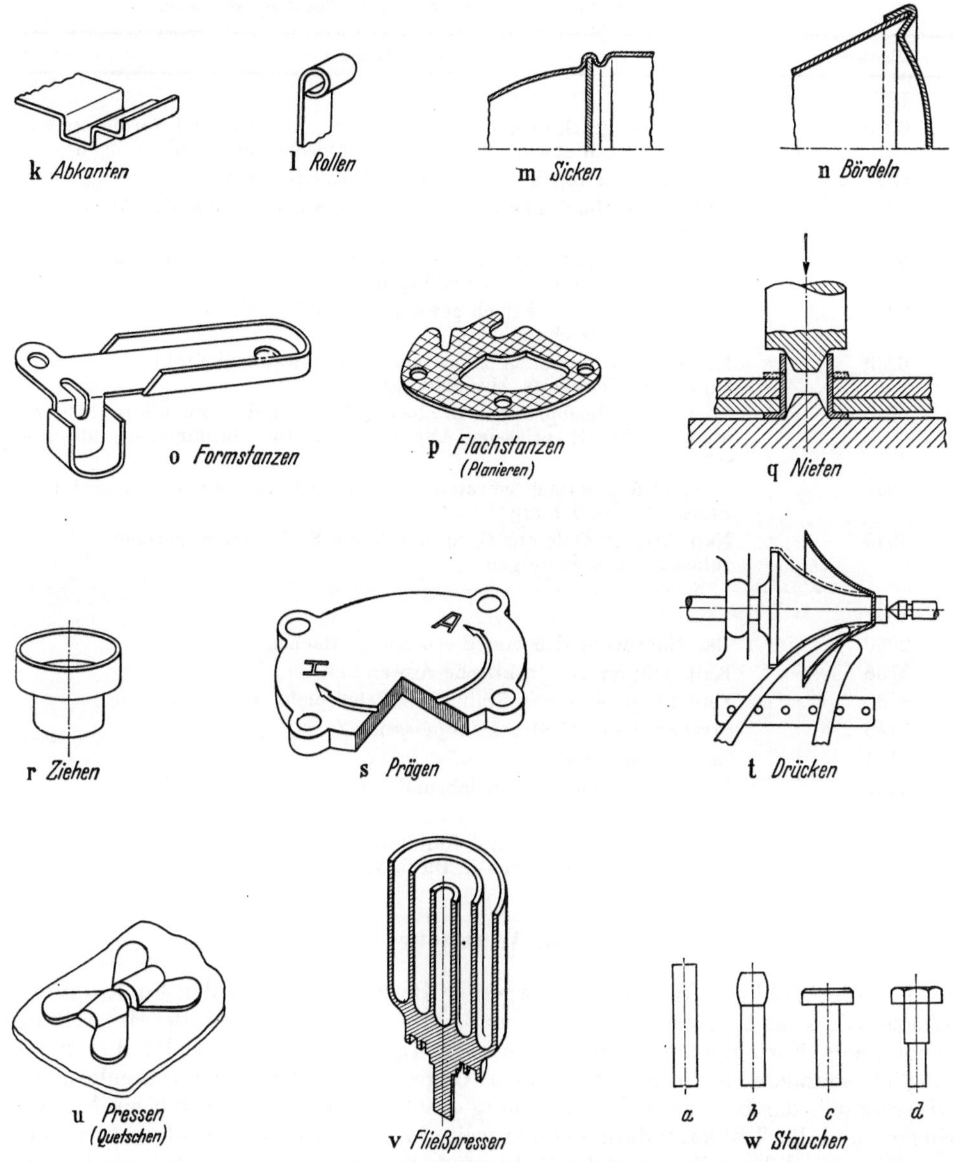

Abb. 52. Arbeitsverfahren der Stanzereitechnik

Im folgenden wird die Gestaltung der durch Stanzen hergestellten Teile unter Berücksichtigung der wirtschaftlichen Fertigung behandelt. Die Maße der Stanzteile dürfen nur solche zulässigen Abweichungen enthalten, die den Fertigungsverfahren gerecht werden. Insbesondere müssen die Abweichungen für Maße ohne Toleranzangabe bekannt sein.

Für verschiedene Zieh- und Stanzteile sind bereits Normblätter und VDI-Richtlinien erarbeitet worden, die dem Konstrukteur als Unterlagen über Betriebserfahrungen zur Verfügung stehen (Tab. 6).

Tabelle 6. *Normen und VDI-Richtlinien für Blechteilgestaltung.*

Blatt-Nr.	Bezeichnung
DIN	
6930	Stanzteile (geschnittene, gebogene, abgekantete und formgestanzte Teile aus flach gewalztem Stahl); technische Lieferbedingungen
6932 (Entw.)	Zieh- und Stanzteile aus Stahl, Gestaltungsregeln
6936	Streifen aus flach gewalztem Stahl geschnitten; zulässige Abweichungen
6937	Rechteckige und kreisförmige Teile aus flach gewalztem Stahl geschnitten; zulässige Abweichungen
6938	Vieleckige Teile aus flach gewalztem Stahl geschnitten; zulässige Abweichungen
6939	Mittellöcher in ebenen Teilen aus flach gewalztem Stahl; zulässige Mittigkeits-Abweichungen
6940	Löcher und Lochgruppen in ebenen Teilen und Profilen aus flach gewalztem Stahl; zulässige Abweichungen für Durchmesser und Abstände
6944	Hutprofile aus flach gewalztem Stahl, kalt oder warm formgestanzt; zulässige Abweichungen
6945	Napfförmige Teile aus flach gewalztem Stahl, warm gezogen; zulässige Abweichungen
VDI	
2030	Das Nachschneiden von Blech-Schnittflächen
3138	Kaltfließpressen, praktische Anwendung
3139	Kaltfließpressen von Stahl, Arbeitsbeispiele
3140	Streckziehen auf Streckziehpressen
3141	Ziehen über Wulste
3175	Ziehkanten- und Stempelabrundung — Ziehspalt
3359	Blechdurchzüge
3367	Richtwerte für Steg- und Randbreiten in der Stanztechnik, Anzahl der Werkstücke je Blechtafel

10. Werkstoffe

Für die Wahl des Werkstoffes ist unter Berücksichtigung der Funktion des Werkstückes das Fertigungsverfahren maßgebend. Es muß die mit der Herstellung verbundene Formgebung möglichst in einer Operation zulassen. Ist dies nicht möglich, so müssen die unfertigen Teile u. U. geglüht werden; der Formänderungswiderstand[1], der bei der Kaltformgebung erhöht wird, wird dadurch wieder verringert, und das Teil kann dann in einer weiteren Operation fertig geformt werden. So müssen z. B. beim Ziehen tiefer Hohlgefäße mehrere Arbeitsoperationen hintereinander vorgesehen werden, zwischen denen die Teile mindestens einmal geglüht werden müssen.

Da die verschiedenen Eigenschaften der Werkstoffe häufig bei der Bearbeitung eine unterschiedliche Behandlung erfordern, müssen sie bereits bei der Konstruktion weitgehend beachtet werden. Zink und Magnesium z. B. müssen vor der Verformung angewärmt und in geheizten Werkzeugen bearbeitet werden. Werkstoffe mit hoher Festigkeit über 80 kg/mm^2 können im allgemeinen nicht mehr kalt,

---

[1] SIEBEL, E.: Grundlagen und Begriffe der bildsamen Formgebung. Werkstattstechnik und Maschinenbau 40 (1950) S. 373···380.

sondern müssen warm verformt werden. Schnittarbeiten sind kalt meist nur bis zu einer Dicke von etwa 6 mm einwandfrei durchführbar.

Für Stanzteile aus *Stahl* werden als Werkstoff Flußstahlbleche verwendet, die nach der Dicke in verschiedene Gruppen eingeteilt werden. In der Feinwerktechnik wird hauptsächlich Feinblech verarbeitet. Die Bleche, die warm- oder kaltgewalzt sind, bestehen aus unlegiertem Stahl mit etwa 0,1% Kohlenstoffgehalt. Die gewöhnlichen nach dem letzten Walzen geglühten Bleche werden mit *Schwarzblech* bezeichnet. Wird die beim Glühen entstehende Zunderschicht durch Beizen in einer Säure entfernt, so spricht man von *dekapierten Blechen*. Die gewöhnlichen Schwarzbleche entsprechen meist nicht den Anforderungen an Oberflächengüte und Maßhaltigkeit in der Feinwerktechnik. Deshalb werden meist Zieh- und Tiefziehbleche verwendet, die als Qualitätsbleche nach besonders sorgfältigen Guß- und Walzverfahren hergestellt sind.

Neben den Stahlfeinblechen werden in der Feinwerktechnik vielfach Messing- und Aluminiumbleche verwendet. Messingbleche sind für Stanz- und Tiefzieharbeiten gut geeignet. Für Biege- und besonders für Tiefziehteile muß weiches Messing mit einem Kupfergehalt von $63 \cdots 72\%$ verwendet werden. Auch Aluminium hat gute Eignung zum Tiefziehen; es wird viel für Teile verwendet, an die keine hohen Anforderungen an die mechanische Festigkeit gestellt werden, wie z. B. Schutzkappen und andere Gehäuseteile.

Die Art der Formgebung ist maßgebend für die Auswahl des passenden Werkstoffes: Für *Schnitteile* ist sehr weicher Werkstoff ungünstig, weil sich dann viel Grat bildet. Für *Stanzteile* ist Werkstoff mit kleiner Korngröße günstig. Die Oberfläche muß gut beschaffen sein. Werden die Teile mechanisch sehr beansprucht, so werden kalt nachgewalzte Bleche mit vorgeschriebener Festigkeit benutzt. Für *Ziehteile* muß feinkörniger Werkstoff mit großem Formänderungsvermögen verwendet werden. Stahl muß einen geringen Kohlenstoffgehalt, Messing einen hohen Kupfergehalt haben und Aluminiumbleche müssen weich geglüht sein.

11. Formungsgerechtes Gestalten

a) **Schnitteile.** Der Ausgangswerkstoff für Schnitteile sind Blechstreifen, aus denen mittels Frei-, Führungs- oder Gesamtschnitten die Teile ausgeschnitten oder von denen sie mittels Abhackern abgeschnitten werden. Beim Ausschneiden ist die Schneidkante ein in sich geschlossener Linienzug; der Schneidvorgang erfordert eine gleichzeitig allseitig einsetzende Kraftwirkung, damit das ausgeschnittene Blechteil eben bleibt und nicht verwunden wird. Bei einfachen Teilen lassen sich auch Maschinenscheren (Kreis- oder Kurvenscheren) verwenden. Schneidvorgänge sind auch erforderlich, wenn Blechteile gelocht werden sollen, wobei die Ausschnitte irgendeine beliebige Form haben können. Ferner können die Blechteile eingeschnitten sein, durchgerissene Lappen, durchgezogene Düsen oder durchgedrückte Butzen tragen. Außerdem gehören zu dieser Gruppe von Bauteilen bereits vorgearbeitete Teile, an denen zur Fertigstellung noch eine Schneidoperation durchgeführt werden muß, z. B. das Beschneiden von Ziehteilen, das Abgraten von Preßteilen, das Nachschneiden von Schnitteilen u. dgl.

Die herzustellende Stückzahl, die Genauigkeitsanforderungen und die Form des Werkstückes beeinflussen maßgebend die Art des Schnittwerkzeuges, das zur Herstellung der Teile gewählt wird (Tab. 7). Der Freischnitt kann mit wesentlich geringerem Kostenaufwand hergestellt werden als der Gesamtschnitt.

Für die Gestaltung von *ausgeschnittenen Teilen*, die durch vollständiges Trennen längs einer beliebig geformten in sich geschlossenen Linie aus einem Blechstreifen entstehen, gelten folgende Richtlinien:

Tabelle 7. *Anwendung der Schnittwerkzeuge.*

Werkzeug	Mindesttoleranz der Teile	Teile-Stückzahl	Anwendung und Bemerkung
Freischnitt	$\pm 0,2 \cdots 0,3$	klein	einfache Umgrenzungen, große Ausschnitte, Abgratarbeiten
Führungsschnitt	$\pm 0,08 \cdots 0,2$	mittel bis groß	meist Teile mit Folgeoperationen (2 oder mehr Arbeitsstufen), Toleranzen abhängig von der Vorschubbegrenzung
Gesamtschnitt	$\pm 0,025 \cdots 0,05$	groß	genaue Teile, die viele Schnittstempel erfordern (z. B. Rotor- und Statorblech in einem Werkzeug), Toleranzen nur abhängig von der Werkzeuggenauigkeit, keine Vorschubtoleranzen

1. Die Formen müssen — besonders bei kleinen Abmessungen — einfach gewählt werden, also Stern-, Gabel-, U-Formen sollen möglichst vermieden werden.

2. Die Fläche des Blechteiles soll möglichst klein sein, damit man mit wenig Werkstoffaufwand auskommen kann.

3. Die Teile müssen so geformt sein, daß sie sich mit geringem Abfall aus dem Blechstreifen ausschneiden lassen (Abb. 53). Gegebenenfalls können mehrere in gleicher Stückzahl benötigte ungleich geformte Teile aus einem Streifen ausgeschnitten werden, um den Abfall zu verringern (Abb. 54).

4. Wenn ein Schnitteil große Flächen aufweist und Durchbrüche zur Gewichtsverminderung angebracht sind, können evtl. hieraus weitere kleinere in gleicher Stückzahl benötigte Teile ausgeschnitten werden, um Werkstoff zu sparen (Abb. 55).

5. Die Teile sollen mit möglichst großen Maßtoleranzen und auch mit evtl. Gratbildung noch verwendbar sein. Je größer die Toleranz ist, um so größer ist die Stückzahl der Teile, die mit dem Werkzeug hergestellt werden kann.

6. An Teilen aus weichem Werkstoff bildet sich mehr Grat als an denen aus hartem Werkstoff. Dünne Teile lassen sich maßhaltiger und sauberer herstellen als dicke Teile. Die Blechdicke soll möglichst kleiner als 3 mm sein.

7. Scharfe Ecken sollen möglichst vermieden werden. Besonders Blechdicken über 3 mm erfordern an allen Stellen Rundungen der Schnittlinien. Sind scharfe Ecken erforderlich, so lassen sie sich nur bei dünnerem Blech (unter 3 mm) verwirklichen.

8. Dicke Bleche sollen möglichst vermieden werden; evtl. kann das Teil aus mehreren

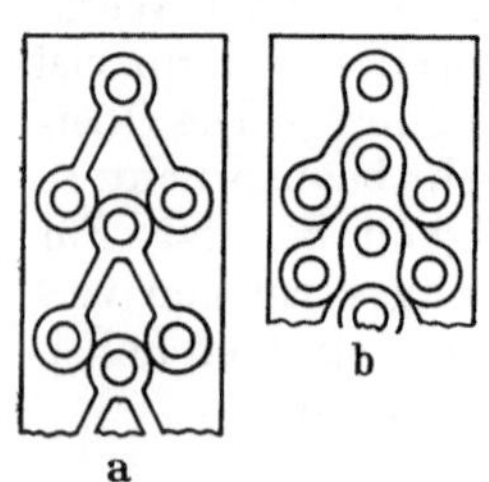

Abb. 53. Abfall beim Ausschneiden. a viel Abfall, ungünstig; b durch kleine Formänderung wenig Abfall, deshalb besser

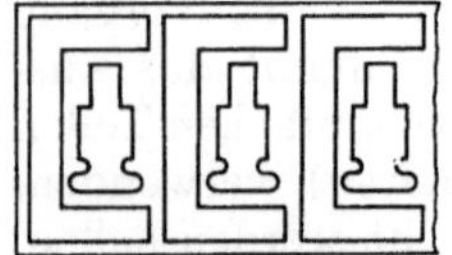

Abb. 54. Freie Flächen für Ausschneiden anderer Teile ausgenutzt

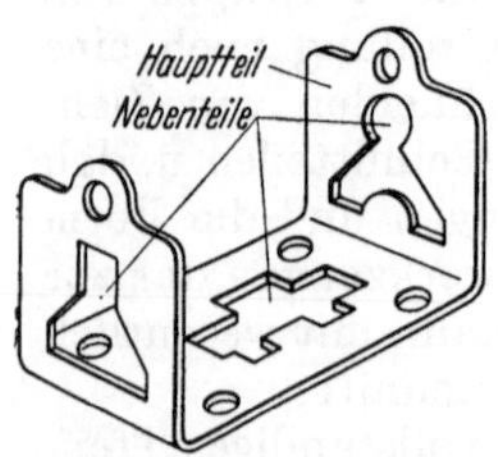

Abb. 55. Durchbrüche zur Erleichterung des Werkstückes für weitere Teile ausgenutzt

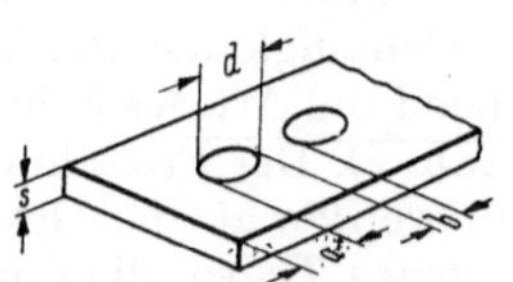

Abb. 56. Lochdurchmesser, Rand und Stegbreiten

dünnen Blechteilen aufgebaut und durch Punktschweißen miteinander verbunden werden (s. Abb. 248).

Beim *Lochen* müssen genügend große Steg- und Randbreiten vorgesehen werden (Abb. 56). Der kleinste noch mögliche Durchmesser des Lochstempels ist abhängig von der Dicke des Bleches und vom Werkstoff. Anzustreben ist das Verhältnis $d : s = 3 : 1$. Lochstempel bis 10 mm $\varnothing$ sind genormt (DIN 9861). Aus Tab. 8 können Mindestwerte für Durchmesser, Steg- und Randbreite entnommen werden.

Tabelle 8. *Mindestwerte für Lochdurchmesser, Rand- und Stegbreiten.*

	Metalle	Isolierstoffe	
		$s \leqq 0,5$	$s > 0,5$
d	$\geqq 0,8\,s$		$\geqq 0,7\,s$
a	$\geqq 1\,s$	$\geqq 2,5\,s$	$\geqq 1,5\,s$
b	$\geqq 1\,s$	$\geqq 2,5\,s$	$\geqq 1,5\,s$

Wird ein Teil nach dem Lochen gebogen, so darf der Abstand der Biegekante von der Lochkante nicht zu klein gewählt werden (Abb. 57), damit das Loch sich nicht verzieht. Hält man die Erfahrungsformel $a \geqq r + 2s$ ein, so erhält man brauchbare Teile. Ein Loch kann evtl. in der Biegekante vorgesehen werden, um den Verzug der angrenzenden Löcher zu vermeiden (Abb. 58).

Durchbrüche werden zweckmäßig so geformt, daß sie mit kreisrunden Lochstempeln herstellbar sind, weil diese Stempel gut geschliffen werden können (Abb. 59). Dünne und schwache Stempel verteuern die Herstellung der Werkzeuge. So ist z. B. der Schnitt für einen Schlitz von 2 mm Breite um 50% teurer als der für 5 mm. Abb. 60 zeigt eine Reihe mehr oder weniger günstiger Formen von Lochdurchbrüchen. In der Schelle in Abb. 61 wird aus konstruktiven Gründen das Loch in dem einen Schenkel zweckmäßig als Langloch, das andere als Rundloch ausgebildet, weil das Fluchten von zwei Rundlöchern fertigungstechnisch schlecht zu erreichen ist und der Zusammenbau bei der dargestellten Lösung dadurch leichter möglich ist.

Beim *Abschneiden* oder *Abhacken* werden die fertigen Schnitteile direkt vom Streifen abgeschnitten, es ist also keine geschlossene Schnittlinie vorhanden (Abb. 62). Dadurch entfallen die Außenstege und häufig auch die Querstege, so daß kein Abfall entsteht. Da die Breite der

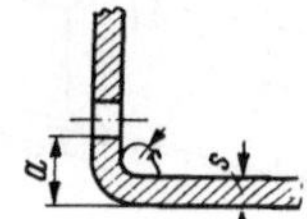

Abb. 57. Loch an einer Biegekante

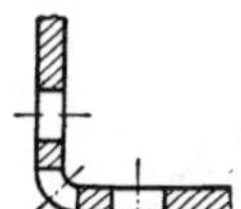

Abb. 58. Loch in der Biegung vermeidet Verzug der anderen Löcher

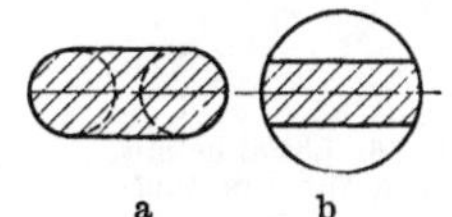

Abb. 59. Stempelform. a Form ungünstig; b Form besser

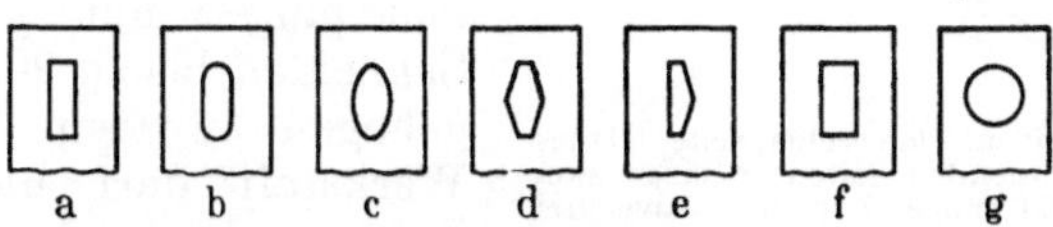

Abb. 60. Stempelformen. a···c Formen ungünstig; d···g Formen besser

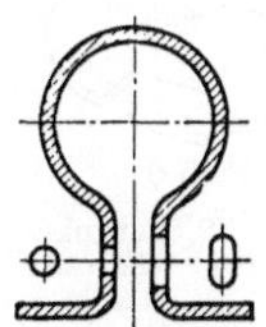

Abb. 61. Löcher an Befestigungsschelle

Teile durch die Breite des Streifens bestimmt ist, die mit der Tafelschere zugeschnitten werden, ist die Toleranz für dieses Maß verhältnismäßig groß und beträgt $0,2 \cdots 0,3$ mm.

Sind Abschneideteile abgerundet (Abb. 63), so entsteht ein geringer Abfall durch den Quersteg. Der Rundungshalbmesser soll möglichst größer als die halbe Breite des Teiles gewählt werden: $r > b/2$, weil sonst infolge der großen Breitendifferenzen schlecht aussehende Teile entstehen.

In Abb. 64 ist ein Beispiel für ein vollständig abfalloses Abschneiden dargestellt, bei dem zwei Werkstücke bei jedem Schnitt entstehen.

Unter *Einschneiden* versteht man ein teilweises Trennen des Werkstoffes (Abb. 65) mittels Schnittwerkzeug oder Schere, um Teile des Werkstückes ab- oder umbiegen zu können. Der Stempel läßt sich so ausbilden, daß der durch die Einschnitte entstehende Lappen während des Schneidvorganges aufgebogen wird. Entweder wird der Lappen beim Schneiden nur angebogen und dann durch weitere Operationen, z. B. durch Rollen, fertig bearbeitet, oder er wird gleich beim Schneiden fertig gebogen, wobei Abbiegungen bis zu 90° möglich sind. Die Abb. 66 und 67 zeigen Beispiele für die Gestaltung von Werkstücken durch Einschneiden.

Ein dem Einschneiden ähnlicher Formgebungsvorgang ist das *Durchreißen*. Dabei werden Nasen, Ösen, Lappen oder dgl. aus der vollen Blechfläche herausgerissen, wobei längs einer, zwei oder drei Seiten geschnitten wird (Abb. 68). Die durchgerissenen Lappen können in einem Arbeitsgang mit dem Schneiden bis zu 90° abgebogen werden. Der Werkstoff darf hierfür nicht zu hart sein, weil sonst die Gefahr des Ein-

Abb. 62. Abhacken

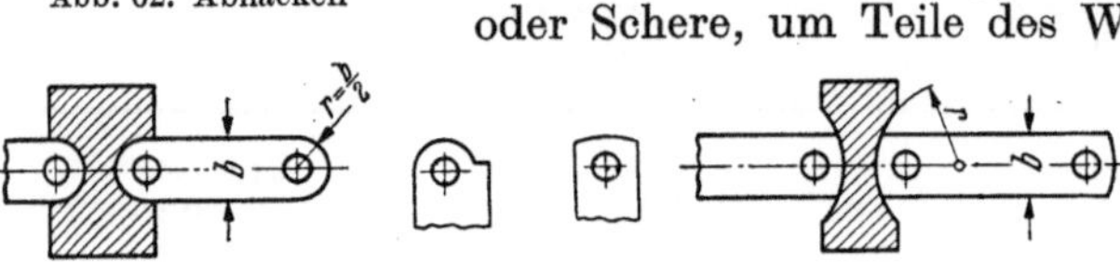

Abb. 63. Abschneideteile abgerundet. $a : r = b/2$ ungünstig bei Streifendifferenzen; $b : r > b/2$ besser

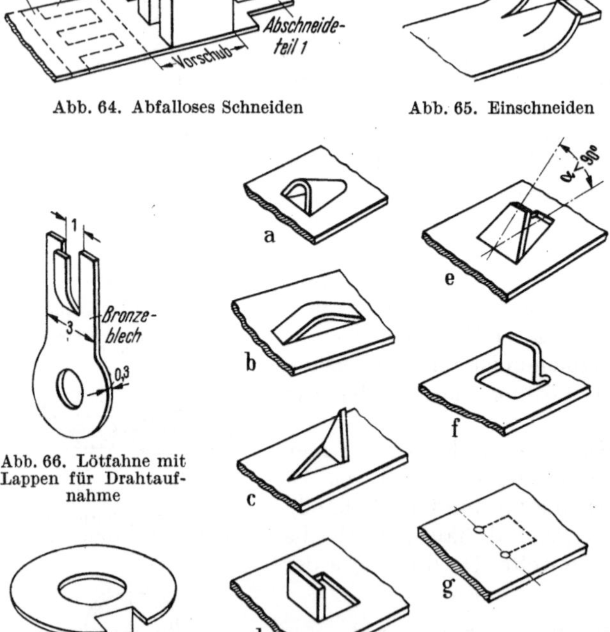

Abb. 64. Abfalloses Schneiden

Abb. 65. Einschneiden

Abb. 66. Lötfahne mit Lappen für Drahtaufnahme

Abb. 67. Sicherungsblech nach DIN 432

Abb. 68. Durchreißen. a längs einer Seite; b längs zwei gegenüberliegenden Seiten; c längs zwei Seiten für dreieckförmigen Lappen; d längs drei Seiten; e Lappen trapezförmig; f Biegekante freigeschnitten; g Biegekante begrenzt durch Lochungen

reißens besteht (Abb. 68d). Die Rißbildung wird vermieden, wenn die Biegekante frei liegt (Abb. 68f). Diese Form ist zu empfehlen, wenn größere Lappen aus hartem Werkstoff herausgebogen werden sollen. Mitunter genügt schon ein Abgrenzen der Biegekante durch zwei vorgelochte Löcher (Abb. 68g). Lappen mit Dreieck- oder Trapezform (Abb. 68c und e) sind für die Herstellung günstiger als rechteckig geformte Lappen (Abb. 68d), besonders wenn der Biegewinkel kleiner als 90° ist, weil sonst im Werkzeug leicht Klemmungen entstehen.

Abb. 69 zeigt als Beispiel die in Abb. 68b dargestellte durch Durchreißen entstandene Form als Verdrehsicherung bei einer Schraubverbindung zweier Blechteile mit einer Schraube. In dem Beispiel in Abb. 70 ist die in Abb. 68c dargestellte Lappenform für die Lappverbindung einer Lötfahne an einer Spulenpappscheibe verwendet. Abb. 71 zeigt ein Schnitteil mit einer herausgeschnittenen Abwinkelung, das als Grundplatte für die Befestigung von Spulen in einem elektrischen Wecker verwendet wird.

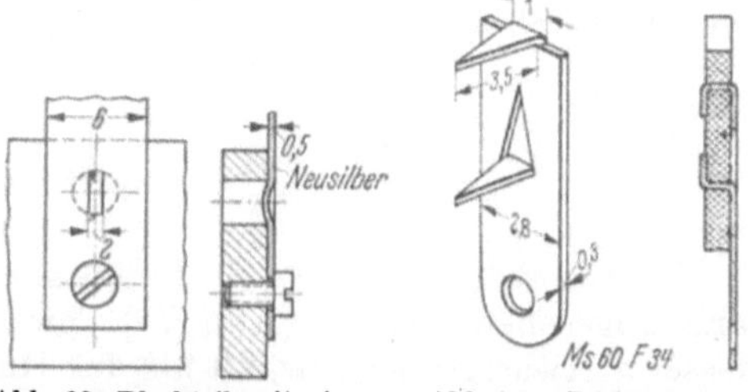

Abb. 69. Blechteil mit einer Schraube verdrehsicher angeschraubt

Abb. 70. Lötfahne für Pappscheiben an Spulen

Wenn ein Blechteil gelocht wird, so kann das Werkzeug so gestaltet werden, daß der Werkstoff aus dem Loch nicht vollständig herausgeschnitten, sondern *durchgezogen* wird. Durch dieses *Durchziehen* — auch *Stechen* genannt — entsteht die Form einer Düse (Abb. 72). Der herausgezogene Rand der Düse kann mehr oder weniger glatt sein, was von der Ausbildung des Werkzeuges abhängt. Bei weichem Werkstoff, z. B. bei Messing weich, kann man für den Innendurchmesser $d = 2$ mm der Düse die in Tab. 9 angegebenen Werte erzielen. Abb. 73 zeigt ein Beispiel für die Verwendung einer herausgestochenen Düse: Ein aus Blech gestalteter Kurvenhebel mit einer solchen Düse ist auf einer Welle aufgepreßt, die an der Befestigungsstelle ein Rändel trägt. Die Welle braucht dadurch nicht abgesetzt zu werden, sondern es wird hierfür das glatte gezogene

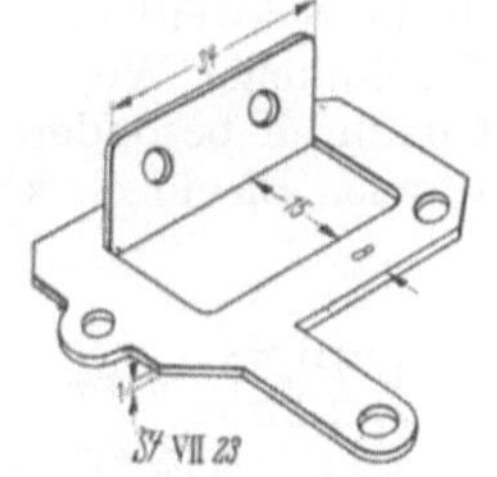

Abb. 71. Spulenträger für elektrischen Wecker

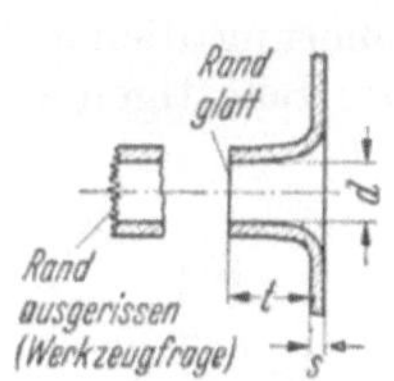

Abb. 72. Durchziehen

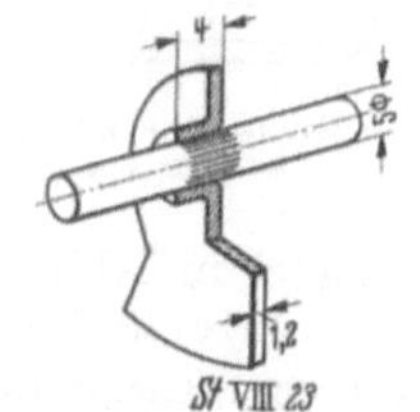

Abb. 73. Kurvenhebel mit durchgezogener Düse auf gerändelter Welle befestigt

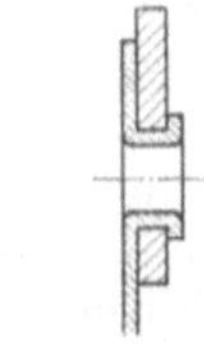

Abb. 74. Nietverbindung mittels Düse

Rundmaterial verwendet. In dem Beispiel in Abb. 74 ist die herausgezogene Düse als Hohlnietzapfen verwendet. Soll ein Blechteil Gewindelöcher tragen, so wird

Tabelle 9. *Werte für durchgezogene Düse bei $d = 2$ mm Innendurchmesser.*

s [mm]	0,5	1,0	1,5
t [mm]	2,0	2,5	3,5

zweckmäßigerweise — besonders bei dünnem Blech — den Löchern Düsenform gegeben, um ein längeres Gewinde zu erzielen. Tab. 10 ist ein Auszug aus DIN 7952 und enthält Werte für den Blechdurchzug bei Gewindelöchern.

Tabelle 10. *Durchgezogene Düse mit Gewinde nach DIN 7952.*
Werte für Düsenlänge e.

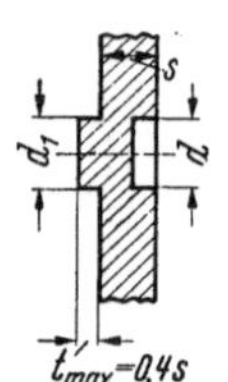

d_1	Blechdicke s [mm]					
	0,5···0,7	0,75···0,9	1···1,3	1,4···1,8	1,9···2,3	2,5···2,8
M 1,4	1,4	1,7				
M 1,7	1,5	1,8	2,1			
M 2		1,9	2,2	2,8		
M 2,6			2,4	3,0	3,6	
M 3			2,5	3,1	3,8	
M 4				3,3	4,1	4,9
M 5				3,4	4,2	5,5

Das *Durchdrücken* eines Butzens kann als begonnener unvollendeter Lochvorgang angesehen werden (Abb. 75). Zweckmäßig wird aber der Stempeldurchmesser d etwas größer gewählt als der Durchmesser d_1 in der Lochplatte. In dem Beispiel in Abb. 76, in dem zwei Blechteile durch Punktschweißen miteinander verbunden sind, dienen zwei herausgedrückte Butzen in dem einen Blechteil, die in Löcher des anderen Blechteils hineinpassen, zum Sichern der Lage der beiden Teile gegeneinander beim Schweißen. Dadurch erübrigt sich eine besondere Schweißvorrichtung. In ähnlicher Weise können derartige Butzen zur Verdrehsicherung dienen und dadurch besondere Stifte ersparen. Auch als Nietzapfen zum Befestigen eines dünnen Blechteils können solche Butzen verwendet werden

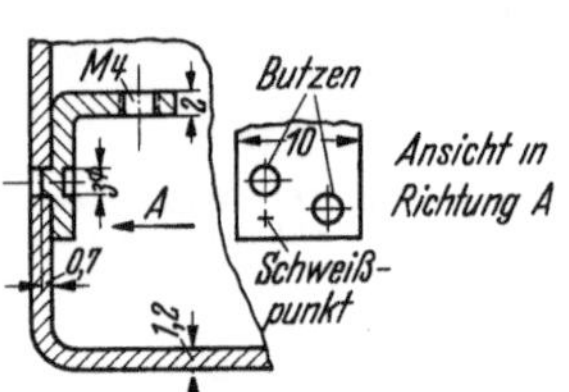

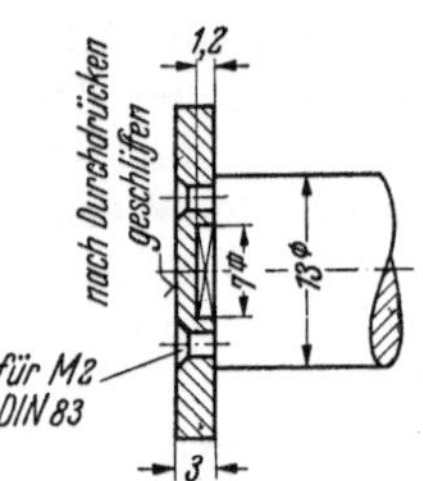

Abb. 75. Durchdrücken

Abb. 76. Gehäuse mit angeschweißtem Winkel

Abb. 77. Eingedrückter Vierkant für Mitnahme

(s. Abb. 189). In dem Beispiel in Abb. 77 wird die quadratisch geformte Vertiefung in dem Blech konstruktiv als Verdrehsicherung für die Verbindung eines Blechteiles mit einem Rundteil ausgenutzt, wobei der herausgedrückte Butzen nachträglich abgeschliffen worden ist.

b) Biegeteile. Mit *Biegen* bezeichnet man das Umformen einer Platine zu einem Werkstück mit winklig abgebogenen Teilen. Dabei wird die Blechdicke nicht wesentlich geändert. Bei geringer Stückzahl können Draht- und Blechteile mit einfachen handbetätigten Biegevorrichtungen gebogen werden; in der Massenfertigung dagegen werden für diesen Zweck Biegestanzen verwendet, die in Pressen eingespannt werden.

Die Biegeteile können *einfach* oder *mehrfach* gebogen sein. Einfache Biegungen können mit einfachen Werkzeugen hergestellt werden; dabei kann die Biegung symmetrisch oder unsymmetrisch sein und die Schenkellängen und -breiten können ungleich gestaltet werden.

Schwieriger ist die Herstellung von Mehrfachbiegungen in einem Werkzeug, weil dabei leicht Zugbeanspruchungen im Blech auftreten, die zum Bruch führen können.

Beim Entwurf des Biegeteiles muß die Aufnahme des Teiles im Werkzeug bedacht werden. Einfache Biegeteile können leicht in der äußeren Form aufgenommen werden (Abb. 78), Teile mit mehrfachen Biegungen sollten möglichst in besonderen, im Schnittteil vorgesehenen Löchern aufgenommen werden (Abb. 79). Bei dieser Art der Aufnahme kann der Abstand der Biegekante von den Aufnahmelöchern genau eingehalten werden.

Will man ein Stanzteil nach dem Biegen lochen, wobei der Abstand der Löcher von der Biegekante genau eingehalten werden soll, so muß man ein besonderes Aufnahmeloch vorsehen. Ein Beispiel zeigt Abb. 80: Das Teil erhält beim Aus-

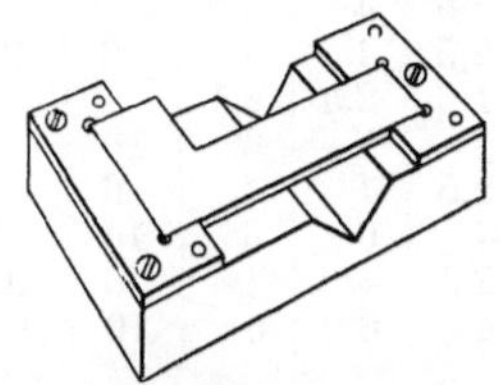

Abb. 78. Aufnahme eines Biegeteiles mit einer Biegung

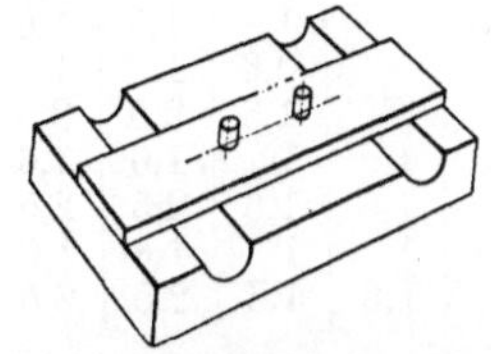

Abb. 79. Aufnahme eines Biegeteiles mit mehrfacher Biegung in Aufnahmestiften

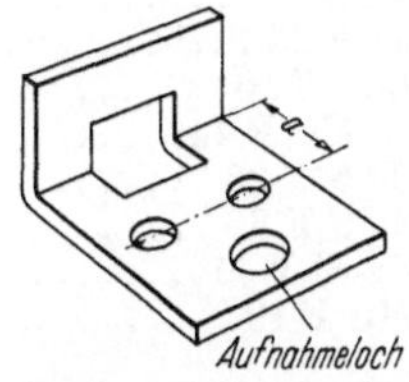

Abb. 80. Teil mit besonderem Aufnahmeloch zum Biegen und Lochen

schneiden ein besonderes nur diesem Zweck dienendes Aufnahmeloch, das sowohl beim Biegen als auch beim Lochen zur Aufnahme des Teiles dient, dadurch kann der Abstand a der Löcher von der Biegekante genau eingehalten werden.

Aus Festigkeitsgründen soll die Biegekante möglichst senkrecht zur Walzfaser gewählt werden. Läßt sich eine schräge Lage nicht vermeiden, so sollte man den Winkel von 45° nicht überschreiten (Beispiele in den Abb. 88···91).

Bei der Formgebung durch Biegen werden die inneren Fasern gestaucht und die äußeren gedehnt. Dadurch wird der Werkstoff an den beiden Enden der Biegekante an der Innenseite nach außen gedrückt, während er an der Außenseite nach innen gezogen wird (Abb. 81a). Diese Erscheinung ist um so stärker, je dicker das Blech und je kleiner der Biegehalbmesser ist. Sind die Ausbauchungen des Werkstoffes an der Innenseite der Biegung störend und unerwünscht, so müssen die Teile an dieser Stelle z. B. durch Schleifen nachgearbeitet werden. Die Nacharbeit kann vermieden werden, wenn an der Biegekante beim Ausschneiden des Teiles eine Ausklinkung vorgesehen wird, wodurch die Ausbauchung unschädlich wird (Abb. 81b).

Eine Biegung um 180°, bei der der umgebogene Schenkel über seine ganze Länge anliegt, ist schwierig herzustellen und bei härterem Werkstoff überhaupt nicht zu erreichen (Abb. 82a). Eine kleine Öffnung an der Biegekante muß deshalb in Kauf genommen werden (Abb. 82b).

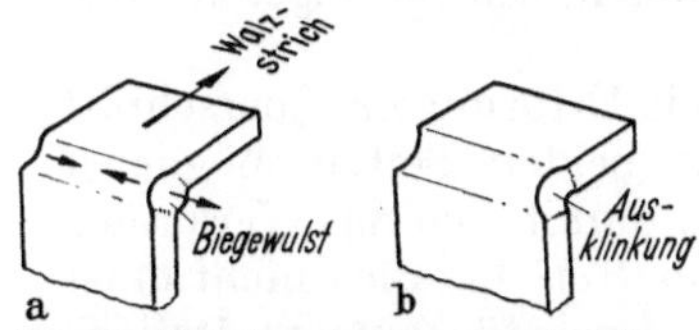

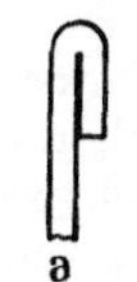

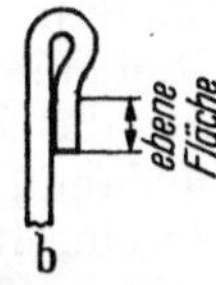

Abb. 81. Wulst an der Biegekante (a) und ihre Vermeidung durch Ausklinkung (b)

Abb. 82. Biegung um 180°. a scharfe Biegung reißt leicht, ungünstig; b Biegekante gerundet, besser

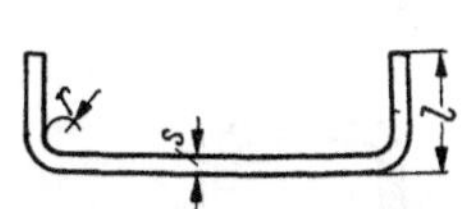

Abb. 83. Rundungshalbmesser r der Biegung in Abhängigkeit von der Blechdicke

Bei U-förmigem Werkstück (Abb. 83) darf die Schenkellänge nicht zu klein gewählt werden: $l \geqq 3s + r$. Die Mindestlänge beträgt etwa 2 mm.

Der Biegehalbmesser ist abhängig von Werkstoffart, Härte und Blechdicke. Bei dünnerem Blech aus weicherem Werkstoff erzielt man mit einem kleinen Biegehalbmesser eine große Steifheit und ein geringes Auffedern nach dem Biegen. Vom AWF sind Kleinstwerte für Biegehalbmesser vorgeschlagen worden (Tab.11).

Tabelle 11. *Kleinstzulässige Biegehalbmesser für 90°-Biegeteile nach AWF 5975.*

Werkstoff	Dicke s in mm											
	0,3	0,4	0,5	0,6	0,8	1	1,2	1,5	2	2,5	3	4
St VII 23	0,6	0,6	0,6	0,6	1	1	1,6	1,6	2,5	2,5		
St 34.23						1,6	2,5	2,5	4	4		
Ms 63 F 35	0,6	0,6	1	1	1,6	1,6	2,5	2,5	4	4	6	10
Al 99,5 F 10..........				0,6	1	1	1,6	1,6	2,5	2,5	4	
Al-Cu-Mg F 44........				1,6	2,5	2,5	4	4	6	6	10	
Al-Mg 5 F 25	0,6	0,6	1	1	1,6	1,6	2,5	2,5	4	4	6	
Al-Mg 9 F 36	1	1	1,6	1,6	2,5	2,5	4	4	6	6	10	10
Al-Mg-Si F 11		0,6	1	1	1,6	1,6	2,5	2,5	4	4	6	10
Mg-Mn F 19			1,6	1,6	2,5	2,5	4	4	6	6	10	10

Die Gratseite soll beim Biegen möglichst nach innen gelegt werden, weil sonst der Werkstoff leicht einreißt. Um bei symmetrischen Teilen ein falsches Einlegen zu verhindern, können unsymmetrisch gelegene Aufnahmen vorgesehen werden (Abb. 84).

Liegt die Biegekante frei (Abb. 85, s. auch Abb. 88···91), so wird das Werkstück an der Biegekante sauberer, und es treten bei der Herstellung weniger Störungen auf. Dabei wird zweckmäßigerweise $a = r$, mindestens aber 0,5 mm gemacht.

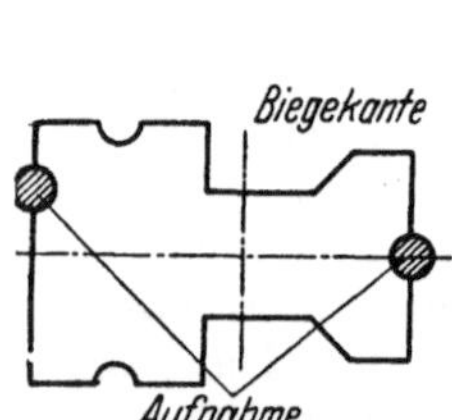

Abb. 84. Aufnahmestifte unsymmetrisch bei sonst symmetrischen Teilen

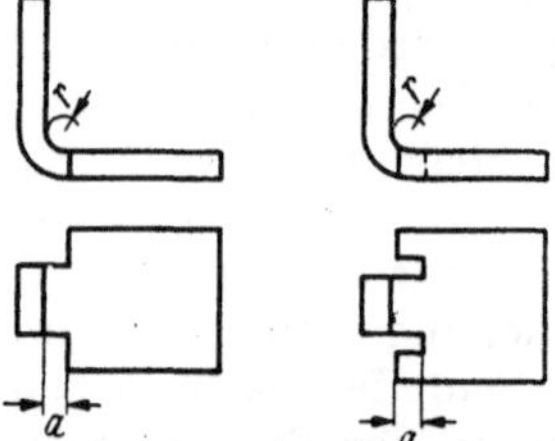

Abb. 85. Absatz an der Biegekante, der Abstand *a* muß mit Rücksicht auf den Biegehalbmesser *r* groß genug gemacht werden

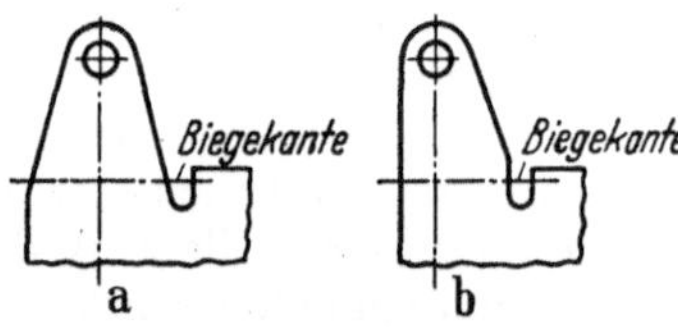

Abb. 86. Richtige Lage der Endflächen zur Biegekante. a schräge Lage ungünstig; b senkrechte Lage besser

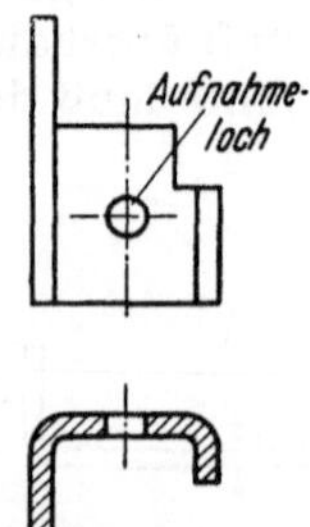

Abb. 87. Werkstück mit U-Profil, Schenkel ungleich lang; Aufnahmeloch verhindert Verzug

Die Biegekante muß senkrecht zu den Außenkanten des Werkstückes gelegt werden, weil dann die Werkstoffbeanspruchungen am geringsten sind (Abb. 86).

Bei einem Werkstück mit U-förmigem Querschnitt sollen die Biegekanten auf beiden Seiten möglichst gleichlang gemacht werden, damit sich das Werkstück nicht einseitig verzieht (Abb. 87). Ist dies nicht möglich, so muß ein besonderes Loch für eine zusätzliche Aufnahme vorgesehen werden. Die Abb. 88···91 zeigen Gestaltungsbeispiele für Biegeteile.

Das *Rollen* kann als eine besondere Art der Biegegestaltung angesehen werden (Abb. 92). Der Innendurchmesser muß bei dicken Blechen größer gewählt werden als bei dünnen. Brauchbare Werkstücke erhält man, wenn $d \geqq 1{,}5\,s$ eingehalten wird. Wird die Mittellinie der Rolle auf Blechmitte gelegt (Abb. 92a), so muß das Teil vor dem Rollen vorgebogen werden. Dies ist nicht erforderlich, wenn die Blechebene an der Rundung tangiert (Abb. 92b). Da diese Form wirtschaftlicher herzustellen ist, ist sie jener vorzuziehen. Auch beim Rollen soll die Walzfaser des Bleches rechtwinklig zur Rollenachse gelegt werden. Abb. 93 zeigt als Beispiel ein Werkstück, an dem die Rolle für ein Scharniergelenk benutzt wird.

c) Formstanz- und Tiefziehteile. *Formstanzen.* Wird bei der Herstellung eines Blechteiles nicht längs einer Geraden, sondern längs eines offenen oder geschlossenen Linienzuges gebogen, so wird der Vorgang *Formstanzen*

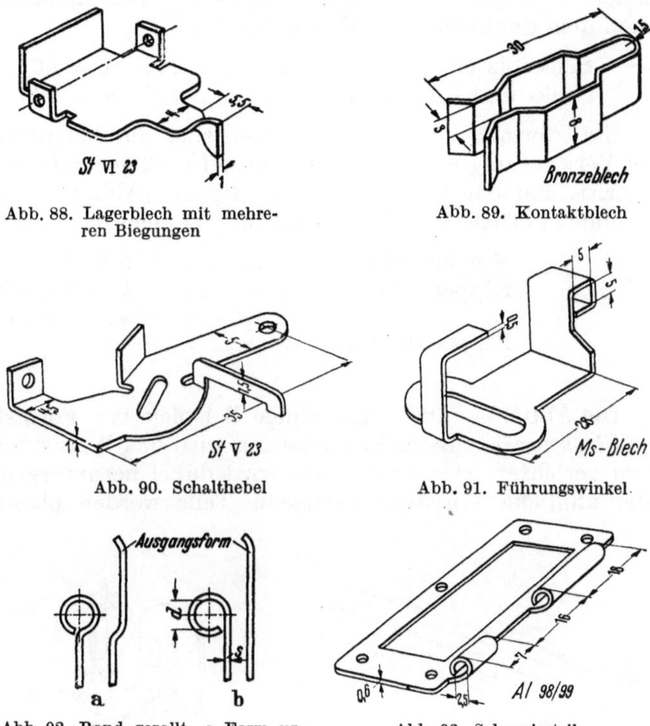

Abb. 88. Lagerblech mit mehreren Biegungen

Abb. 89. Kontaktblech

Abb. 90. Schalthebel

Abb. 91. Führungswinkel

Abb. 92. Rand gerollt. a Form ungünstig; b Form besser

Abb. 93. Scharnierteil

genannt. Es ist ein Umformen durch Stempel und Gegenstempel bei annähernd gleichbleibender Zuschnittsdicke (Entw. DIN 9870, Bl. 3). Wegen der stärkeren Werkstoffumformung gegenüber dem Biegen können die abgebogenen Teile des Werkstückes nicht beliebig groß sein, weil sonst der verdrängte Werkstoff Falten bilden würde.

Neben dem Herstellen von Hohlkörpern läßt sich das Formstanzen zum Formen von Rändern, Augen, Senkungen (Abb. 94), Spiegeln, Wölbungen (Abb. 95), sowie Rippen (Abb. 96) u. dgl. verwenden. Durch diese Formgebung werden die

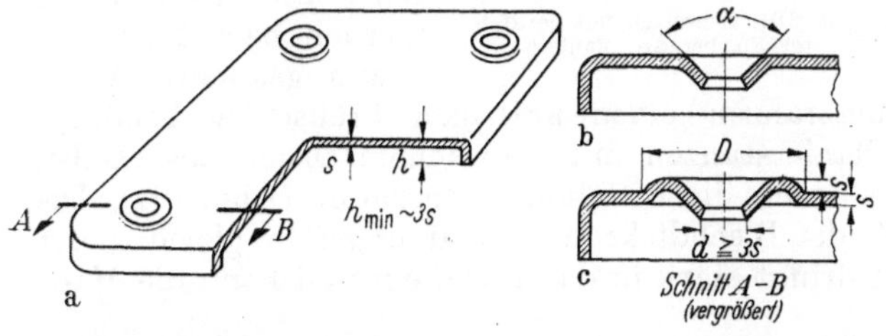

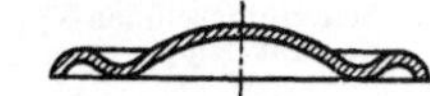

Abb. 95. Ausbildung von Wölbungen durch Formstanzen

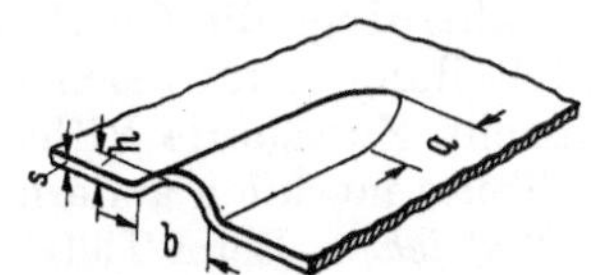

Abb. 94. Ausbildung von Rändern, Senkungen und Augen durch Formstanzen. a Deckel mit Befestigungslöchern; b glatte Ausführung; c erhabene Ausführung

Abb. 96. Gestaltung von Rippen

Blechteile steifer und widerstandsfähiger gegen Biegebeanspruchungen (s. S. 43). Gegebenenfalls kann dadurch dünneres Blech verwendet und damit Werkstoff gespart werden.

Die Ausführung Abb. 94c weist gegenüber der glatten Form Abb. 94b eine höhere Festigkeit gegen Durchbiegen auf. Der Randdurchmesser D richtet sich nach dem Senkwinkel α. Man wähle bei:

Senkholzschrauben .... $\alpha = 60°$ $D \sim 3 \cdots 3{,}5d$
Senk- und Linsensenkschrauben ..... $\alpha = 90°$ $D \sim 4 \cdots 4{,}5d$.

Stanzformen mit scharfen Ecken sind nur bei weichem Werkstoff möglich; bei Verwendung von hartem Werkstoff muß gerundet werden, damit kein Bruch eintritt. Bei der Gestaltung von Rippen (Abb. 96) muß der Auslauf (a) ausgerundet werden. Für die Formgebung können folgende Werte als Anhalt dienen:

Rippenbreite .... $b = 4$ bis $6s$,
Rippenhöhe .... $h = 2$ bis $3s$,

s	0,25	0,5	1
a	$10s$	$5s$	$2{,}5s$

Rippenauslauf ....

Die Abb. 97 $\cdots$ 100 zeigen einige Beispiele von Formstanzteilen.

Flachstanzen. Beim Flachstanzen wird das Werkstück nicht umgeformt, sondern gerichtet. Der Schnittgrat wird dabei heruntergedrückt, durch Trommeln oder ähnliche Vorgänge verzogene Teile werden planiert. Die Oberfläche der

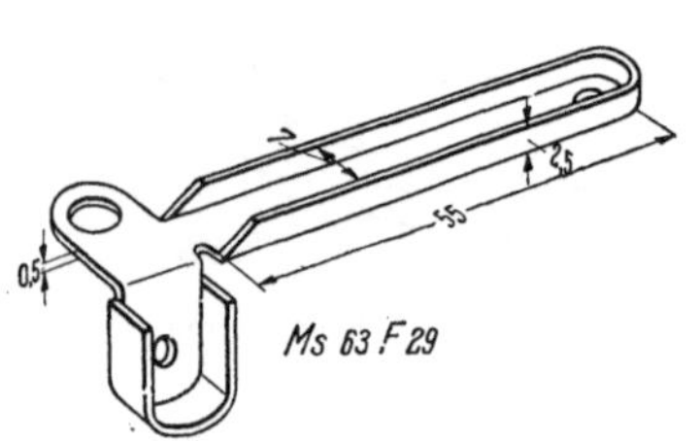

Abb. 97. Durch Ränder versteiftes Winkel-
stück

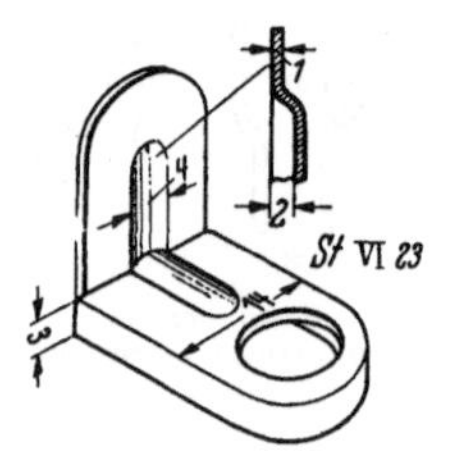

Abb. 98. Winkel mit Rand
und Rippe

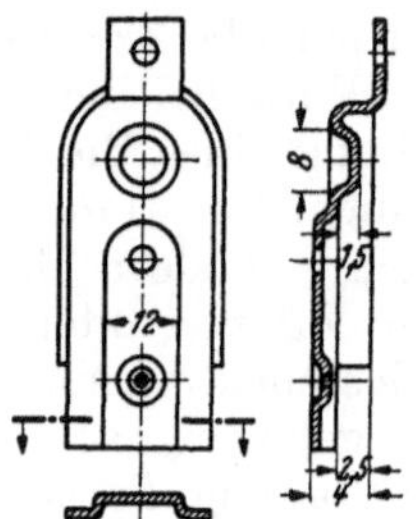

Abb. 99. Verkleidungsblech
mit Spiegel und Augen

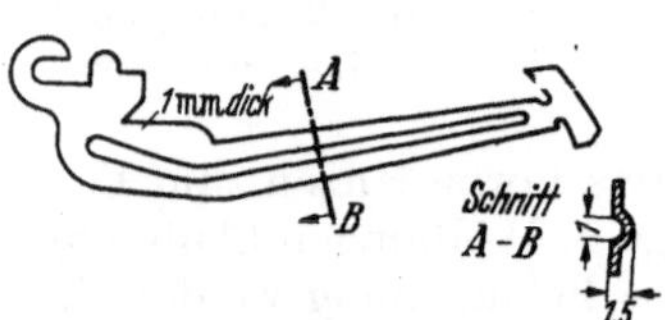
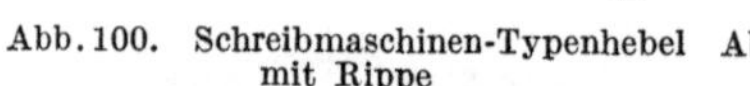

Abb. 100. Schreibmaschinen-Typenhebel
mit Rippe

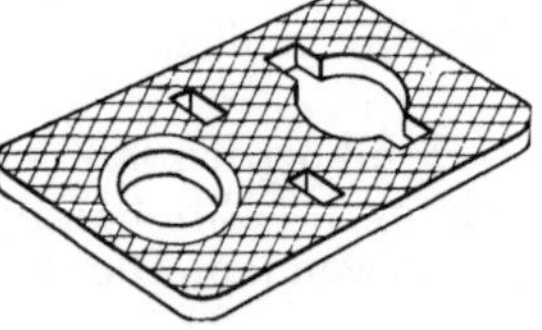

Abb. 101. Schnitteil mit geriffel-
ter Flachstanze planiert

Planierstanze kann glatt oder geriffelt sein. Glatte Stanzen werden bei weichem und bei dickem Blech verwendet. Die Umrißmaße werden beim Planieren etwas geändert. Während man bei glatten Planierstanzen einen kräftigen Prellschlag benötigt, kommt man bei geriffelten Planierstanzen mit schwachem Druck aus. Dabei wird allerdings die Oberfläche durch die Riffelung aufgerauht (Abb. 101). Die Riffelteilung richtet sich nach der Blechdicke und wird ungefähr gleich dieser gemacht. Zu scharfe Riffelung dringt stark in das Blech ein und kann die Maße des Teiles merklich ändern.

Tiefziehen. Beim Tiefziehen von Hohlkörpern wird im Gegensatz zum Formstanzen und einfachem Ziehen durch besondere Falten- oder Niederhalter die

Faltenbildung bei der Umformung unterdrückt. Die zugeschnittene Blechscheibe wird mittels eines Ziehstempels durch einen Ziehring gezogen, wobei die Scheibe während des ganzen Ziehvorganges unter einem meist gefederten Niederhalter geführt wird und — der Ziehgeschwindigkeit entsprechend — hervorgleiten kann. Zum Tiefziehen werden am besten besondere doppeltwirkende Tiefziehpressen verwendet.

Der Werkstoff wird beim Tiefziehen besonders am oberen Rand des Hohlgefäßes erheblich gestaucht. Durch die starke Zugbeanspruchung im unteren Teil des Gefäßmantels wird die Blechdicke verringert. Die erhebliche Werkstoffumformung hat eine Verfestigung des Werkstoffes und damit eine Vergrößerung des Formänderungswiderstandes entsprechend einer Verringerung der Bildsamkeit zur Folge. Durch Glühen kann das ursprüngliche Formänderungsvermögen des Werkstoffes zurückgewonnen werden. Ist das Verhältnis von Gefäßhöhe zum Durchmesser groß, so kann die Umformung nur in mehreren Ziehstufen durchgeführt werden, zwischen denen mitunter die Teile geglüht und gebeizt werden müssen.

Da die Wirtschaftlichkeit in der Herstellung der Ziehteile neben der Ausführung des Werkzeuges in starkem Maße von der Form des Werkstückes abhängt, müssen auch hier wie überall in der Massenfertigung Konstruktions- und Fertigungsingenieur eng zusammenarbeiten. Da die Zahl der Ziehstufen sehr maßgebend die Wirtschaftlichkeit der Herstellung beeinflußt, ist die Form so zu wählen, daß man mit möglichst wenigen Stufen auskommt. Die Anzahl der Ziehstufen ist von der Tiefziehfähigkeit des Werkstoffes abhängig und läßt sich durch das Ziehverhältnis m kennzeichnen (Verhältnis des mittleren Hohlkörperdurchmessers zum Scheibendurchmesser, bzw. vom kleineren zum größeren Durchmesser beim Ziehen mit Ziehwerkzeugen):

$$m_1 = \frac{d_{m_1}}{D} = \text{Ziehverhältnis des 1. Zuges (Anschlag),}$$

$$m_2 = \frac{d_{m_2}}{d_{m_1}} = \text{Ziehverhältnis beim Stufenziehen (Weiterschlag).}$$

Hieraus folgt:

$$d_{m_1} = m_1 \cdot D,$$
$$d_{m_2} = m_2 \cdot d_{m_1}$$
$$d_{m_3} = m_3 \cdot d_{m_2}$$

usw.

Im allgemeinen wird $m_2 = m_3 = m_4 \cdots = m_n$ gewählt. Anhaltswerte für die Auswahl der Ziehstufen sind den Abb. 102 bis 104 zu entnehmen. Hieraus ist zu ersehen, daß hohe und schlanke Formen eine größere Anzahl Ziehstufen verlangen, wodurch die Kosten u. U. erheblich erhöht werden.

Bauchige, kegelige und kugelige Formen sind nach dem üblichen Ziehverfahren schwer herzustellen. Derartige Hohlkörper

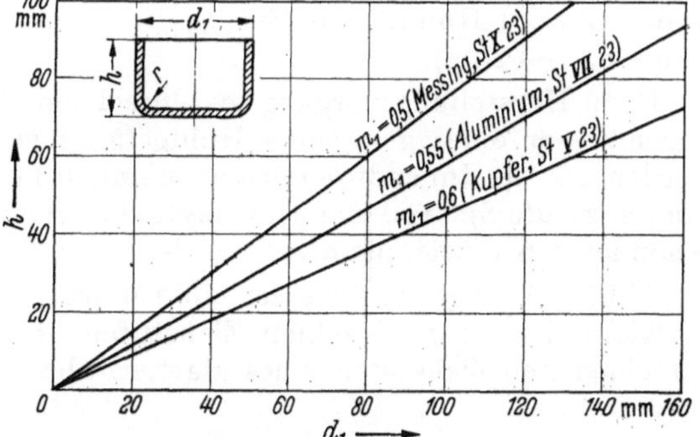

Abb. 102. Runde Ziehteile, herstellbar in einem Zug mit Blechhaltung (bei günstiger Bodenrundung nach VDI 3175)

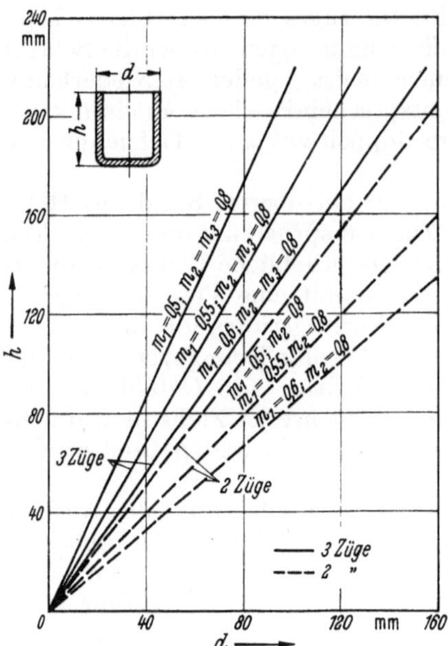

Abb. 103. Runde Ziehteile. herstellbar in zwei bzw. drei Zügen

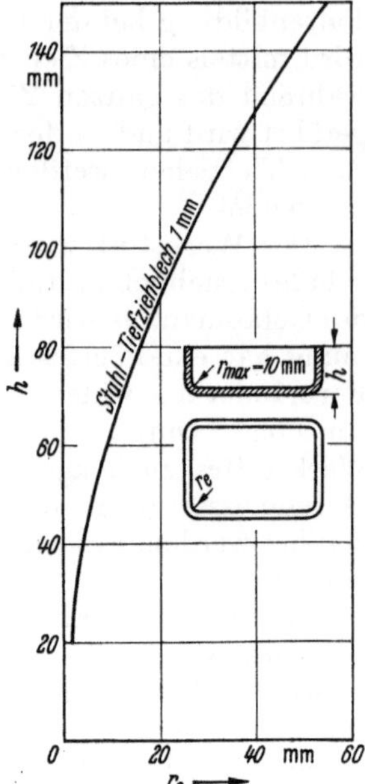

Abb. 104. Rechteckige Ziehteile, herstellbar in einem Zug mit Blechhaltung

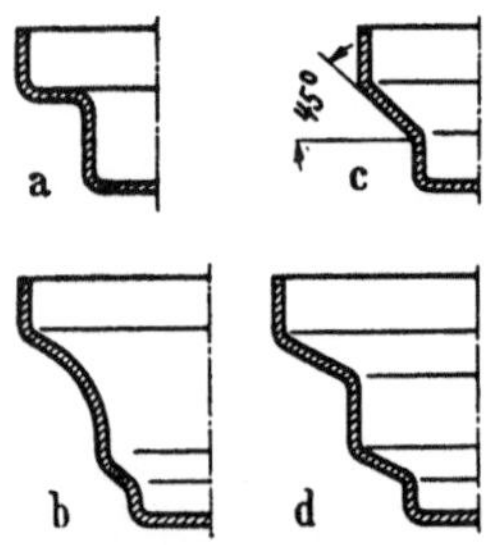

Abb. 105. Tiefziehteile. a und b Formen ungünstig; c und d Formen günstig

(auch sog. Stülpziehteile) werden wirtschaftlicher nach hydromechanischen Ziehverfahren gefertigt[1]. Ist ein Ziehteil auf verschiedene Durchmesser abgesetzt (Abb. 105), so sollte die Endform möglichst einer Zwischenziehstufe entsprechen. Muß die Absatzwand senkrecht zu den Mantelflächen liegen, so ist ein Nachschlagen als besonderer Arbeitsvorgang erforderlich.

Scharfe Kanten sind an Ziehteilen zu vermeiden; sie hemmen den Werkstofffluß, während Rundungen ihn begünstigen (s. VDI 3175, man wähle $r_{min} \sim 1{,}5s$).

Dem Herstellungsvorgang entsprechend kann der Außendurchmesser eines gezogenen Hohlgefäßes genauer eingehalten werden als der Innendurchmesser, nämlich mit etwa IT 8 (ISA-Toleranzstufe 8). Soll der Innenzylinder genau sein, so ist ein besonderer Kalibrierzug erforderlich.

Abb. 106 zeigt als Beispiel ein rundes zweimal abgesetztes Tiefziehteil in den einzelnen Ziehstufen, in Abb. 107 sind die verschiedenen Ziehstufen eines glatten, aber unrunden Gefäßes dargestellt.

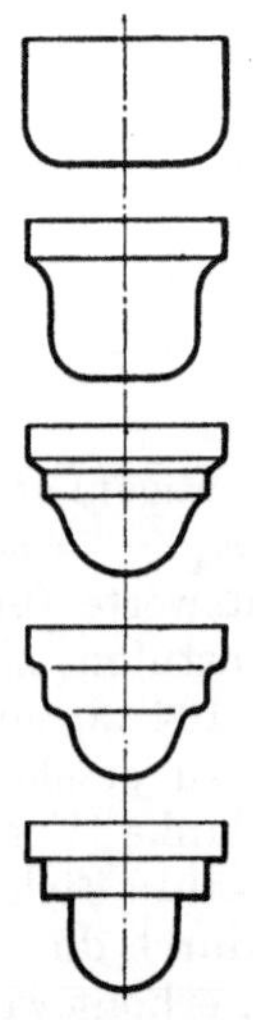

Abb. 106. Arbeitsgänge eines kreisrunden Tiefziehteiles

---

[1] Näheres s.: E. BÜRK, Das hydromechanische Ziehverfahren. ZWF 59 (1964) 1, S. 1···6.

d) Präge- und Preßteile. Zur Herstellung geprägter und gepreßter Werkstücke wird der Werkstoff in Form von Blechplatinen oder Profilstücken unter Anwendung eines starken Druckes so geknetet, daß er eine andere im Werkzeug vorgesehene Gestalt annimmt. Sind die Abmessungen des Teiles nicht zu groß, so kann vom kalten Ausgangszustand verformt werden. Deshalb kommt man für Teile der Feinwerktechnik meist mit dem Kaltpressen aus. Große Teile für den Ma-

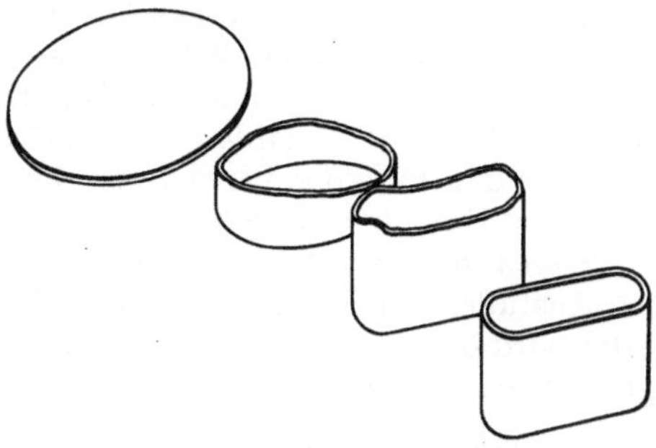

Abb. 107. Arbeitsgänge eines nicht kreisrunden Tiefziehteiles

schinenbau dagegen müssen im vorgewärmten Zustand, z. B. durch Warmpressen, im Gesenk schmieden[1] usw. verarbeitet werden.

Das Pressen von Teilen aus nichtmetallischen Werkstoffen, wie Kunstharzen, keramischen Massen, und aus Metallpulver wird in besonderen Abschnitten behandelt.

Als Werkzeuge verwendet man Präge- und Preßwerkzeuge aus hochwertigem Stahl, die je nach dem erforderlichen Kraftaufwand in Hebel-, Kurbelpressen oder hydraulischen Pressen eingespannt werden.

Beim *Prägen*, bei dem der Rohling meist in Form von Platinen zwischen Ober- und Untergesenk verformt wird, entstehen reliefartige Oberflächenformen. Die Dicke der Blechplatine wird stellenweise wesentlich geändert, wobei einer Vertiefung auf der einen Seite die Erhöhung auf der anderen Seite nicht zu entsprechen braucht. Eine Anwendung ist z. B. das Prägen von Münzen.

Damit der Werkstoff leicht fließt und die Gesenkform richtig ausgefüllt wird, sollen tiefe Formen und schroffe Übergänge möglichst vermieden und kein zu harter Werkstoff verwendet werden.

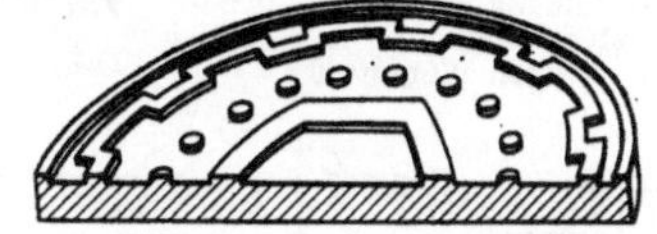

Abb. 108. Prägeteil mit erhabener Prägung

Sind mehrere dünne Linienzüge nebeneinander vorgesehen, so wird vorzugsweise erhaben geprägt (Abb. 108), weil sich dann das Werkzeug durch Gravieren leicht herstellen läßt. Ist der Linienzug anteilmäßig kleiner gegenüber der Gesamtfläche, dann ist wegen des geringen Verformungsgrades beim Prägen das Eindrücken günstiger (Abb. 109), wobei auch härterer Werkstoff verarbeitet werden kann.

Das *Pressen* kann als erweiterter Prägevorgang angesehen werden. Beim Umformen füllt

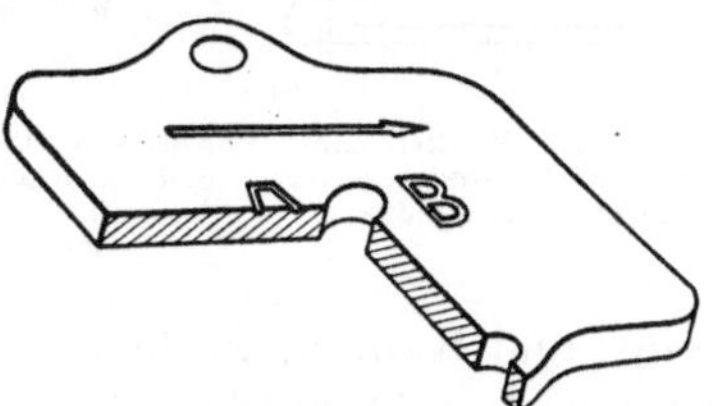

Abb. 109. Prägeteil mit eingedrückten Linienzügen

der zwischen den beiden Gesenkteilen durch Druck zum Fließen gebrachte Werkstoff die vorhandenen Hohlräume aus, und der überschüssige Werkstoff wird als Grat an der Teilfuge des Gesenkes, in Zapfen, Ansätzen u. dgl. ausgeschieden und nach dem Pressen durch einen besonderen Schnittvorgang an Abgratpressen entfernt. Die Formänderung beim Pressen ist also wesentlich größer als beim Prägen und kann durch Erwärmen des Rohlings noch gesteigert werden.

---

[1] Gestaltungsrichtlinien für Gesenkschmiedeteile s. DIN 7522 und 7523.

Die Herstellung von Werkstücken durch Pressen hat gegenüber dem Gießen den Vorteil, daß die Teile dicht — also frei von Lunkern und Blasen — und maßhaltiger sind. Allerdings sind die Werkzeugkosten sehr hoch, so daß das Pressen nur bei größeren Stückzahlen wirtschaftlich ist. Nach der Art des Preßvorganges in bezug auf den Fluß des Werkstoffes kann man unterscheiden zwischen: Quetsch-, Fließ- und Stauchverfahren.

Pressen nach dem Quetschverfahren. Dem überschüssigen Werkstoff muß nach dem Ausfüllen der Form ein Ausweg ohne feste Begrenzung gegeben werden. Entweder wird der Werkstoff als Grat herausgequetscht oder in Zapfen, Ansätze od. dgl. hineingepreßt. Liegt der Grat waagerecht, senkrecht zur Preßrichtung

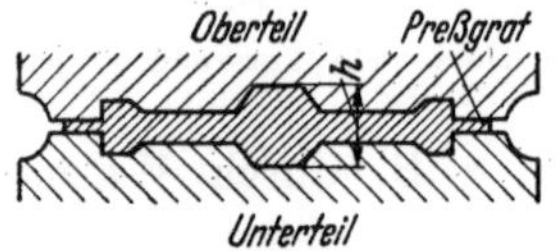

Abb. 110. Preßgrat waagerecht gelegen

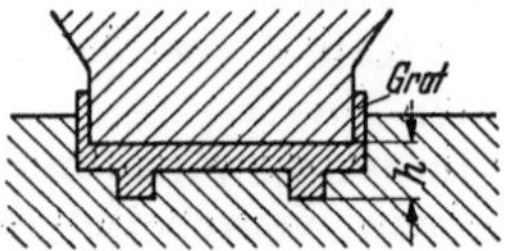

Abb. 111. Preßgrat senkrecht gelegen

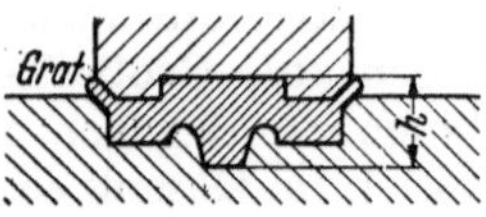

Abb. 112. Preßgrat schräg gelegen

(Abb. 110), so verengt sich der Spalt für die Gratbildung während des Pressens. Das Maß h ist deshalb nur mit begrenzter Genauigkeit einzuhalten. Liegt der Grat dagegen senkrecht (Abb. 111), so bleibt die Spaltbreite gleich, die Preßform wird aber stärker beansprucht. Wird der Gratspalt schräg gelegt (Abb. 112), so ist die Zunahme der Verengung beim Pressen geringer als bei waagerechter Lage, und der Werkstoff kann leichter abfließen als beim senkrechten Spalt. In dem Beispiel in Abb. 113 wird der überflüssige Werkstoff in einen Zapfen hineingepreßt, dessen Länge nicht begrenzt ist.

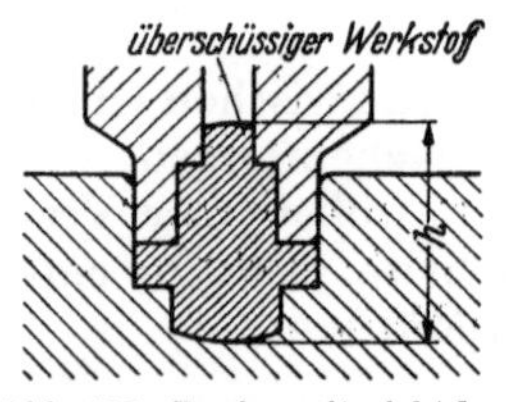

Abb. 113. Zapfen mit nicht begrenzter Länge für überschüssigen Werkstoff

Bei der Gestaltung müssen folgende Richtlinien beachtet werden:

1. Die Gratnaht soll möglichst in eine Ebene gelegt werden, damit sie leicht entfernt werden kann (Abb. 114).

2. Damit das Fließen des Werkstoffes nicht gehemmt wird, müssen Über-

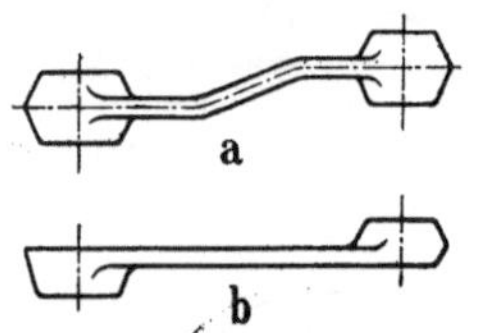

Abb. 114. Preßteil mit schlechter (a) und besserer (b) Lage der Preßnaht

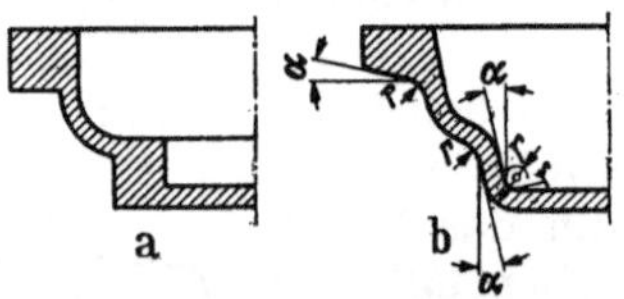

Abb. 115. Wanddicken, Rundungen und Schräglagen der Innen- und Außenflächen an Preßteilen. a Form schlecht; b Form besser

gänge und Kanten, an denen der Werkstoff sich verschieben muß, gut gerundet werden: $r = 3$ mm (Abb. 115).

3. Um geteilte Gesenke zu vermeiden, die das Werkzeug sehr verteuern würden, müssen Unterschneidungen vermieden werden.

4. Um das Ausheben des Werkstückes aus dem Gesenk zu ermöglichen, müssen die Wände außen und innen schräg gelegt werden (s. DIN 9005). Bei Stahl sollte die Schräge nicht unter 1 : 6, bei Nichteisenmetallen nicht unter 1 : 10 gewählt werden (Abb. 115 b).

5. Zu dünne Wände müssen vermieden werden, weil sie infolge von Spannungen leicht reißen würden. Mindestwanddicken sind für Stahl 2 mm, für Messing und Kupfer 2,5 mm, für Aluminium 3 mm.

6. Innerhalb eines Gesenkteiles können die Maße sehr genau eingehalten werden, während die Gesamthöhe *h* wegen der Gratbildung nicht genau eingehalten werden kann (Abb. 110···113). Als Toleranz muß man rechnen: $h + 0,2$ bis $0,3$ mm.

7. Scharfkantige Löcher und Schlitze werden besser nachträglich eingearbeitet, weil beim Pressen die Gefahr der Rißbildung besteht und die Werkzeuge verteuert würden.

8. Plötzliche Querschnittsänderungen müssen vermieden werden, um Risse durch zu große Spannungen zu vermeiden.

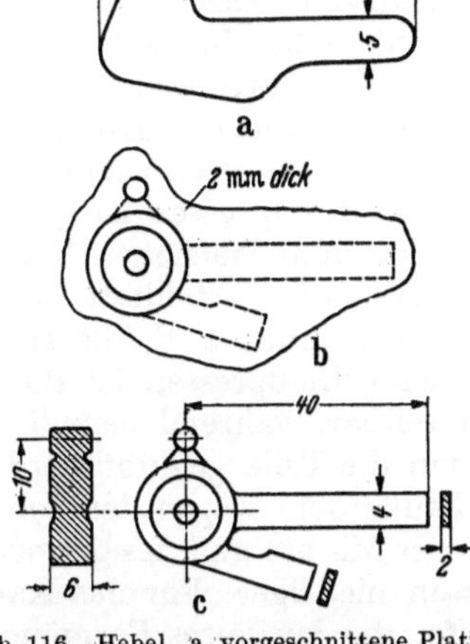

Abb. 116. Hebel. a vorgeschnittene Platine; b gepreßtes Werkstück; c fertiges Werkstück

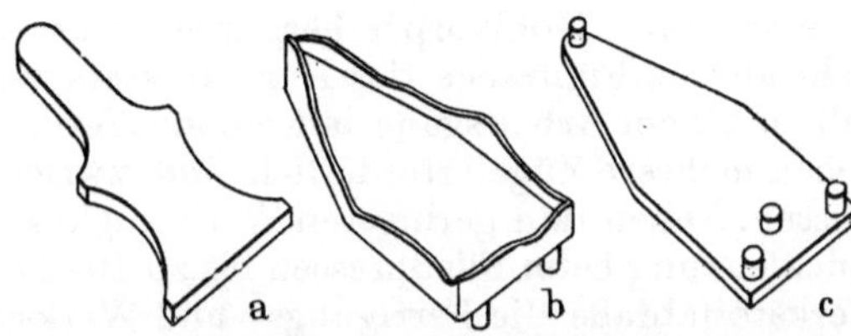

Abb. 117. Platte mit Zapfen aus Aluminium gepreßt. a Platine; b gepreßtes Werkstück; c fertiges Werkstück

Abb. 116 zeigt als Beispiel einen Hebel aus Stahl in fertiger Form, in der aus der Presse kommenden Form mit Grat und den Rohling. Ein anderes Beispiel ist in Abb. 117 dargestellt: eine Platte mit Zapfen aus Aluminium. Der Grat liegt in diesem Beispiel senkrecht.

Kaltfließpressen. Bei der Herstellung von Preßteilen nach dem Fließpreßverfahren — früher Kaltspritzen genannt — wird der Werkstoff unter Einwirkung eines hohen schnell wirkenden Druckes zum Fließen gebracht. Je nach der Werkzeugausbildung unterscheidet man verschiedene Fließpreßarten:

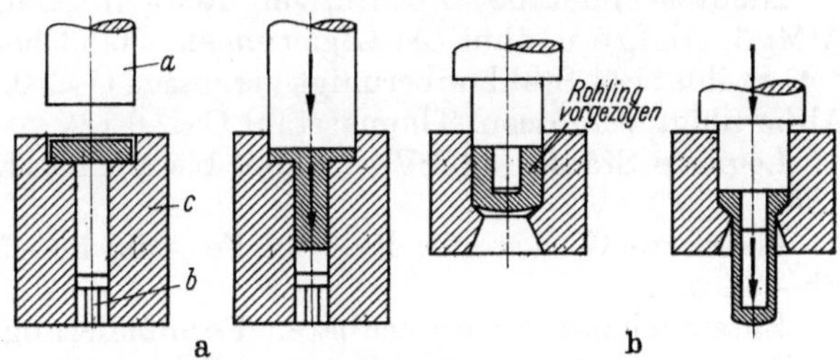

Abb. 118. Werkstofffluß mit der Stempelbewegung

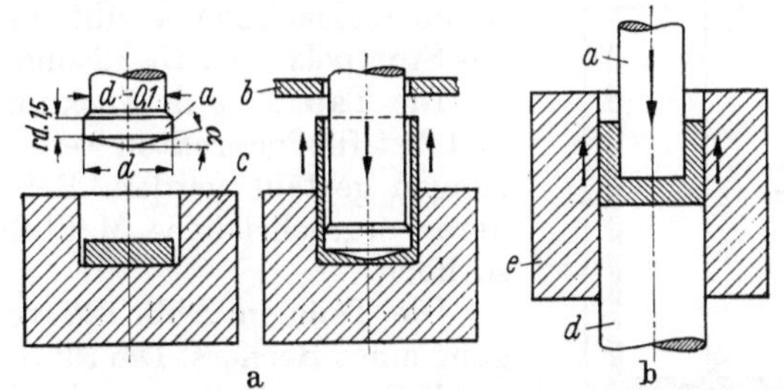

Abb. 119. Werkstofffluß gegen die Stempelbewegung

1. Werkstofffluß mit der Stempelbewegung (Abb. 118),
2. Werkstofffluß gegen die Stempelbewegung (Abb. 119),
3. Werkstofffluß mit der und gegen die Stempelbewegung (Abb. 120).

Außerdem ist es möglich, das eine oder andere Fließpreßverfahren mit anderen Verfahren der bildsamen Formung (z. B. Ziehen, Pressen, Lochen) zu vereinigen, so daß u. U. eine spanabhebende Nacharbeit und damit Werkstoff und Arbeitszeit eingespart werden.

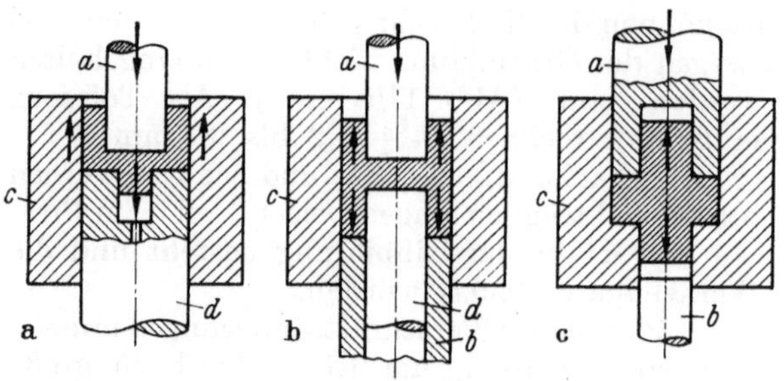

Abb. 120. Werkstofffluß mit der und gegen die Stempelbewegung

In der Feinwerktechnik wird das Verfahren z. B. zum Herstellen von Tuben, Dosen, Tablettenröhrchen, Kapseln für Filmspulen, Zinkbecher für galvanische Trockenbatterien, Abschirmkappen, Kondensatorbecher usw. verwendet. Das Fließpressen ist gegenüber dem Tiefziehen besonders dann vorteilhaft, wenn hohe schlanke Hohlkörper hergestellt werden sollen, bei denen z. B. die Höhe mehr als das Fünffache des Durchmessers beträgt. Beim Fließpressen ist dieses Teil in einem Arbeitsgang mit einem Werkzeug herstellbar, während beim Tiefziehen mehrere Züge erforderlich sind, zwischen denen die Teile geglüht werden müssen. Neben den geringeren Werkzeugkosten sind außerdem wegen der hohen Stückleistung beim Fließpressen bis zu 100 Stück in der Minute und des geringen Werkstoffabfalls die Fertigungs- und Werkstoffkosten niedriger. Für das Kaltfließpressen[1] eignen sich alle metallischen Werkstoffe, die ein gutes Formänderungsvermögen haben, z. B.

Nichteisenmetalle: Pb, Sn, Zn, Rein-Al, AlMgSi, AlCuMg, AlMn, AlMgMn, AlMg 3, AlMg 5 u. ähnl. Al-Legierungen, Ms 63 bis Ms 85.

C-Stähle: SM-Stahl unberuhigt vergossen C < 0,2%, SM-Stahl, Si-beruhigt und Al-beruhigt vergossen, Thomasstahl C < 0,1%.

Legierte Stähle: 58 CrV 4 (EC 30) bis 15 Cr 3 (EC 60) bis 16 MnCr 5 (ECMo 80) u. ä.

Plattierte Werkstoffe: Fe—Cu, Fe—Ms, Fe—Ni, Fe—Al, Al—Cu Al-leg-Al, Pb—Sn u. ä.

Entsprechend der erreichbaren Formänderung bei den verschiedenen Werkstoffen sind bestimmte Mindestwanddicken s (Abb. 121) einzuhalten, um brauchbare Teile zu erzielen, wobei es auch eine Grenze der erreichbaren Hülsenhöhe h gibt, bedingt durch die Knickfestigkeit des Stempels. In Tab. 12 sind einige Werte hierfür angegeben[2].

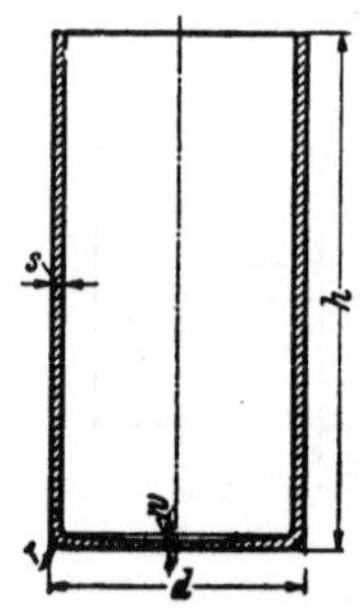

Abb. 121. Fließgepreßte Hülse

Die Tab. 13 gibt Auskunft über die erreichbare Genauigkeit bei fließgepreßten Teilen, wenn besonders hohe Anforderungen gestellt werden. Bei normaler Fertigung ohne besondere vorgeschriebene Maßtoleranz ist die Genauigkeit nicht so hoch.

Die Teile in Abb. 122 veranschaulichen den Fertigungsgang eines Bechers. Die Platine (a) wird fließgepreßt (b), dann auf Höhe beschnitten und gelocht (c) und schließlich das Loch angesenkt und aufgebördelt (d).

Die Abb. 123···126 zeigen einige weitere Beispiele von Werkstücken, die zeigen, welche Formen durch die verschiedenen Möglichkeiten des Fließpressens teilweise in Verbindung mit anderen Preßvorgängen (Abb. 124) herstellbar sind.

---

[1] Näheres über die Verarbeitung und Anwendung der Verfahren s. VDI-Arbeitsblatt 5-3138 und 3139.

[2] Nach E. KOHL: Kaltfließpressen von Nichteisenmetallen. Werkstattstechnik und Maschinenbau 40 (1950) S. 242.

Tabelle 12. *Fließpressen von NE-Metallen, größte Hülsenhöhe und geringste Wanddicke* (*nach* KOHL).

Werkstoff	Max. Hülsenhöhe h	Min. Wanddicke s in mm
Al 99,5%	10 d	0,08
Zn	6 d	0,6
Zn 130 °C vorgewärmt	8 d	0,5
AlMgSi	4 d	1,0
AlMgSi 320 °C vorgewärmt	6 d	1,0
AlCuMg	3 d	2,0
AlCuMg 320 °C vorgewärmt	5 d	1,5

Tabelle 13. *Maßgenauigkeit an fließgepreßten Werkstücken* (*nach* KOHL).

Außendurchmesser d		Wanddicke s		Normale Bodendicke w		Rundungshalbmesser r	Größte Länge
mm	±	mm	±	mm	±	mm	mm
bis 10	0,075	0,20	0,030	0,35	0,06	0,8	70
11···20	0,125	0,25	0,038	0,40	0,07	1,2	160
21···49	0,150	0,40	0,050	0,55	0,10	1,75	240···300
50···69	0,180	0,45	0,053	0,65	0,12	2,0	300···320
70···89	0,200	0,50	0,060	0,75	0,15	2,5	320···350
90···110	0,300	0,70	0,070	1,00	0,20	3,5	350···400
111···120	0,350	1,00	0,100	1,50	0,30	5,0	400

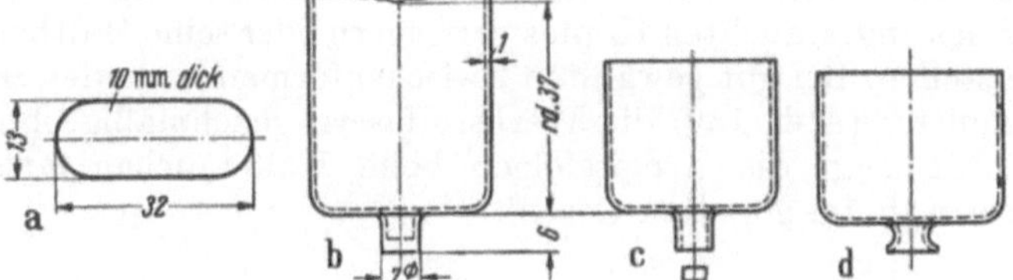

Abb. 122. Fertigungsgang eines Bechers. a Platine; b fließgepreßtes Teil; c Teil beschnitten; d Loch angesenkt und aufgebördelt

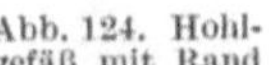

Abb. 123. Hohlkörper mit Flansch

Kaltstauchen (Kaltschlagen). Beim Stauchen wird meist von Drahtstücken ausgegangen, deren Durchmesser am Ende oder manchmal auch in der Mitte auf Kosten der Länge vergrößert wird. Auf diese

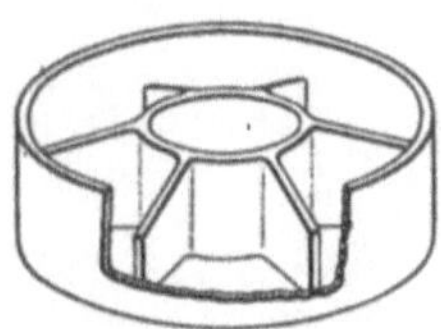

Abb. 124. Hohlgefäß mit Rand

Abb. 125. Flügelrad

Abb. 126. Kappe mit Augen

Weise lassen sich Schrauben-, Bolzen-, Nietköpfe oder ähnliche Formen werkstoffsparend herstellen. Zur Kaltstauchung eignen sich weichgeglühte, kohlenstoffarme Stähle mit großem Formänderungsvermögen, sowie Kupfer, Aluminium und deren Legierungen (s. Kaltfließpressen). Durch die Kaltformung wird die Festigkeit des Werkstoffes besonders am Querschnittsübergang zwischen Kopf und Schaft erhöht, weil dort bei Beanspruchungen die Werkstoffspannungen meist am größten sind. Für das Stauchen sind besondere Pressen entwickelt worden, deren Größe sich nach der Größe und dem Kraftbedarf der zu bearbeitenden Stauchteile richtet. Es gibt Pressen, mit denen man Drähte bis 0,6 mm Durchmesser bearbeiten kann. Nach dem großen Durchmesser hin liegt die Grenze für das Kaltstauchen etwa beim Durchmesser von 20 mm.

Durch Verbinden des Kaltstauchens mit anderen Formgebungsvorgängen, z. B. dem Quetschen, lassen sich auch kompliziertere Formen spanlos herstellen, z. B. unsymmetrische oder exzentrische Köpfe, Einsenkungen, Nuten u. dgl. Manchmal werden die Werkstücke durch Kaltstauchen nur vorgearbeitet und dann durch andere Formgebungsverfahren spanlos oder auch spanabhebend fertig bearbeitet[1].

Verhältnismäßig kleine Köpfe, deren Volumen einer Stauchlänge kleiner als das 2,5fache des Durchmessers entspricht, lassen sich mit einem Arbeitsgang anstauchen (Abb. 127)[2]. Bei einem größeren Stauchverhältnis läßt sich der Kopf nicht mit einem Arbeitsgang anstauchen, sondern die Umformung muß auf mehrere Stufen verteilt werden (Abb. 128 u. 129). Dabei müssen die Zwischenformen

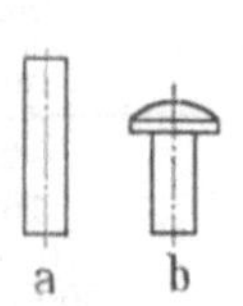

Abb. 127. Werkstück mit angestauchtem Kopf, Herstellung in einem Arbeitsgang. Stauchlänge $< 2,5\,d$

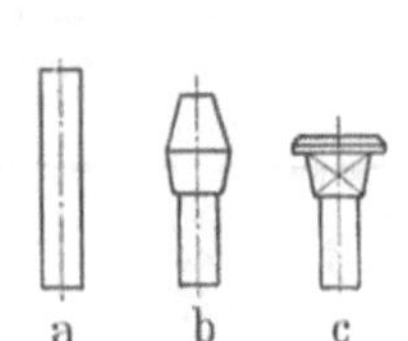

Abb. 128. Angestauchter Kopf mit Vierkant, zwei Arbeitsgänge. Stauchlänge $< 4,5\,d$

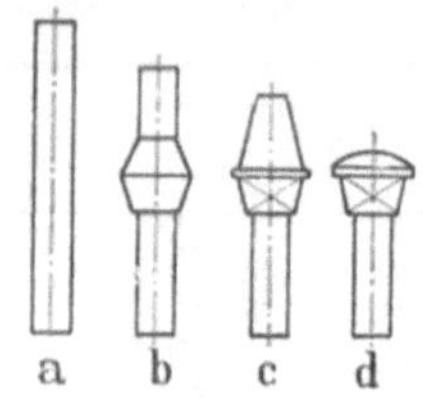

Abb. 129. Angestauchter Kopf mit Vierkant und Kuppe. Stauchlänge $6 \cdots 8\,d$

so gewählt werden, daß keine Werkstofftrennungen und Faltenbildungen entstehen, die die Festigkeit des angestauchten Kopfes verringern oder seine Haltbarkeit überhaupt in Frage stellen. Bei gut gewählten Zwischenformen verlaufen im Schnittbild des Längsschnittes (Abb. 130) die Werkstoffasern gleichmäßig ohne Unterbrechungen. Abb. 131 zeigt die Arbeitsfolgen beim Kaltstauchen eines Kopfes mit einer Zwischenstufe im geteilten Gesenk.

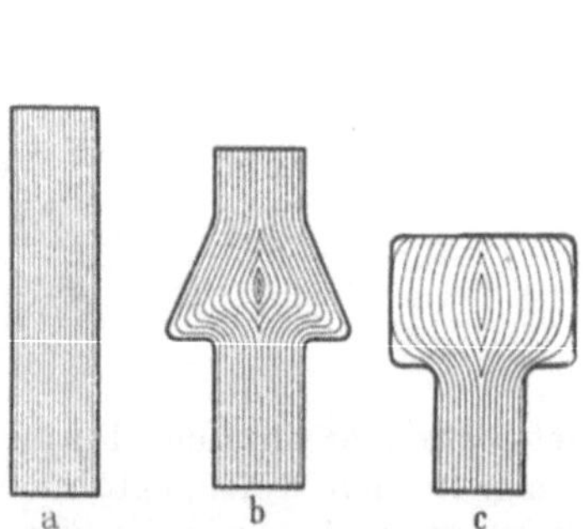

Abb. 130. Fließlinien am angestauchten Kopf. a Ausgangsstück; b Werkstück vorgepreßt; Form kegelig, c Werkstück fertig gepreßt

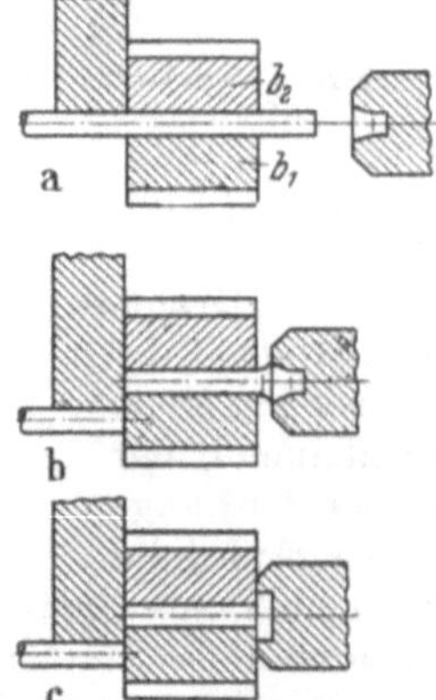

Abb. 131. Arbeitsfolgen beim Anstauchen eines Kopfes. a Einspannen; b Vorstauchen; c Fertigstauchen

---

[1] Die rechnerischen Grundlagen für das Stauchen von Köpfen sind dem VDI-Arbeitsblatt 3171 zu entnehmen.

[2] BILLIGMANN, J.: Untersuchungen über den Formänderungsverlauf beim Kaltstauchen. Draht 1 (1950) S. 49. — Neuzeitliche Verfahren der Kaltverformung. Fortschritte auf dem Gebiet des Kaltstauchens und Kaltpressens im letzten Jahrzehnt. Werkst. u. Betr. 83 (1950) S. 345 ··· 350 und S. 394 ··· 398.

In Abb. 132 sind die Arbeitsgänge für ein komplizierteres Werkstück dargestellt. Im ersten Arbeitsgang wird an einem Drahtstück (*a*) eine Verdickung angestaucht (*b*), im zweiten Arbeitsgang wird das Teil durch Warmpressen weiterbearbeitet (*c*) und in einem dritten Arbeitsgang dann zerspanend fertig bearbeitet (*d*).

Abb. 133 zeigt einige weitere durch Kaltstauchen hergestellte Formteile.

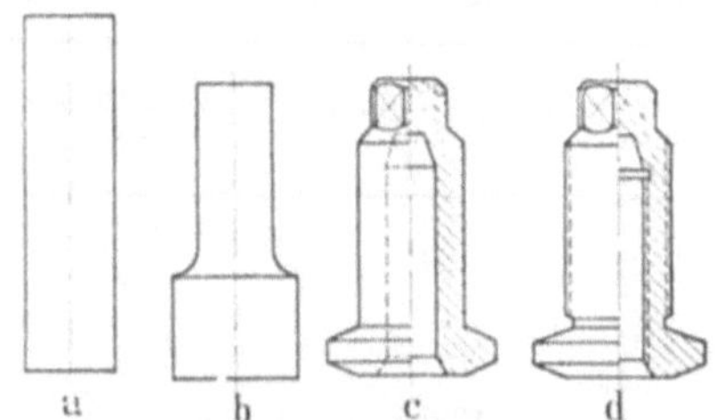
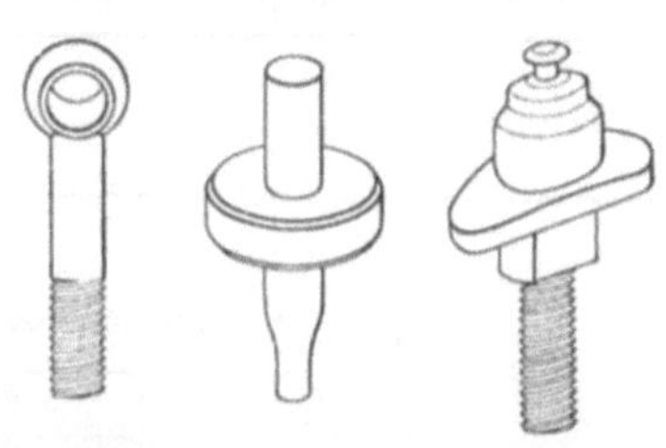

Abb. 132. a Ausgangsstück; b gestaucht; c warmgepreßt; d spanabhebend bearbeitet

Abb. 133. Kaltgestauchte Werkstücke

Größere Werkstücke, bei denen größere Formänderungen erforderlich sind, können nicht mehr kaltgepreßt werden, sondern sie werden vor dem Pressen bis zu einer Temperatur oberhalb der Rekristallisation des Werkstoffes erwärmt und dann warmgepreßt. Hierbei gelten ähnliche Gesichtspunkte für die Gestaltung wie beim Kaltpressen[1].

12. Festigkeitsbedingtes Gestalten

a) Allgemeines. Aus Blech hergestellte Bauteile lassen sich so gestalten, daß sie bei kleinem Werkstoffaufwand verhältnismäßig steif sind und hohe Beanspruchungen aushalten. Das festigkeitsbedingte und formstarre Gestalten hängt also eng mit dem stoff- und gewichtssparenden Konstruieren zusammen. Um zu einer möglichst günstigen Formgebung zu kommen, müssen die Beanspruchungen an den verschiedenen Stellen des Bauteiles berücksichtigt werden. So wird man bei als Träger verwendeten Formen, die biege- und verdrehsteif sein sollen, geschlossene kasten- und rohrförmige Querschnitte verwenden, bei denen die Wanddicken klein gegenüber den sonstigen Abmessungen des Querschnittes sind. Offene Querschnitte dagegen, wie Winkelform, U-Form, Rohrform mit Schlitz, sind zwar auch biegesteif, jedoch verdrehweich. Flache Rechteckquerschnitte werden wesentlich biegesteifer, wenn Wellen, Rippen, Spiegel od. dgl. eingedrückt werden oder der Rand umgelegt wird. Auf Knickung beanspruchte Blechteile dürfen möglichst nicht eben bleiben, sondern müssen eine Profilierung erhalten.

Damit man sich ein Bild von der Steifheit verschiedener Querschnittsformen machen kann, sind in der Tab. 14 für einige bei Blechkonstruktionen übliche Formen vergleichbare Werte angegeben. Die Blechdicke und Querschnittsgröße ist bei den verschiedenen Formen gleich groß. Die verschiedenen Werte für das Flächenträgheitsmoment gaben Aufschluß darüber, welchen Widerstand der Querschnitt bei einer Belastung der Verformung entgegensetzt. Denkt man sich z. B. die Querschnitte als einseitig eingespannte Träger von gleicher Länge l mit derselben Kraft F am Ende belastet, so ist die Durchbiegung f des Trägers bei

---

[1] BILLIGMANN, J.: Entwicklungen auf dem Gebiet des Warmstauchens und Warmpressens in der Serien- und Massenfertigung. Werkst. u. Betr. 84 (1951) S. 455···462.

gleichem Werkstoff und damit bei gleichem Elastizitätsmodul E dem Trägheitsmoment I umgekehrt proportional:

$$f = \frac{F \cdot l^3}{3 \cdot E \cdot I}.$$

Tabelle 14.

Axiale Flächenträgheitsmomente J_x verschiedener Profile, bezogen auf die Schwerpunktsachse x.

Profil-Nr.	Profil	Flächenträgheitsmoment J_x in mm²	Verhältniswert J_x/J_{x1}
1		40	1
2		1320	33
3		5373	134,3
4		622	15,5
5		455	11,4
6		226	5,65
7		1883	47,1

Neben der Formgebung beeinflußt der Werkstoff mit seinen verschiedenen Eigenschaften die Leichtbauweise. In manchen Fällen baut Stahl trotz der höheren Wichte leichter als Leichtmetall, wenn man mit Rücksicht auf die höhere Festigkeit des Stahls kleinere Querschnitte verwenden kann.

Da neben den Festigkeitsanforderungen andere Bedingungen der Teilefunktion, der Wirtschaftlichkeit usw. die Gestaltung beeinflussen, muß von mehreren Möglichkeiten die technisch beste Lösung ausgewählt werden. Abb. 134 zeigt Gestaltungsmöglichkeiten eines aus Blech gestanzten Tragwinkels, der mit mindestens zwei Schrauben an einer Wand befestigt werden soll, während der andere Schenkel ein Loch zwecks Befestigung weiterer Teile aufweisen muß. In den Ausführungen a bis g ist durch Profilierung, Versteifungsrippen u. dgl. die Tragfähigkeit und Formsteifigkeit erhöht, in den Ausführungen h bis p ist durch besondere Formgebung und Schaffung von Stützen die Versteifung erreicht, während die Ausführungen *q* bis *t* Lösungen für werkstoffsparende Konstruktionen darstellen. Durch derartige Zusammenstellungen, die gegebenenfalls durch Modelle und praktische Versuche unterstützt werden müssen, kann die für die gegebenen Voraussetzungen technisch beste Lösung leichter gefunden werden, als wenn sich der Konstrukteur auf die Aufzeichnung einer ihm zufällig einfallenden Form beschränkt.

Bei geschickter Blechteilgestaltung lassen sich massive Werkstücke, die meist spanabhebend bearbeitet werden müssen, durch Stanzteile ersetzen, wenn die erforderliche Stückzahl eine Massenfertigung rechtfertigt. Die Umgestaltung ist häufig mit erheblicher Arbeits- und Werkstoffersparnis verbunden, und die Teile werden leichter.

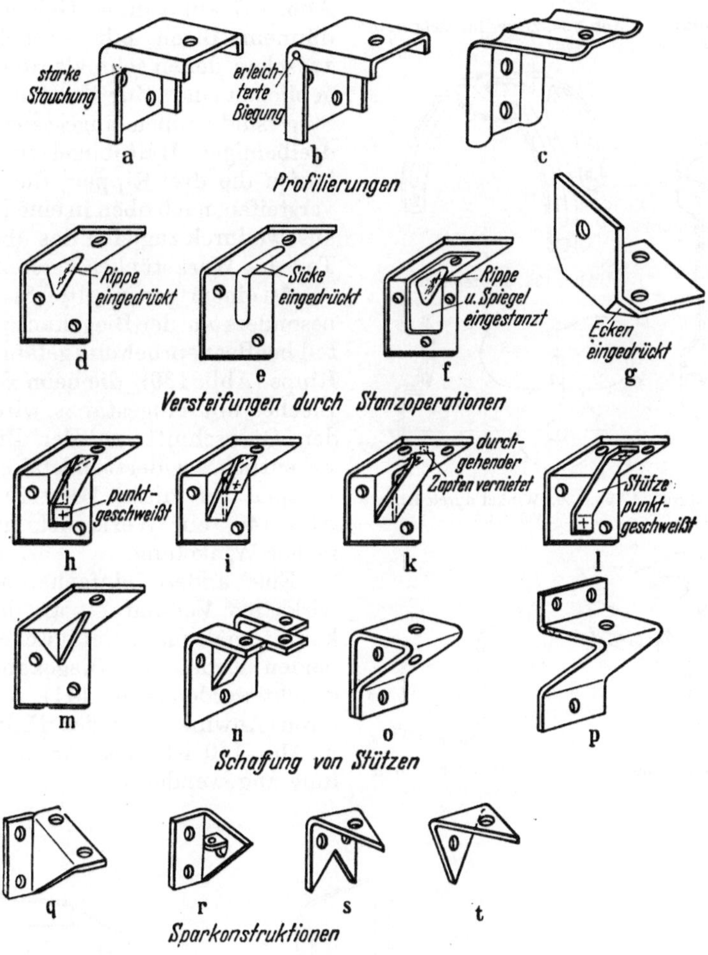

Abb. 134. Gestaltung eines Blechwinkels

b) Rippen. Durch Eindrücken von Rippen — auch Sicken genannt — werden Blechteile widerstandsfähig gegen Biege- und Knickbeanspruchung. Die Rippenrichtung wird möglichst senkrecht zur Walzrichtung gelegt. Je härter das Blech ist, desto strenger muß diese Regel eingehalten werden. Der Auslauf der Rippen muß gut ausgerundet sein; die Länge des Auslaufs richtet sich nach dem Werkstoff und der Blechdicke.

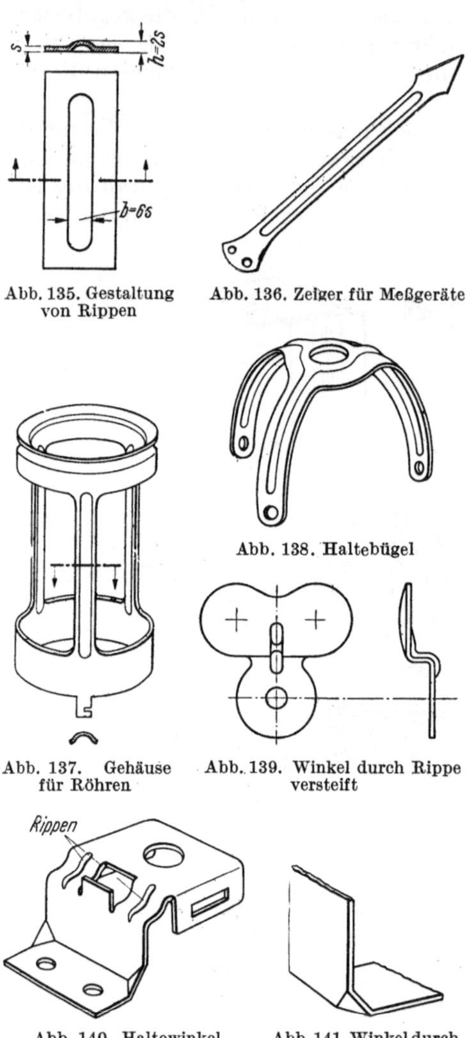

Abb. 135. Gestaltung von Rippen

Abb. 136. Zeiger für Meßgeräte

Abb. 138. Haltebügel

Abb. 137. Gehäuse für Röhren

Abb. 139. Winkel durch Rippe versteift

In erster Linie dienen Rippen zur Versteifung langer Blechbauteile (Abb. 135). Abb. 136 zeigt z. B. den Zeiger eines Meßgerätes, der aus Gewichtsgründen aus einem sehr dünnen Blech hergestellt ist. Die Rippenversteifung ist hier schon deshalb notwendig, damit der Zeiger sein eigenes Gewicht tragen kann. Als weiteres Beispiel zeigt Abb. 137 ein rundes Gehäuseteil aus dünnem Blech mit Ausnehmungen, zwischen denen schmale Stege stehengeblieben sind. Zur Versteifung dieser Stege sind Rippen eingestanzt. An dem dreibeinigen Haltebügel in Abb. 138 laufen die drei Rippen, die die Beine versteifen, nach oben in eine Ringwulst aus, wodurch zugleich das obere ebene Teil des Werkstückes versteift ist.

An einem gewinkelten Stanzteil ist besonders an der Biegekante das Bauteil bei Beanspruchung gefährdet. Eine Rippe (Abb. 139), die beim Biegen des Bleches mit eingestanzt wird, macht den Querschnitt an der Biegekante wesentlich widerstandsfähiger. Ein Beispiel für diese Versteifung zeigt Abb. 140, ein Werkstück mit mehrfacher Winkelung.

Eine andere einfache, aber sehr wirksame Versteifung an der Biegekante erhält man, wenn Ecken an den beiden Enden der Biegekante eingedrückt werden (Abb. 141). An der unteren Abwinkelung des Haltewinkels in Abb. 140 ist diese Art der Versteifung angewendet.

Abb. 140. Haltewinkel

Abb. 141. Winkel durch Ecken versteift

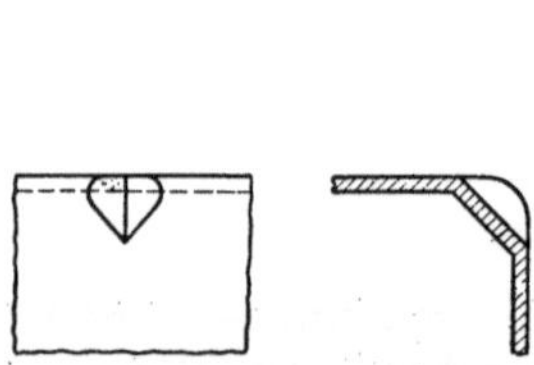

Abb. 142. Winkel durch Einkerbung versteift

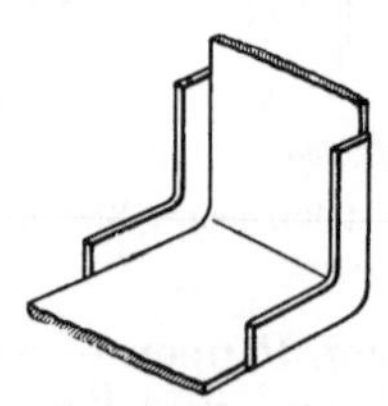

Abb. 143. Winkel durch Ränder versteift

Abb. 144. Stanzteil mit Versteifung durch Ränder

Eine Versteifung an der Biegekante kann man auch dadurch erreichen, daß man von außen direkt an der Kante scharfe meißelartige Einkerbungen einschlägt (Abb. 142), wodurch an der Innenseite kurze Rippen entstehen. Diese Verformung kann je nach der Länge der Biegekante an einer oder an mehreren Stellen vorgesehen werden.

Versteifungsrippen an Blechwinkeln kann man durch Umlegen des Randes erhalten (Abb. 143), was mit dem Stanzwerkzeug beim Abwinkeln in einem Arbeitsgang durchgeführt wird. Abb. 144 zeigt ein Beispiel hierfür, bei dem die Höhe der Versteifungsrippe nach der einen Seite hin abnimmt.

Große ebenflächige Wandungen und Böden von Gehäusen u. dgl. können durch Einstanzen von Rippen versteift werden, wodurch man mit geringen Blechdicken auskommt (Abb. 145). Die Anordnung der Rippen richtet sich nach der Form der Fläche; verschiedene Anordnungen sind in Abb. 146 schematisch dargestellt.

Abb. 147 zeigt als Beispiel ein Stanzteil, das durch einen in Rippen übergehenden Spiegel versteift ist. Die Bodenwandung des Gehäuseteiles in Abb. 148 ist mit parallel verlaufenden Rippen versteift. Abb. 149 zeigt ein rohrförmiges Bauteil mit Versteifungsrippe. Bei der Herstellung wird in den Blechausschnitt die gut gerundete Rippe eingestanzt und danach das Blech gerollt.

c) **Wölbungen.** Neben der Versteifung durch Rippen gibt es andere Möglichkeiten, Wandungen von Blechteilen widerstandsfähiger zu machen. Eine dieser Möglichkeiten besteht darin, eine Wandung, die groß gegenüber den übrigen Abmessungen des Bauteiles, insbesondere gegenüber der Wanddicke ist, nicht ebenflächig, sondern gewölbt auszuführen. Damit kann das bekannte Durchknacken ebenflächiger Blechwandungen, wenn senkrecht zur Fläche gerichtete Kräfte darauf wirken, vermieden werden. Die Fläche kann nach au-

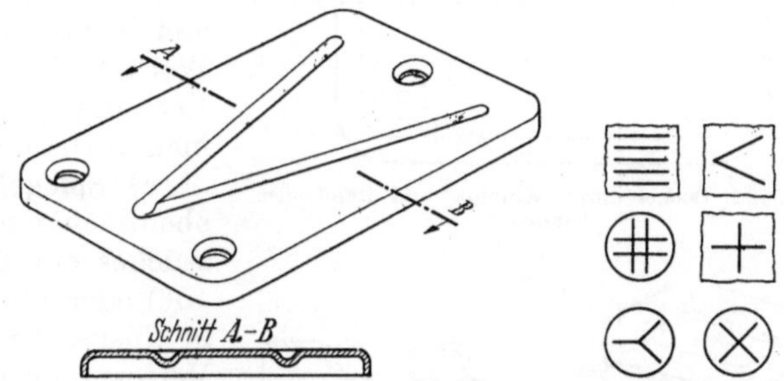

Abb. 145. Ebene Wandung durch Rippen versteift

Abb. 146. Anordnung von Rippen an ebenen Wandungen

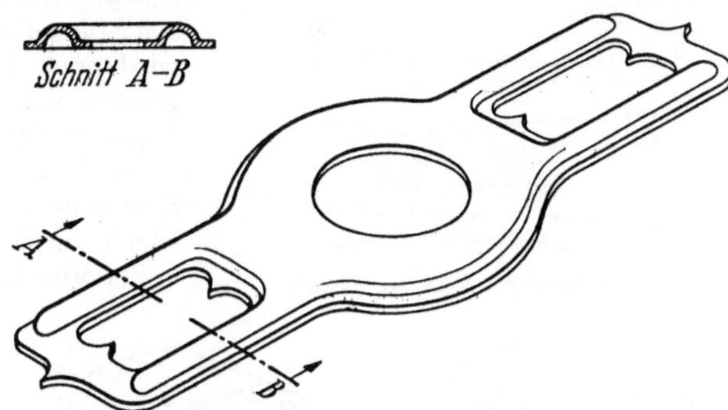

Abb. 147. Stanzteil mit Versteifung durch Rippen und Spiegel

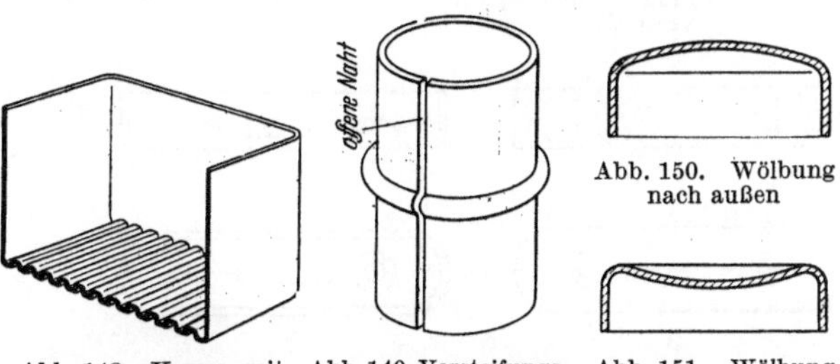

Abb. 148. Kappe mit durch Rippen versteifter Bodenwandung

Abb. 149. Versteifungsrippe am rohrförmig gebogenen Teil

Abb. 150. Wölbung nach außen

Abb. 151. Wölbung nach innen

ßen (Abb. 150) oder nach innen (Abb. 151) gewölbt sein je nach den Anforderungen, die an das Aussehen gestellt werden oder zweckbedingt sind. Abb. 152 zeigt als Beispiel den Blechdeckel eines Gehäuses, der durch eine Wölbung und außerdem durch eine am Rande verlaufende Wulst mit einer dazwischen liegenden Sicke versteift ist. Durch die mehrfache Versteifung kann das Blech sehr dünn gewählt werden.

d) Ränder. Eine andere sehr wirksame Versteifung dünnwandiger Blechteile erreicht man durch das Umlegen eines Randes (Abb. 153, s. a. Abb. 145). Wird dieser Rand stufenförmig abgesetzt (Abb. 154), so ist das Teil noch besser versteift. Abb. 155 zeigt ein auf Biegung beanspruchtes Gelenkteil, das durch die herumgezogenen Ränder eine sehr widerstandsfähige Form erhalten hat. Auch in den in den Abb. 159···161 dargestellten Werkstücken ist die Randversteifung in Verbindung mit anderen Versteifungsformen vorhanden.

e) Spiegel. Wird aus einer größeren ebenflächigen Wand eines Blechwerkstückes ein Teil mit geschlossener (Abb. 156) oder offener Umrandung (Abb. 157) herausgestanzt, so erhält man durch diese Verformung ebenfalls eine Versteifung des Werkstückes an dieser Fläche. Diese herausgestanzte Fläche nennt man einen *Spiegel*. Der Querschnitt erhält durch diesen Spiegel eine Stufung. Die Versteifung wird noch besser, wenn der Spiegel abgesetzt wird (Abb. 158), wodurch eine doppelte Stufung entsteht.

Abb. 159 zeigt die werkstoffsparende Konstruktion eines Werkstückes aus Blech im Vergleich zur Ausführung in voller Form. Das Blechteil ist am Rande

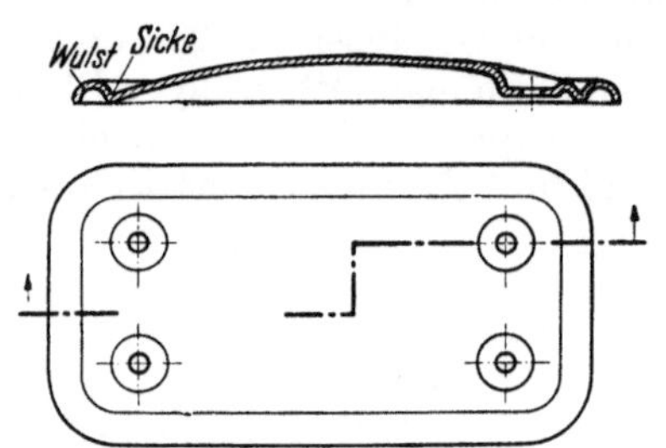

Abb. 152. Deckel durch Wölbung und Randwulst versteift

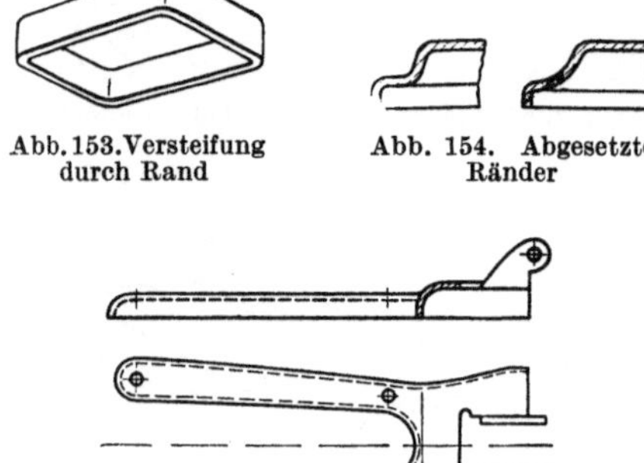

Abb. 153. Versteifung durch Rand

Abb. 154. Abgesetzte Ränder

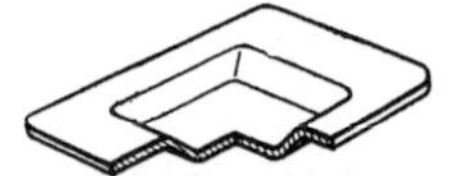

Abb. 155. Hebel durch Ränder versteift

Abb. 156. Wandung durch Spiegel versteift

Abb. 157. Offener Spiegel

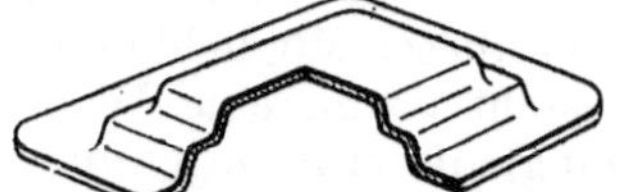

Abb. 158. Abgesetzter Spiegel

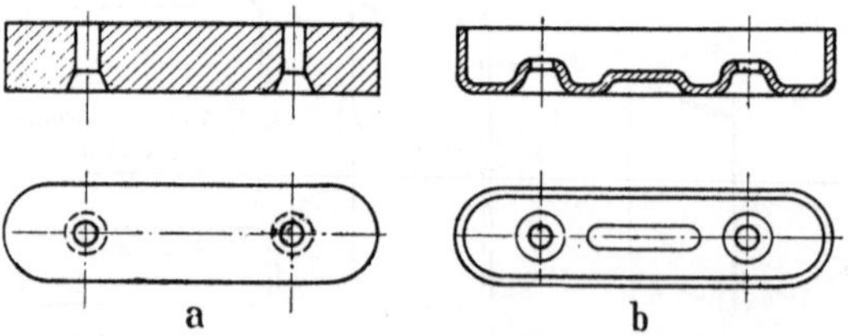

Abb. 159. Werkstück. a hergestellt aus gezogenem Werkstoff; b aus Blech gestanzt

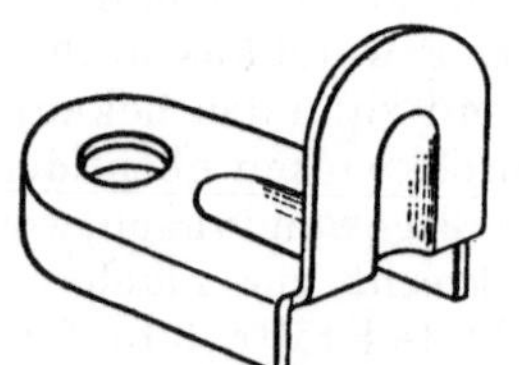

Abb. 160. Winkel durch Rand und Spiegel versteift

versteift, außerdem ist es durch eine Mittelrippe und an den Befestigungslöchern durch augenförmige Spiegel versteift. Das Werkstück in Abb. 160 hat eine Rand- und eine Spiegelversteifung. Das Werkstück in Abb. 161 hat ebenfalls einen Versteifungsrand und einen offenen Spiegel, außerdem kleinere Spiegel augenförmig herausgestanzt.

f) Profilierung. Bei der Herstellung von schmalen langgestreckten Teilen aus Blech wird man eine Profilierung vorsehen, wenn die Teile leicht und trotzdem widerstandsfähig, besonders biegesteif sein müssen. In Längsrichtung können dabei die Teile entweder gerade bleiben oder auch gebogen werden.

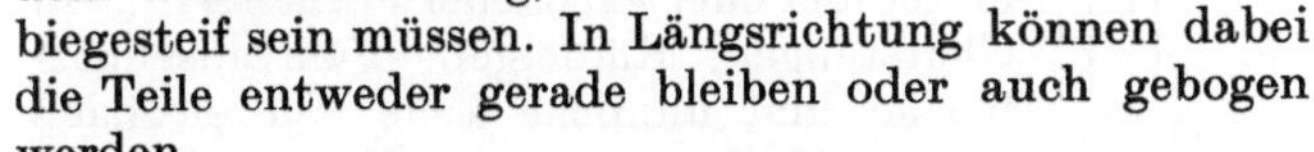

Abb. 161. Abdeckteil durch offenen Spiegel und Rand versteift

Die Profile werden bei kleineren Teilen in Biegestanzen, bei größeren dagegen bis 5 m Länge in Abkantmaschinen geformt. Die Profile werden zweckmäßigerweise so gestaltet, daß man mit Universalwinkelstanzen auskommt, wenn auch Sonderformen mit besonderen Biegestanzen möglich sind. Spezielle Biegemaschinen gibt

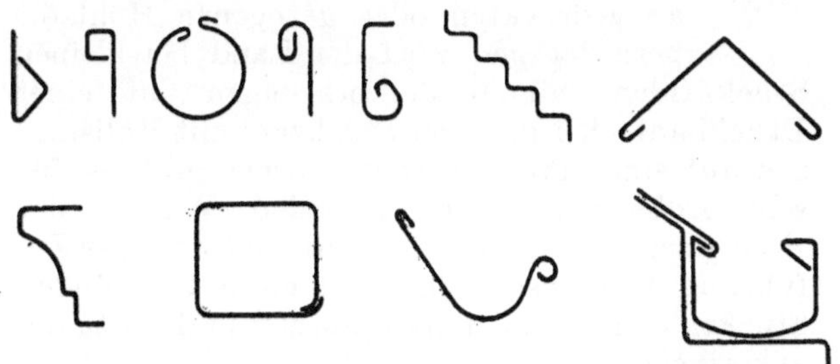

Abb. 162. Profilformen auf Abkant- und Biegemaschinen hergestellt

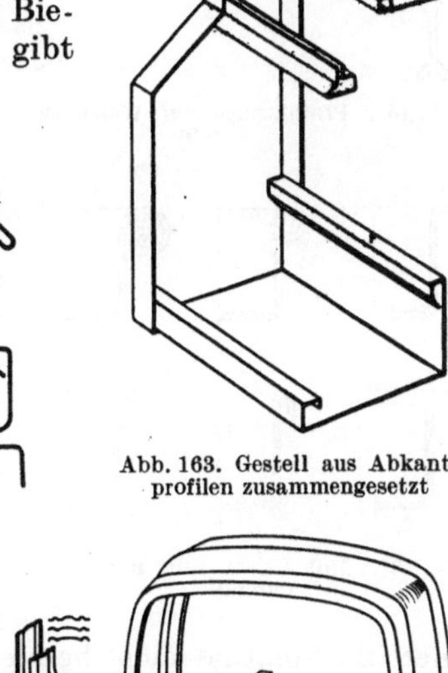

Abb. 163. Gestell aus Abkantprofilen zusammengesetzt

es in einfacher Ausführung mit Hand- und Fußbedienung oder in größeren Bauarten als Abkant-, Gesims-, Wulst- und Rundbiegemaschinen. Die Biegekanten der an diesen Maschinen hergestellten Profile sollen möglichst etwas gerundet sein, innen mit einem Halbmesser von etwa dem 1,5fachen der Blechdicke, obgleich schärfere Abkantungen möglich sind. Abb. 162 zeigt einige auf Abkant- und Rundbiegemaschinen hergestellte Profile. In Abb. 163 ist angedeutet, wie sich Schränke und Gestelle aus solchen Profilen aufbauen lassen. Die Querträger werden mit den Seitenteilen durch Punktschweißen verbunden, was bei der Gestaltung der Profile berücksichtigt werden muß.

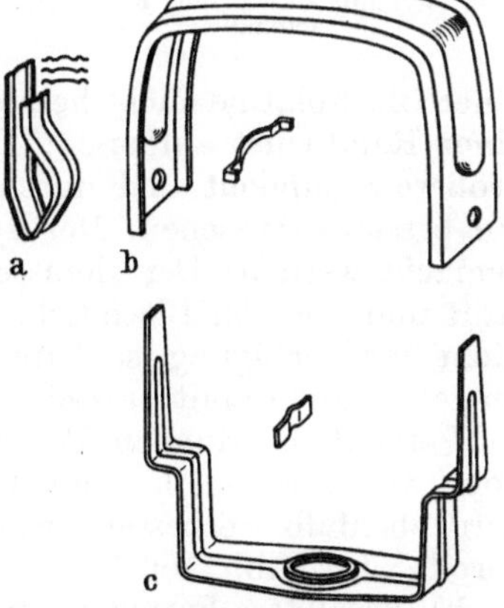

Abb. 164. Profilformen in Stanzwerkzeugen hergestellt

Abb. 164 zeigt einige Profilformen, die in Stanzwerkzeugen hergestellt werden, weil sie nicht durchgehend die gleiche Form haben können.

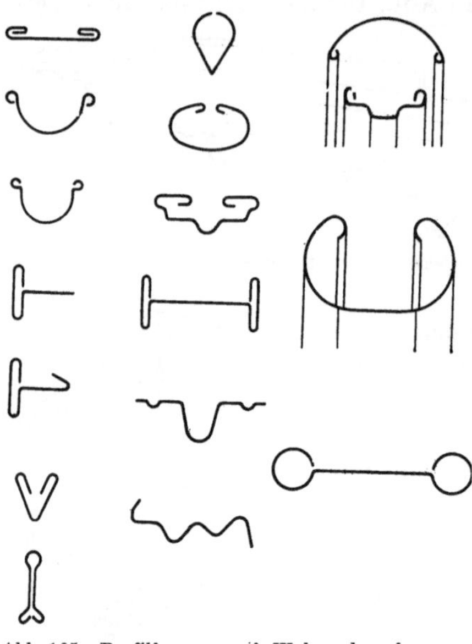

Abb. 165. Profilformen auf Walzwerken hergestellt

Neuerdings werden Profile auch in Profilwalzwerken, die aus den Sickenmaschinen weiterentwickelt worden sind, hergestellt (Abb. 165). Die Teile kommen in Längsrichtung aus der Maschine heraus und können beliebig lang gemacht werden. Auf diese Weise lassen sich für die Blech-, Spielzeug- und Fahrzeugindustrie in Massenerzeugung einfache und kompliziertere Profile aus Blechstreifen oder -bändern in gerader oder gebogener Form herstellen. Gleitstangen, Radfelgen, Fahrradschutzbleche und ähnliche Teile werden nach diesem Verfahren hergestellt.

g) Einrollen. Hohlgefäße aus Blech, Blechstreifen und ähnliche Teile lassen sich an den Rändern durch Herumrollen des Bleches zu einer Wulst biegesteif machen. An Blechstreifen und -bändern wird die Rollwulst am besten auf Profilierwalzwerken hergestellt (s. Abb. 165); an gedrückten oder gezogenen Hohlkörpern dagegen wird der Rand bei kleinen Stückzahlen mit Bördelwerkzeugen auf einer Drückbank, bei größerer Stückzahl mit Rollstanzen auf einer Presse gerollt. Ferner gibt es für sehr große Stückzahlen besondere Wulst- oder Rollmaschinen, die zum Teil mit selbsttätiger Zuführung ausgerüstet sind und unter Umständen Stückzahlen von mehreren tausend in der Stunde ausbringen.

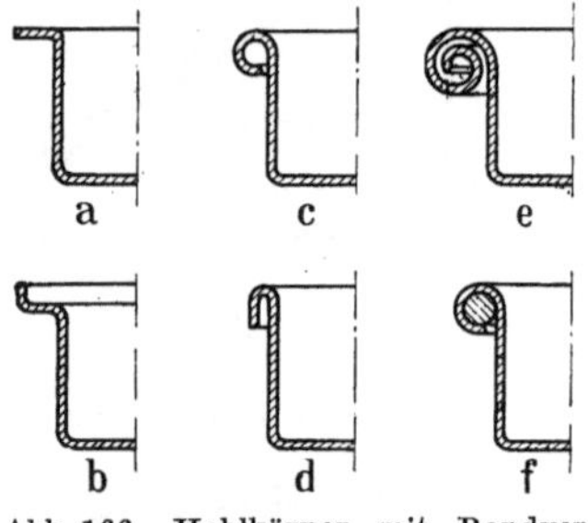

Abb. 166. Hohlkörper mit Randversteifung

An einem Hohlgefäß kann man eine Randversteifung auch schon durch einen einfachen (Abb. 166a) oder abgesetzten (Abb. 166b) Flansch erreichen, der sich beim Ziehen des Hohlgefäßes aus einer Blechplatine leicht herstellen läßt. Diesen Rand kann man als Vorstufe zu einer Randwulst auffassen. Die umgerollte Wulst (c) gibt dem Hohlgefäß eine größere Steifigkeit und durch die Rundung und das Verdecken der Blechkante ein besseres Aussehen. Der Durchmesser der Wulst kann nicht beliebig klein gemacht werden: Der kleinste Durchmesser, der herstellbar ist, ist vom Werkstoff und von der Blechdicke abhängig. Steht für eine gerollte Wulst der Platz nicht zur Verfügung, so kann der Rand auch mit einer stärkeren Krümmung umgelegt und damit versteift werden (Abb. 166d).

Versteift bei dünnem Blech eine einfache Wulst nicht genügend, so kann man noch weiter rollen, bis eine Doppelwulst entsteht (Abb. 166e). Die Versteifung wird ebenfalls verbessert, wenn beim Herstellen der Wulst ein Draht mit eingerollt wird (Abb. 166f).

h) Besondere Formgebung. Bei geschickter Formgebung lassen sich auch von Blechteilen größere Kräfte aufnehmen und übertragen, ohne daß besondere Versteifungsmaßnahmen, wie sie in den vorstehenden Abschnitten gezeigt sind, getroffen zu werden brauchen. Ein Beispiel hierfür zeigt Abb. 167: eine aus Blech hergestellte Klemme, bei der durch die besondere Formgebung der Blechquerschnitt hochkant auf Biegung beansprucht wird.

13. Fügegerechtes Gestalten [1]

a) Lappen. Bei der Mehrteilgestaltung (s. S. 12) müssen mehrere Werkstücke zu Bauteilen zusammengefügt werden. Sind die Werkstücke Stanzteile, die in großen Stückzahlen mit kleinem Zeitaufwand hergestellt worden sind, so müssen auch für die Verbindungsgestaltung die Eigenheiten der Stanzteilfertigung berücksichtigt werden.

Das Lappen als Verbindungsverfahren erfüllt diese Forderung weitgehend. Die Werkstücke lassen sich mit einfachen Vorrichtungen in so kurzer

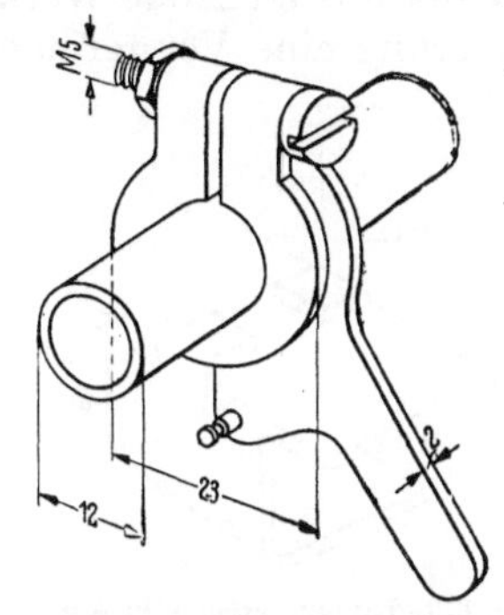

Abb. 167. Auf Rohr befestigte Klemme aus Blech gestaltet

Zeit zusammenfügen, daß sich der Zeitaufwand nicht wesentlich von dem für die Herstellung der Einzelteile unterscheidet.

Der Verbindungslappen an dem einen Werkstück wird durch einen entsprechenden Durchbruch im anderen Werkstück hindurchgesteckt. Meist stehen die ebenen Flächen der Blechteile senkrecht aufeinander. Der überragende Teil des Lappens wird verformt und damit die Verbindung hergestellt. Der Lappen hat meist eckige Form (Abb. 168). Werden die oberen Kanten des Lappens verrundet (Abb. 169), oder wird der Lappen durch eine halbkreisförmige Rundung ab-

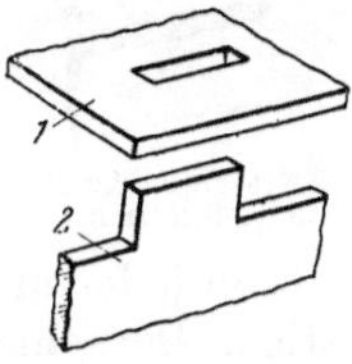

Abb. 168. Gestaltung der Teile für eine Lappenverbindung

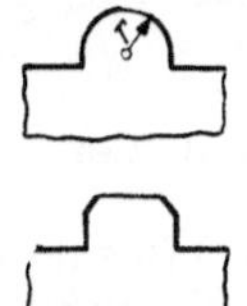

Abb. 169. Gestaltung der Lappen

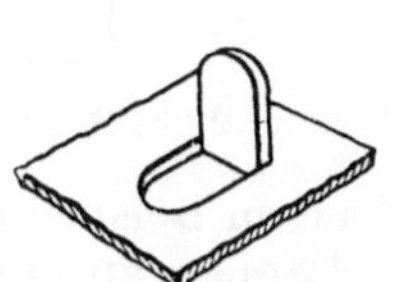

Abb. 170. Lappen aus dem Blechteil herausgestochen

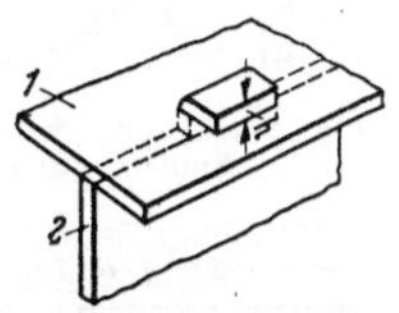

Abb. 171. Verbindung durch Umlegen des Lappens

geschlossen, so können die Teile schneller zusammengesteckt werden. Der Lappen läßt sich auch aus einem Blech herausstechen (Abb. 170).

Der Lappen kann zur Herstellung der Verbindung in verschiedener Weise verformt werden. In den meisten Fällen besonders bei dünnen Blechen wird er umgebogen (Abb. 171). Sind mehrere Lappen zur Herstellung der Verbindung erforderlich (Abb. 172), so werden sie abwechselnd nach der einen und anderen Seite gebogen. Damit die Lappen nicht zurückfedern, muß der Werkstoff weich sein.

In dem Beispiel in Abb. 173 umgreifen die Lappen des einen Teiles das andere Teil; an Stelle der Durchbrüche sind Ausnehmungen vorgesehen, in die die Lappen eingreifen. Wird die Lage der Teile

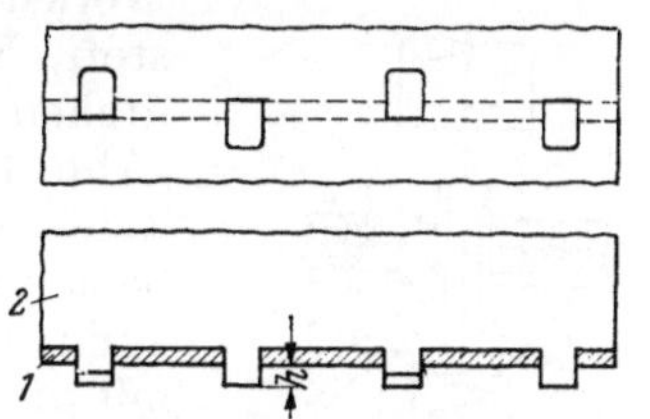

Abb. 172. Lappenverbindung mit mehreren Lappen

---

[1] Siehe hierzu auch VDI-Richtlinie 2251, Bl. 2 — Stauch- und Biegeverbindungen.

gegeneinander durch Reibung genügend gesichert, so können die Ausnehmungen auch fortgelassen werden (Abb. 174). In dem Beispiel in Abb. 175 ist in das aus Blech bestehende Werkstück an dem Verbindungslappen und in dessen Verlängerung eine Versteifungsrippe eingestanzt (s. S. 44).

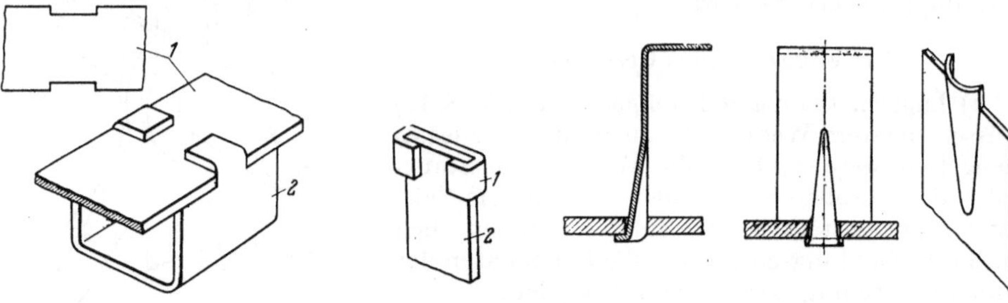

Abb. 173. Lappen greifen in Ausklinkungen des anderen Teiles ein

Abb. 174. Lappen umgreifen das andere Teil

Abb. 175. Lappen durch Profilierung versteift

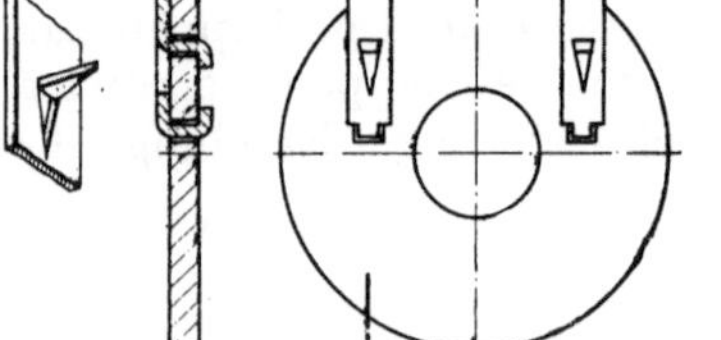

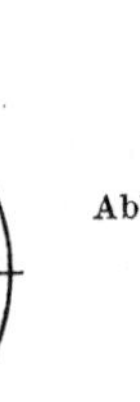

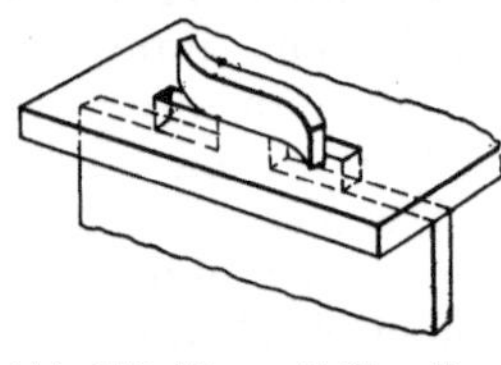

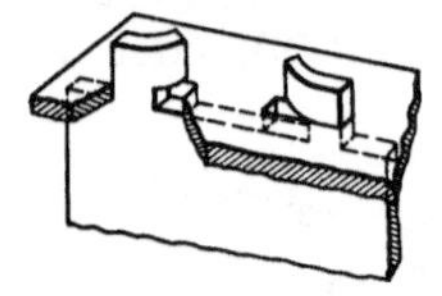

Abb. 176. Verbindung von Lötösen an Spulenflansch

Abb. 177. Verbindung durch Verdrehen des Lappens

Abb. 178. Lappen eingeschnitten

Abb. 179. Ein zweiteiliger Lappen mit Keilflächen

Abb. 180. Zwei einteilige Lappen mit Keilflächen

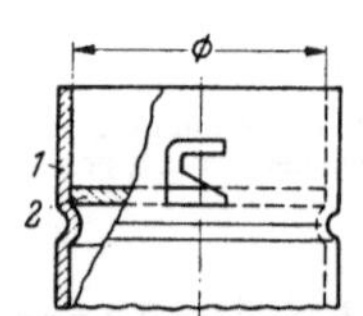

Abb. 181. Befestigung eines Bodens in einem rohrförmigen Werkstück

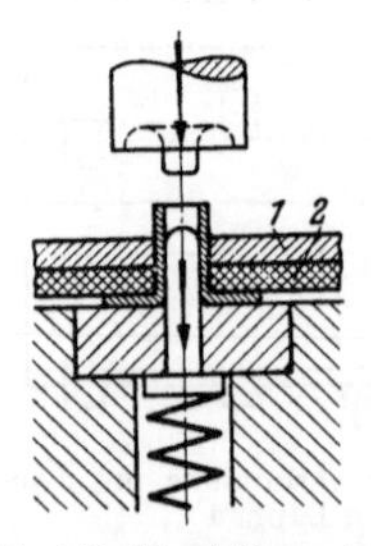

Abb. 182. Herstellung einer Nietung mit Hohlniet

In dem Beispiel in Abb. 176 sind zwei Lötösen jede mit zwei Lappen an einem Spulenflansch befestigt. Der eine dieser Lappen ist durch Herausstechen aus dem Blech gebildet, wie es bereits in Abb. 170 im Prinzip gezeigt wurde.

Die Verbindung kann durch Verdrehen des überragenden Lappenteiles hergestellt werden, wenn wegen der Verwendung dickerer oder härterer Bleche die Gefahr besteht, daß die Lappen beim Umbiegen abbrechen. Die Bauhöhe wird dadurch allerdings größer (Abb. 177). Verträgt der Werkstoff des Teiles mit dem Durchbruch, z. B. Kunststoff, Keramik, die Beanspruchung nicht, die beim Verdrehen auftritt, so kann der Lappen mit einem Einschnitt (Abb. 178) versehen werden. Beim Verdrehen des oberen Teiles wird der in dem Durchbruch steckende Teil des Lappens nicht mit verdreht. Beim Verdrehen des Lappens kann man sich eine Keilwirkung zunutze machen und damit die Teile gegeneinander ziehen, wenn der Lappen eine Keilfläche trägt (Abb. 179 und 180). In dem Beispiel in Abb. 181 ist diese Art des Lappens zum Befestigen eines Bodens in einem Rohr angewendet.

b) Nieten. Blechteile werden häufig durch Nieten miteinander verbunden. Eine der Stanzerei entlehnte Nietform ist der Hohlniet, der aus Blech gerollt oder gezogen ist. Der Nietkopf beim Rohrniet wird mit einem dem Stanzwerkzeug ähnlichen Nietwerkzeug (Abb. 182) gebildet, indem der durchgehende Rand des Nietes umgelegt oder umgerollt wird. Die dabei aufzuwendende Kraft ist wegen der geringen Verformungsarbeit klein, so daß die

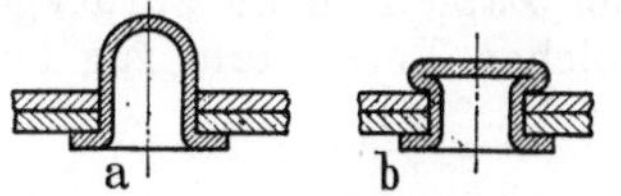

Abb. 183. Geschlossener Hohlniet. a vor der Nietung; b nach der Nietung

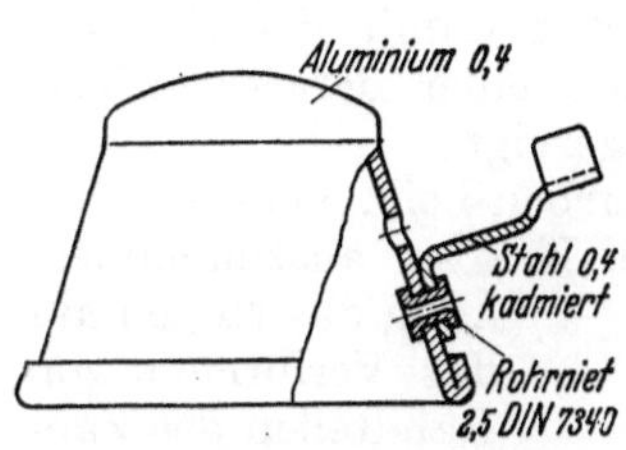

Abb. 184. Abschirmkappe

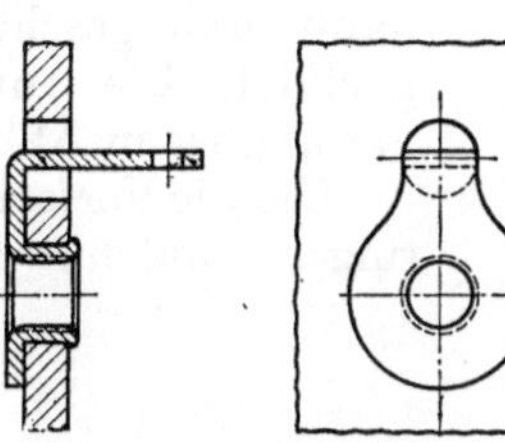

Abb. 185. Schraubkontakt nach DIN 41497 E 1, F 1

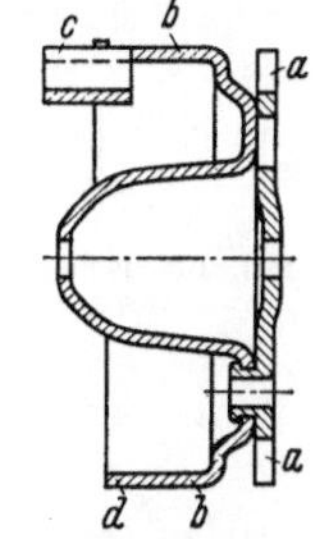

Abb. 186. Zählwerkrolle aus Aluminium

zu verbindenden Werkstücke geschont werden. Sie können deshalb auch aus weichem oder sprödem Werkstoff bestehen, wie Kunststoff, Leder, Keramik. Der Hohlniet kann auch geschlossen sein, wenn er aus Blech gezogen wird (Abb. 183). Diese Nietform wird verwendet, wenn an der Nietstelle das Loch des Rohrnietes unerwünscht ist. Genormte Rohrnietabmessungen sind in DIN 7339 und 7340 festgelegt; Abb. 184 zeigt ein Beispiel für die Anwendung eines genormten Rohrnietes.

Mit hohlnietförmigem Zapfen können Stanzteile auch unmittelbar miteinander verbunden werden, wenn aus dem einen Teil Düsen herausgezogen werden (s. S. 27), die als Nietzapfen in entsprechende Löcher des anderen Teiles hineinpassen. Als Werkstoff für die Teile mit düsenförmigem Nietzapfen ist Stahltiefziehblech, Aluminium und Messing geeignet.

In dem Beispiel in Abb. 185 ist in den Nietzapfen eines Kontaktstückes Gewinde hineingeschnitten, um einen Leitungsdraht anschrauben zu können. Abb. 186 zeigt die Verbindung zweier Blechteile aus Aluminium zu einem Bauteil eines Rollenzählwerkes. Die Kontaktbuchse in Abb. 187 ist aus Blech gerollt, so daß an der Verbindungsstelle kein geschlossener Nietzapfen entsteht.

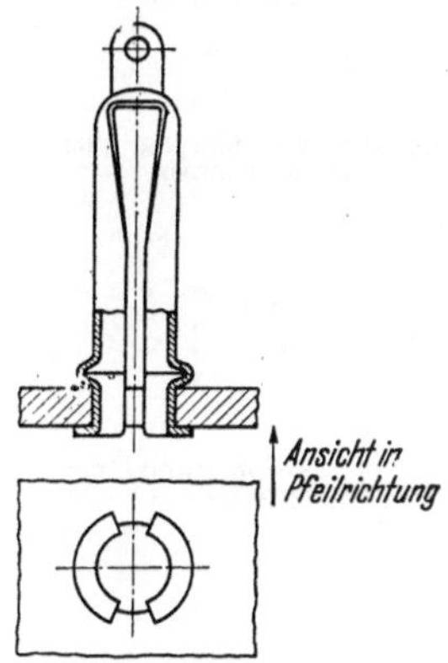

Abb. 187. Kontaktbuchse nach DIN 41496 M 1

Soll ein dünnes Blechteil auf einem dicken befestigt werden, so kann ein aus dem Blech herausgedrückter Butzen als Nietzapfen verwendet werden (s. S. 28). Damit können bei geeignetem weichem Werkstoff Zapfenlängen vom

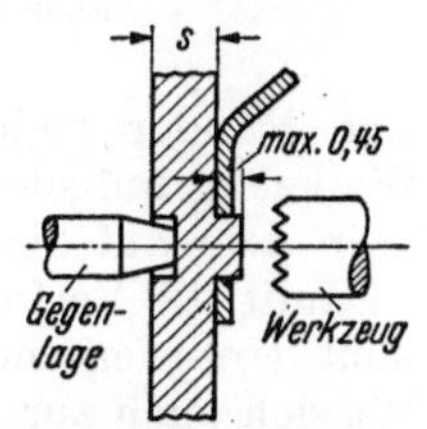

Abb. 188. Nietung mit durchgedrücktem Butzen

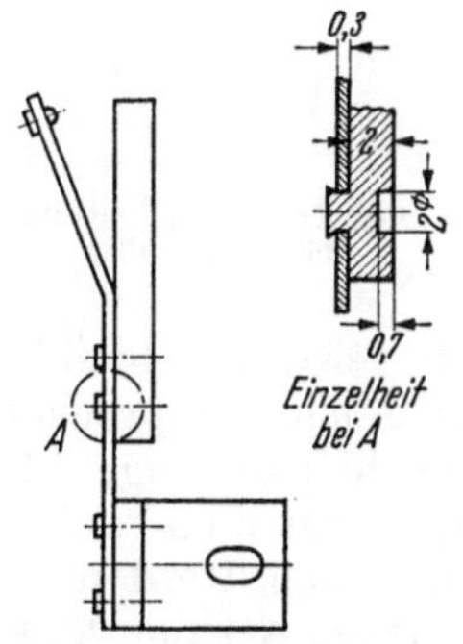

Abb. 189. Verbindung einer Kontaktfeder

4*

0,4fachen der Blechdicke erreicht werden. Beim Anstauchen des Nietkopfes (Abb. 188) muß in die rückseitige Vertiefung eine Gegenlage vorgesehen werden, damit der Zapfen nicht zurückgedrückt wird. Abb. 189 zeigt die Anwendung einer solchen Verbindung für die Befestigung einer Kontaktfeder.

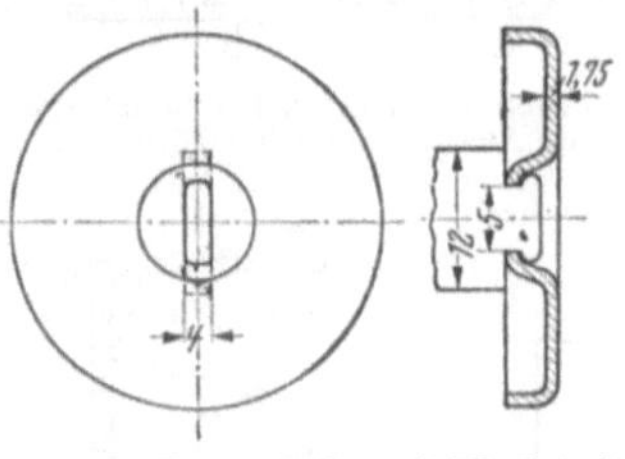

Stehen die ebenen Flächen der zu verbindenden Blechteile senkrecht aufeinander, so kann ähnlich wie bei der Lappenverbindung an dem einen Teil ein lappenförmiger Nietzapfen vorgesehen werden, der in einen entsprechenden Durchbruch hineinpaßt. Der durchragende Teil des Lappens wird dann breit geschlagen und damit der Nietkopf gebildet. Die Anwendung einer derartigen Vernietung ist in Abb. 190 gezeigt.

Um die Verformungsarbeit beim Nieten zu verringern und mit kleinen Kräften auszukommen, kann das Nieten auf das Verformen von Randteilen des Zapfens beschränkt werden, wenn man den Zapfen und das Nietwerkzeug dementsprechend gestaltet. Die Beanspruchung des gelochten Teiles wird damit klein gehalten. Das Nietwerkzeug kann z. B. meißelförmige Schneiden haben, die den Zapfen entweder quer (Abb. 191) oder längs (Abb. 192) spalten. Abb. 193 zeigt ein Beispiel für eine solche Kerbnietung. Oder der Nietkopf wird durch das Verformen mit einer Art Rändelrolle gebildet (Abb. 194). Erhält der Nietzapfen einen keilförmigen Einschnitt (Abb. 195), so

Abb. 190. Blechscheibe mit Blechstreifen vernietet

Abb. 191. Kerbnietung quer zum Nietlappen

Abb. 192. Kerbnietung längs zum Nietlappen

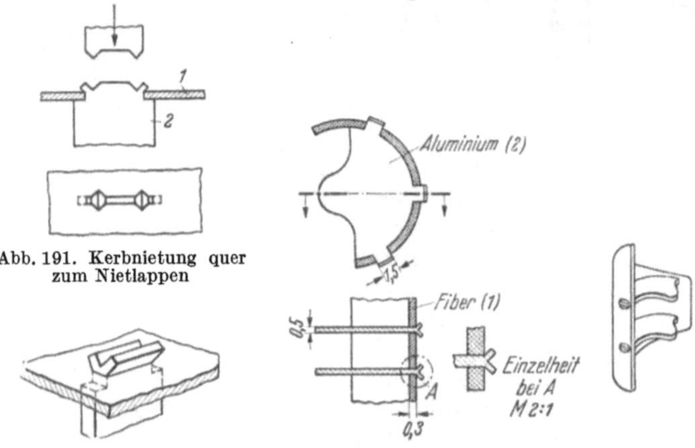

Abb. 193. Aluminiumscheiben mit Fiberstück durch Kerbnietung verbunden

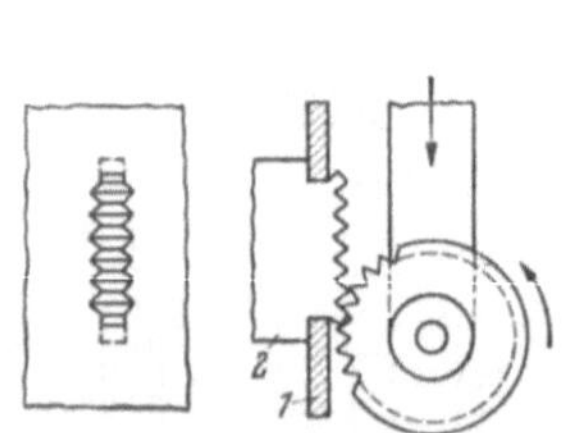

Abb. 194. Kerbnietung mit Rändelrolle hergestellt

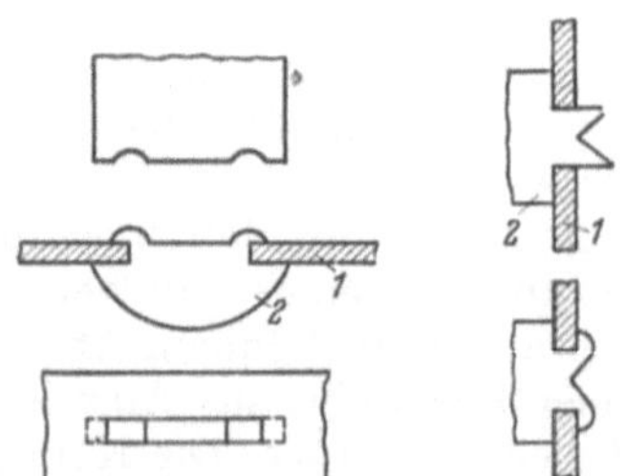

Abb. 195. Nietzapfen keilförmig eingeschnitten

daß seitlich schneidenförmige Ränder stehenbleiben, so können diese leicht mit einem entsprechenden Werkzeug umgelegt oder umgerollt werden. Ein Beispiel hierfür zeigt Abb. 196, in dem auf diese Weise ein Blechteil in eine Hartpapierplatte eingenietet ist. Damit die Verformungskraft von dieser besser aufgenommen werden kann, sind Unterlegscheiben vorgesehen.

Diese Art der Nietung läßt sich auch zur mittelbaren Verbindung von Blechteilen verwenden (Abb. 197). Der Niet wird aus Blech ausgeschnitten. Die Löcher in den zu verbindenden Werkstücken für die Aufnahme des Nietes müssen eine dem Niet angepaßte rechteckige Form haben. Da die Rechteckform die Verbindung auch gegen Verdrehen der Teile sichert, kann ein Niet bereits ausreichen.

c) Schrauben. Sollen zwei aus Blech hergestellte Werkstücke mit ihren ebenen Blechflächen aufeinanderliegend miteinander verschraubt werden (Abb. 198), so kann das eine Blech

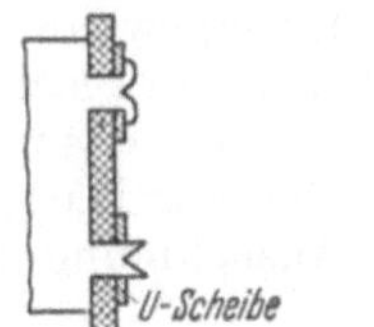

Abb. 196. Blechteil mit Hartpapierplatte vernietet

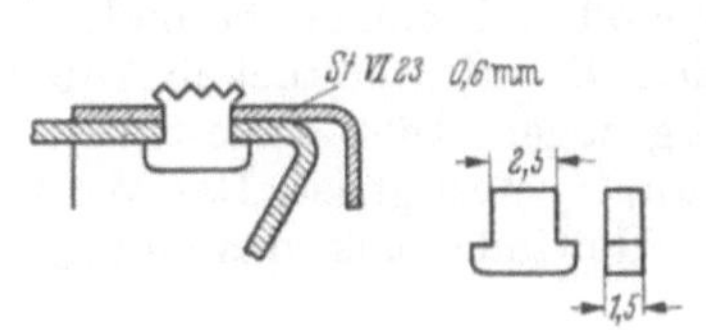

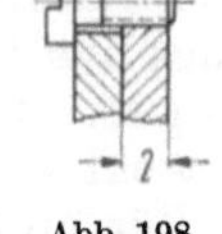

Abb. 197. Verbindung mit Blechnieten

Abb. 198. Schraubverbindung

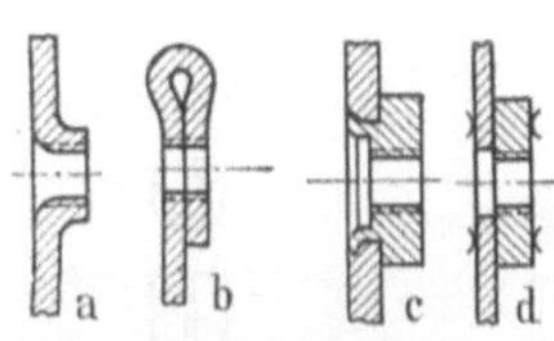

Abb. 199. Ausbildung der Teile mit Muttergewinde

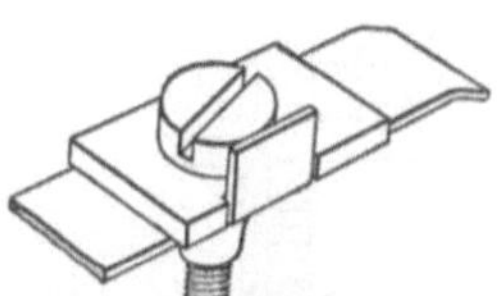

Abb. 200. Anschlußklemme

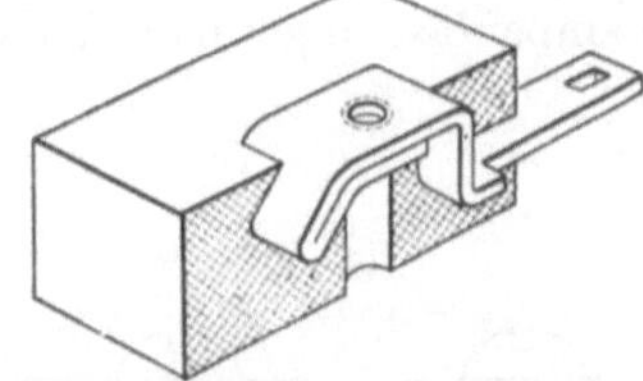

Abb. 201. Anschlußstück in Preßstoffteil eingebettet

zum Durchstecken der Schraube das Durchgangsloch und das andere Blech das Gewindeloch tragen. Als Verbindungsmittel sind dann nur Schrauben erforderlich, besondere Muttern erübrigen sich. In dieser einfachen Form lassen sich die Blechteile aber nur dann verschrauben, wenn das das Gewinde enthaltende Blech dick genug ist. Ist das Blech zu dünn, so kann die Einschraublänge durch das Durchziehen einer Düse (Abb. 199a) verstärkt werden, wenn der Werkstoff sich hierfür eignet. Abb. 200 zeigt eine Anwendung: Umgebogene

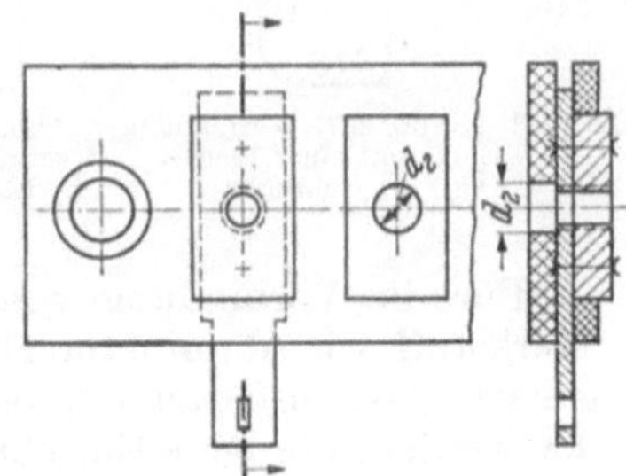

Abb. 202. Anschlußleiste

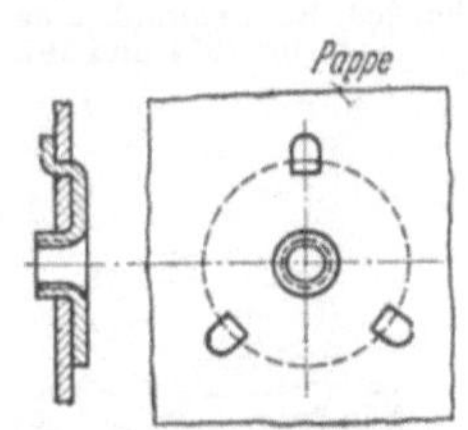

Abb. 203. Blechteil mit Muttergewinde mittels Lappen an Pappscheibe befestigt

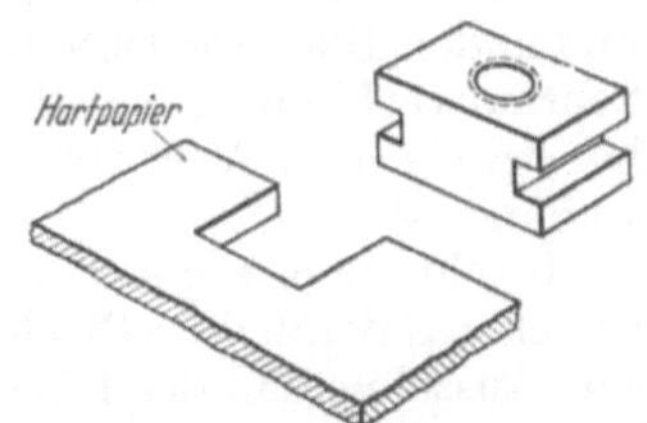

Abb. 204. Mutter in Hartpapierplatte einschiebbar

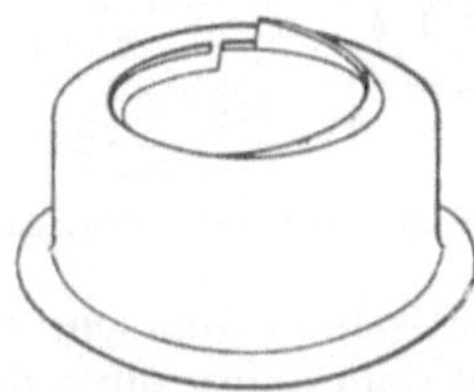

Abb. 205. Ein Gewindegang des Muttergewindes durch Stanzen des Blechrandes geformt

Lappen sichern die Verbindung gegen Verdrehen, so daß sie mit einer Schraube hergestellt werden kann. Manchmal ist es möglich, durch Umlegen die Blechdicke zu verdoppeln (Abb. 199b) und damit die Einschraublänge zu vergrößern. In Abb. 201 ist ein solches Blechteil als elektrisches Anschlußstück in ein Teil aus Kunstharzpreßstoff eingebettet. Auf der einen Seite des Anschlußstückes wird ein Leitungsdraht angelötet, auf der anderen Seite ein Draht angeschraubt. Ferner

läßt sich ein dünnes Blech an der Gewindestelle durch eine eingenietete Buchse
(Abb. 199c) oder durch ein aufgeschweißtes Stück aus dickerem Blech (d) verstärken. In Abb. 202 sind in einer Anschlußleiste die Kontaktstücke mit solchen
Verstärkungsstücken durch Punktschweißen verbunden. In Bauteilen aus Hartpapier, Pappe od. dgl. müssen besondere Muttergewinde tragende Metallteile eingesetzt werden. Das Mutterstück in Abb. 203 ist ein Blechteil, in dem das Gewinde
in eine durchgezogene Düse eingeschnitten ist, und das mit Lappen in dem Werkstück aus Pappe befestigt ist. Das Werkstück aus Hartpapier in Abb. 204 trägt
ein genutetes Gewindestück, das an einer Ausnehmung des Hartpapierteiles aufgesteckt wird.

Für große Gewinde läßt sich die Blechkante bei dünnen Blechen selbst als
Gewindeführung benutzen, wenn man am Gewindeloch das Blech durch Stanzen
entsprechend verformt (Abb. 205). Eine solche Schraubverbindung ist z. B. für
Lampenfassungen nach DIN 40 400 vorgesehen.

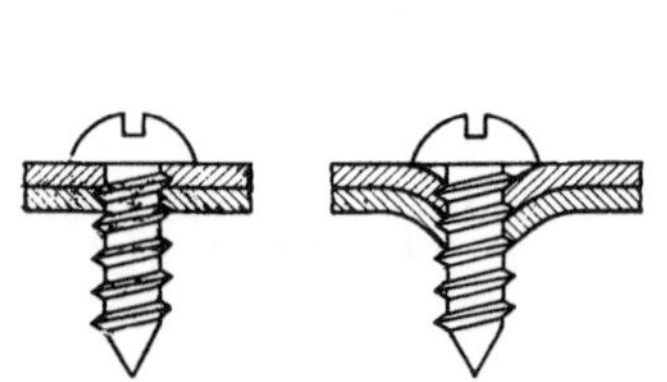

Abb. 206. Blechschrauben nach DIN 7971
bis 7974 und 7976

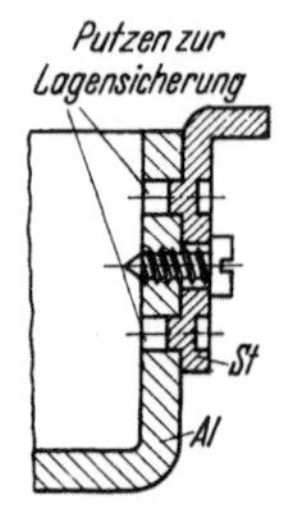

Abb. 207. Verbindung
mit einer Blech-
schraube

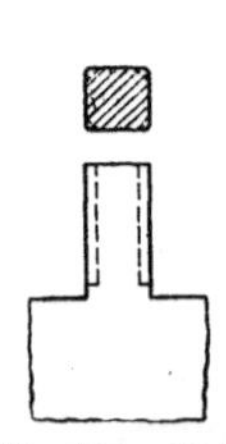

Abb. 208. Bol-
zengewinde auf
Blechzapfen

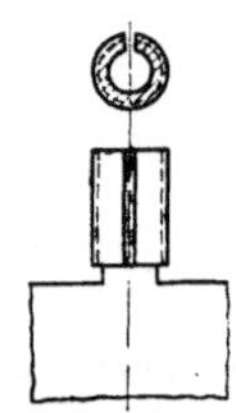

Abb. 209. Bolzengewin-
de auf gerolltem Blech-
zapfen

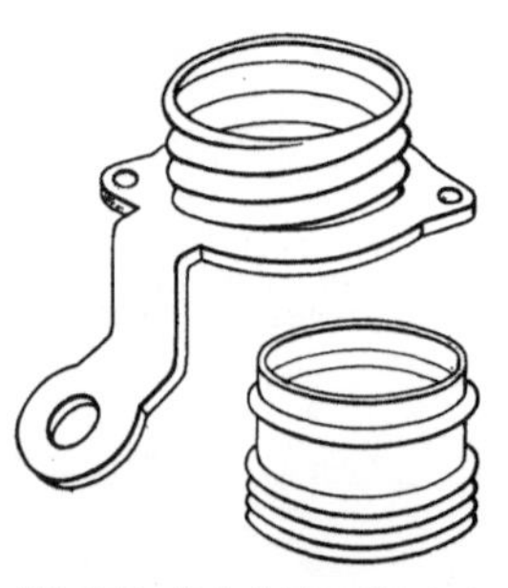

Abb. 210. Gedrücktes Gewinde

Für die Verbindung von Blechteilen aus weichem
Werkstoff, wie Aluminium, Messing, Hartpapier, können
gehärtete Stahlschrauben, sog. Blechschrauben, verwendet werden, die beim Einschrauben in Löchern mit der
Größe der Gewindekerndurchmesser das Gewinde selbst
eindrücken (Abb. 206). Die Abmessungen dieser Blechschrauben mit verschiedenen Kopfformen sind genormt
und in den Blättern DIN 7971 bis 7976 zu finden. Diese
Schraubverbindung eignet sich für Blechdicken von 0,3
bis etwa 4 mm. Abb. 207 zeigt ein Beispiel aus einem
Radiogerät.

Blechteile lassen sich auch mit einem Bolzengewinde
versehen: Bei dicken Blechen wird ein Zapfen mit qua-
dratischem Querschnitt beim Ausschneiden des Teiles mit vorgesehen (Abb. 208),
auf dem dann, ohne die Kanten vorher zu verrunden, das Gewinde aufgeschnitten werden kann. Dünne Bleche können zu einem rohrförmigen Zapfen gerollt
werden (Abb. 209). auf den dann das Gewinde aufgeschnitten wird. In rohrförmigen Bauteilen mit dünner Wandung läßt sich Gewinde eindrücken, wie es
von Sockeln für Glühlampen her bekannt ist. In Abb. 210 sind zwei Werkstücke mit einem solchen eingedrückten Gewinde dargestellt.

d) Bördeln, Sicken und Falzen. Von den Werkstücken, die durch Bördeln,
Sicken und Falzen miteinander verbunden werden, hat entweder eines oder auch
beide an der Verbindungsstelle die Form eines Rohres. Die Verbindung wird
meist auf Sondermaschinen hergestellt; gelegentlich, besonders bei kleinen Teilen,

können aber auch besondere Biege- und Rollwerkzeuge auf normalen Pressen hierfür verwendet werden.

Das *Bördeln* ist ein formschlüssiges Verbinden zweier Teile, von denen das eine einen rohrförmigen Rand hat, der um das andere Teil umgelegt oder umgerollt wird. Der Werkstoff des Teiles mit dem Bördelrand muß genügend weich sein; geeignet sind weicher Stahl möglichst mit Tiefzieheigenschaft, Messing, Aluminium und seine Legierungen. Der Werkstoff ·des vom Bördelrand gehaltenen Teiles dagegen muß so widerstandsfähig sein, daß der beim Umbördeln entstehende Druck auch ausgehalten werden kann.

Der Rand kann nach innen (Abb. 211) oder nach außen (Abb. 212) umgelegt werden. Diese Verbindungsform kann z. B. dazu benutzt werden, um in ein mantelförmiges Werkstück einen Boden einzusetzen und es damit zum Hohlgefäß zu machen. Die Abb. 213 a bis h zeigen verschiedene Gestaltungsformen hierfür, je nachdem, ob der umzulegende Rand an dem Mantelteil (a bis c) oder an dem Abschlußteil (d bis h) sitzt.

Beim Bördeln ist die Verformungsarbeit um so größer, je größer der Rand ist und je weiter er umgelegt wird. Deshalb sollte der umzulegende Rand nicht größer gemacht werden, als es die Haltbarbeit der Verbindung erfordert. Das Herumlegen des Randes um eine Rundung ist günstiger für die Verformung als um eine scharfe Kante. In Abb. 214 braucht der umgedrückte Rand nur der Rundung angepaßt zu werden, in der Abb. 211 b wird der Rand um etwa 45° herumgelegt, die Ausführungen in den Abb. 213 a und b erfordern das Umlegen des Randes um etwa 90°, in der Abb. 213 c ist der Rand sogar um 180° herumgelegt.

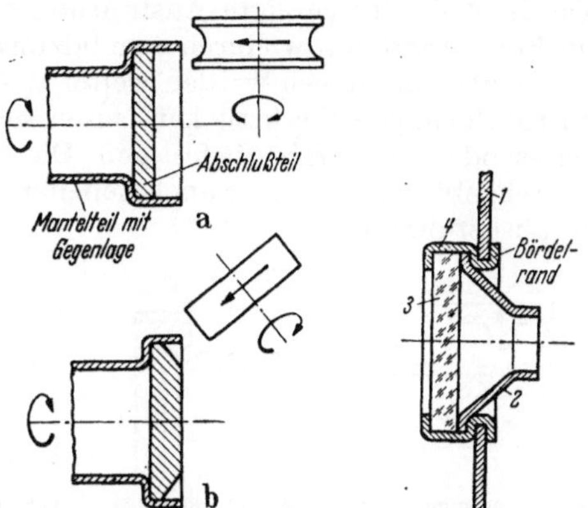

Abb. 211. Bördeln mit Rolle. a Rand um 90° umgelegt; b Rand um 45° umgelegt

Abb. 212. Glaskörper *3* mit Kappe *2* über Teil *4* durch Bördeln mit Wand *1* verbunden

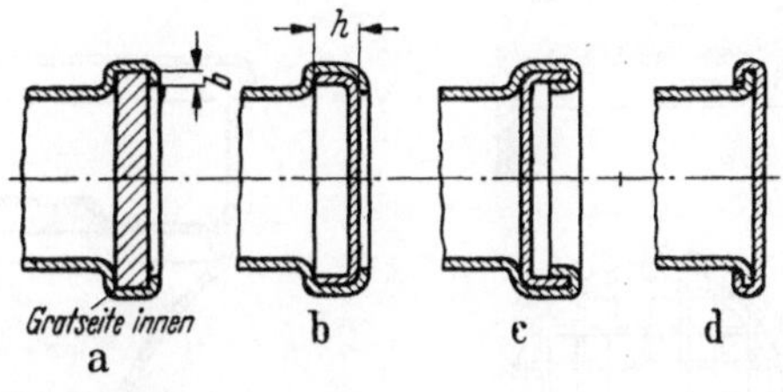

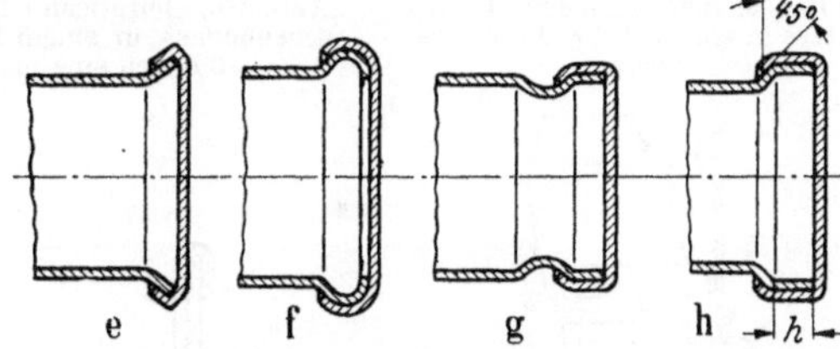

Abb. 213. Verbindung eines rohrförmigen Mantelteils mit einem Boden. a···c Bördelrand am Mantelteil; d···h Bördelrand am Bodenteil

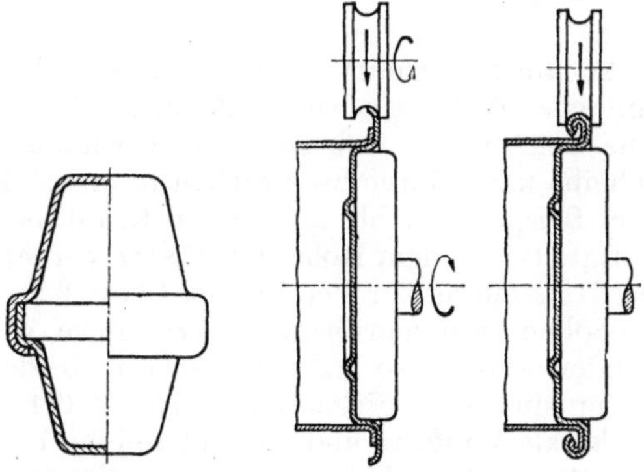

Abb. 214. Bördelverbindung an einem Gehäuse

Abb. 215. Doppelte Bördelung mittels Rolle

Die in Abb. 215 gezeigte Ausführung sieht das Herumrollen beider Teile zu einem Bördelrand vor, wodurch eine falzförmige Verbindung entsteht. Die eigentlichen Falzverbindungen werden weiter unten behandelt.

In rohrförmigen Werkstücken lassen sich andere Teile durch das Eindrücken von einer oder zwei *Sicken* befestigen. Diese Arbeit wird meist auf Sondermaschinen durchgeführt, kann aber auch behelfsmäßig auf der Drehbank mittels Sickenrollen ausgeführt werden.

Soll ein scheibenförmiges Werkstück in einem Rohr befestigt werden, so kann die zylindrische Scheibe, wenn sie dick genug ist, außen eine Rille erhalten, in die mit einer Sickenrolle von außen die

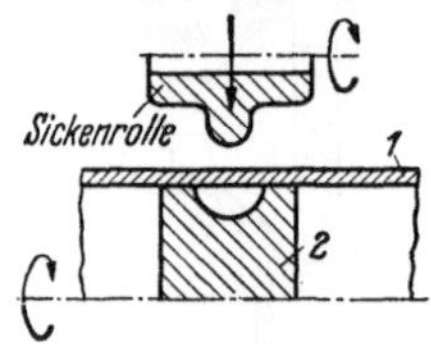

Abb. 216. Verbinden der Teile *1* und *2* durch Sicke

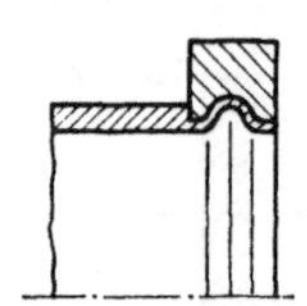

Abb. 217. Sicke im Rohrteil nach außen

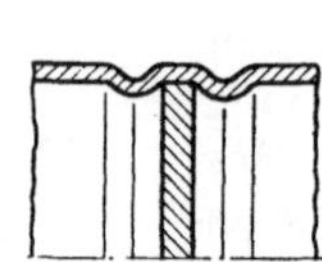

Abb. 218. Doppelsicke

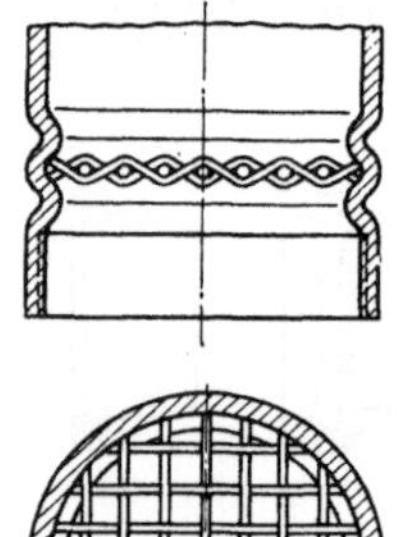

Abb. 219. Befestigen eines Drahtnetzes in einem Rohr durch zwei Sicken

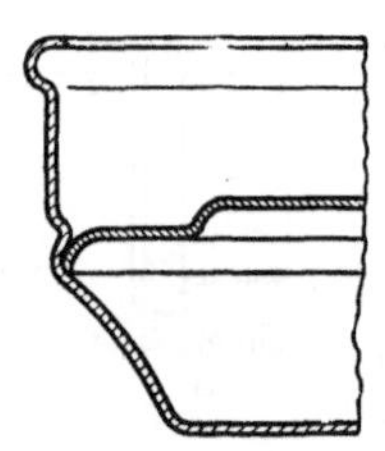

Abb. 220. Befestigen eines Zwischenbodens in einem Hohlgefäß durch eine Sicke

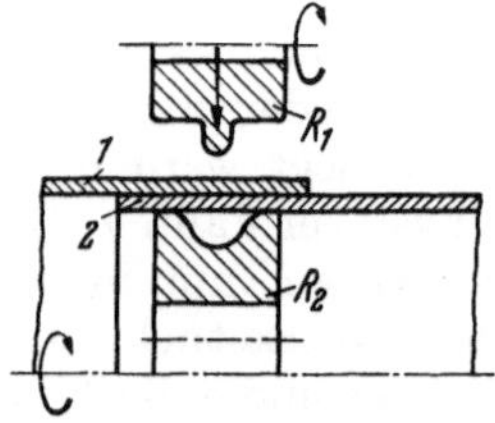

Abb. 221. Sicke zum Verbinden zweier rohrförmiger Werkstücke

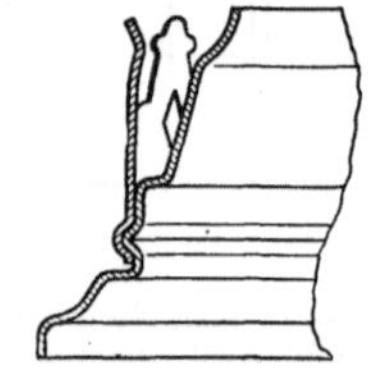

Abb. 222. Sickenverbindung von Blechteilen

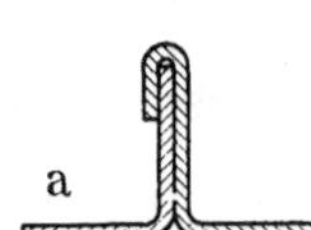

Abb. 223. Stehender Falz. a vorgebogen; b fertig gebogen

Abb. 224. Außenfalz

Sicke hineingedrückt wird (Abb. 216). In der Ausführung in Abb. 217 ist in ähnlicher Weise ein Ring auf einem Rohr befestigt, indem am Rohr von innen eine Sicke in eine Rille gedrückt worden ist, die der Ring innen trägt. Eine dünne Scheibe kann durch zwei Sicken in einem Rohr gehalten werden (Abb. 218). In dem Beispiel in Abb. 219 ist ein Drahtnetz auf diese Weise in einem Rohr befestigt. Ist in dem Rohr ein Absatz vorhanden, so genügt auch hier eine Sicke zur Herstellung der Verbindung (Abb. 220).

Sollen zwei rohrförmige Werkstücke, die ineinanderpassen, miteinander verbunden werden, so kann die Sicke in beide Rohre zugleich eingedrückt werden. Dafür sind zwei Sickenrollen erforderlich (Abb. 221), von denen die eine eine Wulst als Vollform und die andere eine Rille als Hohlform trägt. Abb. 222 zeigt eine Anwendung hierfür, allerdings ist in diesem Beispiel die Sicke nicht nach innen, sondern nach außen eingedrückt.

Das *Falzen* von Rändern zwecks Verbindung zweier Blechteile geht in folgender Arbeitsfolge vor sich: Die Ränder werden zunächst so umgebogen, daß sie ineinanderhaken, danach werden sie zusammengedrückt und dann umgelegt bzw. gekröpft. Das Falzen wird auf besonderen Falzmaschinen ausgeführt.

Abb. 223 zeigt die Entstehung des stehenden Falzes. Demgegenüber gibt es liegende Falze, die bei gefalzten Rohren entweder außen (Abb. 224) oder innen (Abb. 225) liegen können. In Abb. 226 ist ein Topf dargestellt, dessen Boden mit dem Mantel durch einen liegenden Falz verbunden ist. Wird der stehende Falz noch einmal umgelegt, so entsteht ein liegender Doppelfalz. Bei der Falzverbindung in Abb. 227 wird ein besonderer Falzstreifen über die umgebogenen Ränder der beiden Werkstücke geschoben und dann die Falzstelle zusammengedrückt.

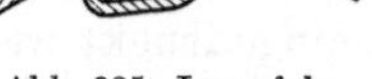

Abb. 225. Innenfalz

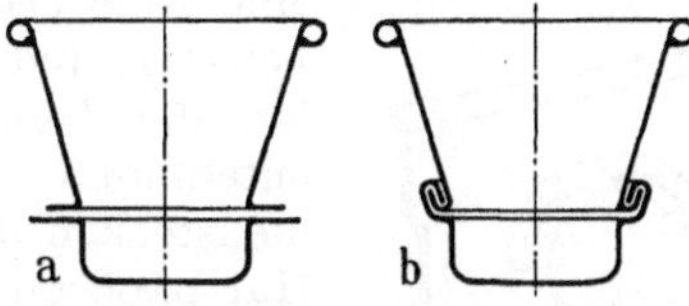

Abb. 226. Falzverbindung am Hohlgefäß

Abb. 227. Falzverbindung mit Falzstreifen

Das Falzen ist wichtig für die Dosenherstellung, insbesondere für die Herstellung der Konservendosen.

e) Pressen. Blechteile oder Teile mit ähnlicher Form können miteinander verpreßt und damit unmittelbar miteinander verbunden werden, indem die beiden Werkstücke zunächst zusammengesteckt werden und dann der Werkstoff eines Teiles oder auch beider Teile an der Verbindungsstelle zusammengedrückt, gequetscht, gerollt, eingezogen oder in ähnlicher Weise verschoben wird. Diese Verbindungsverfahren werden in der Regel mit kleinen Stanzwerkzeugen durchgeführt.

Wird der Werkstoff so verschoben, daß die Teile unter Spannung durch die entstehende erhöhte Reibung zusammenhaften, so entsteht eine kraftschlüssige Verbindung. Sollen größere Kräfte von der Verbindungsstelle aufgenommen werden können, so werden die Teile besser formschlüssig miteinander verpreßt. Das eine Werkstück ist dann meist an der Verbindungsstelle ausgespart und der Werkstoff des anderen Werkstückes wird in diese Ausnehmung hineingedrückt. Preßpassungen, das sind Verpressungen mit Übermaß, werden bei Blechteilen selten angewendet.

Die Abb. 228···231 zeigen Beispiele für *kraftschlüssige* Verpressungen. Die Teile werden lose zusammengesteckt; dann erhält das eine Teil mit meißel-

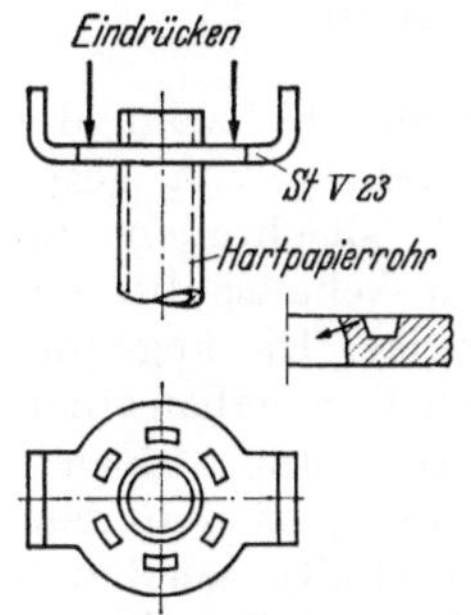

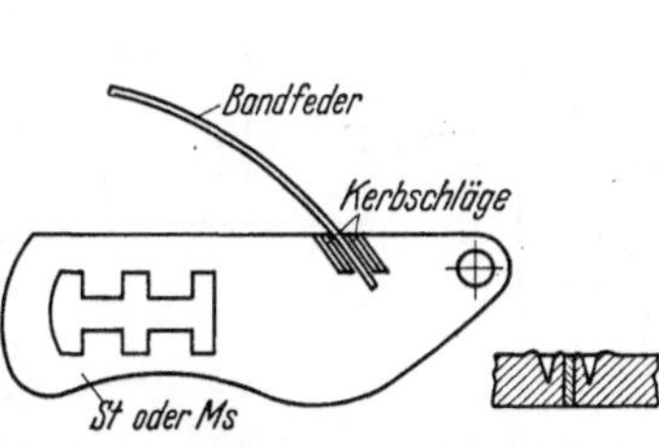

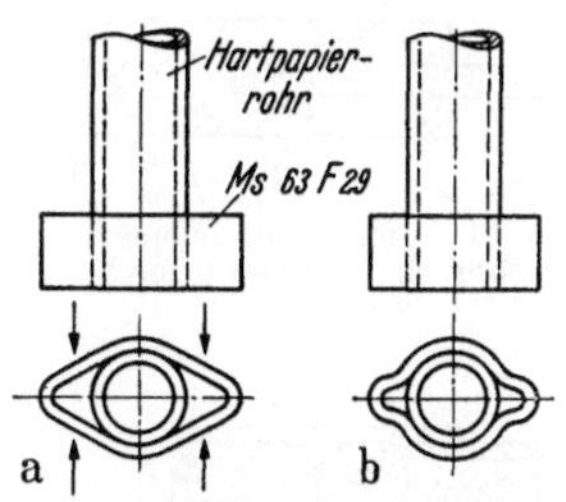

Abb. 228. Preßverbindung an einem Spulenkörper

Abb. 229. Verbindung durch Kerbschläge an einer Schloßzuhaltung

Abb. 230. Preßverbindung einer Kontaktschelle mit einem Widerstandsrohr. a vor dem Pressen; b nach dem Pressen

förmigen Stempeln kerbenartige Vertiefungen (Abb. 228 und 229), durch die der Werkstoff an der Paßstelle so verschoben wird, daß die Teile fest zusammenhaften. In dem Beispiel in Abb. 230 wird nach dem Zusammenstecken das Blechteil so zusammengedrückt, daß es auf dem Hartpapierrohr festsitzt. Abb. 231 zeigt als Beispiel eine Verpressung mit Übermaß, durch die eine Glasscheibe in einer Fassung befestigt wird. Damit der Außenring besser auffedert, kann er an einigen Stellen geschlitzt werden.

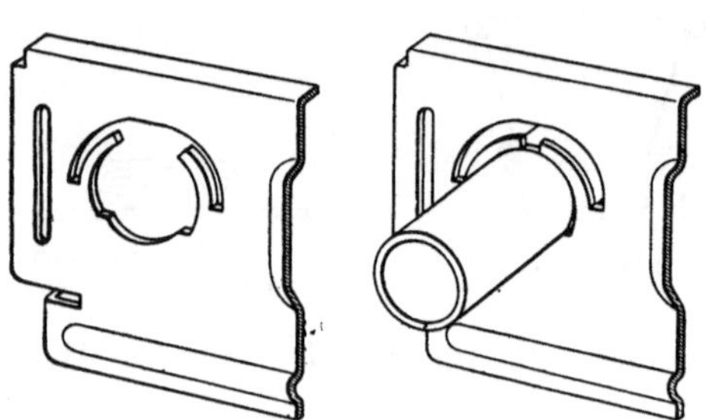

Abb. 231. Schutzkappe mit Glasscheibe

In den Abb. 232···237 sind einige Ausführungsformen von *formschlüssigen* Verpressungen dargestellt. Im Beispiel Abb. 232 wird auf ein Hartpapierrohr, das beim Abstechen eine Rille erhalten hat, ein Blechteil befestigt, indem Lappen des Blechteiles, die beim Stanzen dieses Teiles entstanden sind, nach dem Zusammenstecken der Teile in die Rille des Hartpapierrohres hineingedrückt werden. Bei der Preßverbindung in Abb. 233 trägt das Drehteil eine Rille, in die das Blechteil eingerollt wird. In das gestanzte Blechteil in Abb. 234 sind Löcher mit eingeschnitten, in die vom anderen Teil nach dem Zusammenstecken mit einem Stanzwerkzeug Werkstoff hineingedrückt wird. Auf ähnliche Weise ist die Verbindung in Abb. 235 entstanden. Der Blechstreifen 3 dient hier lediglich als Mittel, um die Teile 1 und 2 miteinander zu verbinden.

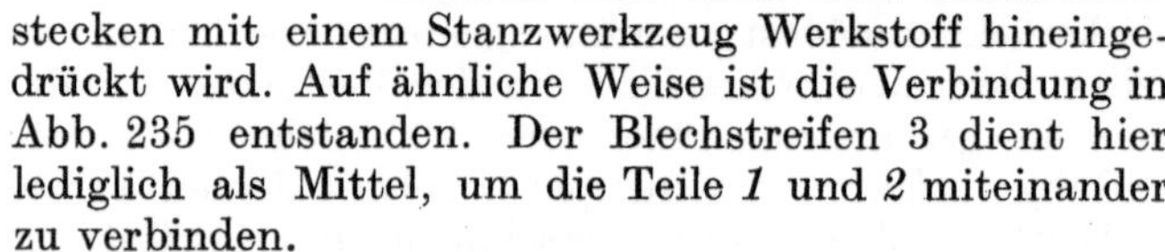

Abb. 232. Spulenkörperbefestigung

In dem Beispiel in Abb. 236 sind drei Teile miteinander verbunden: Ein drahtförmiges Werkstück 1, das am Ende geschlitzt ist, kann durch den entsprechenden Durchbruch eines gestanzten Blechteiles 2 hindurchgesteckt werden. Ein Blechstreifen 3 mit einem Loch wird in den Schlitz des Teiles 1 gesteckt. Mit körnerartigen Stanzwerkzeugen wird Werkstoff des Teiles 1 von beiden Seiten in das Loch des Teiles 3 hineingedrückt und damit die Verbindung hergestellt.

Abb. 237 zeigt die Verbindung von gezogenen Blechteilen an einem Gehäuse für ein Fernglas. Die kegelförmigen Teile haben einen aufgeweiteten Rand, mit dem sie sich an dem ausgeschnittenen Boden des Hauptteiles abstützen. In einem ersten Arbeitsgang werden die

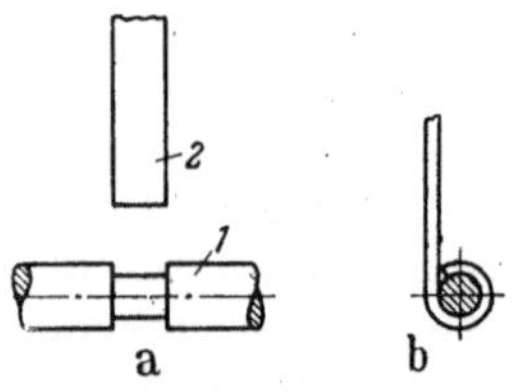

Abb. 233. Verbindung eines Blechstreifens mit einer Welle durch Rolle

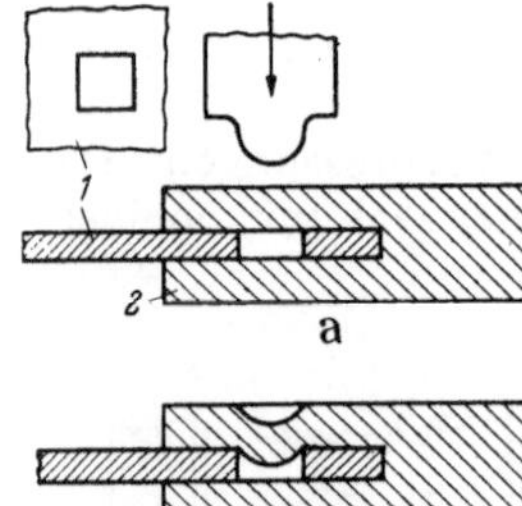

Abb. 234. Teil 2 wird an einem Durchbruch des Teiles 1 durchgedrückt

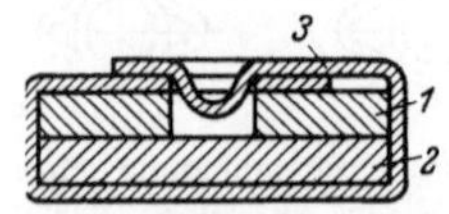

Abb. 235. Teil 3 wird in Durchbruch des Teiles 1 gedrückt

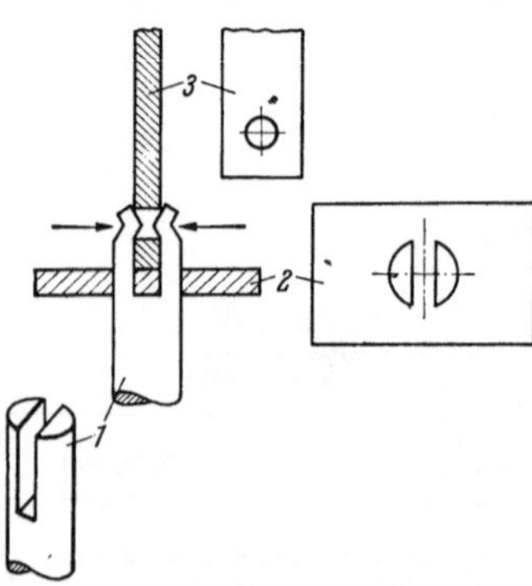

Abb. 236. Verformen des Teiles 1

beiden zylindrischen Mäntel des Hauptteiles eingezogen (Abb. 337b) und dann an die Rohrteile angedrückt (c).

f) Schweißen. Das Schweißen wird in der Stanzerei als ergänzendes Verbindungsverfahren angewendet. In der Feinwerktechnik wird von den verschiedenen Schweißverfahren[1] das elektrische Widerstandsschweißen wegen der schnellen maschinellen Fertigungsmöglichkeit bevorzugt angewendet. Man unterscheidet bei diesem Schweißverfahren das Punkt-, Naht- und Stumpfschweißen.

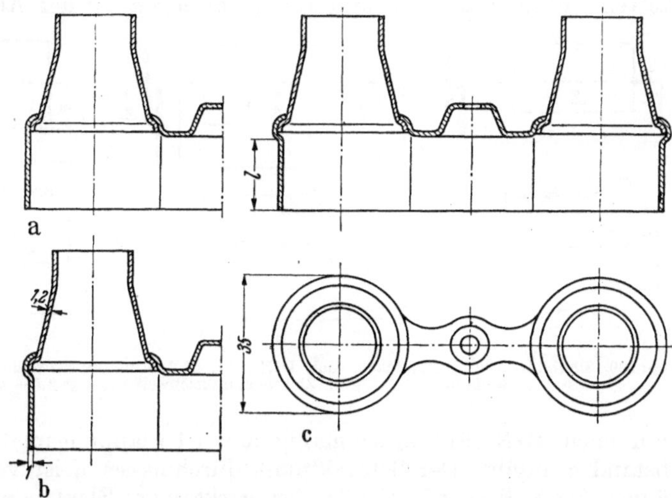

Abb. 237. Fernglasgehäuse. a Teile zusammengesetzt; b Hauptteil eingezogen; c Teile fest zusammengedrückt

Daneben ist das Schmelzschweißen, das allerdings im Maschinenbau mehr angewendet wird, auch für die Feinwerktechnik von Bedeutung in seinen verschiedenen Ausführungsmöglichkeiten: dem Gasschmelzschweißen und dem Lichtbogenschweißen. Gelegentlich lassen sich beide Verfahren nebeneinander vorteilhaft verwenden.

Das Stanzen, verbunden mit dem Schweißen, ist in wirtschaftlicher Hinsicht oft vorteilhafter als die Einteilgestaltung, weil sich dadurch kompliziertere Teile in einfachere zerlegen lassen, die dann mit einfacheren Werkzeugen hergestellt werden können. Ferner lassen sich oft Leichtbaukonstruktionen und Teile großer Steifigkeit einfacher gestalten, wenn man sie aus mehreren Teilen zusammensetzt.

Wie das Bauteil gestaltet wird und welches Schweißverfahren am zweckmäßigsten angewendet wird, richtet sich nach den Bauteilabmessungen, den Festigkeitsanforderungen und der Lage der Verbindungsstelle in bezug auf ihre Zugänglichkeit. Beim Punktschweißen z. B. sollen Sonderelektroden möglichst vermieden werden[2], weil die Fertigung dadurch unwirtschaftlich wird.

Beim *Punktschweißen* werden zwei blechförmige Werkstücke zwischen zwei Stabelektroden durch die Wärme eines hindurchfließenden elektrischen Stromes punktförmig miteinander verschweißt (Abb. 238). Bleche aus kohlenstoffarmem Stahl, die an der Oberfläche blank sind, lassen sich am besten schweißen. Aber auch Bleche aus legiertem und nichtrostendem Stahl, ferner Buntund Leichtmetallbleche lassen sich punktschweißen. Bei Aluminiumlegierungen wirkt sich der Zusatz von Mangan oder Magnesium günstig aus. Stahlbleche können bis zu einer Dicke von etwa 7,5 mm punktgeschweißt werden.

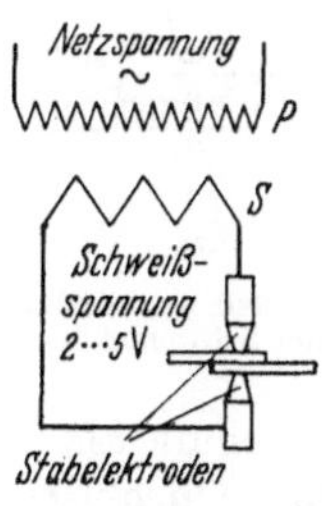

Abb. 238. Punktschweißen

---

[1] Über Schweißverfahren s. DIN 1910, Bl. 1 u. 2.
[2] Siehe Richtlinie VDI/VDE 2251, Bl. 4 Schweißverbindungen.

Sollen zwei Bleche, die sich überlappen, punktgeschweißt werden, so können die Schweißpunkte in einer Reihe (Abb. 239a) oder in einer Doppelreihe in Ketten- (b) oder Zickzackanordnung (c) liegen. In der Abb. ist dargestellt, wie

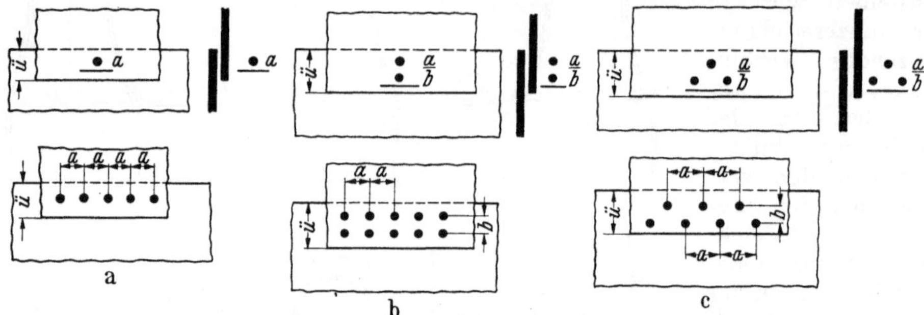

Abb. 239. Sinnbilder und Kurzzeichen nach DIN 1911. a Reihenpunktschweißung $ü \geqq 2{,}5\,d$; b Kettenpunktschweißung $ü \geqq 2d + b$; Zickzackpunktschweißung $ü \geqq 2d + b$. $a \approx 5 \cdots 6d$

man nach DIN 1911 zweckmäßig das Überlappungsmaß $ü$ und den Punktabstand a angibt. Der Schweißpunktdurchmesser d ist von der Blechdicke abhängig, weil diese die Größe der wirksamen Elektrodenfläche bestimmt. In Tab. 15 sind Werte für den Schweißpunktdurchmesser in Abhängigkeit von der Blechdicke zusammengestellt.

Tabelle 15. *Schweißpunktdurchmesser in Abhängigkeit von der Blechdicke.*

Einzelblechdicke in mm	Schweißpunktdurchmesser in mm
0,5 ··· 1,0	4 ··· 6
1,0 ··· 1,5	6 ··· 8
1,5 ··· 2,0	8 ··· 10
2,0 ··· 3,0	8 ··· 12
3,0 ··· 5,0	10 ··· 14

Für das Aussehen der Schweißpunkte ist die Form der Elektroden an ihren wirksamen Endflächen maßgebend. Sind diese Flächen, wie es normalerweise üblich ist, rund, so bilden sich beim Schweißen narbenartige Vertiefungen (Abb. 240). Wenn man mit einem entsprechend gestalteten Punzen das Blech an der Schweißstelle durchdrückt und dann überschleift, so kann man allerdings mit einem verhältnismäßig teuren Aufwand die Oberfläche auf der einen Seite verbessern (Abb. 241). Macht man die Elektrode am Ende durch eine Bohrung hohl (Abb. 242), so bildet sich beim Schweißen eine Wölbung aus,

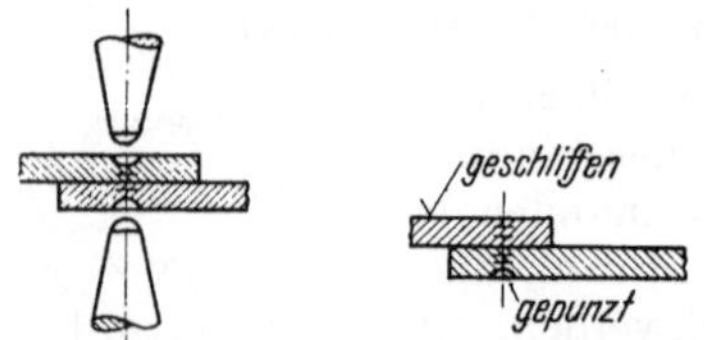

Abb. 240. Ausbildung der Schweißstelle

Abb. 241. Schweißstelle nachgearbeitet

die man als nietkopfähnliche Form bestehen lassen oder wegschleifen kann. Das Durchdrücken wird damit zwar gespart, der Verschleiß an Elektroden ist jedoch größer. Der Lochdurchmesser D richtet sich nach der Blechdicke s (Abb. 242).

Bildet man das Elektrodenende eben und genügend groß aus, so können Schweißpunkte erreicht werden, die keine Narben hinterlassen, die infolgedessen auch ohne Nacharbeit nicht sichtbar sind.

Die Werkstücke müssen möglichst an der Verbindungsstelle so gestaltet sein, daß diese mit normalen geraden Elektroden zugänglich ist (Abb. 243 b). Die Aus-

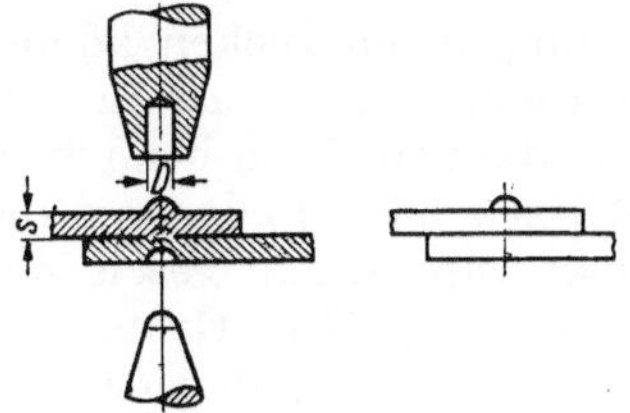

Abb. 242. Schweißstelle mit nietkopfartiger Wölbung.

s in mm	0,5	0,8	1,0	1,5
D in mm	3	4	4,5	5,5

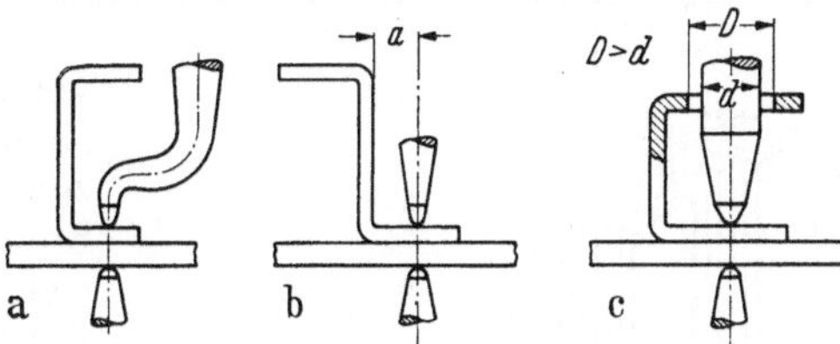

Abb. 243. Zugänglichkeit der Schweißstelle. a schlecht zugänglich, Elektrode muß besondere Form haben; b und c besser zugänglich, normale Elektrodenform

bildung in Abb. 243 a ist ungünstig, weil eine anormale Elektrodenform erforderlich ist. Kann man in dem oberen Schenkel des Winkels ein Loch mit genügend großem Durchmesser vorsehen (Abb. 243 c), so läßt sich auch hier eine normale gerade Elektrode verwenden.

Die Abb. 244···249 zeigen Anwendungsbeispiele für das Punktschweißen. Der Kondensatorbecher nach DIN 41100 Bl. 2 in Abb. 244 ist aus drei Blechteilen zusammengesetzt. Die Lage der zu verbindenden Teile zueinander soll möglichst bereits durch ihre Form gesichert sein, so daß sie nicht mit besonderen Schweißvorrichtungen gehalten und ausgerichtet zu werden brauchen. So wird z. B. die Kontaktfeder in Abb. 245 durch einen Anschlag am Haltewinkel ausgerichtet, bevor die Teile mit einem Schweißpunkt miteinander verbunden werden. In dem Beispiel in Abb. 76 greifen zwei durchgedrückte Butzen an dem einen Teil in entsprechende Löcher des anderen Teiles ein, wenn sie vor dem Schweißen zusammengefügt werden. Damit ist die Lage der Teile zueinander beim Schweißen gesichert.

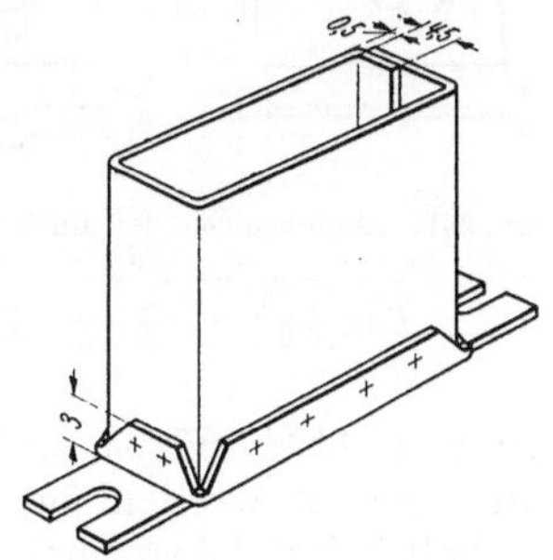

Abb. 244. Kondensatorbecher nach DIN 41100 Bl. 2

Abb. 246 zeigt eine Verbindung eines Stahlbleches mit Hartpapier mit einem napfförmig gezogenen Stahlblechteil, das hier als Verbindungsmittel dient.

Die Schweißung in Abb. 247 erfordert eine andere Form der einen Elektrode, die den Rundstab umspannt, eine sog. Spannelektrode.

Der Hebel in Abb. 248 ist aus mehreren gleichgeformten Blechteilen zusammengeschweißt. Das Bauteil ließe sich aus einem entsprechend dicken Blech

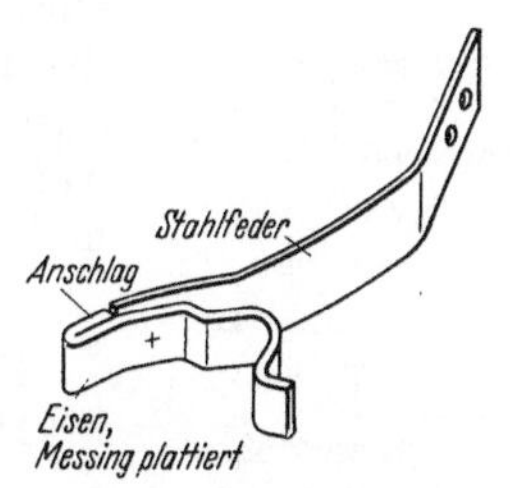

Abb. 245. Kontaktteil

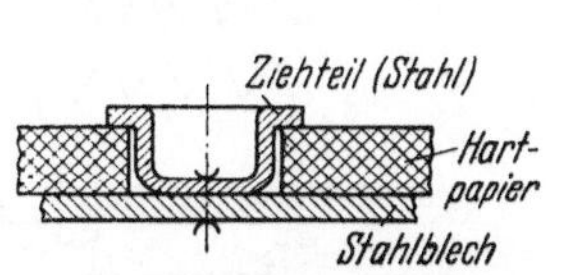

Abb. 246. Verbindung von Hartpapier mit Stahlblech mittels Ziehteil

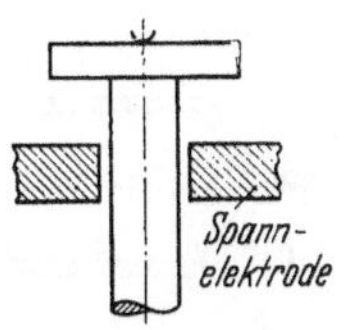

Abb. 247. Relaiskern

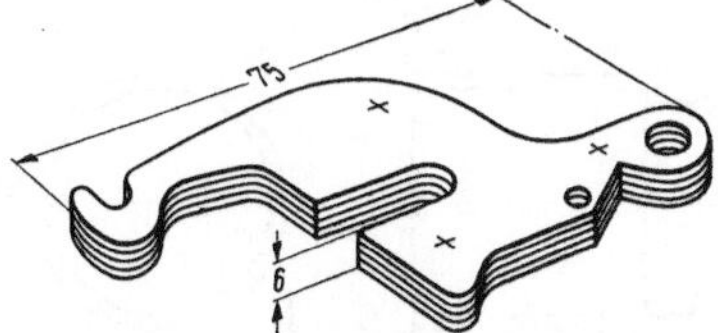

Abb. 248. Hebel aus mehreren Blechen zusammengesetzt

schwer ausschneiden. Die Bleche für den Kern eines Elektromagneten in Abb. 249 werden durch Drahtstücke zusammengehalten, die in Ausnehmungen der Blechteile eingelegt und aufgeschweißt werden.

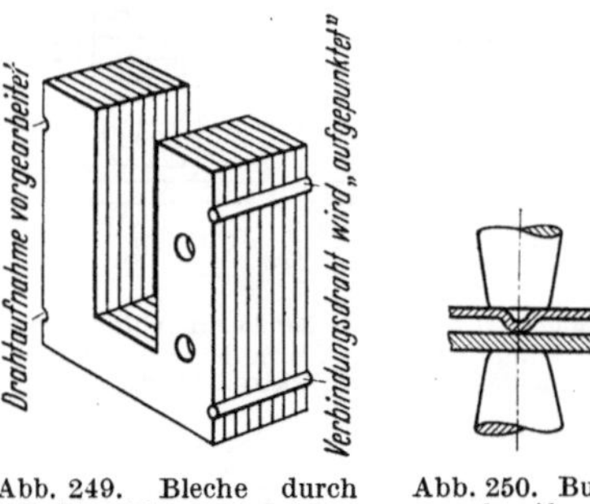

Abb. 249. Bleche durch Drahtstücke verbunden

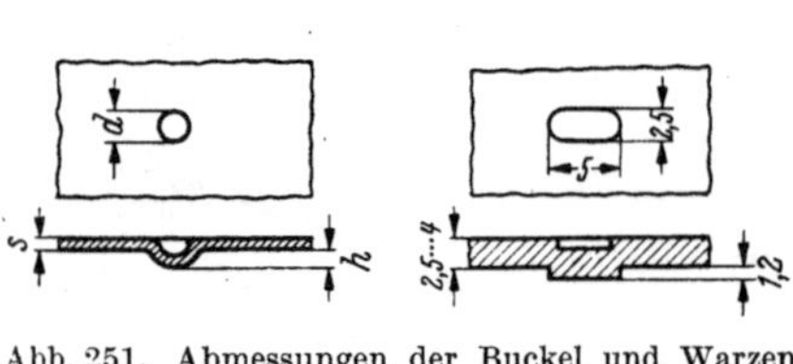

Abb. 250. Buckelschweißung

Bleche mit ungleichen Dicken können verschweißt werden, wenn man in dem einen, meist dem dünnen Blech beim Stanzen Buckel, Warzen oder Dellen an den Stellen eindrückt, an denen geschweißt werden soll (Abb. 250). Die Größe und Form der Durchprägung richtet sich nach der Blechdicke. In Abb. 251 sind einige Anhaltswerte angegeben. Auf diese Weise kann mittels Elektroden mit großen Berührungsflächen an mehreren Buckeln zugleich geschweißt werden. An dem Werk-

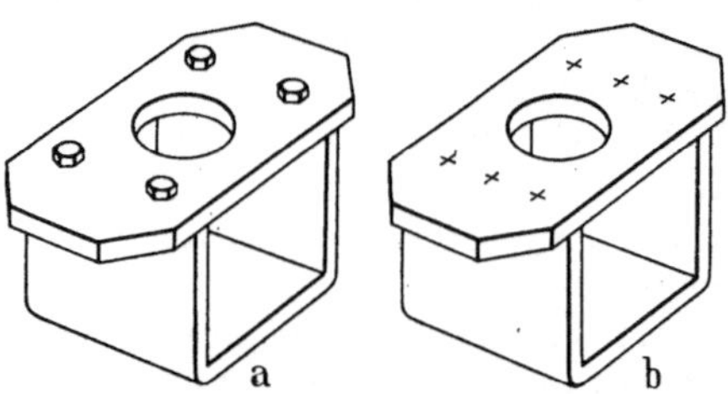

Abb. 252. Umstellung einer Schraubverbindung (a) auf Schweißverbindung (b) über sechs Warzen gleichzeitig

Abb. 251. Abmessungen der Buckel und Warzen.

s	d	h
0,5···1,25	3,5	0,6
1,5···2,0	4	0,8

stück in Abb. 252 ist z. B. die Schraubenverbindung durch eine Buckelschweißung ersetzt worden, bei der an sechs Buckel zugleich geschweißt wird.

Soll beim elektrischen Widerstandsschweißen eine Schweißnaht entstehen, so verwendet man als Elektroden Rollen (Abb. 253), von denen eine angetrieben

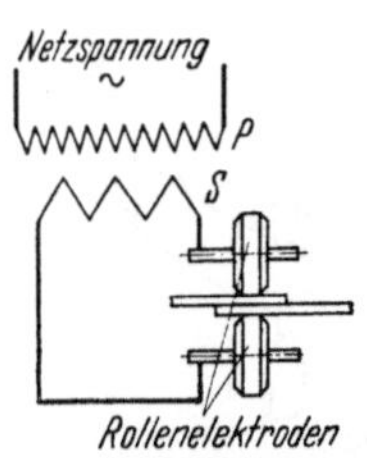

Abb. 253. Rollennahtschweißungen

wird. Auch hier entstehen eigentlich Schweißpunkte, weil die Rollen beim Schweißen stillstehen, während sie sich bei ausgeschaltetem Strom drehen und dabei das Werkstück weiterbewegen. Je nach dem Zweck liegen die Schweißpunkte mehr oder weniger dicht beieinander. Man kann unterscheiden:

Dichtnaht mit einem Punktabstand von 1··· 3 mm
Festnaht mit einem Punktabstand von 5···15 mm
Heftnaht mit einem Punktabstand von 30···50 mm.

Abb. 254 zeigt einige Anwendungsbeispiele.

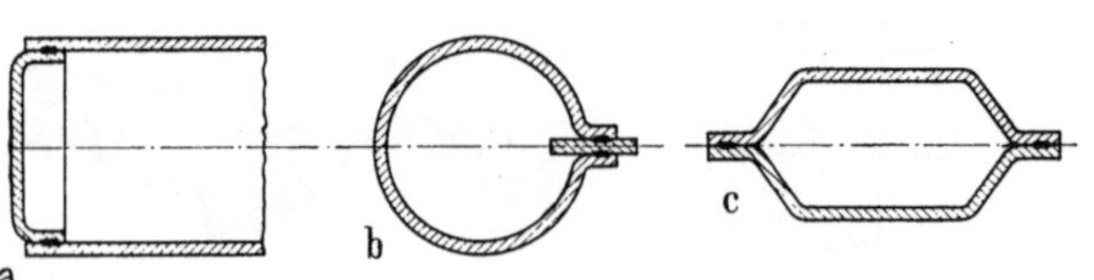

Abb. 254. Anwendungsbeispiele für Nahtschweißen

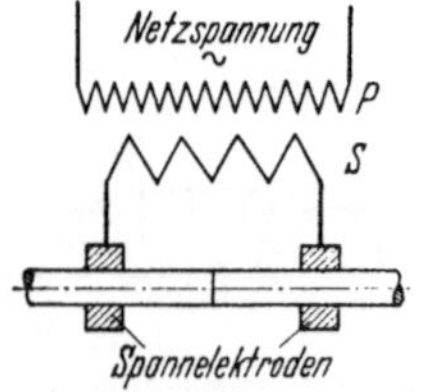

Abb. 255. Stumpfschweißen

Beim *Stumpfschweißen* wird meist das Abbrenn- oder Abschmelzverfahren angewendet (Abb. 255): Die Teile werden mit den zu verschweißenden Flächen, die unbearbeitet gelassen werden, berührt und dann wird durch die Berührungsfläche ein elektrischer Strom hindurchgeleitet. Sind die Teile an den Berührungsflächen infolge des hohen elektrischen Widerstandes genügend hoch erwärmt, so werden sie kurzzeitig zusammengedrückt, wobei die Berührungsflächen miteinander verschweißen. Durch das Zusammendrücken und durch einen geringen Abbrand wird die Gesamtlänge des Teiles verkürzt. Die Verkürzung ist abhängig von der Form und Größe des Querschnittes, dem Werkstoff und der Maschinenleistung.

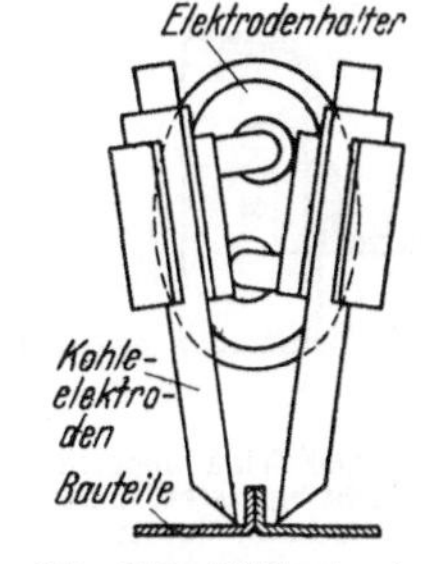

Abb. 256. Widerstandsschmelzschweißen

Mit dem *Widerstandsschmelzschweißen* werden dünne Bleche ($s < 1$ mm) aus Leichtmetallegierungen miteinander verbunden. Zwei Kohleelektroden werden durch direkte Berührung auf helle Rotglut oder Weißglut erhitzt, dann auseinandergezogen und auf die Blechteile so gesetzt, daß die zu schweißende Naht zwischen die Elektroden zu liegen kommt (Abb. 256). Die von den Elektroden ausgehende Wärme schmilzt den Werkstoff, wobei der über die Naht

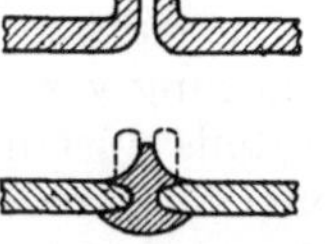

Abb. 257. Bördelnaht   Abb. 258. Stumpfnaht

fließende elektrische Strom die Temperatur hält und die endgültige Schweißung bewirkt. In Abb. 257 ist eine Bördelnaht in vorbereitetem und in geschweißtem Zustand dargestellt. Abb. 258 zeigt eine Stumpfnaht, bei der ein Zusatzwerkstoff benötigt wird.

g) Löten. Je nach der Schmelztemperatur des Lotes unterscheidet man zwischen Weich- und Hartlöten. Während das Weichlöten durch die Verbesserung der elektrischen Schweißverfahren sehr an Bedeutung verloren hat, hat sich das Hartlöten infolge der Entwicklung neuer Verfahren behaupten können. Für die Massenfertigung sind Durchlauföfen gebaut worden, in denen die Teile unter Anwendung von Schutzgas hart gelötet werden. Das Schutzgas verhindert an der Metalloberfläche der Verbindungsstelle die Oxydbildung vor dem Fließen des Lotes, so daß meist kein Flußmittel verwendet zu werden braucht. Die fertigen Teile können völlig sauber dem Ofen entnommen werden, und die benötigten Lotmengen sind gering. Dieses Verfahren der Massenfertigung ist also sehr günstig, weil mit geringem Zeitaufwand ohne Nacharbeit und ohne Ausschuß sehr wirtschaftlich gefertigt werden kann[1].

Bei *Weichlötungen* müssen die Berührungsflächen gut aufliegen und möglichst groß sein, weil das Lot selbst keine große Festigkeit besitzt (Abb. 259). Beanspruchungen sollen deshalb auch möglichst nicht von dem Lot selbst aufgenommen werden, sondern das Werkstück muß so gestaltet werden, daß die Lötstelle entlastet wird. In Abb. 260 ist z. B. ein topfförmiges Bauteil mit einem Verbindungswinkel versehen. Aus den angegebenen Gründen ist die Ausführung a ungünstig,

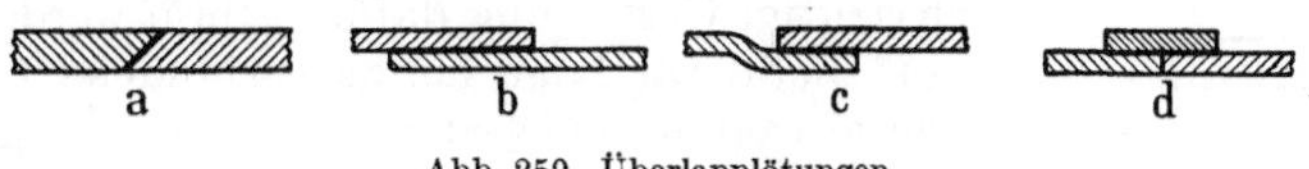

Abb. 259. Überlapplötungen

---

[1] Wesentliches über Lötverfahren, Festigkeit und Anwendung s. Richtlinie VDI/VDE 2251, Bl. 3 — Lötverbindungen.

b schon günstiger, c noch besser. Abb. 261 zeigt einen gelöteten Rohranschluß, an dem die Lötstelle durch eine längere Führung entweder direkt in dem Bauteil (a) oder in einem besonderen flanschförmigen Verbindungsteil (b) entlastet ist.

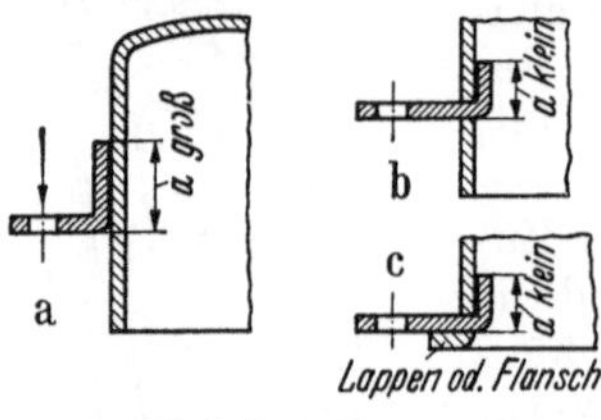

Abb. 260. Winkelbefestigung. a Lötstelle nicht entlastet, ungünstig; b und c Lötstelle entlastet, besser

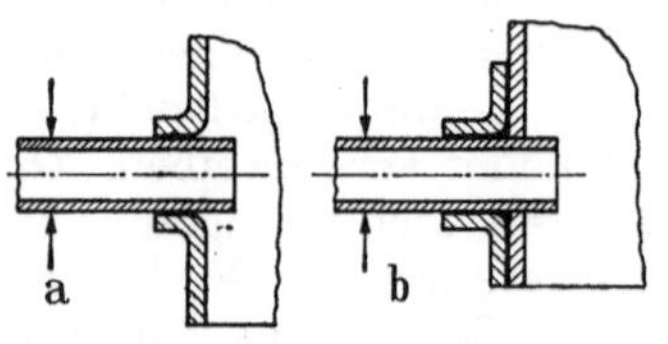

Abb. 261. Rohranschluß

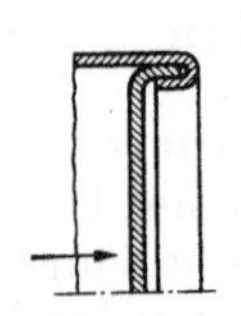

Abb. 262. Boden im Hohlgefäß

Bei dem in einem rohrförmigen Werkstück eingelöteten Boden in Abb. 262 ist die Lötstelle durch eine Bördelung entlastet. Das Lot hat hier mehr die Aufgabe, die Verbindung dicht zu machen. In ähnlicher Weise sind in Abb. 263 die Falzverbindungen durch Lötung vervollständigt.

Weichgelötete Bauteile dürfen bei weiterer Behandlung, z. B. beim Lackieren mit Trocknen in einem Ofen, keiner höheren Temperatur ausgesetzt werden als die des Lotschmelzpunktes.

Da das Lot bei *Hartlötungen* eine größere Festigkeit besitzt, die annähernd der der verbundenen Werkstoffe entspricht, können die Lötstellen auch höher beansprucht werden als bei Weichlötungen. Die gelöteten Berührungsstellen der Werkstücke können deshalb auch verhältnismäßig klein sein. So können z. B. Blech- und Rohrteile (Abb. 264) stumpf zusammengelötet werden. Die Abb. 265 und 266 zeigen Anwendungen dieser Stumpflötungen ohne besondere Entlastung. Hartgelötete Bauteile können nachgearbeitet werden, auch wenn die Verbindungsstelle dabei besonders beansprucht wird. In der Konstruktion in Abb. 267 wird z. B. der Haltering zunächst auf den Rand des Gehäuses hart aufgelötet und dann erst oben und unten umgebördelt, nachdem die Glasscheibe mit dem Pappring eingelegt worden ist.

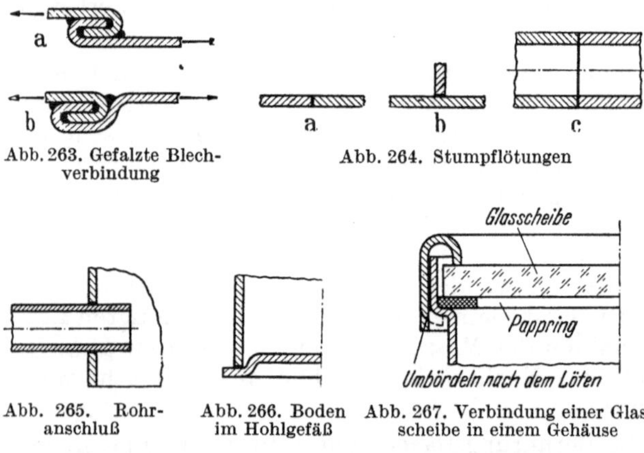

Abb. 263. Gefalzte Blechverbindung

Abb. 264. Stumpflötungen

Abb. 265. Rohranschluß

Abb. 266. Boden im Hohlgefäß

Abb. 267. Verbindung einer Glasscheibe in einem Gehäuse

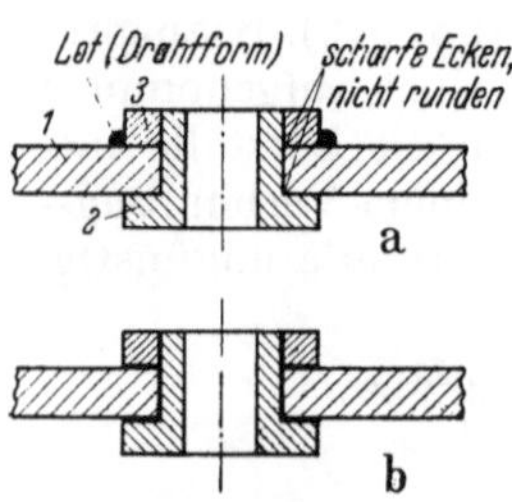

Abb. 268. Hartlötung im Durchlaufofen unter Schutzgas. a Verbindung vorbereitet; b fertige Lötung

Beim Hartlöten im Schutzgas-Durchlaufofen muß durch richtige Gestaltung dafür gesorgt werden, daß das Lot gut fließt. Die Lage der zu verbindenden Teile muß gesichert werden entweder durch ihre eigene Form (Abb. 268) oder mit besonderen Klemmen. Das Lot muß unmittelbar neben der Lötfuge liegen. Es fließt nur dann über die ganze Verbindungsfläche, wenn die Lötfuge klein und gleichmäßig ist. Die Teile werden am besten mit Haftsitz zusammengefügt. Kanten dürfen nicht gerundet oder gebrochen werden, weil dadurch die Lötfuge an diesen Stellen erweitert wird und das Lot hier nicht richtig fließen kann. Die Form des Lotes richtet sich nach der Form der Verbindungsflächen. Bei zylindrischen Berührungsflächen mit Ansätzen wird das Lot in Drahtform verwendet (Abb. 268).

h) Schachteln. Um beim Zusammenbau den wirtschaftlichen Anforderungen der Massenfertigung gerecht zu werden, muß die Verbindung einfach, möglichst maschinell herstellbar sein. Man kann Arbeitsvorgänge bei der Herstellung der Verbindung sparen, wenn die zu verbindenden Teile nur zusammengesteckt werden und ihr Zusammenhalt dann durch ein Verbindungselement an einer leicht zugänglichen Stelle gesichert wird. Durch dieses Schachteln[1]

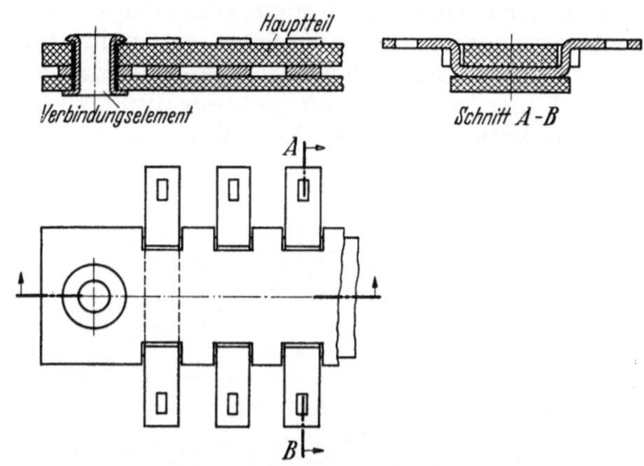

Abb. 269. Schachtelverbindung an Kontaktleiste

können die Verbindungen mehrerer Teile in der Fertigung zusammengefaßt werden, ein überzeugendes Beispiel dafür, wie die Konstruktion die Wirtschaftlichkeit der Fertigung beeinflussen kann. Ein Beispiel für diese Schachtelbauweise zeigt Abb. 269, eine Leiste zum Herstellen elektrischer Anschlüsse. Ein Werkstück aus Hartpapier trägt Ausnehmungen, in die U-förmig gebogene Anschlußstücke aus Messingblech eingelegt werden. Eine zweite glatte Hartpapierleiste wird mittels zweier Rohrnieten mit dem ersten Hauptteil verbunden und damit werden sämtliche Anschlußstücke gehalten und befestigt.

Weitere Beispiele von Schachtelverbindungen sind im Abschn. 36 behandelt.

C. Gegossene Bauteile

a) Gußteile

14. Überblick über die Verfahren

a) Sandguß. Nach einem Modell (aus Holz, Metall, Kunststoff oder Gips) wird die Gußform aus Formwerkstoffen (Natursand oder synthetischer Sand) unter Verwendung von Formkästen (eiserne Rahmen) und Kernen hergestellt. In der Regel handelt es sich dabei um zweiteilige Gußformen, in die das flüssige Metall (Eisen- oder NE-Metall-Legierungen) unter Schwerkraftwirkung gegossen wird. Nach dem Erkalten des Gießwerkstoffes hat die Form ihre Aufgabe erfüllt, sie wird zerstört (verlorene Form), das Gußstück wird herausgenommen und geputzt.

Um das Einformen des Modells zu erleichtern, ein Vorgang, der bei jedem Abguß wiederholt werden muß, muß vom Konstrukteur die Form des Gußstückes diesem Gießprozeß angepaßt sein, das heißt, das Modell muß eine einfache Gestalt

---

[1] RABE, K.: Zusammenbau in Schachtelbauweise. Feinwerktechnik 54 (1950) S. 132 bis 134.

haben, so daß es leicht aus der Gußform herausgehoben werden kann. Einfache Gußstückformen erleichtern nicht nur den Einformvorgang, sondern vermeiden auch unbrauchbare Abgüsse und damit Verluste durch Ausschuß.

Das Modell ist stets um das sog. Schwindmaß des Gießwerkstoffes größer als das fertige Gußstück.

Sind in dem Gußstück Hohlräume vorhanden, so müssen in die Sandform besondere Kerne eingelegt werden. Damit diese Kerne von dem einfließenden Metall nicht verschoben werden, müssen sie in ihrer Lage besonders sicher gehalten werden, unter Umständen durch besondere Kernstützen.

Auch hier kann der Konstrukteur durch zweckmäßige Gestaltung einen übermäßigen Aufwand bei der Herstellung ersparen und Ausschuß vermeiden.

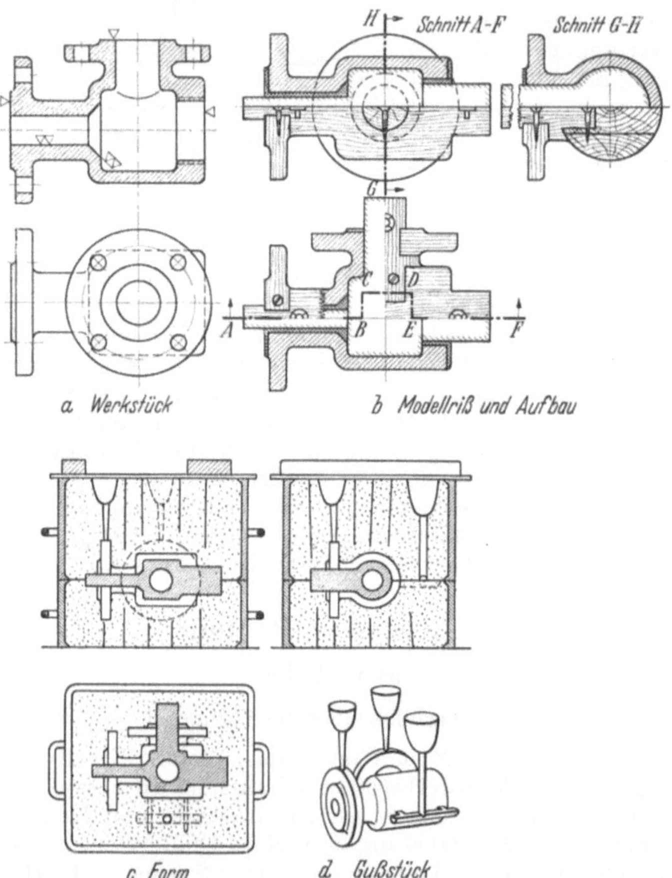

Abb. 270. Kastenformerei. a Werkstück; b Modell; c Gußform; d Gußstück

Ein Beispiel ist in Abb. 270 dargestellt: Für das Gußstück a ist ein Modell b zur Herstellung der Kastenform c erforderlich. In der zweiteiligen Form ist der eingelegte Kern erkennbar. In d ist das Gußstück dargestellt, wie es aus der Form kommt mit den Ansätzen, die durch den Eingußtrichter und den Steigern entstehen. Das Gelingen des Gusses ist von der richtigen Anordnung des Eingusses und der Steigeöffnungen abhängig.

Sollen einfache rotationssymmetrische Teile eingeformt werden, so kann die Hohlform mit einer Schablone hergestellt werden, die sich um eine Spindel dreht. Damit erübrigt sich ein besonderes Modell. In Abb. 271 ist ein Beispiel für diese Schablonenformerei dargestellt.

b) Kokillenguß. In der Feinwerktechnik werden vorwiegend feststehende Kokillen (Dauerformen) verwendet, deren Hohlraum vollständig mit Metall ausgefüllt wird. Daneben gibt es andere Verfahren mit schwenkbarer und rotierender Kokille, in denen hohle Gußstücke hergestellt werden, ohne daß Kerne eingelegt werden müssen. Dieser sog. Sturz- bzw. Schleuderguß wird nur bei großen Gußstücken angewendet, bei denen die Wanddicke ungenau und die Oberfläche des Innenraumes rauh sein kann. In der Feinwerktechnik werden diese Verfahren selten angewendet.

Die Kokillen werden aus graphitiertem Grauguß oder Stahl nach besonderen Modellen gegossen. Die Kokille muß aus zwei Teilen zusammengesetzt sein, damit das Gußstück nach dem Gießen ausgehoben werden kann. Die Kokille wird entweder mit der Hand oder maschinell geöffnet und geschlossen, wobei kegelige Paßstifte die richtige Stellung der Kokillenhälften zueinander sichern. Damit die Gußstücke sich leicht aus der Form herausheben lassen, müssen die seitlichen Wände der Kokille um etwa 0,5% geneigt sein. Läßt die Form des Gußstückes diese Neigung nicht zu, so sind für diesen Zweck besondere Auswerferstifte erforderlich. Kerne werden meist aus Stahl hergestellt und mit der Kokille fest verschraubt. Lange Kerne müssen aus dem Gußstück herausgezogen werden können, bevor es aus der Kokille herausgehoben wird. Sind Unterschneidungen vorhanden, so müssen die Kerne geteilt und die Teile nacheinander in bestimmter Reihenfolge herausgezogen werden. Verwickelte Kerne werden aus Sand hergestellt, die dann bei der Beseitigung zerstört werden können. Komplizierte Kerne verteuern den Guß erheblich und sind deshalb möglichst zu vermeiden.

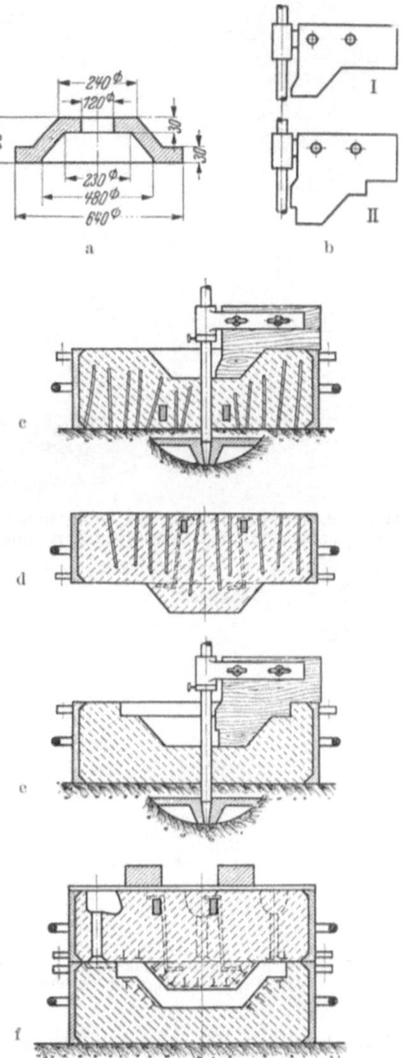

Abb. 271. Schablonenformerei. a Werkstück; b Schablonen; c Ausdrehen der Form für den Oberkasten mit Schablone I; d aufgestampfter Oberkasten; e Ausdrehen der Form im Unterkasten mit Schablone II; f fertige zweiteilige Form

Gegenüber dem Sandguß ergeben sich nicht nur wirtschaftliche sondern auch qualitative Vorteile. Das Gußgefüge wird feinkörniger, die Oberfläche glatter und die Form maßhaltiger; man kommt mit geringeren Wanddicken und Bearbeitungszugaben aus, gegebenenfalls ist eine Nacharbeit nicht mehr erforderlich.

5*

c) Formmaskenguß. Bei diesem Verfahren werden ähnlich wie beim Sandguß verlorene Formen und Kerne verwendet, die jedoch als sog. Formmasken und Hohlkerne aus einem Sand-Kunstharz-Gemisch auf Spezialmaschinen wirtschaftlich günstig hergestellt werden. Sie haben besonders glatte und dichte Oberflächen, ermöglichen daher maßgerechte Abgüsse mit hoher Oberflächengüte für größere Serienfertigungen[1].

Die Formmasken werden mit einem zweiteiligen Metallmodell hergestellt (Abb. 272). Es sind hierfür verschiedene Verfahren entwickelt worden, wobei entweder der Formstoff auf eine erwärmte Metallmodellplatte aufgekippt (Abb. 273a) oder mit einem Becherwerk über ein Schüttgefäß aufgebracht wird (Abb. 273b). Das Sandgemisch kann auch auf die erwärmte Modellhälfte entweder nach dem Schema Abb. 273c oder mit Hilfe eines Spezial-Blaskopfes in Verbindung mit einer Modell-Konturplatte[2] aufgeblasen werden.

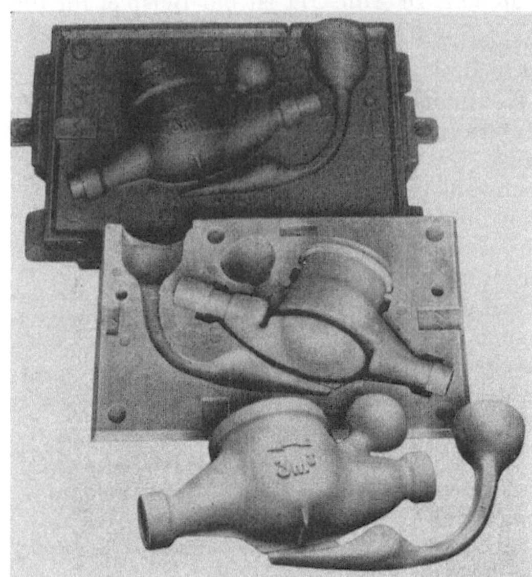

Abb. 272. Formmaskenverfahren. Oben: Metall-Modell; Mitte: Formmaskenhälfte mit eingelegtem Kern; unten: Gußstück

Durch die Einwirkung der Modellplattentemperatur (etwa 250···300 °C) schmilzt der Harzanteil der Mischung, es bildet sich um das Modell eine Schicht aus Quarzkörnern und geschmolzenem Kunstharz, die man etwa 4···6 mm dick werden läßt. Nach Abkippen des

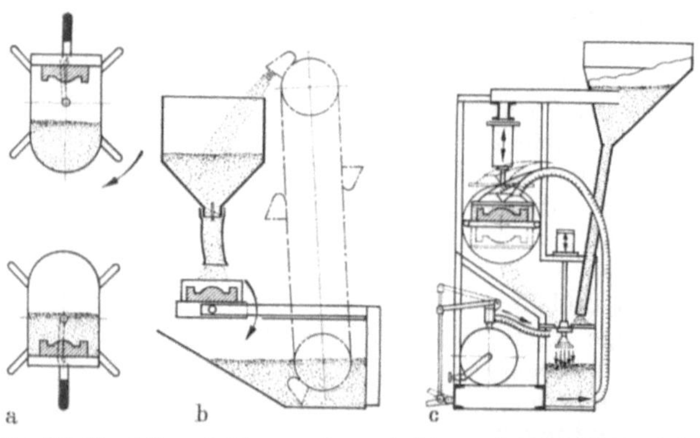

Abb. 273. Herstellung der Formmasken. a Aufkippen; b Aufschütten; c Aufblasen des Formstoff auf die erwärmte Modellplatte

überschüssigen Formstoffes wird die Formmaske ausgehärtet (Temperatur etwa 450 °C, Zeit 1···1,5 min). Hohlkerne werden nach dem gleichen Verfahren gefertigt.

Für das Gießen werden die Formmaskenhälften gegebenenfalls mit eingelegtem Kern fugenfrei zusammengelegt und durch Klammern, Schrauben oder Klebemittel miteinander verbunden. In der Regel werden die Masken durch umschütteten Formsand oder Stahlkies abgestützt. Diese Hinterfüllung entfällt beim

---

[1] Verfahren nach CRONING. Weitere Verfahren, z. B. SHAW-Verfahren (England), G-Verfahren (Fa. Gebr. Sulzer) sind ähnlich.

[2] Näheres s. F. PÖLZGUTER: Die Bedeutung des Formmaskenverfahrens nach CRONING in der modernen Gießtechnik. Z. Gießerei 43 (1956) S. 270···279.

sog. Stapelguß, wobei die Masken zu einem Stapel aufgebaut und in einer Vorrichtung zusammengehalten werden.

Das Formmaskenverfahren wird mit gutem Erfolg zur Herstellung von Leicht- und Schwermetall, sowie Grauguß- und Stahlgußteilen angewendet, wenn eine genügend hohe Stückzahl vorliegt und an die Maßgenauigkeit hohe Anforderungen gestellt werden.

d) Feinguß. Unter Feinguß werden alle Gießverfahren verstanden, die ausschmelzbare bzw. ausbrennbare, in ungeteilte Gießformen eingebettete Modelle — also verlorene Modelle — verwenden[1].

Nach diesem Verfahren können nahezu alle gießbaren Werkstoffe (Leicht- und Schwermetalle einschließlich der Edelmetalle und Stähle) vergossen werden. Die Gußteile sind ausreichend maßgenau bei guter Oberflächengüte, so daß in den meisten Fällen eine spanabhebende Bearbeitung entfällt. Das Hauptanwendungsgebiet liegt in der Massenfertigung kleinerer Teile (Stückgewicht etwa 1 bis 500 g), jedoch kann auch bei Teilen bis zu einem Stückgewicht von 2 kg eine Serienfertigung wirtschaftlich sein.

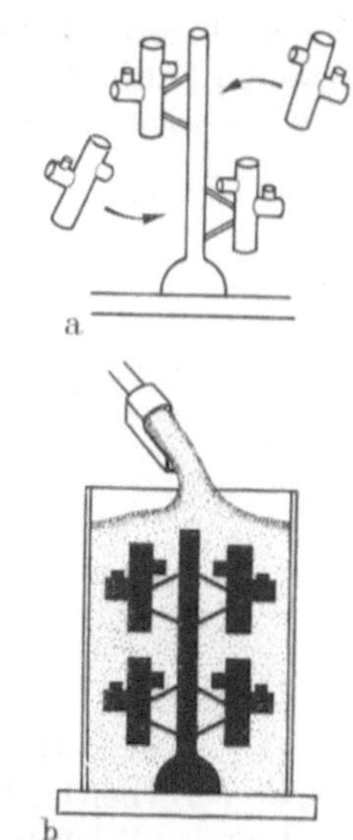

Die verlorenen Modelle werden aus Spezialwachs oder thermoplastischem Kunststoff meist in Spritzgußwerkzeugen hergestellt, da ihre Stückzahl den zu fertigenden Gußteilen entsprechen muß. Die so erzeugten Einzelmodelle werden dann in möglichst großer Zahl durch Anschweißen oder Ankleben auf Eingußtrichter und Zulauf zu einer Gießeinheit (sog. Traube) zusammengesetzt (Abb. 274a). Dieser Modellaufbau erhält dann eine keramische Schutzschicht aus einem feinkörnigen, hochhitzebeständigen Formstoff (Quarzit, Sillimanit, Zirkonoxid, Aluminiumoxid oder dgl. mit Äthylsilikat oder Wasserglas als Bindemittel), z. B. durch Tauchen oder Aufspritzen. Anschließend werden diese überzogenen Trauben in eine Formhülse gesetzt und mit gröberer Formmasse, die ebenfalls ein Bindemittel enthält, hinterfüllt (Abb. 274b). Der Formwerkstoff gibt der nach dem Ausschmelzen bzw. Ausbrennen der Modelle übriggebliebenen Modellschutzschicht während des Gusses den nötigen Halt. Nach dem Ausschmelzen der Modelle und Brennen der Form (etwa bei 1000 °C) wird unmittelbar in die heiße Form durch Anwendung von Druck, Sog oder Schleudern abgegossen. Je nach Gestalt der Gußstücke und Trauben wird meist eine Schleudergußmaschine verwendet, wodurch die Schmelze auch feinste Einzelheiten der Form ausfüllt und dichten Guß ergibt.

Abb. 274. Feingußverfahren. a Zusammenstellen einer Modelltraube; b Hinterfüllen der Traube in der Formhülse; c Modell-Traube nach dem Guß (gegossene Anschlagstücke mit Gewinde) Werkfoto Gebr. Böhler & Co. AG., Düsseldorf

---

[1] AWF 1523, K. A. KREKELER: Feinguß als Konstruktionselement. Z. Konstruktion 8 (1956) S. 307···313 und Feinguß-Sonderheft vom Fachausschuß Feinguß im VDG.

Nach dem Erkalten werden die Formen auseinandergeschlagen, die Guß-
trauben (Abb. 274c) gesandstrahlt und schließlich die einzelnen Gußstücke vom
Aufbau abgetrennt. In der Abb. 275 sind einige Feingußstücke wiedergegeben.

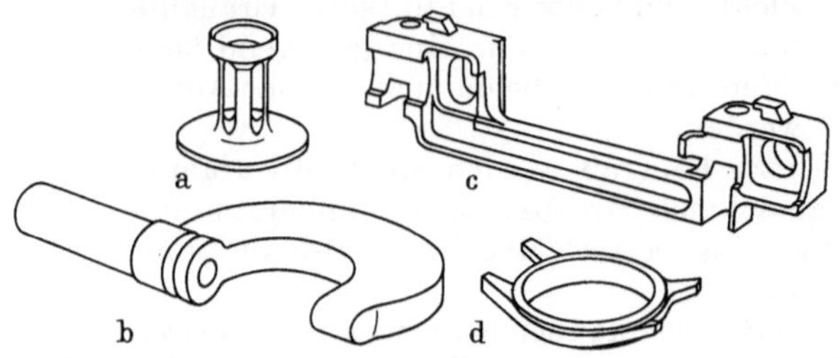

Abb. 275. Feingußstücke. a Spannkrone; b Mikrometerbügel (GS-60); c Fuß zur Aufschubmontage (GS-60);
d Uhrengehäuse

15. Werkstoffe

Der Werkstoff wird hauptsächlich nach seinen Eigenschaften im Hinblick auf
seine Verarbeitbarkeit und Verwendung ausgewählt, z. B. nach Gießbarkeit,
Festigkeit, Wichte usw. Außerdem spielen wirtschaftliche Gesichtspunkte eine
Rolle, z. B. wie der Werkstoff beschafft werden kann, wieviel er kostet usw. Der
folgende kurze Überblick über die Eigenschaften der Gußwerkstoffe berücksichtigt hauptsächlich ihre Anwendung in der Feinwerktechnik.

Der *Grauguß* ist eine Eisenlegierung mit einem hohen Gehalt an Kohlenstoff
über 1,7%. Der Werkstoff läßt sich gut gießen und zerspanen, dagegen nicht
warm- oder kaltstrecken. Je nachdem, wie der Stoff vorbehandelt und danach
der Kohlenstoff ausgeschieden wird, unterscheidet man graues Gußeisen, kurz

Tabelle 16. *Anwendung von Grauguß DIN 1691.*

Bezeichnung	Norm-abkürzung	Kennzeichnende Eigenschaften	Anwendungsbeispiele
Normaler Grauguß	GG-12 GG-12.9 GG-14	wenig fest, weich, gut gießbar, gute Laufeigenschaften, ohne besondere Gütevorschriften, GG-12.9 mit besonderen magnetischen Eigenschaften (magnet. Induktion 6,25 AW/cm mind. 6000 Gauß)	dünnwandige Teile, meist für untergeordnete Zwecke, Land- und Haushaltungsmaschinen, Herde, Heizkörper, Abfluß- rohre, Säulen, Gehäuse für elektr. Maschinen und Apparate
	GG-18	Maschinenguß mit besonderen Gütevorschriften, gut bearbeitbar	allgemeiner Maschinenbau, Schiffbau, Werkzeug- maschinen, Zylinder für Kraft- und Arbeitsmaschinen, Trieb- werksteile
Hoch- wertiger Grauguß	GG-22	für höhere Beanspruchung	Dampfarmaturen, Zylinder, Kolben, Kolbenringe, wärme- beständige Gußteile bis 420° C, Zahnräder, Turbinenteile, Pressenteile
	GG-26	(mit GG-26 beginnen die Sondergüten), hochwertiger Grauguß	hochbeanspruchte Maschinen- und Kesselteile

Grauguß genannt, halbgraues Gußeisen und weißes Gußeisen, das als Hartguß verwendet wird. Die im Gefüge eingelagerten Graphitadern wirken wie Kerben; infolgedessen ist die Zugfestigkeit gering, die Druckfestigkeit dagegen höher. Die innere Struktur des Gußeisens vermag Schwingungen zu dämpfen. Deshalb eignet es sich gut für Maschinengehäuse. Die Dämpfungsfähigkeit ist etwa zehnmal so groß wie bei Stahl. In Tab. 16 sind verschiedene genormte Graugußsorten zusammengestellt und Hinweise auf die Anwendung gegeben.

Wird weißes Gußeisen durch einen Glühprozeß, den man *Tempern* nennt, entkohlt, so erhält man Werkstücke, die höhere Zug- und Biegebeanspruchungen aushalten und nachträglich durch Zerspanen, Schneiden, Schweißen, Löten bearbeitet werden können. Je nach Art des Temperns erhält man weißbrüchigen (GTW) und schwarzbrüchigen (GTS) *Temperguß*. Dünnwandiger weißer Temperguß ist weich und wenig fest, kann aber, wenn er stark entkohlt ist, im Einsatz gehärtet werden. Ist das Stück dickwandiger, so entkohlen die inneren Schichten nur wenig und bleiben deshalb fest und hart. Der schwarze Temperguß wird nur für dickwandige Stücke angewendet, die sehr zäh und gut bearbeitbar sein sollen. Die Zug- und Verschleißfestigkeit ist geringer als bei weißem Temperguß. In Tab. 17 sind die beiden genormten Tempergußarten zusammengestellt und Hinweise auf die Anwendung gegeben.

Tabelle 17. *Anwendung von Temperguß DIN 1692 (Auszug).*

Bezeichnung	Norm-abkürzung	Kennzeichnende Eigenschaften	Anwendungsbeispiele
Weißer Temperguß	GTW-35	handelsüblich, weich, zäh, hämmerbar	dünne Gußstücke, die zäh sein sollen, Stückgewicht etwa bis 25 kg, Schloßteile, Hebel und Rahmen für Vorrichtungen
	GTW-40	hochwertig, Streckgrenze über 20 kp/mm²	höher beanspruchte Teile, Hebel, Spannhebel für Vorrichtungen
Schwarzer Temperguß (Schwarzguß)	GTS-35	handelsüblich, gute magnetische Eigenschaften, leicht bearbeitbar	dickere Gußstücke, Stückgewicht etwa bis 100 kg

Stahlgußteile sind fester und zäher als Graugußteile. Die Eigenschaften des Stahlgusses lassen sich durch Vergüten noch verbessern. Durch Zusätze von Mangan, Chrom, Nickel, Molybdän, Wolfram, Vanadium und Silicium kann wie beim Schmiedestahl die Güte gesteigert werden. Nur der unlegierte Stahlguß ist genormt: In Tab. 18 ist ein Auszug aus dem Normblatt DIN 1681 wiedergegeben.

Nach dem *Feingußverfahren* können alle gießbaren Leicht- und Schwermetalle einschließlich der Edelmetalle und Stähle verarbeitet werden, die eine genügend hohe Fließfähigkeit aufweisen. Auch eine Reihe von Sonderlegierungen mit bestimmten physikalischen Eigenschaften sind in Feingußverfahren vergießbar. In den meisten Fällen jedoch wird man hochwertige Werkstoffe wählen, die den Forderungen bezüglich mechanischer Eigenschaften, Härte, Verschleiß, Warmfestigkeit, Säure- und Zunderbeständigkeit gerecht werden.

Aus der Vielzahl der möglichen Legierungen sind in der Tab. 19 diejenigen aufgeführt, die sich besonders gut für den Feinguß bewährt haben.

Tabelle 18. *Anwendung von Stahlguß DIN 1681 (Auszug).*

Bezeichnung	Normabkürzung	Kennzeichnende Eigenschaften	Anwendunsbeispiele
Stahlguß (Normalgüten)	GS-38 GS-45	zähe, schmiedbar, gut schweißbar, für Einsatzhärtung geeignet	Zahnräder, Kettenräder, Kettenrollen, Hebel, Pleuelstangen, Bremstrommeln, Ventile, Wasserstandskörper, Lagerschalen, Bremsbacken, Kupplungsteile, Radnaben, Getriebebremsscheiben, Kardankugeln, Pumpenteile
	GS-52 GS-60	fester, dafür weniger zähe, nur bedingt schweißbar	
Stahlguß mit besonderen magnetischen Eigenschaften	GS-38.9 GS-45.4	Festigkeitseigenschaften wie bei den entsprechenden Normalgüten, Dynamogüte, magnetische Induktion siehe Normblatt	Transformatoren, Elektromotorenteile und andere unmagnetische Gußstücke

Tabelle 19. *Feinguß-Werkstoff (Auswahl).*

Bezeichnung	Normabkürzung	Kennzeichnende Eigenschaften	Anwendungsbeispiele
Einsatzstähle	C 15	leicht schweißbar, einsatzhärtbar	Nähmaschinenteile
	15 CrNi 6 16 CrMo 4	leg. Stähle mit Festigkeit σ_B bis 100 kp/mm², einsetzhärtbar	Nockenwellen, Zahnräder
Vergütungsstähle	C 35 C 45	schweißbar, vergütbar	Hebel, Nocken, allgemeine Maschinenteile
	34 CrNiMo 6 42 CrMo 4 50 CrV 4	besser vergütbar, höhere Festigkeit (σ_B bis 120 kp/mm²), gut härtbar	Maschinenteile mit großer Wechselbeanspruchung, Zähigkeit u. Oberflächenhärte
Nitrierstähle	X 38 CrMoV 5 1 31 CrMoV 9	gute Kernfestigkeit, Nitrierhärteschicht mind. 800 HV	Teile mit hoher Oberflächenhärte
Werkzeugstähle	105 WCr 6 60 WCrV 7 X 165 CrMoV 12	weichgeglüht spanabhebend bearbeitbar, gut härtbar, Härte etwa 58···64 HRc	Werkzeuge, verschleißfeste Maschinenteile, Nocken
Weichstahl	(Schwedisches Weicheisen)	schweißbar, C = 0,05	magnetisch wirksame Teile für elektrische Apparate
Rost- und säurebeständige Stähle	G-X 22 CrNi 17 X 20 CrMo 13 X 35 CrMo 17 X 90 CrMoVCo 17 G-X 120 CrMo 29 2 G-X 15 CrNiMo 18 9 G-X 10 CrNiMoNb 18 10	vergütet, Härte 220···290 HB „ „ 220···260 HB „ „ 225···275 HB gehärtet 58 HRc Gußzustand 280···320 HB abgeschreckt 130···180 HB „ 130···180 HB gut schweißbar	rost- und seewasserbeständige Bauteile, verschleißfest z. B. für Nadelventile, Spritzdüsen, Lochscheiben, Apparateteile der chemischen Industrie
Zunder- und hitzebeständige Stähle	G-X 40 CrSi 17 G-X 15 CrNiSi 25 20 G-X 45 CrNiW 18 9	geglüht, Härte 200···300 HB abgeschreckt, „ 130···200 HB „ „ 200···260 HB	Teile für Temperaturen über 600 °C bis 1100 °C mit starkem Temperaturwechsel, z. B. Ventile, Ventilsitze, Brennkammern
Al-Legierungen	G-AlSi 7 Mg	gut korrosionsbeständig, hohe Wärme- und elektrische Leitfähigkeit, chemisch oder anodisch oxydierbar (eloxieren)	Teile für Fluggeräte, Fahrzeugbau, transportable elektrische Geräte
Cu-Legierungen	G-CuZnSi G-SnBz 10 G-NiAlBzF 68	unmagnetisierbar, gute Gleiteigenschaften, gut gießbar	korrosionsbeständige Teile mit elektrischer Leitfähigkeit, Armaturteile, Pumpenteile

Für die Eignung von *Aluminiumlegierungen* als Gußlegierung ist wie bei anderen Werkstoffen auch die Gießbarkeit von Bedeutung. Im einzelnen ist hierfür maßgebend die Dünnflüssigkeit des Werkstoffes, von der das Formfüllvermögen abhängt, das Schwinden bei der Erstarrung, die zur Lunkerbildung führen kann, und die Warmfestigkeit. Beim Sandguß sind die Anforderungen an die Gießbarkeit geringer als bei Kokillenguß. Hierfür sind deshalb nur die Legierungen geeignet, die dünnflüssig sind und deshalb trotz schneller Abkühlung alle Konturen in der Kokille schnell und gut ausfüllen, die warmfest sind, damit sie beim Erstarren infolge der entstehenden Spannungen nicht reißen, und die ein niedriges Schwindmaß haben, damit die Spannungen nicht zu groß werden und Kerne leicht und sicher entfernt werden können. Für Kokillenguß gut geeignet ist die siliciumhaltige Legierung G Al Si, weil sie sehr dünnflüssig ist, wenig schwindet und zäh ist. Aluminium-Kupfer-Legierungen sind weniger dünnflüssig, aber sehr warmfest. Aluminium-Zink-Legierungen sind weniger gut geeignet, weil sie dick-

Tabelle 20. *Anwendung von Aluminiumgußlegierungen DIN 1725, Bl. 2 (Auszug).*

Kurzzeichen [1]	Lieferformen und Lieferzustände	Kennzeichnende Eigenschaften	Anwendungsbeispiele
G-Al Cu 5 Si 3	Sandguß Kokillenguß	gute Gießeigenschaften, gutes Formfüllungsvermögen, gut bearbeitbar	Gußteile aller Art mit normalen mech. und chem. Beanspruchungen, die keiner Stoßbeanspruchung ausgesetzt sind
G-Al Si 5 Cu 1	Sand- u. Kokillenguß, unbehandelt, kalt od. warm ausgehärtet	aushärtbar, gute Gießeigenschaften, Zähigkeit und Korrosionsbeständigkeit etwas herabgesetzt	hochbeanspruchte, auch dünnwandige Teile, schwingungsfeste und verwickelte Gußteile aller Art
G-Al Si 10 Mg	Sand- u. Kokillenguß, unbehandelt od. ausgehärtet	ausgezeichnete Gießeigenschaften, gut schweißbar, gute chemische Beständigkeit, elektrolytisch oxydierbar	verwickelte, auch dünnwandige schwingungsfeste Gußstücke für höchste mech. Beanspruchung, z. B. Getriebekästen, Schneckenräder
G-Al Si 12	Sand- u. Kokillenguß, unbehandelt od. geglüht u. abgeschreckt	wie vorige Legierung	verwickelte, auch dünnwandige stoßfeste und flüssigkeitsdichte Gußteile aller Art, Zylinder für Verbrennungsmotoren (hartverchromt)
G-Al Mg 3	Sand- u. Kokillenguß, unbehandelt od. ausgehärtet	sehr gute, chem. Beständigkeit gegen Seewasser und schwach alkalische Lösungen, beständiger als Reinaluminium u. andere Al-Legierungen, gut polierbar, gut eloxierbar	mechanisch mittel- und hochbeanspruchte Gußstücke im Feuerwehrwesen, in der chemischen Industrie, im Bauwesen, Armaturen- und Apparatebau
G-Al Mg 5	Sand- u. Kokillenguß unbehandelt	gute Gießeigenschaften, flüssigkeitsdicht, sonst wie vorige Legierung	Gußteile aller Art, auch verwickelte u. flüssigkeitsdichte, für Außen- und Innenarchitektur, mechanisch hochbeanspruchte, warmfeste Gußteile

[1] Bei Kokillenguß ist dem Kurzzeichen ein K anzufügen. Ausführliche Bezeichnungen s. Normblatt.

flüssiger und warmbrüchiger sind. Aluminium-Magnesium-Legierungen werden mit steigendem Magnesiumgehalt dünnflüssiger, die Warmfestigkeit ist jedoch gering. Ein Siliciumgehalt von etwa 5% verbessert die Gießbarkeit wesentlich. In Tab. 20 sind die wichtigsten Sand- und Kokillengußlegierungen nach DIN 1725 Bl. 2 zusammengestellt.

In *Magnesiumgußlegierungen* wird das Magnesium erst durch das Legieren mit anderen Metallen technisch wertvoll. Mit steigendem Aluminiumgehalt wird die Magnesium-Aluminium-Legierung fester, während die Dehnung sinkt. Bei einem Aluminiumgehalt von mehr als 9% läßt sich die Festigkeit durch ein nachträgliches Vergüten noch weiter erhöhen. Zinkzusatz erhöht die Dehnung und verbessert die Warmverformbarkeit, beeinflußt die Zugfestigkeit dagegen nur unbedeutend. Die Legierungen lassen sich gut durch Beizen an der Oberfläche färben. Durch Manganzusatz wird die Legierung korrosionsbeständiger und besser schweißbar. Siliciumzusatz macht das Gefüge der Magnesiumgußlegierung dichter. Für andere physikalische Eigenschaften der Magnesiumlegierungen sind die des reinen Magnesiums maßgebend. So ist z. B. die Wichte der Magnesiumlegierung sehr gering, sie beträgt etwa 1,82 g/cm³. Mit abnehmender Temperatur nehmen die Zugfestigkeit und die Dauerbiegefestigkeit zu und die Streckgrenze liegt höher, die Bruchdehnung und Kerbzähigkeit nehmen dagegen ab. Von den chemischen Eigenschaften der Magnesiumlegierungen sind folgende für die Anwendung bedeutsam: Sie sind gegen den Einfluß von Laugen wie Natron- und Kalilauge, Seifenlösungen u. dgl. beständig, Säuren dagegen, ausgenommen die Flußsäure, greifen stark an. Gegen organische Stoffe sind Magnesiumlegierungen beständig, sofern sie alkalisch oder neutral reagieren; scheiden diese Stoffe aber unter der Einwirkung von Wärme oder Licht Säuren ab, so dürfen sie nicht mit diesen Legierungen in Berührung gebracht werden. Besonders günstig verhalten sich Magnesiumlegierungen bei Berührung mit den flüssigen Brennstoffen Benzin und Benzol, sofern diese nicht mehr als 10% Methylalkohol enthalten. Magnesium-

Tabelle 21. *Anwendung von Magnesiumgußlegierungen DIN 1729 Bl. 2 (Auszug)·*

Kurzzeichen [1] (Kennfarbe)	Lieferformen und Lieferzustände	Kennzeichnende Eigenschaften	Anwendungsbeispiele
G-Mg Al 9 Zn 1 ho (gelb-schwarz	Sandguß homogenisiert	flüssigkeitsdicht	flüssigkeits- und gasdichte Gußstücke mittl. Beanspruchung, z.B. Armaturen, Schaltkästen, Kompaßgehäuse
G-Mg Al 9 Zn 2 (gelb-grün)	Sandguß u. Kokillenguß unbehandelt	Bruchdehnung 2···5%	stoßbeanspruchte Gußstücke, z. B. Nähmaschinenteile, Buchungsmaschinenteile
G-Mg Al 6 Zn 3 (gelb-weiß)	Sandguß unbehandelt	gute Schwingungsfestigkeit, Biegewechselfestigkeit 7···8 kp/mm²	dauerbeanspruchte Gußstücke hoher Festigkeit, z.B. Motorengehäuse, Elektroteile, Werkzeugteile, Hebel
G-Mg Al 8 Zn 1 (gelb-blau)	Sandguß u. Kokillenguß unbehandelt	Biegewechselfestigkeit 7···9 kp/mm²	dauer-, stoß- und warmbeanspruchte (bis 200 °C) Gußstücke höchster Festigkeit, z.B. Fahrzeugteile, Motorenteile

[1] Bei Kokillenguß ist dem Kurzzeichen ein K anzufügen. Ausführliche Bezeichnungen s. Normblatt.

gußlegierungen werden sowohl in Sandformen als auch in Kokillen vergossen. Sie sind ausreichend gießbar, bilden aber leicht Feinlunker. Das Formfüllvermögen ist infolge der niedrigeren Gießtemperatur schlechter als bei Aluminiumlegierungen. In Tab. 21 sind verschiedene in DIN 1729 genormte Magnesiumgußlegierungen zusammengestellt und Beispiele für ihre Verwendung angegeben.

Die *Kupferlegierungen* werden nach ihrem Hauptlegierungszusatz, allenfalls nach zwei Hauptlegierungszusätzen benannt (DIN 1718).

In *Gußmessing* ist Kupfer mit Zink legiert und manchmal etwas Blei zugesetzt. Messingguß (G-Ms) wird im Armaturenbau viel verwendet. Über Zusammensetzung, Güte und Festigkeit sind im Normblatt DIN 1709 Angaben enthalten. Der Zinkgehalt verbessert die Gießbarkeit des Kupfers. Selbst für Preßguß läßt sich diese Legierung verwenden.

Gußbronze (G-SnBz) ist eine Legierung von Kupfer mit Zinn. Ist sie mit Phosphor desoxydiert worden, so wird sie Phosphorbronze genannt. In der Bronze sind meist geringe Mengen von Blei, Eisen, Nickel, Mangan und andere enthalten, die ihre Eigenschaften ungünstig beeinflussen. Angaben über Zusammensetzung, Güte und Festigkeit enthält das Normblatt DIN 1705. Gußbronze ist immer etwas porös, und zwar in der Mitte mehr als am Rande. Sie läßt sich sowohl in Sandformen als auch in Kokillen gießen. Bronze ist sehr verschleißfest und korrosionsbeständig; sie wird deshalb für Lager und Armaturen verwendet, wenn hohe Anforderungen erfüllt werden müssen.

In *Rotguß* ist außer Zinn auch Zink enthalten. Außerdem kann etwas Blei zugesetzt sein (DIN 1705), um den Guß besser zerspanend bearbeiten zu können. Rotguß läßt sich ebensogut gießen wie Zinnbronze, ist aber nicht so warmfest; so hat z. B. seine Zugfestigkeit bei 350 °C nur noch den halben Wert gegenüber dem bei normaler Temperatur.

Aluminiumbronze (G-AlBz) enthält Aluminium nur in geringem Prozentsatz (s. DIN 1714). Diese Legierung ist sehr fest, zähe und verschleißfest, jedoch verhältnismäßig schlecht gießbar. Sie wird für hochwertige Werkstücke in der chemischen Industrie, für Armaturen, Lagerbuchsen, Zahnräder u. dgl. verwendet.

In *Bleibronze* (G-PbBz) ist ein höherer Prozentsatz Blei enthalten. In DIN 1716 sind Angaben über die Zusammensetzung und Festigkeit enthalten. Der Bleigehalt begünstigt die Gießbarkeit, Dichtigkeit und chemische Beständigkeit des Stoffes und gibt ihm gute Gleiteigenschaften. Er wird deshalb für Gußstücke des chemischen Gerätebaues und als Lagerwerkstoff verwendet. Hierfür werden Lagerkörper aus Flußstahl mit dünnwandigen Lagerschalen von 1···0,5 mm Dicke ausgegossen, weil dann die Wärmeableitung günstig ist.

Tabelle 22. *Anwendung von Zinkgußlegierungen DIN 1743.*

Benennung	Kurzzeichen (Schlagzeichen)	Zustand	Anwendungsbeispiele
Feinzink-gußlegierung	G Zn Al 4 Cu 1 (Z 410)	Sandguß- und Kokillenguß	Gußstücke aller Art, Lager, Schneckenräder und andere Gleitorgane (auch Schleuderguß)
	G Zn Al 6 Cu 1 (Z 610)		wasserführende Armaturen, Gußstücke, für die aus gießtechnischen Gründen die anderen Legierungen nicht verwendet werden können, gießtechnisch schwierige Stücke.

Zinkgußlegierungen lassen sich für alle Gußarten gut verarbeiten. Sie enthalten vorwiegend Aluminium und Kupfer, außerdem Zusätze von Magnesium, Blei, Wismut, Titan, Lithium, Mangan und andere, aber selten mehr als 0,1%. Das Normblatt DIN 1743 enthält Angaben über die Zusammensetzung der Legierungen, ihre Festigkeitseigenschaften und Verwendungsmöglichkeiten. In Tab. 22 ist ein Auszug aus DIN 1724 wiedergegeben; sie enthält die Kurzzeichen der Legierungen und Hinweise für die Anwendung.

16. Gießgerechtes Gestalten[1]

a) Sandguß. Die Kosten für die Herstellung eines Gußstückes setzen sich im wesentlichen aus den Kosten für die Form- und Kernherstellung, sowie für das Putzen und Bearbeiten zusammen. Folglich muß beim Entwurf eines Gußstückes von der Modellherstellung, der anzuwendenden Formmethode und den erforderlichen Kernen ausgegangen werden.

Mit Rücksicht auf die *Herstellung* der *Gußform* muß die Gestalt des Werkstückes einfach sein. Das Gußmodell soll sich möglichst in einem zweiteiligen Kasten, also mit einer Teilfuge einformen lassen. Nach dem Einformen muß es sich gut aus der Form herausheben lassen. Hinterschneidungen lassen sich zwar herstellen, sind aber umständlich und damit kostspielig für die Herstellung der Form und erhöhen die Ausschußquote. In der Ausheberichtung müssen die Wände geneigt sein.

Hohlräume im Gußstück sollen möglichst so gestaltet werden, daß das Teil sich ohne besonderen Kern einformen läßt. Lassen sich Kerne nicht vermeiden, so müssen sie eine einfache, leicht herstellbare Form haben und genügend steif und fest sein. Sie müssen in der Form eine gute Auflage haben. Besondere Kernstützen sind möglichst zu vermeiden. Das Beispiel in Abb. 276 zeigt ein Gehäuse in drei verschiedenen Ausführungen. Davon ist Ausführung a an den durch Pfeile gekennzeichneten Stellen ungünstig, weil hier Formschwierigkeiten auftreten. In den Ausführungen b und c sind diese Schwierigkeiten behoben. Der Lagerbock in Abb. 277 ist in Ausführung a ungünstig gestaltet. Das Modell kann nur mit Ansteckteilen eingeformt werden, damit es herausgehoben werden kann; die Neigung der Wände in Ausheberichtung fehlt. In der Ausführung b kann das Modell einwandfrei eingeformt und ausgehoben werden.

Das Werkstück in Abb. 278 läßt sich ganz ohne Kern einformen, wenn es

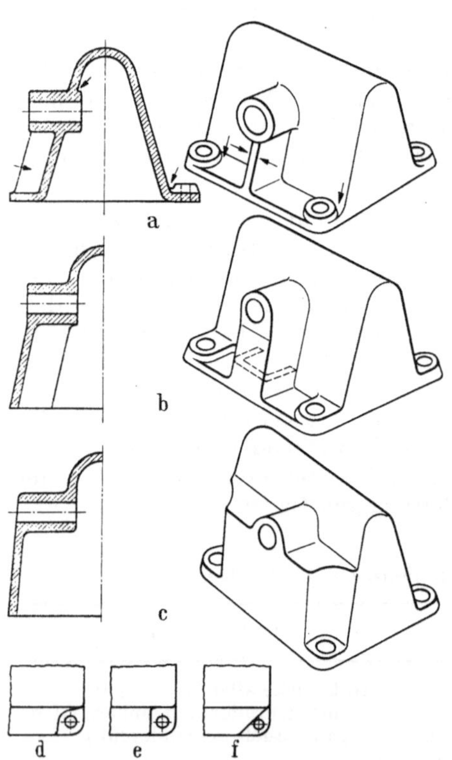

Abb. 276. Gehäuse. a ungünstige Ausführung; b und c bessere Ausführungen; d, e und f Ausbildung der Befestigungsecken für Ausführung c

---

[1] Konstruieren mit Gußwerkstoffen. Herausgeber Verein Deutscher Gießereifachleute u. VDI - Fachgruppe Konstruktion. Düsseldorf 1966.

richtig gestaltet wird. In dem Lagerbock in Abb. 279 werden die Kerne besser verbunden (b), weil dann der lange Kern besser gestützt ist und sich beim Gießen nicht verlagern kann.

Neben der Herstellung der Gußform muß bei dem Gestalten des Werkstückes die *Herstellung* des *Gußstückes* selbst berücksichtigt werden. Der Werkstoff schwindet in der Form, wenn er erstarrt und erkaltet. Dadurch können leicht Lunker und Spannungen entstehen, die zu Verwerfungen oder auch, wenn sie die Festigkeit des Werkstoffes überschreiten, zu Rissen führen können. Der Konstrukteur muß in Zusammenarbeit mit dem Gießfachmann die Gußstücke so gestalten, daß sich keine Lunker bilden können bzw. die Lunker an Stellen entstehen, z. B. in Trichtern, verlorenen Köpfen u. dgl., wo sie nicht stören.

Lunker entstehen leicht an den Stellen, wo der Werkstoff angehäuft ist (Abb. 280), also an dicken Querschnitten, z. B. an Naben, Augen, schroffen Übergangsstellen, also gerade dort, wo unter Umständen später der Guß bearbeitet wird.

Spannungen entstehen hauptsächlich dort, wo ungleiche Querschnitte zusammentreffen (Abb. 281), wo sich infolgedessen das Gußstück ungleich abgekühlt hat. Wirken sich die Spannungen nicht in Rissen und

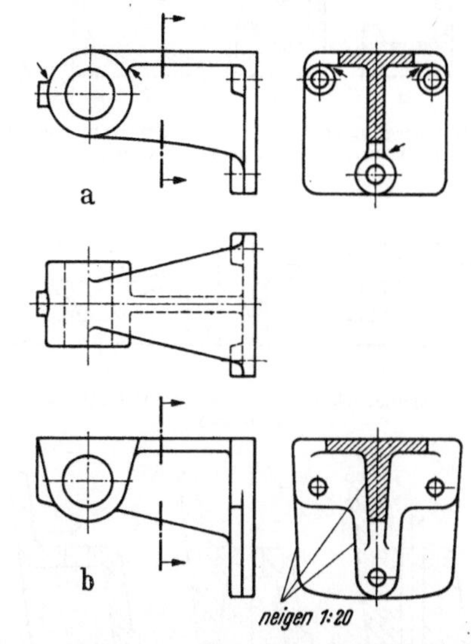

Abb. 277. Lagerbock. a ungünstige Form; b bessere Form

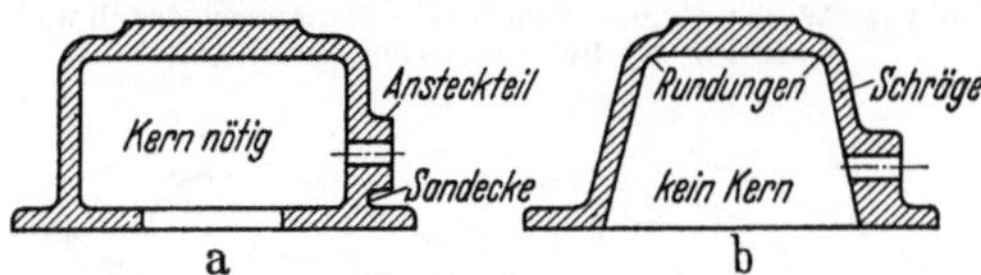

Abb. 278. a Werkstück nur mit Kern formbar; b Werkstück ohne Kern formbar, günstiger

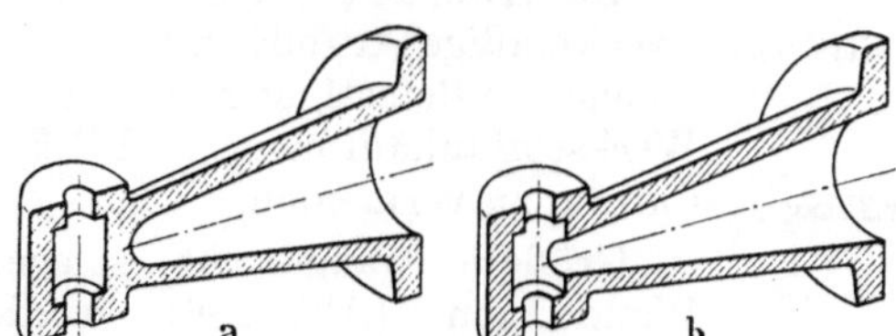

Abb. 279. Werkstück mit zwei Kernen. a Kerne getrennt, ungünstig; b Kerne verbunden, Stützung besser

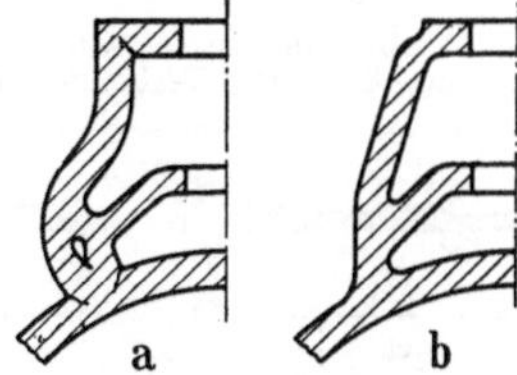

Abb. 280. a Werkstoffanhäufung; b gleichmäßige Wanddicke

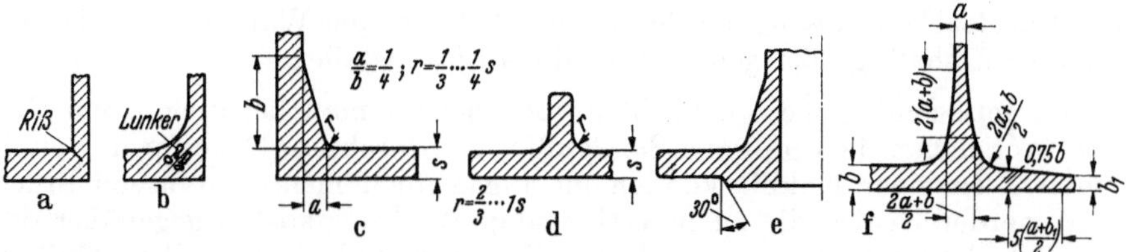

Abb. 281. Rundungen. a Gefahr der Rißbildung bei scharfer Ecke; b Lunkerbildung durch Werkstoffanhäufung; c···e gute Formgebung

Brüchen aus, so können sie doch zum Verwerfen und Verziehen des Gußstückes führen. Gelegentlich werden die Spannungen erst beim Bearbeiten des Gußstückes ausgelöst.

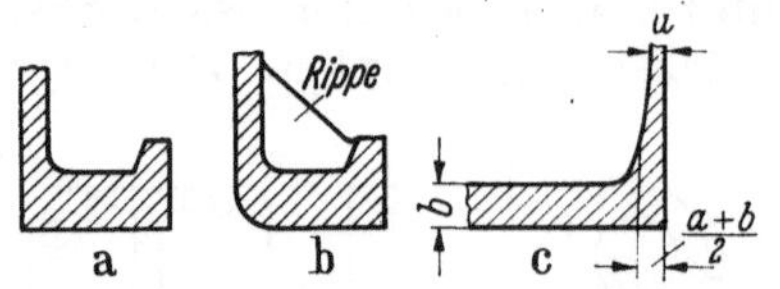

Abb. 282. Übergang vom dünnen zum dicken Querschnitt. a ungünstige Form; b Rundungen und Rippenversteifung

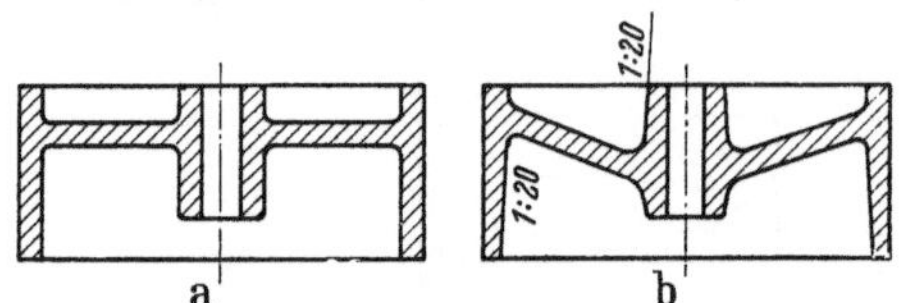

Abb. 283. Riemenscheibe. a ungünstige Gestaltung; b bessere Gestaltung

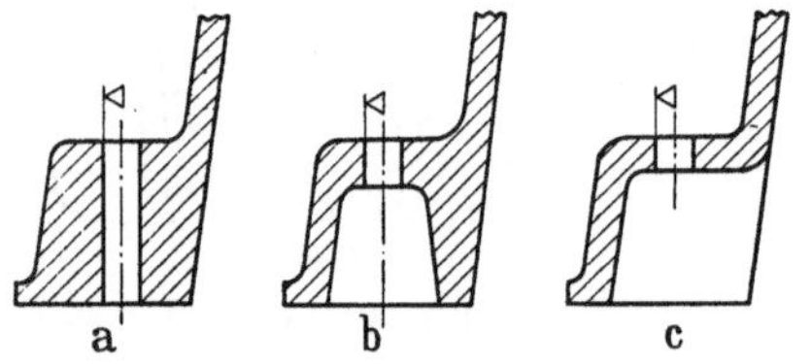

Abb. 284. Werkstoffanhäufung am Befestigungsloch; b und c Werkstoff am Befestigungsloch ausgespart

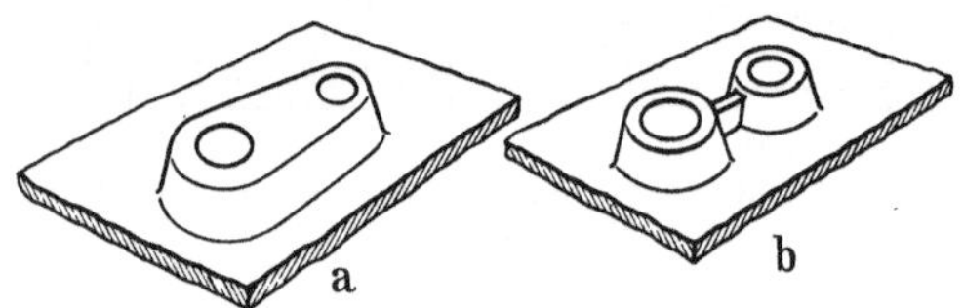

Abb. 285. Verbindung zweier Augen. a zu große Werkstoffanhäufung; b Verbindungsrippe, besser

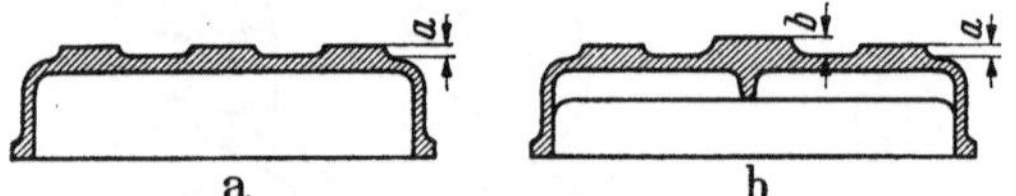

Abb. 286. Lage der Bearbeitungsflächen an großen waagerecht gelegenen Wandungen. a Lage ungünstig; b Lage besser

Die beim Gießen oben liegenden Teile des Gußstückes sind unter Umständen durch *Blasenbildung* undichter als die unten gelegenen. Deshalb muß beim Gießen die Seite, die besonders gut dicht sein soll, nach unten gelegt werden.

Die Beispiele in den Abb. 280 b und 281 c ··· e zeigen, wie man durch geeignete Gestaltung der Übergänge und Anpassung der Querschnitte Lunker und Rißbildungen vermeiden kann. Läßt sich das Aneinanderstoßen ungleicher Querschnitte (Abb. 282) nicht vermeiden, so kann diese Stelle durch Rundungen und Rippen so versteift werden, daß die Spannungen nicht zu Rißbildungen führen können (Ausführung b).

In der Riemenscheibe in Abb. 283 ist die Ausführung b mit den schräg gelegenen Flächen günstiger als die Ausführung a, weil beim Gießen Luftblasen und Verunreinigungen besser abströmen können und dadurch der Guß an dieser Stelle fester und die Oberfläche glatter wird.

Die Abb. 284 u. 285 zeigen die zweckmäßige Ausbildung des Gußstückes an Befestigungslöchern, um Werkstoffanhäufungen und Rißbildungen zu vermeiden.

Größere waagerecht gelegene Wandungen (Abb. 286) werden zweckmäßigerweise durch Rippen oder durch Wölbungen versteift, weil sie sich sonst leicht durchbiegen. Die Bearbeitungszugabe der in der Mitte solcher Wandungen gelegenen Stellen wird deshalb größer gemacht als die an Randstellen.

Liegen genügend große Stückzahlen vor, so wird man bei geeignetem Gußwerkstoff versuchen, die verlorenen Sandgußformen durch eine Dauerform (Kokille) zu ersetzen. In einer Kokille können im allgemeinen mehrere tausend Stücke gegossen werden, wobei die zu investierenden Werkzeugkosten gegenüber dem Druckguß bedeutend niedriger sind. Die in der Kokille hergestellten Gußteile haben eine glatte Gußoberfläche und gegenüber den Sandgußteilen eine wesentlich höhere Genauigkeit, so daß u. U. erhebliche spanabhebende Bearbeitung eingespart werden kann.

Bei der Gestaltung der Kokillengußteile muß die Herstellung der Stahl- oder Grauguß-Dauerform beachtet werden. Hinterschneidungen sind nur bedingt möglich (z. B. mit Sandkern).

In der Tab. 23 sind gießtechnische Angaben für Sand- und Kokillengußteile zusammengestellt.

Tabelle 23. *Gießtechnische Angaben für Sand- und Kokillenguß.*

| Gestaltungs-Faktoren | Gießverfahren | | Bemerkungen |
	Sandguß	Kokillenguß	
Mindest-Wanddicke Kleinste Bohrung	3 bis 4 mm 15 mm	2 bis 3 mm 5 mm	Aushebeschrägen beachten Bei Sandguß nur durchgehende Bohrung
Länge der Bohrung zum Durchmesser d unter 5 $\varnothing$ über 5 $\varnothing$	— 2 bis 4 × d	— 6 bis 8 × d	Bei Kokillenguß Sacklöcher bis 4 × d möglich
Maßtoleranzen[1] bis 50 mm 50 bis 120 mm 120 bis 250 mm 150 bis 500 mm	± 0,8/1,0 mm ± 0,9/1,4 mm ± 1,2/1,8 mm ± 1,6/2,4 mm	± 0,3/0,6 mm ± 0,4/0,9 mm ± 0,6/1,1 mm ± 0,8/1,5 mm	Die oberen Toleranzwerte gelten, wenn das Maß von der Formteilung durchschnitten oder von Kernen gebildet wird (Die Werte bei Sandguß gelten für maschinengeformte Teile)
Bearbeitungszugabe Hinterschneidungen	1,5 bis 3 mm kein Problem	1 bis 2 mm bedingt möglich (z. B. mit Sandkern)	Auch abhängig von Lage in der Form und der Größe des Gußstückes Schon frühzeitig mit der Gießerei besprechen zwecks evtl. Umgehung

[1] Siehe auch: Abweichungen für Maße ohne Toleranzangabe, Normblatt-Entw. DIN 1686 Gußstücke aus Grauguß, DIN 1687 Gußstücke aus Schwermetall, DIN 1688 Gußstücke aus Leichtmetall.

b) Feinguß. Bei der Gestaltung von Feingußteilen gelten im wesentlichen die grundsätzlichen Regeln der allgemeinen Gieß- und Formtechnik, wenn auch mitunter etwas großzügiger gestaltet werden kann. Da die verlorenen Wachs- oder Kunststoffmodelle in Spritzgußwerkzeugen hergestellt werden, müssen Gesetzmäßigkeit und Richtlinien der Spritzgußtechnik berücksichtigt werden.

Kerben und scharfe Kanten — insbesondere Innenkanten müssen möglichst vermieden werden. Scharfe Übergänge in den Wanddicken und Werkstoffanhäufungen dürfen nicht vorgesehen werden. Hohlräume in gekrümmter Form erschweren die Modellherstellung, sie werden deshalb besser durch zwei Kerne gebildet (Abb. 287).

Hinterschneidungen an Feingußteilen sind zwar möglich, müssen jedoch eine Ausnahme bleiben. In Sonderfällen lassen sich günstig geteilte Modelle zusammensetzen (Abb. 288a u. b) oder wasserlösliche Kerne mit Modellwerkstoff umspritzen (Ausführung c) oder sogar Modelle mit keramischem Kern herstellen.

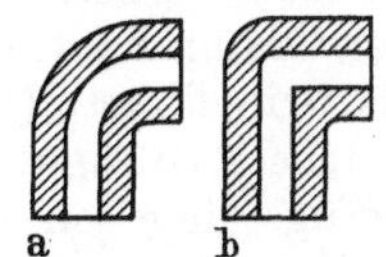

Abb. 287. Gestaltung gekrümmter Hohlräume. a ungünstig; b günstig

Bohrungen und Sacklöcher sollte man durchgehend verbinden (Abb. 289a bis d), damit das Einformen erleichtert oder Kerne besser gehalten werden.

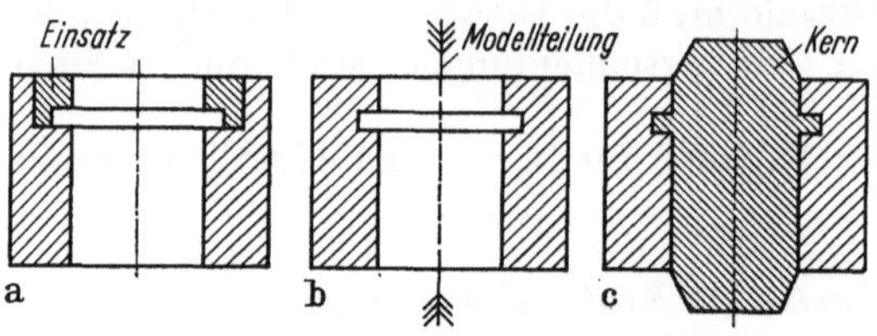

Abb. 288. Herstellung von Hinterschneidungen. a Einkleben eines Einsatzteiles; b Modellhälften zusammengeklebt; c wasserlöslicher Kern mit Modellwerkstoff umspritzt

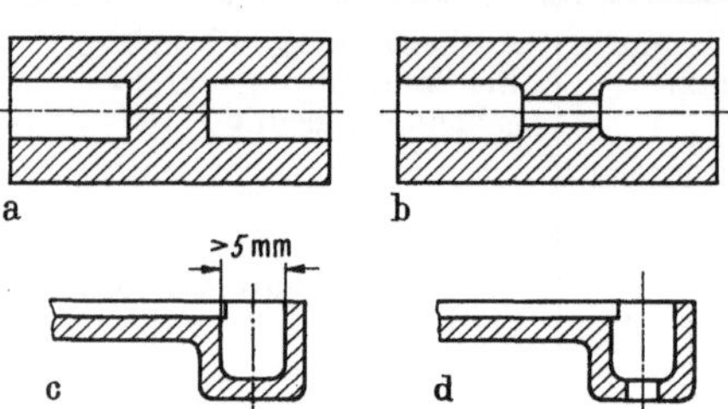

Abb. 289. Sacklochausbildung. a und c ungünstig; b und d günstig

Hierzu gehört auch ein günstiges Verhältnis Kerndurchmesser/ Kernlänge (bei Sacklöchern etwa $1,5d$). Offene Schlitze dürfen möglichst nicht unter 2 mm ausgeführt werden. Geschlossene Schlitze oder Nuten unter 3 mm werden möglichst vermieden, die Schlitztiefe sollte mehr als das 1,5fache der Schlitzbreite betragen.

Die Traubenangußstellen müssen glatt übergehen, um einen gießgerechten Anschnitt und ein leichtes Abtrennen nach dem Guß zu ermöglichen.

In Tab. 24 sind einige gießtechnische Angaben und Richtwerte über Toleranzen zusammengestellt.

Tabelle 24. *Gießtechnische Angaben für Feingußteile.*

Gestaltungsfaktoren	Feinguß
Mindestwanddicke	1 mm
Kantenabrundung	0,5 mm
kleinste Bohrung	2,5 mm (Sackloch 5 mm)
Kleinste Schlitzbreite	2 ⋯ 3 mm
Maßtoleranzen	
bis 15 mm	$\pm$ 0,1 mm
über 15 mm	$\pm$ 7⁰/₀₀ vom Nennmaß
Winkeltoleranz	$\pm$ 30′
Oberflächengüte	10 bis 30 μ

17. Festigkeitsbedingtes Gestalten

Die Festigkeit eines Gußstückes ist in hohem Maße von seiner Gestalt abhängig. Druckspannungen werden von Gußwerkstoffen besser aufgenommen als Zugspannungen; deshalb müssen Biegebeanspruchungen möglichst vermieden werden. Kokillenguß hat wegen seiner größeren Dichte eine höhere Zugfestigkeit als Sandguß. In Tab. 25 sind Werte für die Bruchfestigkeit und Dehnung der wichtigsten Gußwerkstoffe zusammengestellt.

Bei Grauguß ist die Dehnung sehr klein, sie bleibt meist unter 0,5%. Die Druckfestigkeit ist etwa viermal so groß wie die Zugfestigkeit; je hochwertiger der Grauguß ist, desto druckfester ist er. Die Härte von Grauguß, die am besten als Brinellhärte (DIN 1605) bestimmt wird, nimmt mit dem Perlitgehalt zu. Der weichste Grauguß hat eine Brinellhärte von 80⋯120 kp/mm², rein perlitisches Gefüge dagegen 170⋯220 kp/mm², Hartguß sogar 400⋯600 kp/mm². Bei unlegiertem Grauguß können Werte für die Zugfestigkeit über 26 kp/mm² bis zu 30 kp/mm² erreicht werden. Chromhaltige Gußlegierungen bis zu 30% Cr können über 45 kp/mm² Zugfestigkeit haben.

Tabelle 25. *Bruchfestigkeitswerte von Gußwerkstoffen.*

Werkstoff	Zug σ_B kp/mm²	Dehnung δ_5 %	Wechselbiegung σ_{wb} kp/mm²
Grauguß DIN 1691			
GG-12	12 ···14	< 0,5	5 ··· 7
GG-14	12 ···16		6 ··· 8
GG-18	15 ···20		7 ···10
GG-22	19 ···24		8 ···12
GG-26	23 ···28		10 ···14
Temperguß DIN 1692			
GTW-35..............	32 ···36	3	11 ···14
GTW-40..............	36 ···41	5	13 ···17
Stahlguß DIN 1681			
GS-38	38 ···45	20	16 ···19
GS-45	45 ···52	16	18 ···22
GS-52	52 ···60	12	18 ···24
GS-60	60 ···70	8	20 ···26
Al-Gußlegierung DIN 1725			
G Al Si 12	17 ···22	4 ···8	5,5 ···6,5
G Al Si 5 Cu 1	16 ···22	1 ···3	6 ···7
G Al Mg 3	14 ···20	3 ···8	6 ···6,5
Mg-Gußlegieruug DIN 1729			
G Mg Al 8 Zn 1	16 ···22	6 ···12	5 ··· 6
G Mg Al 9 Zn 1	24 ···28	6 ···10	8 ···10
G Mg Al 6 Zn 3	14 ···20	3 ··· 6	6 ··· 9
Zn-Gußlegierung DIN 1743			
G Zn Al 4 Cu 1	18	0,5	
GK Zn Al 4 Cu 1	20	1	
G Zn Al 6 Cu 1	18	1	
GK Zn Al 6 Cu 1	20	1,5	
Messingguß DIN 1709			
G Ms 65	20	20	6 ··· 9
So GMs F 30	35	25	11 ···15
So GMs F 60	65	20	14 ···20

Leichtmetallguß hat eine geringere Druckfestigkeit als Grauguß. Bei Flächenpressungen muß deshalb die Fläche um etwa 25 ··· 30% größer gewählt werden als
bei Grauguß; Unterlegscheiben müssen z. B. größeren Durchmesser erhalten. Die
Kerbempfindlichkeit ist bei Aluminiumlegierungen höher als bei Grauguß, deshalb sind scharfe Kerben zu vermeiden. Die Biegefestigkeit ist wegen der geringeren Steifigkeit kleiner; der Elastizitätsmodul ist nur etwa 7000 kp/mm² gegenüber 10000 kp/mm² bei Grauguß und 20000 kp/mm² bei Stahlguß. Deshalb müs-

sen Querschnitte mit großem Trägheitsmoment gewählt werden, z. B. Hohlformen mit rundem, ovalem oder rechteckigem Querschnitt und Rippen mit T-, U- oder I-Profil.

Der Hebel in Abb. 290a wird nur in einer Richtung auf Biegung beansprucht; der T-förmige Querschnitt muß so gelegt werden, daß der Flansch die Zug- und der Steg die Druckbeanspruchung aufnimmt. Wird ein Hebel nach beiden Richtungen auf Biegung beansprucht, so muß ein I-Profil gewählt werden wie in dem Bauteil in Abb. 290b. Wird eine Rippe auf Zug beansprucht, so wird sie wegen der geringen Zugfestigkeit von Gußwerkstoffen zweckmäßigerweise durch eine Wulst verstärkt (Abb. 291). Die eckige Form (c) läßt sich leichter einformen und ist deshalb billiger als die Rundwulst (b). Besser ist es jedoch, die Rippen so zu legen, daß sie nur Druckspannungen aufzunehmen haben (Abb. 292). Befestigungsaugen, die häufig biegend beansprucht werden, müssen durch Rippen, Wulste od. dgl. verstärkt werden (Abb. 293 bis 295). Wenn es möglich ist, sind aber Biegebeanspruchungen zu vermeiden. So ist z. B. das Befestigungs-

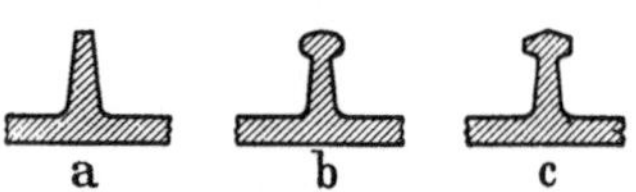

Abb. 290. Hebelausbildung. a Hebel für einseitige Biegebeanspruchung: b Hebel für beiderseitige Biegebeanspruchung

Abb. 291. Ausbildung von Versteifungsrippen. a normale Form; b und c günstigere Formen

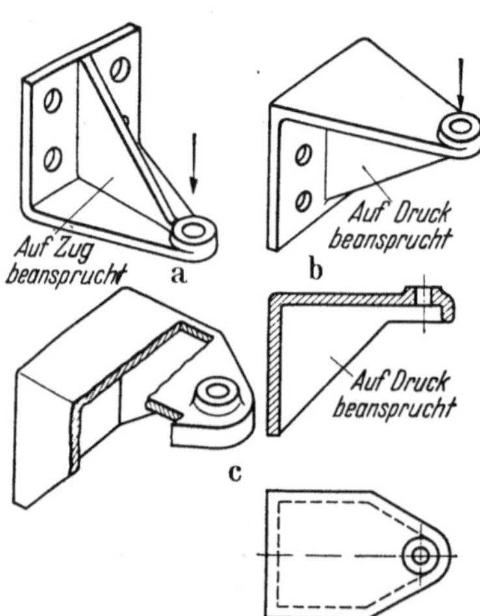

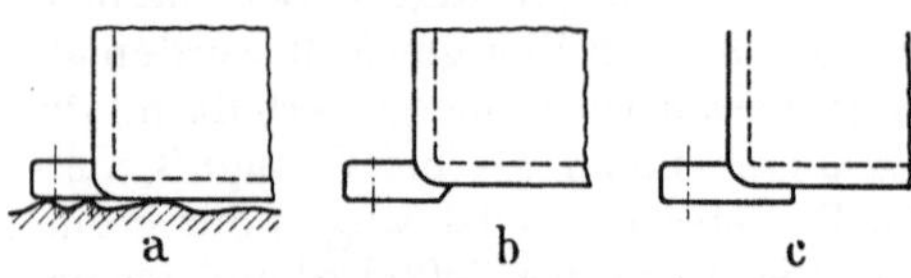

Abb. 292. Wandarm. a ungünstige Anordnung; b und c günstige Anordnungen

Abb. 295. Auflage am Befestigungsauge. a Form ungünstig; b Form besser; c Form noch besser

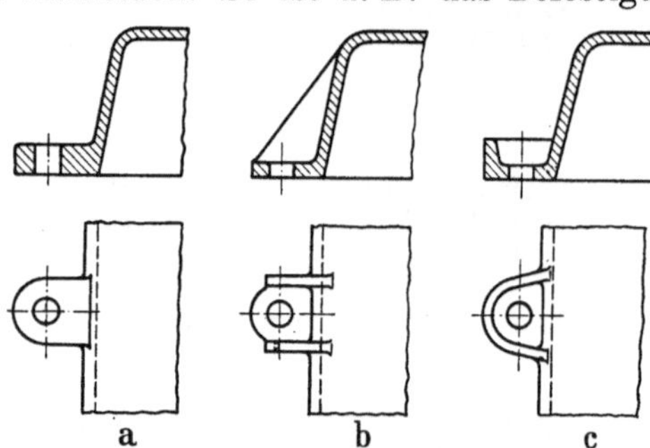

Abb. 293. Befestigungsaugen am Deckel. a ungünstige Gestaltung; b und c bessere Gestaltung

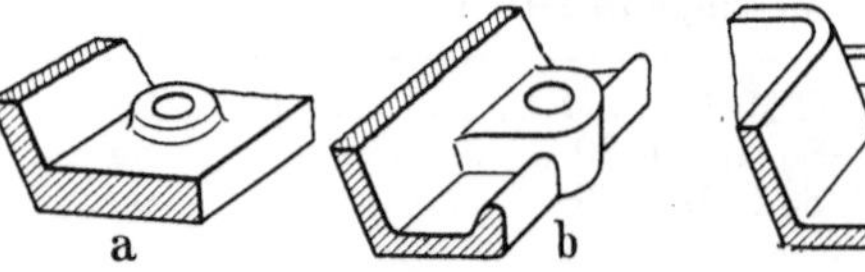

Abb. 294. Befestigungsaugen an Grundplatte. a ungünstige Gestaltung; b und c bessere Gestaltung

auge in Abb. 295a ungünstig angebracht, weil es bei unebener Auflage leicht auf Biegung beansprucht werden kann. Wenn der Kasten dagegen nur an den Augen aufliegt, möglichst nur an drei Stellen, indem man sie vorstehen läßt, ist diese Gefahr behoben; außerdem braucht nicht die ganze Grundfläche bearbeitet zu werden. Zweckmäßigerweise wird die Auflagefläche vom Befestigungsauge auch noch etwas unter den Boden erweitert (c).

Sind Biegebeanspruchungen nicht zu vermeiden, so müssen sie so klein wie möglich gehalten werden. Außerdem muß der Querschnitt, in dem die Biegespannungen aufgenommen werden, genügend groß und biegesteif ausgebildet werden.

18. Bearbeitungsgerechtes Gestalten

Das aus der Gußform kommende Gußstück trägt die Rückstände des Gießvorganges, wie Eingußtrichter, Steiger, verlorene Köpfe, Einlaufkanäle, die durch Abschlagen, Absägen, Schleifen od. dgl. entfernt werden müssen. Außerdem ist an den Teilfugen Grat entstanden, der auf Abkratzmaschinen, durch Abschleifen mit Preßluftwerkzeugen oder, wenn auch selten, mit Hammer und Meißel entfernt wird. Der dem Gußstück anhaftende Sand wird durch Sandstrahlen entfernt, wodurch das Teil ein gleichmäßig graues Aussehen erhält. Beim Entwurf eines Gußstückes muß auf diese Putzarbeit Rücksicht genommen werden: Es muß einfache glatte Flächen haben und sich außen und innen mit normalen Putzwerkzeugen leicht bearbeiten lassen. Enge Kanäle und Ecken lassen sich schlecht putzen, die Teile bleiben deshalb an diesen Stellen unansehnlich. Kernöffnungen müssen genügend groß gemacht werden, damit die Kerne sich leicht entfernen lassen.

Soll ein Gußstück stellenweise mit spanabhebenden Werkzeugen weiterbearbeitet werden, so muß die Form des Gußstückes an den zu bearbeitenden Stellen so gewählt werden, daß die Werkzeugschneiden unter die Gußhaut in die Gußoberfläche eindringen. Die Gußhaut ist hart und greift die Werkzeugschneide sehr an, besonders wenn sie nur an der Oberfläche entlangkratzt. Deshalb muß bei der Bemessung des Gußstückes eine genügend große Bearbeitungszugabe an den Stellen vorgesehen werden, wo das Stück bearbeitet werden soll. Tab. 26 enthält Anhaltswerte über die Größe der Bearbeitungszugabe.

Tabelle 26. *Bearbeitungszugaben bei Gußstücken*
(bis 800 mm größte Abmessung).

Werkstoff	Zugabe in mm Sandguß	Zugabe in mm Kokillenguß
Grauguß	2 ···5	
Temperguß	2 ···3	
Stahlguß	3 ···8	
Leichtmetall	2 ···3	1 ···2
Messing	2 ···3	

Die nachträgliche Bearbeitung durch spanabhebende Werkzeuge muß besonders im Hinblick auf die Aufnahme und Spannmöglichkeiten bei der Gestaltung der Gußstücke berücksichtigt werden. Im folgenden sind hierfür einige kennzeichnende Beispiele für die verschiedenen Bearbeitungsverfahren gegeben.

Die Achsen von *Bohrungen* dürfen keinesfalls schräg zur Eintrittsfläche des Bohrers und möglichst auch nicht zur Austrittsfläche liegen (Abb. 296) weil sonst der Bohrer einseitig beansprucht wird und dadurch verlaufen und abbrechen kann. In der Gestaltung des Gußstückes muß dem Rechnung getragen werden entweder durch Augen (c) oder Versteifungen (d innen). Sind mehrere Bohrungen in einem Gußstück vorgesehen, so sollen die Achsen möglichst nicht winklig (Abb. 297), sondern parallel (b) zueinander liegen, damit die Bohrvorrichtung nicht gekippt zu werden braucht. Aussparungen und Hohlräume an Bohrungen,

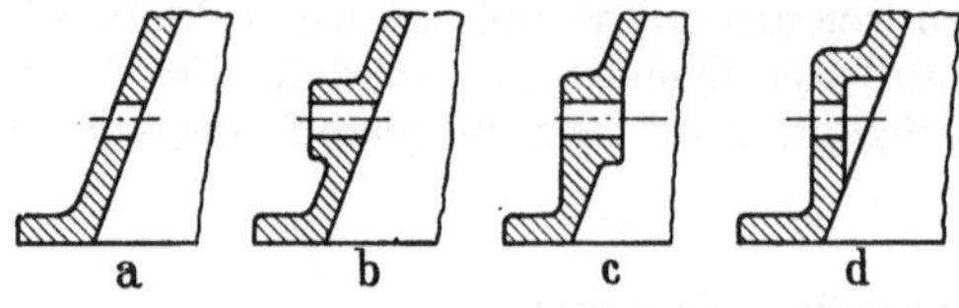

Abb. 296. Lage der Ein- und Auslaufflächen von Bohrungen. a beide Flächen schräg, ungünstig; b Auslauffläche schräg, auch noch ungünstig; c und d beide Flächen senkrecht zur Bohrungsachse, günstiger

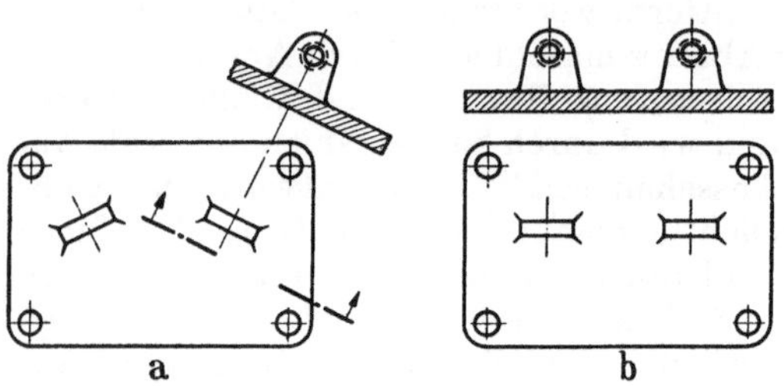

Abb. 297. Lage mehrerer Löcher zueinander. a Bohrungsachsen winklig zueinander, ungünstig; b Bohrungsachsen parallel

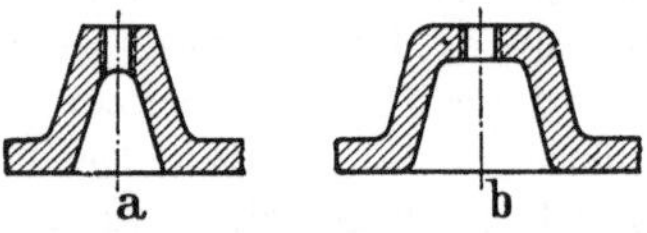

Abb. 298. Aussparungen zur Vermeidung von Werkstoffanhäufungen. a Hohlraumabmessungen zu klein; b Abmessungen besser

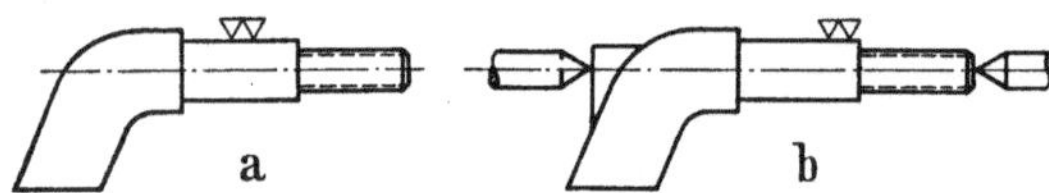

Abb. 299. Drehfläche. a keine Aufnahmemöglichkeit zum Drehen vorhanden; b besonderer Aufnahmezapfen vorgesehen

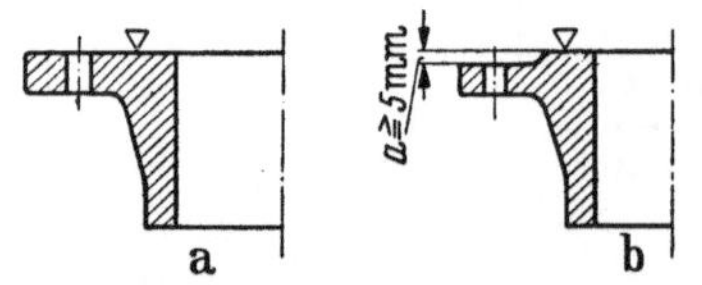

Abb. 300. Größe der Bearbeitungsflächen. a Bearbeitungsfläche zu groß; b durch Absatz Bearbeitungsfläche verkleinert

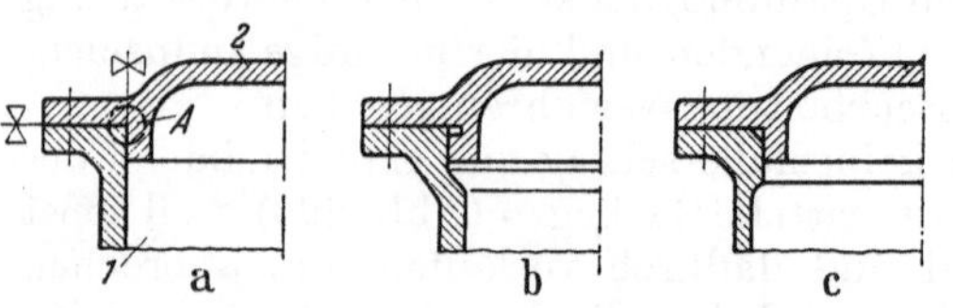

Abb. 301. Zentrierrand. a Ausführung nicht möglich; b und c Ausführungen günstig

die zur Vermeidung von Werkstoffanhäufungen notwendig sind, müssen genügend groß gewählt werden (Abb. 298), um von evtl. kleinen Versetzungen, die den freien Auslauf des Bohrers gefährden könnten, unabhängig zu sein.

Soll an einem Gußstück eine *Drehfläche* angebracht werden, so muß es sich auch in eine Drehmaschine einspannen lassen können. So müssen z. B. bei manchen Formen besondere Spannansätze zur Aufnahme in Spannfuttern oder Augen für das Drehen zwischen Spitzen (Abb. 299) vorgesehen werden, um kostspielige Spezialvorrichtungen zu vermeiden. Wenn es notwendig ist, werden die für die Bearbeitung erforderlichen Ansätze später durch Abschleifen oder Abschneiden entfernt. Muß eine Fläche bearbeitet werden, um z. B. ein anderes Teil gut anliegen lassen zu können, so soll diese Fläche durch Absetzen so klein wie möglich gewählt werden (Abb. 300), um Arbeit zu sparen.

Zum richtigen Zusammenfügen zweier Bauteile sind häufig Zentrierränder erforderlich, die gedreht werden müssen. Bei der Gestaltung der Gußstücke muß diese Bearbeitung berücksichtigt werden (Abb. 301). In der Ausführung a läßt sich Teil 1 nicht ausdrehen, weil keine Bearbeitungszugabe vorgesehen ist.

Flächen lassen sich mit den üblichen Einrichtungen an Fräs- und Hobelmaschinen leichter herstellen, wenn sie waagerecht oder senkrecht liegen (Abb. 302). Schräge Flächen dagegen erschweren die Bearbeitung, weil sie meist Sondervorrichtungen erfordern. Unrunde Zentrierränder (Abbil-

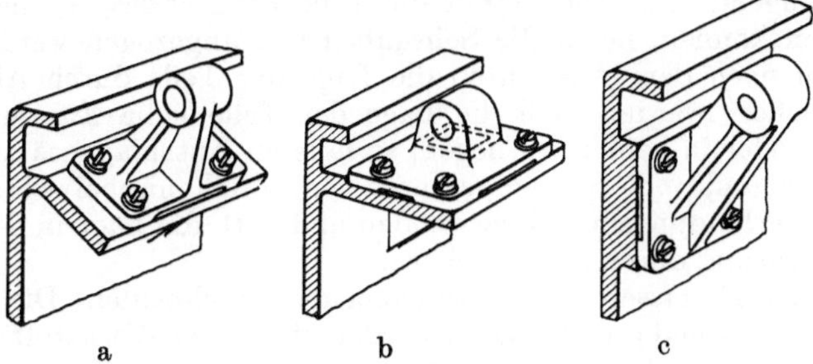

Abb. 302. Lage der bearbeiteten Flächen. a bearbeitete Auflagefläche schräg, ungünstig,; b Auflagefläche waagerecht, günstig; c Auflagefläche senkrecht, auch günstig

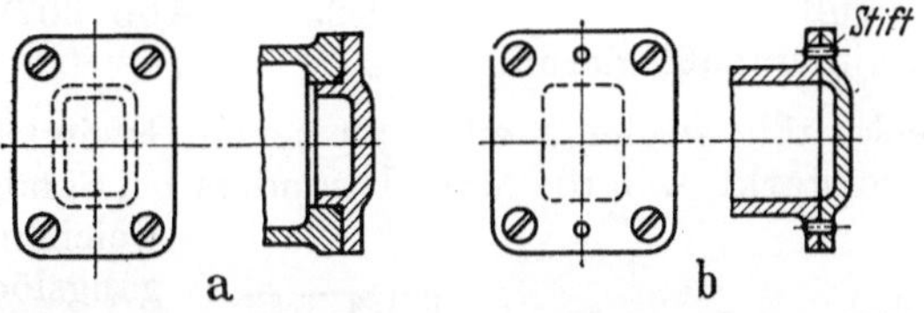

Abb. 303. Zentrieren nicht kreisrunder Teile. a Zentrierrand ungünstig; b Zentrierstifte besser

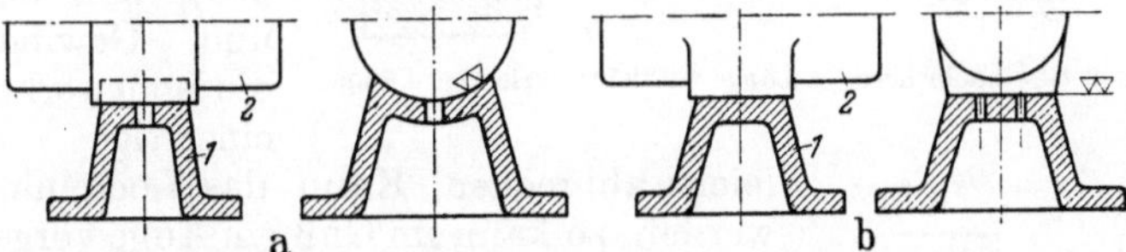

Abb. 304. Gestaltung der Auflagefläche. a zylindrische Auflagefläche ungünstig; b ebene Auflagefläche günstiger

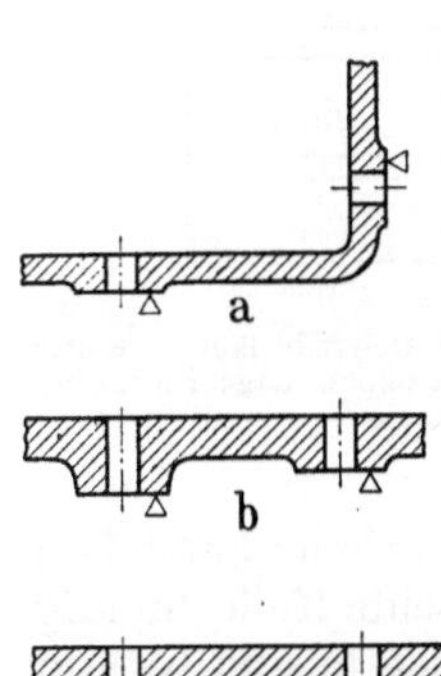

Abb. 305. Lage ebener Bearbeitungsflächen zueinander. a Flächen liegen winklig zueinander, ungünstig; b Flächen liegen parallel zueinander, besser; c Flächen liegen in einer Ebene, noch besser

dung 303) lassen sich schlecht bearbeiten. Deshalb werden sie besser durch Paßstifte ersetzt (b). Ebene Auflageflächen zweier Werkstücke (Abb. 304) lassen sich häufig besser bearbeiten als runde (a). Zu bearbeitende Flächen sollen möglichst auf einer Seite eines Gußstückes liegen, um sie in einer Aufspannung bearbeiten zu können und damit Umspannarbeit zu vermeiden. Liegen dann die Flächen noch in gleicher Höhe (Abb. 305), so wird Einstellarbeit an der Maschine gespart. Liegt die zu bearbeitende Fläche nicht frei, sondern vertieft, so muß sowohl für das Fräsen als auch für das Hobeln durch Absetzen ein freier Auslauf des Werkzeuges vorgesehen werden (Abb. 306).

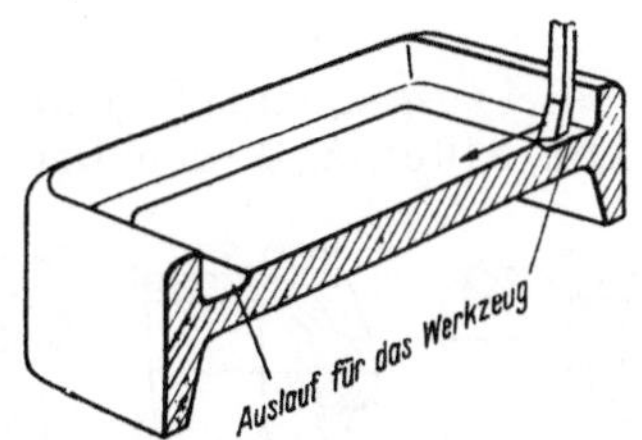

Abb. 306. Ausnehmungen für Auslauf des Werkzeuges

19. Fügegerechtes Gestalten

Zusammenzufügende Gußteile werden miteinander oder mit anderen Teilen meist mittels *Schrauben* verbunden. Sollen die Teile beim Zusammenfügen noch gegeneinander ausgerichtet werden, so müssen die Durchgangslöcher für die

Schrauben genügend groß sein, damit die Teile noch etwas gegeneinander verschoben werden können, bevor die Schrauben fest angezogen werden. Wenn es nötig ist, kann nach dem Ausrichten die Lage der Teile durch Abbohren und Verstiften gesichert werden. Soll die Lage der Teile beim Zusammenfügen in einer Richtung oder in beiden festliegen, so müssen Anschlagansätze, Führungsleisten, Zentrierbünde od. dgl. vorgesehen sein. Auch hierbei wird man meist Schrauben als Verbindungsmittel verwenden und evtl. die Lage in der noch nicht festgelegten Richtung durch Stifte sichern.

In Gußwerkstoffe lassen sich Gewindelöcher einschneiden. Die Einschraublänge muß aber genügend groß gemacht werden, damit der Werkstoff des Gewindebolzens richtig ausgenutzt wird. Sie ist abhängig vom Werkstoff und vom Gewindedurchmesser. Für eine Stahlschraube macht man die Gewindelänge in

$$\text{Grauguß} \qquad l \approx 1{,}25 \cdot d \text{ (Abb. 307),}$$
$$\text{Aluminiumgußlegierung } l \approx 2d.$$

Wände werden zweckmäßig an den Stellen, an denen Gewindelöcher eingebohrt werden (Abb. 308), verstärkt, weil die Maße besonders bei Sandguß erheblich abweichen können. Durchgangslöcher dürfen nicht einseitig austreten (Abb. 309), weil beim Bohren und Gewindeschneiden die Bohrwerkzeuge durch einseitige Belastung

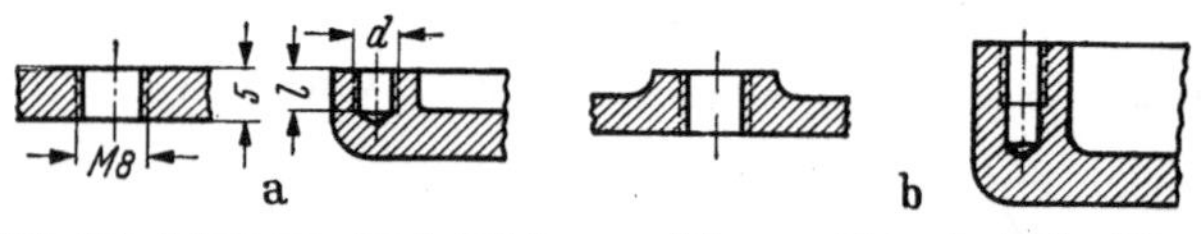

Abb. 307. Länge von Gewindelöchern. a Länge zu klein; b richtige Länge

leicht abbrechen. Kann das Loch nicht versetzt werden, so kann im Guß ein Auge vorgesehen werden (b), in dem das Gewindeloch als Sackloch endet.

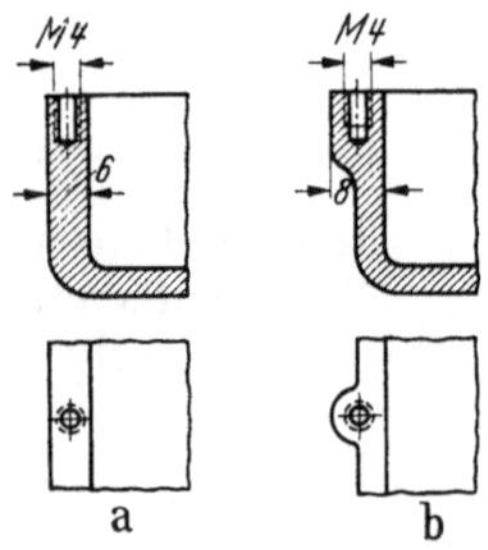

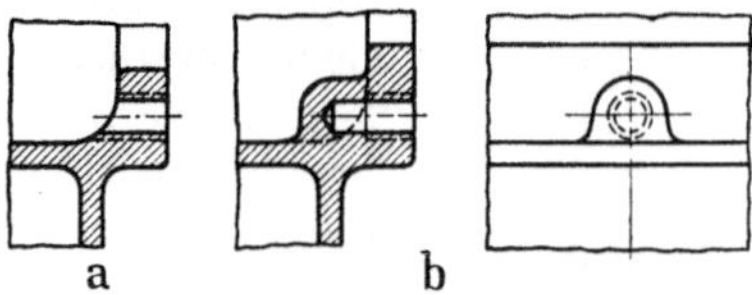

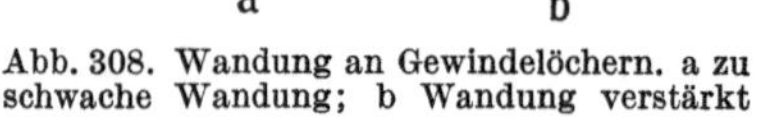

Abb. 308. Wandung an Gewindelöchern. a zu schwache Wandung; b Wandung verstärkt

Abb. 309. Lage von Gewindelöchern. a Gewinde läuft einseitig aus, schlecht; b durch Auge Sackloch möglich, Lage des Loches läßt sich dadurch einhalten

Bei zusammenzufügenden Teilen läßt man das eine Teil absichtlich überstehen (Abb. 310c), z. B. den Deckel über einen Kasten, und nicht beide Teile bündig abschließen (a und b), um Nacharbeit bei Maßabweichungen zu vermeiden.

Die Schraubenköpfe müssen bei den Schraubverbindungen gut zugänglich sein. Besonders beim Sechskantkopf ist die Zugänglichkeit zu beachten,

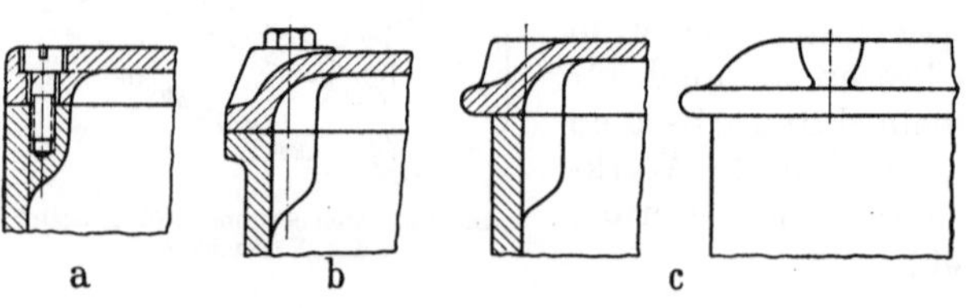

Abb. 310. Deckel auf Gehäuse. a bündiger Abschluß und versenkter Schraubenkopf ungünstig; b Auge für Befestigungsschraube günstiger; c Deckel steht über, noch günstiger

wenn die Schraube mit einem flachen Schraubenschlüssel üblicher Form anziehbar sein soll (Abb. 311). Ist dagegen die Verwendung eines Steckschlüssels zulässig, so läßt sich die

Schraube raumsparend anordnen (b). Noch günstiger ist in dieser Beziehung die Innensechskantschraube (c) (DIN 912).

Der Schraubenkopf und die Mutter müssen richtig aufliegen, damit die Schraube beim Anziehen nicht verbogen wird (Abb. 312). Durch Augen oder Einsenkungen müssen die Auflagen geschaffen werden, wenn sie nicht aus anderen Gründen vorhanden sind. Seitlich offene Nuten an Stelle von Durchgangslöchern können oft die Montage wesentlich erleichtern (c).

In Gußstücke — insbesondere in solche aus Aluminium — können an besonders hoch beanspruchten Stellen Metall-

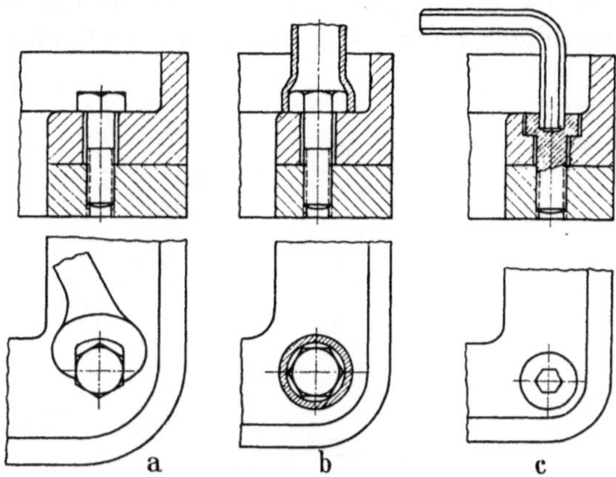

Abb. 311. Zugänglichkeit von Sechskantschrauben. a Anzug mit Flachschlüssel; b Anzug mit Steckschlüssel; c Schraubenkopf mit Innensechskant

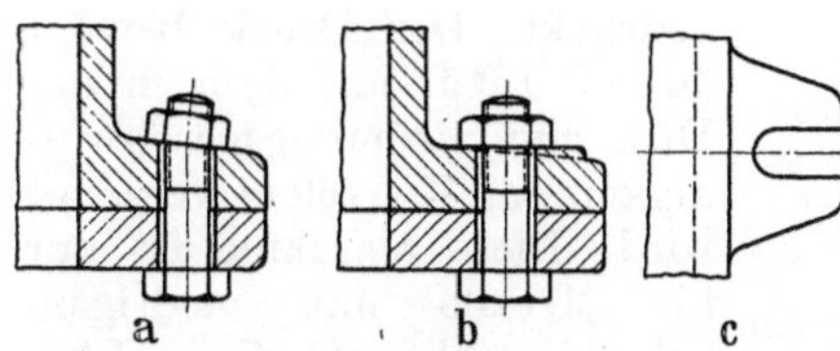

Abb. 312. Vermeidung von Biegebeanspruchungen in Schrauben. a schlechte Auflage der Mutter; b Auflage gut; c Schraubenloch nach außen offen

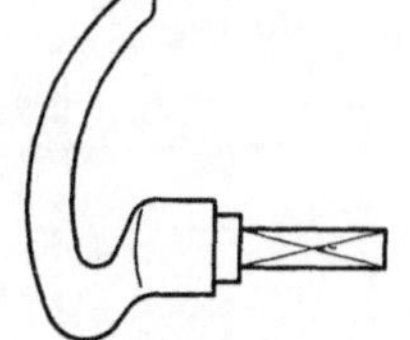

Abb. 313. Türgriff aus Al-Legierungs-Kokillenguß mit eingegossenem Vierkantstahlstift

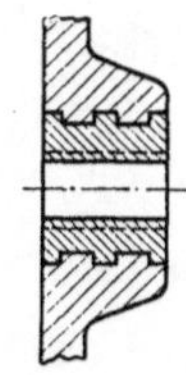

Abb. 314. Gewindebuchse in Al-Gußlegierung eingebettet

teile aus anderem Werkstoff mit günstigeren Eigenschaften beim Gießen des Teiles mit eingebettet werden (Abb. 313). Diese einzubettenden Teile müssen eine saubere Oberfläche haben; Stahlteile z. B. dürfen nicht rostig sein. Teile, deren Oberfläche verzinkt sind, eignen sich ebenfalls nicht zum Einbetten, weil die entstehenden Zinkdämpfe den Guß porös machen. Dagegen können verzinnte Teile eingebettet werden. Die Oberfläche der Metallteile, die eingebettet werden sollen, müssen so gestaltet werden, daß sie in dem Gußstück verankert sind, sie müssen z. B. Einkerbungen, Nuten, Rillen od. dgl. tragen (Abb. 314) oder mindestens an der Oberfläche aufgerauht sein.

In Gußwerkstoffen mit einem hohen Schwindmaß ist das Einbetten von Metallteilen gefährlich, weil dadurch leicht Schwundrisse im Guß entstehen. Besonders groß ist diese Gefahr, wenn der Gußwerkstoff außerdem warmbrüchig ist.

b) Druckguß

20. Verfahren

Druckguß ist eine Weiterentwicklung des Kokillengusses, bei dem das Metall in flüssigem oder teigigem Zustand unter hohem Druck durch eine Düse in die Stahlform gedrückt wird. Je nachdem, ob das Metall beim Gießen flüssig oder teigig ist, unterscheidet man Spritzgießen und Preßgießen, wofür der Sammelbegriff *Druckguß* eingeführt ist.

Für die Herstellung von Druckguß sind besondere Maschinen entwickelt worden, in denen das Metall in die auswechselbare Form gedrückt wird. Man unterscheidet dabei grundsätzlich zwei Arten: Warmkammer- und Kaltkammermaschinen. Bei der Warmkammer-Druckgußmaschine liegt die Druckkammer im beheizten Metallbad. Die Abb. 315 zeigt eine Kolben-Druckgußmaschine einfacher Bauart, in der der Druck von einer Kolbenpumpe erzeugt wird. Die Druckkammer liegt direkt im Metallbad, muß also auf Gießtemperatur des Gußmetalles gehalten werden. Das flüssige Metall dringt selbsttätig in den Pumpenzylinder ein. Wird der Kolben niedergedrückt, so wird zunächst die Einflußöffnung im Pumpenzylinder verschlossen und dann das flüssige Metall durch die Düse in die Gießform gedrückt. Der Druck beträgt $10 \cdots 100$ atü, mit dem in der Düse eine Strömungsgeschwindigkeit von $15 \cdots 60$ m/s erzeugt wird. Diese Maschine ist nur für Metalle mit niedrigem Schmelzpunkt wie Zinn-, Blei- und Zinklegierungen geeignet, wobei die Stückzahl verhältnismäßig klein ist.

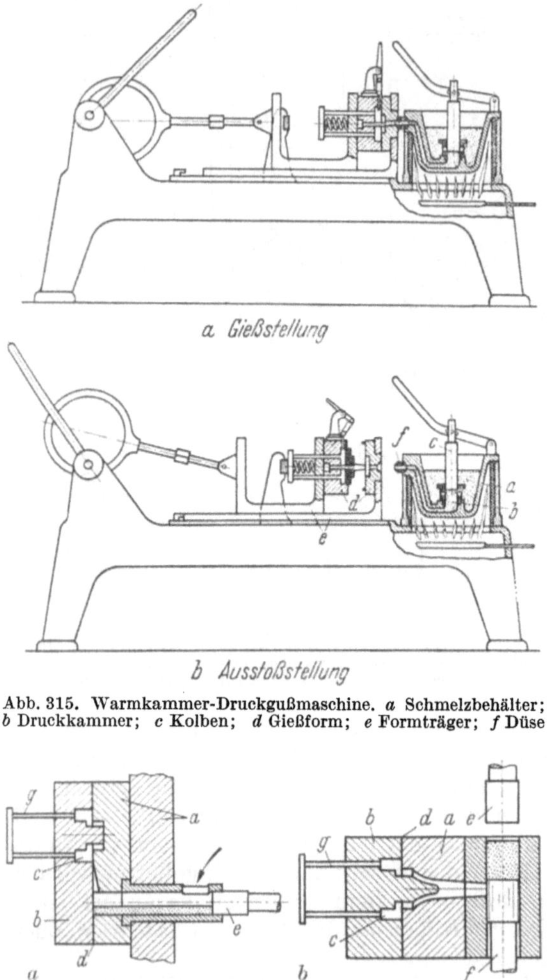

Bei der Kaltkammer-Druckgußmaschine wird das Metall neben der Maschine in einem besonderen Ofen erschmolzen bzw. warmgehalten und mittels Schöpfkelle oder automatischer Füllvorrichtung in die kalte Druckkammer der Maschine gebracht. Aus dieser Druckkammer, die je nach Maschinenausführung waagerecht oder senkrecht angeordnet sein kann (Abb. 316), wird das Metall in der Regel mittels Kolben in die Form gepreßt.

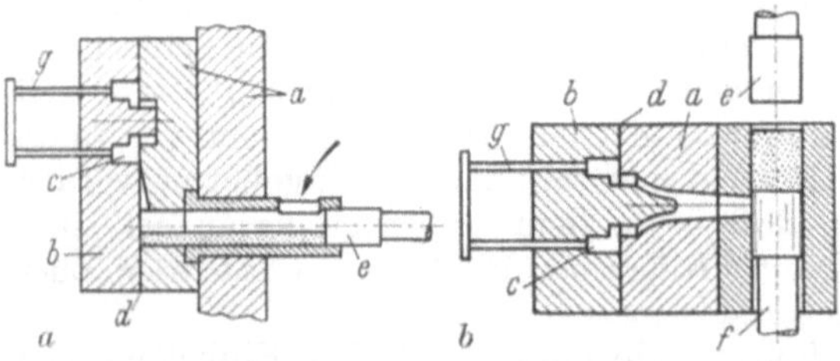

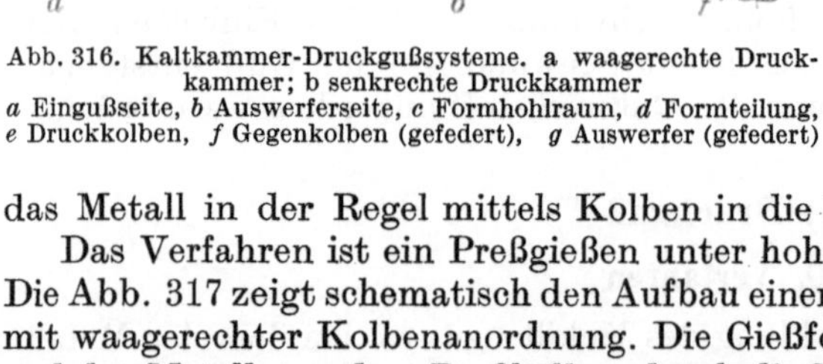

Abb. 315. Warmkammer-Druckgußmaschine. *a* Schmelzbehälter; *b* Druckkammer; *c* Kolben; *d* Gießform; *e* Formträger; *f* Düse

Abb. 316. Kaltkammer-Druckgußsysteme. a waagerechte Druckkammer; b senkrechte Druckkammer
a Eingußseite, *b* Auswerferseite, *c* Formhohlraum, *d* Formteilung, *e* Druckkolben, *f* Gegenkolben (gefedert), *g* Auswerfer (gefedert)

Das Verfahren ist ein Preßgießen unter hohem Druck (etwa $200 \cdots 1000$ atü). Die Abb. 317 zeigt schematisch den Aufbau einer Kaltkammer-Druckgußmaschine mit waagerechter Kolbenanordnung. Die Gießform wird hydraulisch geschlossen und das Metall von dem Preßkolben durch die Düse in die Form gedrückt, wobei der hohe Druck eine Temperatursteigerung des Metalles bewirkt.

Der Guß wird bei diesem Verfahren dichter, die Oberfläche wird glatter und sauberer und das Werkstück wird maßhaltiger als beim Spritzgießen. Dadurch, daß die Form des Gußstückes scharf ausgeprägt wird, fallen besondere Bearbeitungskosten fort; die Teile kommen einbaufertig aus der Form und sind austauschbar. Nachbearbeitungen beschränken sich auf das Bohren kleiner Löcher, evtl. Nachreiben von Paßbohrungen usw. Da nach diesem Verfahren auch kleine Teile selbst mit verwickelter Form hergestellt werden können, eignet es sich besonders gut für die Massenfertigung in der Feinwerktechnik. Das Verfahren lohnt sich allerdings erst bei großen Stückzahlen, weil die Herstellung der Gießform teuer ist.

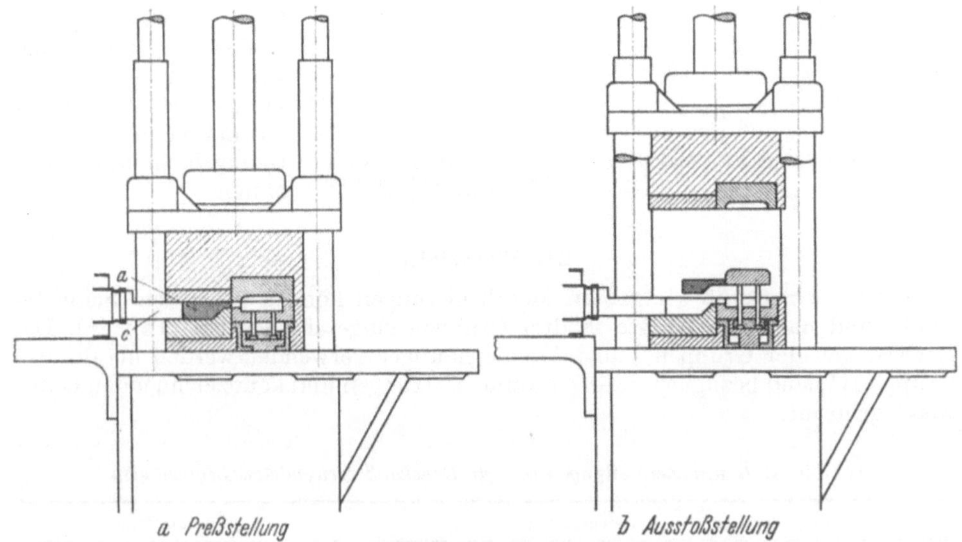

Abb. 317. Kaltkammer-Druckgußmaschine

Die Zusammenstellung in Tab. 27 gibt an, welche Maschinentypen für die verschiedenen Druckguß-Werkstoffe in Frage kommen.

Tabelle 27. *Auswahl der Druckgußmaschinen für Druckgußwerkstoffe.*

Werkstoff	Zink-Legierung	Aluminium-Legierung	Magnesium-Legierung	Kupfer-Legierung
Warmkammer-Maschine	×	—	×	—
Kaltkammer-Maschine	×	×	×	×

Da der Aufbau der Druckgußform von der Gestalt des Werkstückes bestimmt ist, muß der Konstrukteur beim Entwurf der Teile auf die günstige Herstellbarkeit der Gießform Rücksicht nehmen. Die Genauigkeit des Werkstückes ist abhängig von der Genauigkeit der Gießform. Bei größeren Teilen wird man mit jedem Gießvorgang, dem sog. Schuß, ein Werkstück herstellen (Abb. 318); bei kleinen Teilen dagegen können mehrere Teile zugleich abgegossen werden (Abb. 319), wodurch die Arbeitszeit je Teil erheblich verringert wird. Das Werkzeug für die gleichzeitige Herstellung mehrerer Teile ist allerdings komplizierter und damit teurer als das Werkzeug für ein Teil.

Die Lage des Eingusses ist von der Form des Gußstückes und von der Arbeitsweise der Gießmaschine abhängig. Die richtige Anordnung des Eingusses erfordert große Erfahrung und kann nur vom Gießfachmann festgelegt werden, der auch auf den Aufbau der Gießform weitgehenden Einfluß haben muß. Gerade beim Druckgießen ist der Erfolg von einer guten Zusammenarbeit des Konstrukteurs mit dem Fertigungsfachmann abhängig.

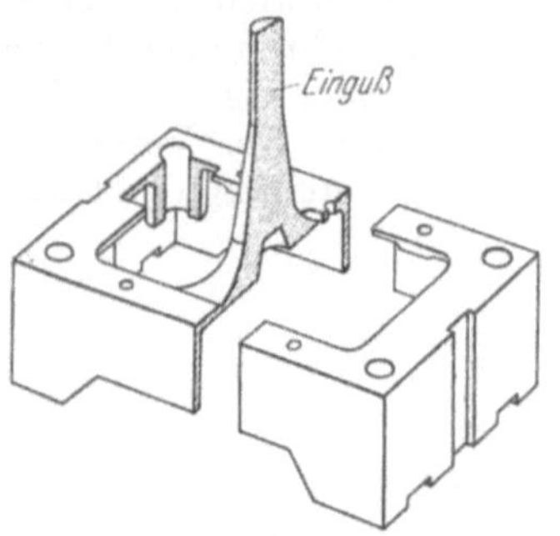

Abb. 318. Gußwerkstück mit Einguß

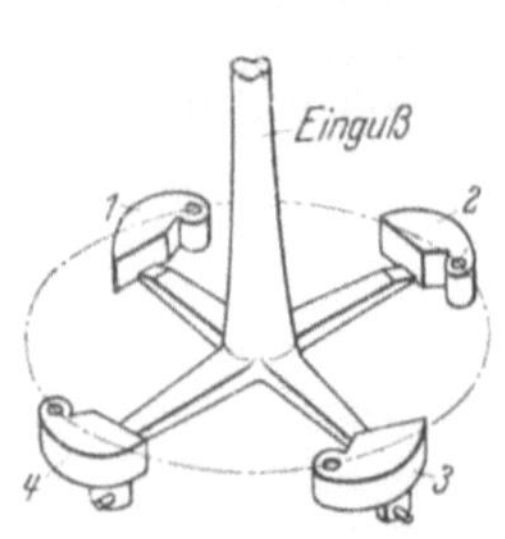

Abb. 319. Vier gleiche Werkstücke mit Einguß aus einer Mehrfachform

21. Werkstoffe

Die für Druckguß geeigneten Metallegierungen können nach dem Schmelzpunkt und nach der Wichte in drei Gruppen eingeteilt werden (Tab. 28). Die Legierungen der Gruppen I und II, die häufiger verwendet werden als die der Gruppe III, sind bezüglich ihrer Zusammensetzungen und kennzeichnenden Gütewerte genormt.

Tabelle 28. *Gruppeneinteilungen der für Druckguß verwendeten Legierungen.*

Gruppe	Benennung	Grundmetalle
I	niedrigschmelzende Schwerlegierungen	Blei, Zinn, Zink
II	hochschmelzende Leichtlegierungen	Aluminium, Magnesium
III	hochschmelzende Schwerlegierungen	Kupfer, Silber

Auf die Werkstoffauswahl haben sehr verschiedenartige physikalische, chemische, fertigungstechnische, wirtschaftliche Gesichtspunkte Einfluß: insbesondere die Wichte, die das Stückgewicht bestimmt, die Warmfestigkeit, die Gestaltfestigkeit, die Korrosionsbeständigkeit, das chemische Verhalten gegen den Werkstoff des Werkzeuges, die Gießbarkeit, die Einfluß auf die Abmessungen des Werkstückes, besonders auf die Wanddicken hat, die Beschaffungsmöglichkeit und der Preis, die mit einer Form abgießbare Stückzahl usw. Im Durchschnitt kann man je Gießform rechnen:

bei Aluminium	mit einer Stückzahl von 50 000,
bei Magnesium	mit einer Stückzahl von 100 000,
bei Zink, Zinn, Blei	mit einer Stückzahl von 500 000.

Die für Druckguß verwendbaren *Bleilegierungen*, die im Normblatt DIN 1741 festgelegt sind, enthalten stets Zinn und Antimon in unterschiedlichen Mengen. Mit dem Zusatz an Antimon wird die Härte des Werkstoffes gesteigert. Bei Werkstoffanhäufungen braucht die Bildung von Poren nicht befürchtet zu werden, so daß die Bleilegierungen sowohl für dünnwandige als auch für dickwandige Werkstücke verwendet werden können. Da die Festigkeit mit $\sigma_B = 5 \cdots 8 \ \mathrm{kp/mm^2}$ sehr niedrig ist, können die Druckgußteile nur wenig beansprucht werden. Die guten

Gleiteigenschaften werden bei Lagerbauteilen ausgenutzt. Die hohe Wichte macht den Werkstoff geeignet für Pendel-, Schwung- und Ausgleichgewichte. Bleilegierungen sind gut korrosionsbeständig, sie eignen sich deshalb für Teile des chemischen Apparatebaues; für die Nahrungsmittelverarbeitung dürfen sie jedoch wegen ihrer giftigen Wirkung auf menschliche Organe nicht verwendet werden.

Die Oberflächen der Teile lassen sich galvanisch behandeln und auch lackieren. In Tab. 29 sind die genormten Legierungen mit Hinweisen für ihre Anwendung zusammengestellt.

Tabelle 29. *Anwendung von Bleidruckgußlegierungen DIN 1741.*

Kurzzeichen	Wichte kg/dm³	Anwendungsbeispiele
GD Pb 97	11,1	Schwunggewichte, Pendel, Teile
GD Pb 87	10,1	für Meßgeräte, Apparateteile mit
GD Pb 85	9,8	Gleitlager, chemischer Apparate-
GD Pb 59	9,1	bau, Drucklettern
GD Pb 46	8,6	

Die Zusammensetzung der *Zinnlegierungen* für Druckguß ist im Normblatt DIN 1742 festgelegt. Sie enthalten zum größten Teil Zusätze von Antimon, Kupfer und Blei. Antimon und Kupfer steigern die Härte und Festigkeit der Legierung, Blei dagegen verbilligt den Werkstoff, weil Zinn wegen seiner Seltenheit teuer ist.

Zinnlegierungen sind gut gießbar, die Teile werden sauber und die Abmessungen lassen sich genau einhalten. Deshalb eignet sich dieser Werkstoff zum Gießen dünnwandiger, verwickelter kleiner Teile. Dicke und vor allem auch ungleich dicke Wandungen lassen sich dagegen schlecht herstellen, weil der Guß an diesen Stellen leicht grobkörnig und porös wird. Der Werkstoff ist gut beständig gegen atmosphärische Einwirkungen. Eine Glanzpolitur hält sich deshalb lange in trockener Luft. Die Festigkeit ist nur gering. Der Werkstoff ist plastisch verformbar, was zur Herstellung von Bördel- und Nietverbindungen günstig ist. Die Oberfläche kann durch galvanisch aufgebrachte Überzüge und auch durch Lacküberzüge geschützt werden.

Wie bereits erwähnt wurde, sind Zinnlegierungen teuer; sie werden deshalb nur dann angewendet, wenn die Herstellung aus anderen Legierungen nicht möglich ist. Die genormten Legierungen sind in Tab. 30 mit Richtlinien für die Anwendung zusammengestellt.

Tabelle 30. *Anwendung von Zinndruckgußlegierungen DIN 1742.*

Kurzzeichen	Wichte kg/dm³	Anwendungsbeispiele
GD Sn 78	7,1	gering beanspruchte Präzisions-
GD Sn 75	7,2	teile, Zählerbau (Platinen, Fassungen, Zahlenrollen, Blöcke), Gas-
GD Sn 70	7,4	messer, Geschwindigkeitsmesser,
GD Sn 60	7,9	Fernsprechteile, Teile für Geld- zählapparate, elektrische Geräte,
GD Sn 50	8,0	Rundfunkgeräte u. a. m.

Zinklegierungen sind wegen der weiten Verbreitung des Grundwerkstoffes verhältnismäßig billig. Im Normblatt DIN 1743 findet man Angaben über die aluminiumhaltigen Zinklegierungen. Sie enthalten neben Aluminium auch Kupfer und in geringen Mengen andere Metalle, hauptsächlich Magnesium. Kupferzusatz steigert die Festigkeit, verschlechtert jedoch die Maßbeständigkeit. Wird Aluminium zugesetzt, so greift das geschmolzene Metall in geringem Maße das Eisen der Gußform an; übersteigt der Zusatz 4,3%, so wird die Kerbzähigkeit verschlechtert.

Zinkdruckguß läßt sich nicht mit derselben Genauigkeit gießen wie Zinndruckguß. Die Oberfläche verliert mit der Zeit ihren metallischen Glanz, was durch Schutzüberzüge oder Beizverfahren verhindert werden kann. Zink verändert sich mit der Zeit in seiner Struktur, es altert. Durch diese Alterung können sich die Abmessungen und die Festigkeit erheblich ändern, wenn der Werkstoff Verunreinigungen enthält. Werkstücke, die gut maßhaltig und genügend haltbar bleiben sollen, müssen deshalb aus reinem Metall hergestellt werden. Durch das Altern tritt auch eine Härtesteigerung ein; es ist deshalb zweckmäßig, Nacharbeiten, z. B. Gewindeschneiden oder Aufreiben von Bohrungen, gleich nach dem Gießen vorzunehmen. Die Alterung verändert das Gußstück ungleichmäßig, wenn die Wanddicken zu unterschiedlich sind. Zu große Spannungen und Bruch des Werkstückes können die Folge sein.

Die genormten Gußlegierungen eignen sich für die verschiedenartigsten Anwendungen. In Tab. 31 sind kennzeichnende Anwendungsbeispiele für die Legierung verschiedener Zusammensetzung angegeben.

Aluminiumlegierungen werden für Massenteile in der Feinwerktechnik viel verwendet, weil sie sehr gute Eigenschaften haben: Sie sind leicht, chemisch beständig und auch gefüge- und maßbeständig und elektrisch gut leitfähig. Beifügungen anderer Metalle ändern die Eigenschaften und machen dadurch den Werkstoff für verschiedene Anwendungen geeignet.

Tabelle 31. *Anwendung von Zinkdruckgußlegierungen DIN 1743.*

Kurzzeichen	Wichte kg/dm³	Anwendungsbeispiele
GD Zn Al 4 Z 400[1]	6,7	größtmögliche Maßbeständigkeit, keine große Festigkeit und Härte; gut für große Teile; Büromaschinen, Zählwerke, Teile für Meßgeräte und Uhren, Foto- und Kinogeräteteile
GD Zn Al 4 Cu 1 Z 410	6,7	Legierung für Gußstücke aller Art, Teile f. Rundfunkgeräte, Gestelle, Spielwaren, Zeit- u. Kontrollapparate, Schloßbau, Nähmaschinenteile Für komplizierte Teile, z. B. Armaturen, Vergaser, Staubsaugerteile

[1] Schlagzeichen.

Nach den Zusätzen anderer Metalle können den Normen entsprechend (DIN 1725) vier Gruppen unterschieden werden: Legierungen, in denen entweder vorwiegend Kupfer oder Silicium oder Magnesium oder Silicium und Magnesium enthalten sind. Kupferhaltige Legierungen sind im geschmolzenen Zustand dickflüssig und deshalb nur für einfache, dickwandige Teile geeignet. Sie sind mechanisch gut fest, dürfen aber nicht mit Seewasser in Berührung kommen, weil sie chemisch nicht genügend beständig sind.

Siliciumzusatz macht die Legierung dünnflüssig, so daß damit dünnwandige und kompliziert gestaltete Gußstücke hergestellt werden können. Ein hoher Siliciumgehalt macht jedoch den Werkstoff spröde, so daß er sich schlecht kalt verformen, z. B. bördeln oder nieten läßt. Durch den Gehalt an Silicium wird der Werkstoff korrosionsbeständiger. Magnesiumgehalt erhöht ebenfalls die Korrosionsbeständigkeit: Die Teile können mit Wasser in Berührung kommen, auch ohne Schutzüberzug bleibt die Politur beständig. In Tab. 32 sind die Hauptvertreter der vier Gruppen aufgeführt und Hinweise für die Anwendung gegeben.

Magnesiumlegierungen sind gekennzeichnet durch die geringe Wichte des Grundmetalls. Wo es also auf ein geringes Stückgewicht ankommt, wird man diesen Werkstoff verwenden. Gegenüber den Aluminiumlegierungen kann man an Gewicht bis etwa 40% sparen. Dem Magnesium wird Aluminium $(7,6\cdots10\%)$ und geringe Mengen Zink $(0,1\cdots1\%)$ und Mangan $(0,1\cdots0,6\%)$ zugefügt. Die Legierungen sind ziemlich korrosionsbeständig gegen atmosphärische Einflüsse und gegen Berührung mit alkalischen Laugen, Seifenlösungen und säurefreien Ölen; dagegen sind sie unbeständig gegen Säuren außer der Flußsäure.

Tabelle 32. *Anwendung von Aluminiumdruckgußlegierungen DIN 1725 (Auszug).*

Kurzzeichen	Wichte kg/dm³	Anwendungsbeispiele
GD Al Si 6 Cu 3	2,8	einfache Gußstücke aller Art mit guter Festigkeit, z. B. Gehäuse, Grammophonlaufwerke, Armaturen für elektrische Geräte, Meßwerkzeuge
GD Al Si Mg	2,65	Gußstücke, die besonders zäh sein sollen und chemische Beständigkeit haben müssen, z. B. Büromaschinenteile, Haushaltungsmaschinen
GD Al Mg 9	2,6	Gußstücke aller Art, hohe chemische Beständigkeit, dauerglanzpolierte Oberflächen, gut für Behandlung im Beizbad oder elektrolytische Oxydation, z. B. Fernglasgehäuse Fotoapparate, wasserdurchflossene Teile
GD Al Si 12	2,65	komplizierte dünnwandige und flüssigkeitsdichte Gußstücke aller Art, z. B. Gehäuse für Schmalfilmapparate, Flüssigkeitsmeßuhren, Teile für gleitende Beanspruchung

Da Magnesiumlegierungen Eisen in flüssigem Zustand nur wenig angreifen, kann in einer Form eine höhere Stückzahl als bei Verwendung von Aluminiumlegierungen abgegossen werden. Die Werkstücke bleiben auch nach längerer Zeit maßbeständig, weil der Werkstoff im Gegensatz zu den Zinklegierungen nicht altert.

Die Magnesiumlegierungen sind in der Schmelze dünnflüssig und deshalb gut gießbar. Darum können auch verwickelte Werkstücke mit kleinen Löchern und Schlitzen hergestellt werden. Die Festigkeit ist gut, so daß selbst im Verbrennungsmotorenbau z. B. für Flugmotoren, bei denen es auf ein geringes Gewicht ankommt, bei denen aber auch große Beanspruchungen auftreten, dieser Werkstoff sich als geeignet erwiesen hat. In Tab. 33 sind die Hauptvertreter der Magnesium-Druckgußlegierungen nach Normblatt DIN 1729 wiedergegeben und Anwendungsbeispiele angeführt.

Tabelle 33. *Anwendung von Magnesiumdruckgußlegierungen DIN 1729.*

Kurzzeichen	Wichte kg/dm³	Anwendungsbeispiele
GD Mg-Al 9 Zn 1	1,8	Druckgußstücke aller Art mit hoher Festigkeit, dünnwandige Teile, schwierige Formen, z. B. Fotoapparate, Ferngläser, Schreibmaschinenteile
GD Mg-Al 9 Zn 2	1,8	Druckgußstücke aller Art, z. B. Griffe, Gehäuse, Chassis für Rundfunkgeräte, Ölpumpengehäuse

Von den Kupferlegierungen werden z. B. für Beschlag- und Armaturenteile GD Ms 60 und GD Ms 58 vergossen. Für höhere Ansprüche an Festigkeit und Korrosionsbeständigkeit ist die Sonderlegierung Tombasil (82% Cu) entwickelt worden.

22. Gießgerechtes Gestalten

Druckguß ist ein Fertigguß: Die Teile kommen aus der Gußform glatt, sauber und maßhaltig heraus und brauchen meist nicht weiter bearbeitet zu werden. Lediglich der Einguß und der Grat an der Trennfuge müssen entfernt werden. Bei der Gestaltung der Teile lassen sich Konstruktionswünsche weitgehend berücksichtigen, wenn einige Grundregeln beachtet werden. Besonders bei kompliziert geformten Werkstücken wirkt sich dieses Arbeitsverfahren günstig aus. Vielfach sind wesentliche Ersparnisse in der Fertigung dadurch erzielt worden, daß man andere Fertigungsverfahren, bei denen Verbindungen aus mehreren Teilen vorgesehen waren, durch Druckguß in Einteilgestaltung ersetzt hat[1].

In Druckgußteile lassen sich Bohrungen, Gewinde, Nuten, Schlitze, Verzahnungen, Beschriftungen usw. mit eingießen, erfordern allerdings unter Umständen komplizierte Werkzeuge, die aus mehreren Teilen zusammengesetzt sind und seitliche Züge und Schieber haben müssen. Je einfacher die Form des Gußstückes ist, um so billiger ist das Werkzeug; deshalb sind einfache Formen vom Konstrukteur anzustreben. Die folgenden Gestaltungsbeispiele lassen erkennen, welche Richtlinien beachtet werden müssen, um dem Herstellungsverfahren gerecht zu werden.

---

[1] EVERS: Arbeitsersparnis durch konstruktive Maßnahmen in der Massenfertigung. Feinmech. u. Präz. 47 (1939) S. 49. — BAUERSACHS, W., u. P. GABLER: Einfluß der Fertigung auf die Teilegestaltung in der Feinmechanik. Die Technik 1 (1946) S. 82.

Die Teilfuge der Gußform muß möglichst in einer Ebene liegen, damit die Form einfach und billig wird. Das Werkstück in Abb. 320 zeigt, wie durch eine kleine Änderung in der Gestaltung diese Forderung erfüllt werden kann. Wenn das Gußstück sich so gestalten läßt, daß Kernzüge und Seitenschieber unnötig sind, ist das Werkstück wesentlich einfacher und billiger und der Gießvorgang selbst geht schneller durchzuführen. In dem Beispiel in Abb. 321 sind in der Ausführung infolge der Unterschneidungen Kernzüge erforderlich; die Ausführung b dagegen läßt sich, wenn die Teilfuge anders gelegt wird, ohne Züge gießen, sie ist infolgedessen wesentlich besser. Auch in dem Beispiel Abb. 322, einem Gehäuse mit vier Befestigungsaugen, sind in der Ausführung a Unterschneidungen vorhanden, deren Herstellung ein kompliziertes Werkzeug mit geteiltem Kern erfordert. Durch kleine Gestaltsänderungen läßt sich das Werkzeug jedoch wesentlich vereinfachen. Verschiedene Möglichkeiten hierfür zeigen die Ausführungen b bis e. Am

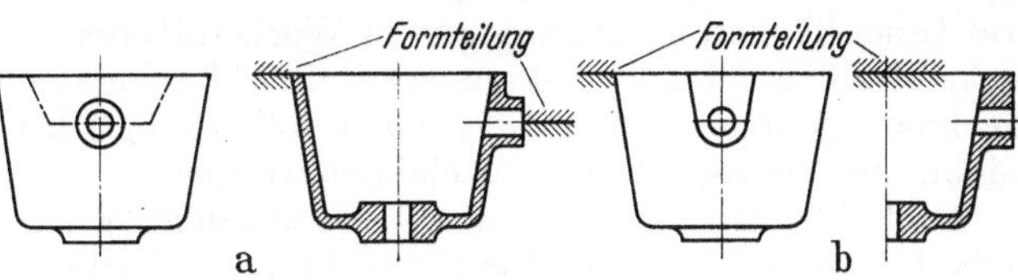

Abb. 320. Formteilung. a ungünstig; b besser

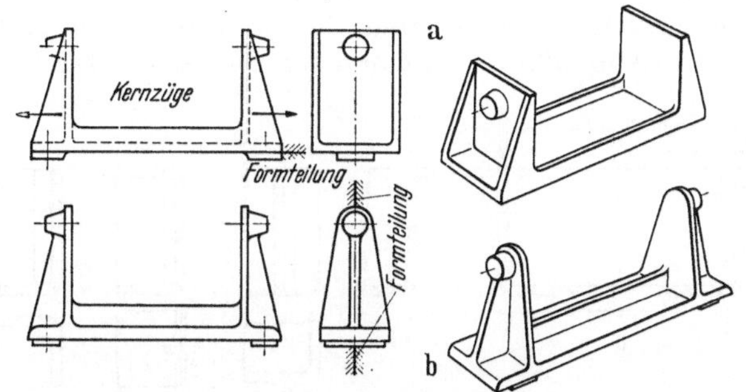

Abb. 321. Vermeiden von Kernzügen. a Formteilung, bei der Kernzüge nötig sind; b durch andere Gestaltung und Formteilung Kernzüge vermieden

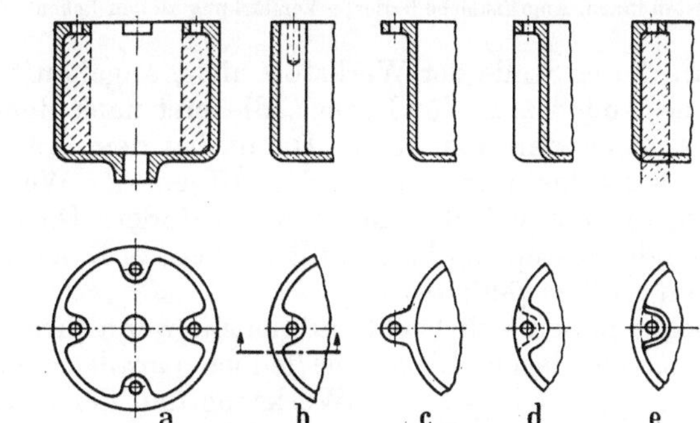

Abb. 322. Gehäuse mit Augen. a Hinterschneidungen, ungünstige Form; b···e Hinterschneidungen vermieden, Form einfacher

einfachsten wird die Unterschneidung umgangen, wenn die Augen nach außen verlegt werden können (c). Ist dies aber nicht möglich, so kann das Auge bis zum Boden des Gehäuses heruntergezogen werden (b), wodurch allerdings eine Werkstoffanhäufung an dieser Stelle entsteht. Wird die Gehäusewandung an den Augen nach innen gezogen und dadurch unter den Augen ausgespart, so läßt sich die Wand überall gleich dick machen (d). In Ausführung e ist der Boden durchbrochen, ein Kernstempel im Werkzeugunterteil ermöglicht dadurch die Unterschneidung.

Das Druckgußteil schrumpft beim Erstarren wie jedes andere Gußteil auch. Dadurch entstehen Spannungen, die das Herausziehen der Kerne und Seitenschieber und das Ausstoßen des Teiles aus der Gußform erschweren. Damit die Kräfte hierfür möglichst klein werden und die Oberfläche des Teiles nicht beschädigt wird, müssen die Innenflächen des Gußstückes geneigt bzw. konisch geformt werden, während die Außenflächen, von denen der Werkstoff wegschrumpft, zylindrisch bzw. prismatisch gestaltet werden können. Die Größe der Neigung von Innenflächen ist abhängig vom Werkstoff, der Flächengröße und der Wanddicke. In Tab. 34 sind Anhaltswerte in Abhängigkeit von der Tiefe t angegeben, die meist genügen. Diese Neigungen sollen möglichst bereits in der Werkstückzeichnung vorgesehen und bezeichnet werden.

Auch das Herausbringen des Teiles aus dem Werkzeug muß bei der Gestaltung bedacht werden. Die stiftförmigen Ausstoßschieber greifen zweckmäßig an der tiefsten Stelle des Teiles an. Die Angriffsfläche dieser Ausstoßer muß genügend groß sein. Der Durchmesser der zylindrischen Auswerferstifte beträgt $d = 2$ mm. Andere Stiftformen sind teuer in der Herstellung. Hat ein Werkstück hohe dünne Wände (Abb. 323), so müssen für die Auswerfer besondere Verstärkungen entweder als außen (c) oder innen (d) gelegene Rippen oder an den Ecken (e) vorgesehen werden. Die Auswerferstifte markieren sich an der Oberfläche des Werkstückes, sie dürfen deshalb nicht an sichtbaren Flächen des Teiles angebracht werden. Werden besondere Auswerferaugen vorgesehen, so

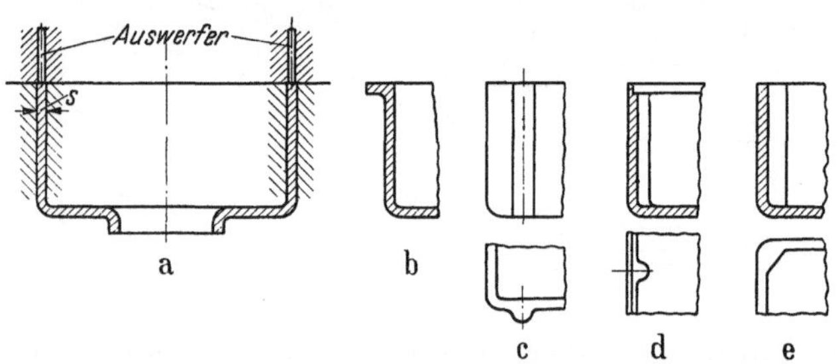

Abb. 323. Angriffsflächen für Auswerferstifte. a dünne Wände, Angriffsfläche schlecht; b Randverstärkung; c Verstärkungsleisten außen; d Verstärkungsleisten innen, Angriffsfläche besser; e Verstärkung an den Ecken

darf an dieser Stelle der Werkstoff nicht angehäuft werden. Oft lassen sich vorhandene Augen z. B. für Löcher, die erst nach dem Gießen eingebohrt werden, für das Auswerfen ausnutzen. Damit bei dem Auswerfen keine Störungen auftreten, muß das Werkstück beim Öffnen des Werkzeuges in dem Teil haftenbleiben, in dem sich der Auswerfer befindet. Dies kann durch eine zweckentsprechende Gestaltung beeinflußt werden, z. B. dadurch, daß die Neigungen verschieden groß gewählt werden.

Löcher lassen sich leicht mitgießen, wenn ihre Achsen senkrecht zur Formteilungsebene liegen. Liegen sie jedoch parallel oder schräg hierzu, so wird das Werkzeug und der Gießvorgang komplizierter, weil besondere Kernzüge vorgesehen werden müssen. Mindestdurchmesser für Löcher und maximale Lochlängen für Durchgangs- und Sacklöcher sind in Tab. 34 zusammengestellt. Sollen die Löcher noch länger sein als hier angegeben ist, so müssen sie konisch geformt sein (Abb. 324a). Die Unterteilung der Löcher wie in Ausführung b ist günstiger, weil

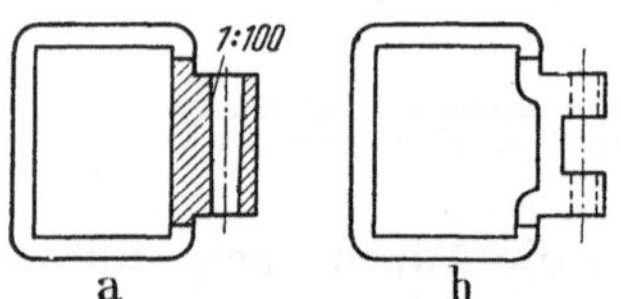

Abb. 324. Länge der Kerne. a Kern zu lang; b kurze Kerne besser

dann die Kerne kürzer und zylindrisch gemacht werden können. Der Kern muß in der Form in Richtung der Lochachse bewegt werden. In Sonderfällen sind für gekrümmte Löcher auch kreislinige Kernbewegungen möglich (Abb. 325), sie erfordern allerdings eine besondere Antriebseinrichtung. Die Herstellung auf diese Weise ist nur dann möglich, wenn im Loch keine Unterschneidungen vorhanden sind und an den Kreisbogen kein gerades Lochstück anschließt (a). Bei der Durchdringung mehrerer Löcher müssen mehrere Kerne zusammentreffen, was werkzeugtechnisch ungünstig ist; deshalb werden sie besser vermieden.

Tabelle 34. *Gießtechnische Angaben für Druckgußteile.*

Druckguß-legierung	Wand-dicke in mm	Neigung in % der Kerntiefe t		Ab-rundungs-radius	Bohrungen und Sacklöcher in mm			Erreichbare Genauigkeiten[1]					
								der Sollmaße		innerhalb einer Formhälfte		von beiden Form-hälften begrenzt	
	bis 100 cm², darüber stärker	innen (auch für Bohrung)	außen (nur wenn notwendig)	r_{min}	d_{min}	h_{max}	h_{1max}	< 13,5mm	> 13,5mm	von starren	von be-weglichen	parallel	senkrecht
				mm				mm	%	Teilen begrenzt		zur Formteilung	
Blei	0,75···2,5	0,1···0,2	0,1	0,5	0,75	$d < 1,5 = 7d$ $d > 1,5 = 10d$	$3d$	±0,01	±0,1	±0,02	±0,03	±0,03	±0,1
Zinn . . .	0,5···2,0	0,2···0,3	0,1	0,5	0,5	wie Blei	$3d$	±0,01	±0,05	±0,02	±0,03	±0,03	±0,1
Zink . . .	1,0···2,5	0,3···0,4	0,2	0,5	1,0	$6d$	$3d$	±0,02	±0,15	±0,01	±0,03	±0,03	±0,08
Aluminium	1,0···3,0	0,5···1,0	0,5	1,0	2,0	$5d$	$3d$	±0,03	±0,2	±0,03	±0,05	±0,05	±0,1
Magnesium	0,8···2,5	0,2···0,5	0,2···0,3	0,8	1,5	$6d$	$3d$	±0,02	±0,15	±0,02	±0,03	±0,03	±0,1
Kupfer . .	1,5···3,5	1,5···2,5	1,0···2,0	2,0	3,0	$3d$	$d < 3 = 2d$ $d > 3 = 3d$	±0,05	±0,5	±0,03	±0,05	±0,05	±0,1
Erläute-rungs-skizze													

[1] Abweichungen für Maße ohne Toleranzangabe für Druckgußstücke s. Ent. DIN 1689, Bl. 1.

Gewinde, sowohl Innen- als auch Außengewinde, können maßfertig mitgegossen werden; sie erfordern aber schraubenlinig bewegbare Kerne, die das Werkzeug kompliziert und damit teuer machen und seine Lebensdauer herabsetzen. Man sollte deshalb nur ausnahmsweise von dieser Möglichkeit Gebrauch machen. Eine Außengewinde, dessen Achse in der Teilungsebene des Werkzeuges liegt, läßt sich zwar günstig herstellen, in der Teilfuge bildet sich jedoch Grat, der am Gewinde schlecht entfernt werden kann. Beim Innengewinde schrumpft der Werkstoff auf den Gewindekern auf, so daß er mit einem erheblichen Kraftaufwand herausgedreht werden muß. Dabei kann das Gewinde, besonders wenn es feingängig ist, zerstört werden. Wenn trotzdem ein Gewinde mit eingegossen wird, sollte es nicht mehr als sechs Gänge haben. Richtlinien für Mindestgrößen gegossener Gewinde sind in Tab. 35 zusammengestellt.

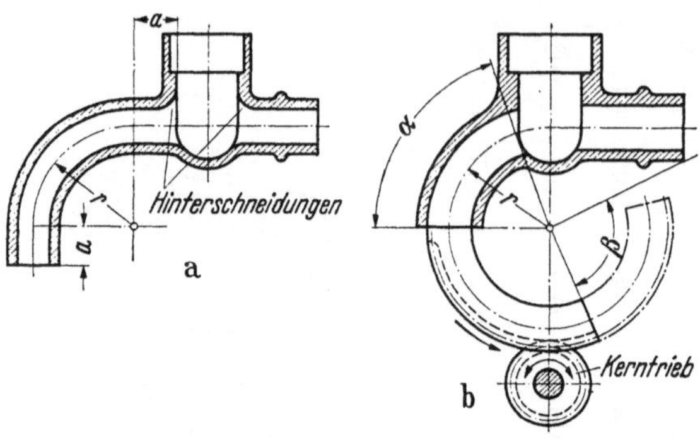

Abb. 325. Kreisförmiger Kernzug. a Form nicht herstellbar; b Form möglich, wenn $\sphericalangle\,\alpha \leqq \sphericalangle\,\beta$

Tabelle 35. *Mindestwerte für Gewindedurchmesser und -steigung eingeformter Gewinde bei Druckgußlegierungen.*

Druckgußwerkstoff	Gewindeform	Gewindedurchmesser in mm	Gewindesteigung in mm
hochschmelzende Leichtlegierungen ..	Innengewinde	$\geqq 6$	$\geqq 1$
niedrigschmelzende Schwerlegierungen	Innengewinde	$\geqq 4$	$\geqq 0{,}7$
hochschmelzende Leichtlegierungen...	Außengewinde	$\geqq 25$	$\geqq 2$
niedrigschmelzende Schwerlegierungen	Außengewinde	$\geqq 10$	$\geqq 1$

Verzahnungen, sowohl Außen- als auch Innenverzahnungen, können gegossen werden. Innenverzahnungen müssen etwas kegelig geformt sein mit Maßänderungen von 0,05···0,2 mm bei Zahnbreiten über 20 mm wegen der Schrumpferscheinung. Bei hochschmelzenden Leichtlegierungen sollte der Modul 0,5, bei niedrigschmelzenden Schwerlegierungen sogar 1,5 nicht unterschritten werden. Sind die Anforderungen an die Maßhaltigkeit der Verzahnungen gering, wie z. B. bei Zahlenrollen für Zähler, Typenräder od. dgl., so werden sie maßfertig gegossen; bei höheren Anforderungen müssen die Verzahnungen nachgearbeitet werden.

Anhaltswerte über die erreichbare Genauigkeit bei Druckguß sind in Tab. 34 enthalten.

Neben der Rücksichtnahme auf das Werkzeug muß das Verhalten des Gußwerkstoffes selbst beim Gießen in der Gestaltung berücksichtigt werden, damit die Werkstücke einwandfrei herstellbar sind. Werkstoffanhäufungen führen infolge des ungleichmäßigen Erstarrens und Schwindens des Werkstoffes leicht zu Lunkerbildungen und Spannungen. Diese können sich sofort in Rißbildungen auswirken, sie können aber auch zur Zerstörung des Gußstückes führen, wenn es bereits im Gebrauch ist. Werkstoffanhäufungen, die leicht an Befestigungsaugen, an Stellen, wo Wände zusammentreffen, an Rippen usw. entstehen können, lassen sich vermeiden oder mindestens sehr beschränken, wenn die Übergänge, Wanddicken, Querschnitte und Rippenkonstruktionen zweckmäßig gestaltet und dimensioniert werden. Das Gehäuseteil in Abb. 326 z. B. hat in der Ausführung a einen zu dickwandigen Rand und Boden. Bei den Ausführungen b und c sind Aussparungen vorgesehen, wodurch die Wanddicke überall gleichmäßig wird und Werkstoffanhäufungen vermieden werden.

Die Wanddicke eines Druckgußteiles ist abhängig von seiner Größe und von den Fließeigenschaften des Werkstoffes. Richtwerte sind in Tab. 34 angegeben. Bei zu dünnen Wandungen kühlt das einfließende Metall zu schnell ab und ist unter Umständen bereits erstarrt, bevor es die Form ganz ausgefüllt hat. Zu dicke Wandungen führen zur Anhäufung des Werkstoffes, der dann ungleichmäßig abkühlt und erstarrt, wodurch Lunker entstehen.

Verlangt die Funktion eines Teiles bestimmte Abmessungen, z. B. das Zahnsegment in Abb. 327 eine bestimmte Zahnbreite, so darf dieses Maß nicht der Wanddicke zugrunde gelegt werden, wenn es dafür zu groß ist (a), sondern das Teil muß durch Aussparungen und Rippen so gestaltet

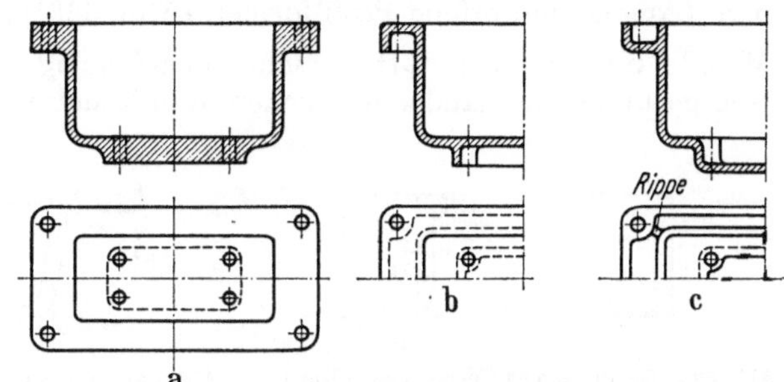

Abb. 326. Gehäuse. a Werkstoffanhäufung an Rändern und Boden b durch Aussparungen Werkstoffanhäufungen vermieden

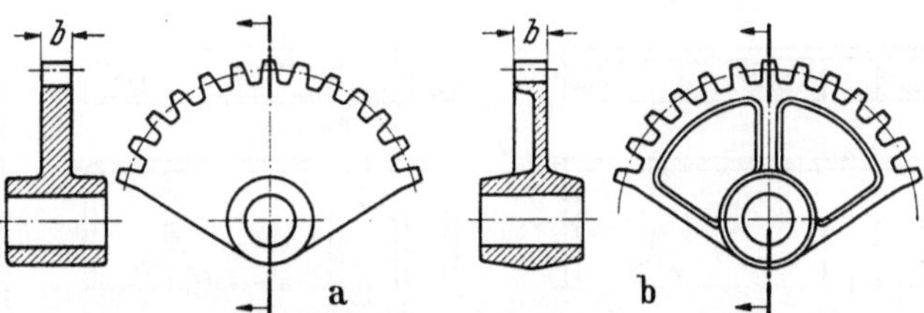

Abb. 327. Gleichmäßige Wanddicken. a Gestaltung ungünstig; b durch Aussparungen gleichmäßige Wanddicken erreicht

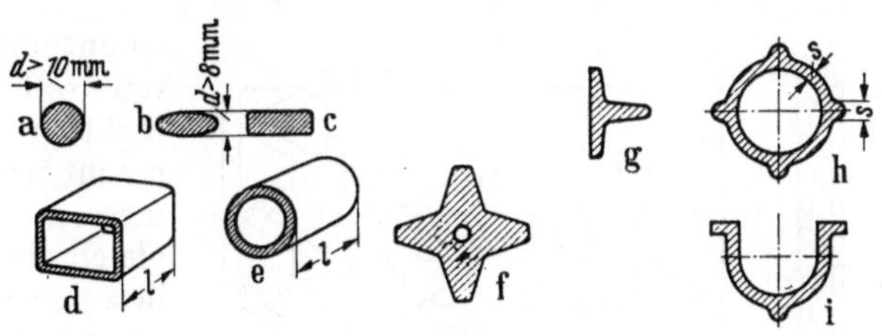

Abb. 328. Profilquerschnitte

Abb. 329. Massenverteilung in Profilen. a und b einseitige Massenanhäufung, Stab verzieht sich; c und d Querschnitt mit gleichen Wandungen, Stab bleibt gerade

werden (b), daß sich die richtige Wanddicke ergibt. Die Profilquerschnitte in Abb. 328a bis c und f sind ungünstig, weil durch die zu dicken Wandungen leicht Lunker entstehen. Die Profile in Abb. 329a und b mit einseitigen Werkstoffanhäufungen verziehen sich wegen der durch ungleichmäßige Abkühlung des Werkstoffes entstandenen Spannungen. Werden die Wandungen genügend dünn und gleichmäßig gemacht (Abb. 329c und d), so können sich keine Lunker bilden und die Stäbe bleiben gerade.

Hohle Querschnitte können nur mit konischen Kernzügen hergestellt werden (Abb. 328d und e). Die Grenze in der Länge liegt etwa bei 500 mm. Das Rohr wird im Querschnitt stabiler, wenn Rippen vorgesehen werden (Abb. 328h). Für größere Längen sind offene Profilformen (Abb. 328i) günstiger.

Wände und Rippen dürfen nicht scharfkantig aufeinanderstoßen, sondern müssen gerundet ineinander übergehen, damit sich infolge des Schwindens Risse

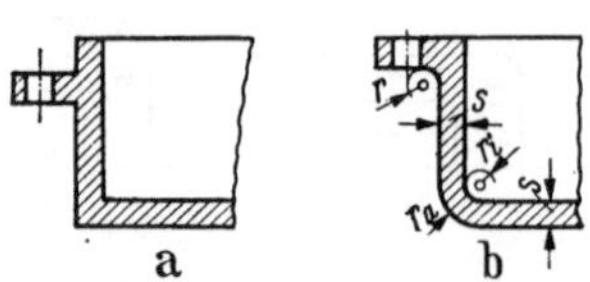

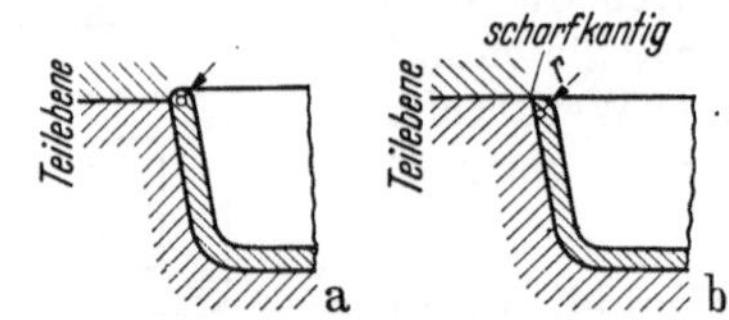

Abb. 330. Rundungen an Übergängen. a Rundungen fehlen; b Übergänge mit Rundungen, $r_i = 0,5$ bis $1 s$; $r_a = r_i + s$

Abb. 331. Keine Rundung in der Trennfuge. a Form ungünstig; b Form gut

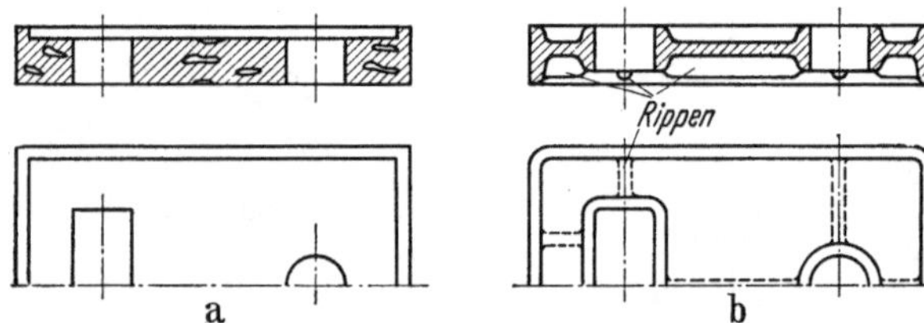

Abb. 332. Vermeidung großer glatter Flächen. a Form ungünstig; b Form besser

durch Kerbwirkung nicht bilden können. Außerdem kann das Metall in der Form besser fließen und diese besser und schneller ausfüllen. Die zweckmäßige Größe der Abrundungshalbmesser ist abhängig vom Werkstoff und von der Wanddicke. Tab. 34 enthält Richtwerte. An Innenkanten soll der Rundungshalbmesser nicht größer als die Wanddicke gemacht werden (Abb. 330). Der Halbmesser an der Außenrundung wird gleich dem Innenhalbmesser zuzüglich der Wanddicke oder etwas kleiner gemacht, damit die Dicke an der Rundung eher etwas größer als an der übrigen Wandung wird. In der Trennfuge wird das Werkstück scharfkantig ausgebildet, weil dann die Gußform am einfachsten wird (Abb. 331).

Große glatte Flächen sehen leicht unschön aus, weil an diesen Stellen Fließlinien sichtbar werden. Sind

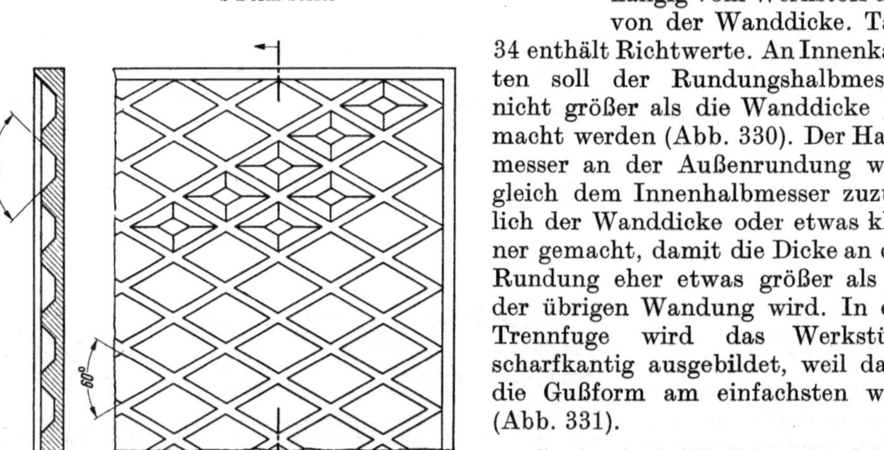

Abb. 333. Oberfläche mit Waffelmuster

außerdem die Wandungen zu dick, so bilden sich Poren und kleine Lunker, die zum Teil an der Oberfläche als vertiefte Stellen sichtbar werden (Abb. 332a). Bei zu dünner Wandung verwirft sich die Oberfläche infolge der Spannungen leicht und wird dadurch unschön. Die Fläche wird deshalb besser durch Rippen und Wülste unterbrochen und versteift (b). Um das durch die Fließlinien hervorgerufene „blumige Aussehen der Oberfläche" zu vermeiden, kann die Fläche durch Waffel- oder Fischhautformen (Abb. 333) gemustert werden.

23. Festigkeitsbedingtes Gestalten

Da beim Druckgußverfahren der Werkstoff mit hohem Druck in die Gußform gepreßt wird, entsteht ein dichteres Gefüge als beim Kokillen- oder Sandguß. Das Gefüge ist dagegen nicht so dicht wie bei einem geschmiedeten Werkstück; denn infolge des Schwindens wird besonders in der Mittelzone der Wandungen das Gefüge lockerer und poriger als in den Randzonen, um so mehr, je dicker die Wandung ist. Die in den Normblättern angegebenen Festigkeitswerte (Tab. 36),

Tabelle 36. *Bruchfestigkeitswerte von Druckgußwerkstoffen.*

Werkstoff	Zug σ_B kp/mm²	Dehnung %	Brinellhärte H_B kp/mm²
Bleidruckgußlegierung DIN 1741	δ_{10}		
GD Pb 96	5	20	9
GD Pb 87	6	10	14
GD Pb 85	7,5	8	18
GD Pb 59	8	3	18
GD Pb 46	8	4	17
Zinndruckgußlegierung DIN 1742	δ_{10}		
GD Sn 78	11,5	2,5	30
GD Sn 75	10	1,8	30
GD Sn 70	10	1,1	30
GD Sn 60	9	1,7	28
GD Sn 50	8	1,9	26
Zinkdruckgußlegierung DIN 1743	δ_5		
GD Zn Al 4	25	1,5	70
GD Zn Al 4 Cu 1	27	2	80
Aluminiumdruckgußlegierung DIN 1725	δ_5		
GD Al Si 6 Cu 3........	20···28	1···3	70···90
GD Al Mg Si	17···24	1···3	55···75
GD Al Mg 9	20···27	1···3	60···80
GD Al Si 12	20···28	1···3	70···90
Magnesiumdruckgußlegierung DIN 1729			
GD Mg Al 9 Zn 1	22···25	0,5···1,5	65···85
GD Mg Al 9 Zn 2	20···25	0,5···2	60···85

die an Probestäben ermittelt werden sind, können deshalb nicht ohne weiteres der Berechnung der Abmessungen von Werkstücken zugrunde gelegt werden. Hochbeanspruchte Werkstücke werden deshalb zweckmäßigerweise als ganze Bauteile mittels Sonderprüfverfahren auf Gestaltfestigkeit untersucht.

Die zulässige Beanspruchung wird nach einer bleibenden Dehnung von 0,02% festgelegt (Tab. 37). Die Biegefestigkeit kann gleich der Zugfestigkeit gesetzt werden. Die Schubfestigkeit ist geringer; die zulässige Beanspruchung darf nur halb so groß wie die Zugfestigkeit gemacht werden. Schubbeanspruchungen sollen deshalb möglichst vermieden werden. Noch geringer ist die Festigkeit bei Dauer-

Tabelle 37. *Zulässige Werkstoffbeanspruchungen für Druckgußwerkstoffe.*

Werkstoff	Zulässige Spannung in kp/mm²	Zulässige Pressung in kp/mm²
Al-Legierungen........	2,5···3,5	5 ···6
Mg-Legierungen	2 ···2,5	4 ···5
Zn-Legierungen	1 ···2	1,5···3

wechselbeanspruchung, der bei Berechnungen nur $^1/_4 \cdots ^1/_5$ der zulässigen Zugbeanspruchung zugrunde gelegt werden kann. Besonders leicht kann stoßweise Beanspruchung zum Bruch führen. Kerben müssen wegen der gefährlichen Kerbwirkung vollständig vermieden werden. Bei höherer Temperatur über 100 °C nimmt die Festigkeit des Gußwerkstoffes stark ab.

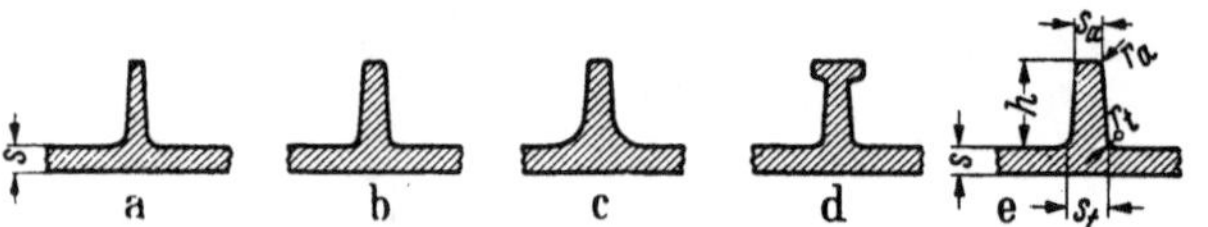

Abb. 334. Rippenausbildung. a Rippen zu dünn; b Rundungen fehlen; c Rundungshalbmesser zu groß, Werkstoffanhäufung; d formtechnisch ungünstig, aber gut biegesteif; e gut gestaltete Rippe mit $s_a = ^2/_3 \cdots 1\,s$, $s_t = 1 \cdots ^4/_3 s$, $r_a \leqq 0{,}5$ mm, $r_t \geqq ^1/_2 s$, $h \leqq 5\,s$

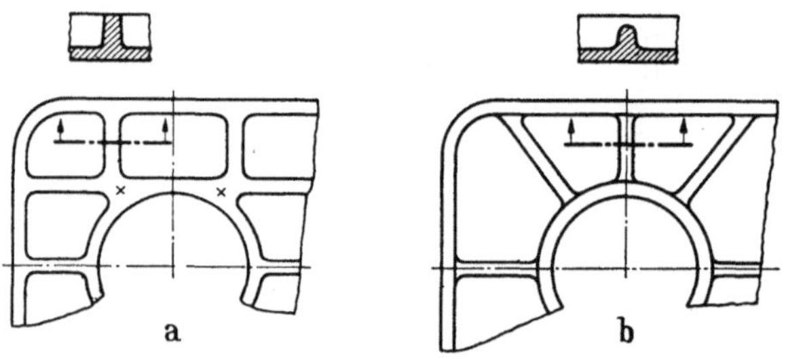

Abb. 335. Grundplatte. a Rippenanordnung ungünstig; b Gestaltung der Rippen besser

Die Festigkeit eines Druckgußteiles bedingt eine gleichmäßige nicht zu große Wanddicke. Eine höhere Gestaltsfestigkeit eines Bauteiles wird nicht durch Vergrößern der Wanddicke erreicht, sondern kann nur durch eine günstigere Profil- und Rippenausbildung erhalten werden. Bei der Formgebung der Rippen ist folgendes zu beachten (Abb. 334): Der Querschnitt der Rippe muß dem Wandquerschnitt des Werkstückes angepaßt sein, die Rippe darf also nicht zu dünn gemacht werden (a). Die Rippe wird zweckmäßig zur Wandung hin dicker gemacht, als aus formtechnischen Gründen notwendig wäre (e). Beim Übergang zur Wandung muß eine Rundung vorgesehen werden, um Kerbwirkungen zu vermeiden (b); der Rundungshalbmesser darf allerdings nicht zu groß gewählt werden, weil sonst eine zu große Werkstoffanhäufung an der Übergangsstelle entsteht (c). Eine Wulst am Ende der Rippe (d) erhöht zwar die Steifigkeit sehr, ist aber formtechnisch ungünstig. In Abb. 334e ist eine gut gestaltete Rippe dargestellt. In den Beispielen für Rippenanordnungen der Abb. 335 bis 337 sind günstige Gestaltungen ungünstigeren gegenübergestellt. Die Rippen müssen so angeordnet werden, daß keine Werkstoffanhäufungen (Abb. 335) entstehen,

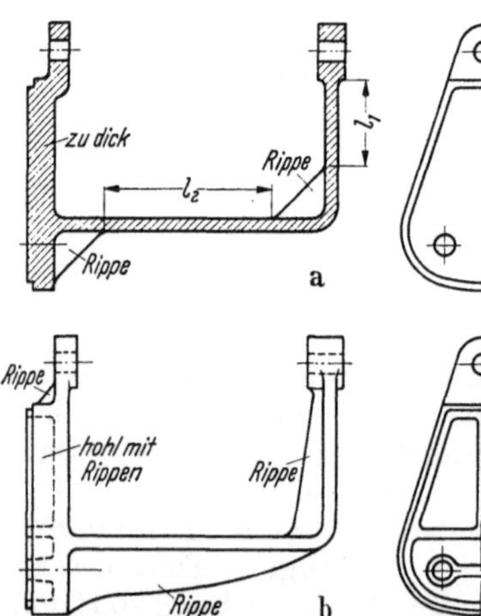

Abb. 336. Lagerbock. a ungünstige Gestaltung, weil schlecht versteift und zum Teil Werkstoffanhäufung; b gute Gestaltung

zu dicke Wandungen vermieden werden (Abb. 336a und 337a) und die Gestaltfestigkeit erhöht wird (Abb. 336b). So ist der Lagerträger in Abb. 336a an den Stellen l_1 und l_2 falsch gestaltet, weil die Querschnitte nicht durch Rippen verstärkt sind. Ist eine Platte durch eine Rippenkonstruktion versteift (Abb. 335), so läßt man die Rippen gegenüber den äußeren Umrandungen zurückstehen, damit eine sichere Auflage am Rande gewährleistet ist. Löcher und Durchbrüche erhalten zweckmäßigerweise zur Versteifung und Verminderung der Randspannungen kleine Wulsteinfassungen (Abb. 337b).

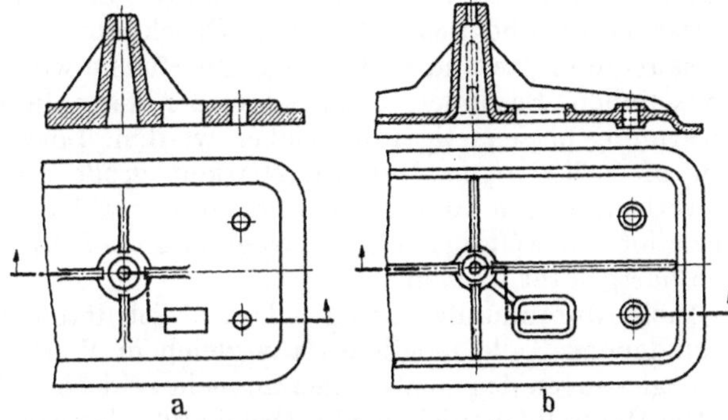

Abb. 337. Grundplatte. a schlechte Gestaltung; b gute Gestaltung

24. Fügegerechtes Gestalten

Zum Zusammenfügen von Druckgußteilen miteinander oder mit anderen Werkstücken lassen sich verschiedene Verbindungsverfahren anwenden. Bei Verwendung von Schraubverbindungen kann gegebenenfalls (s. S. 98) das Gewinde mit eingegossen werden.

Das Nieten und Bördeln ist besonders für die niedrigschmelzenden Schwerlegierungen, also für Blei-, Zinn- und Zinklegierungen, geeignet, während von den Aluminiumlegierungen nur die weichen wie Reinaluminium, Aluminium-Magnesium und Aluminium-Kupfer-Legierungen diese plastische Verformung aushalten. Noch ungünstiger sind wegen ihrer Sprödigkeit bei normaler Raumtemperatur die Magnesiumlegierungen. Deshalb wird man bei diesen Legierungen unmittelbare Verbindungen durch plastische Verformung möglichst vermeiden und mittelbare Verbindungen mittels Nieten, Sprengringen u. dgl. anwenden. Die plastische Verformbarkeit kann zwar durch Erwärmen verbessert werden, die Teile verziehen sich dabei aber leicht, besonders, wenn das Werkstück dünnwandig ist und nur teilweise an den zu verformenden Stellen erwärmt wird. Abb. 338 zeigt die Verbindung zweier Druckgußteile, bei der an dem einen Teil die Nietzapfen und an dem anderen die Löcher mitgegossen sind. Für den Nietkopf ist die Halbrundform günstig. Bei größerem Nietzapfendurchmesser kann der Zapfen auch hohl ausgebildet werden.

Auch bei Bördelverbindungen kann der Bördelrand an

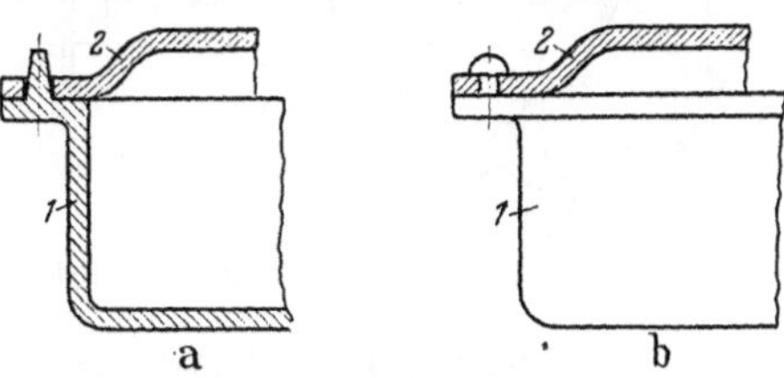

Abb. 338. Gehäuse mit angegossenem Nietzapfen. a vor der Nietung; b nach der Nietung

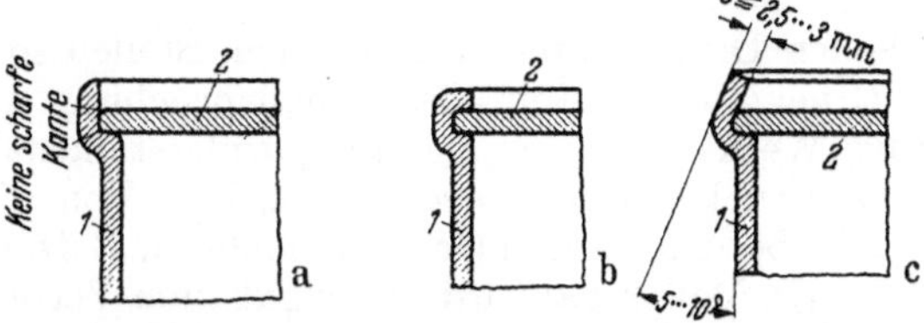

Abb. 339. Bördelverbindung. a vor dem Bördeln, Gestaltung bei Blei-, Zinn- und Zinklegierungen; b nach dem Bördeln; c Gestaltung bei Magnesiumlegierungen

dem einen Teil mitgegossen werden (Abb. 339). Damit der Rand beim Umbördeln nicht reißt, soll das Gegenstück nicht scharfkantig sein (a). Bei weichen
Legierungen kann der Rand um 90° herumgelegt werden (b), bei spröden Legierungen dagegen — wie z. B. bei Magnesiumlegierungen — muß der Neigungs-
winkel des Randes verkleinert werden (c), um sein Einreißen zu vermeiden.

Das Löten und Schweißen von Druckgußteilen ist nur bedingt anwendbar.
Die saubere glatte und maßhaltige Oberfläche wird durch die Erwärmung leicht
unansehnlich. Besonders beim Schweißen kann die Oberfläche infolge der hohen
Erwärmung blasenartig aufgetrieben werden. Lötverbindungen erfordern wegen
ihrer oft schwierigen Durchführbarkeit große Erfahrung. Niedrigschmelzende
Schwerlegierungen können naturgemäß nur weichgelötet werden, wobei zum Teil
Speziallote notwendig sind. Hochschmelzende Schwerlegierungen können dagegen
auch hartgelötet werden.

Auch Aluminiumlegierungen lassen sich löten und schweißen, wobei die zu
verbindenden Teile möglichst aus gleichem Werkstoff bestehen sollen. Magnesiumlegierungen dagegen können nur sehr schlecht gelötet und geschweißt werden.

Die Herstellgenauigkeit von Druckgußteilen ermöglicht Passungen ohne span-
abhebende Nacharbeit. Diese Passungen können beim Zusammenfügen durch
Schachteln und beim Zentrieren durch Ränder, Leisten u. dgl. ausgenutzt werden.
Die im Normblatt 1725 angegebenen Genauigkeitswerte (Tab. 34) sind Richt-
werte. Die tatsächlich erreichbare Genauigkeit ist von einer ganzen Reihe von
Einflüssen abhängig: von der Herstellgenauigkeit der Gußform, von ihrem Ab-
nutzungszustand, von der Lage der Paßflächen in der Gußform, vom Spiel der
Kerne und Schieber in ihren Führungen, vom Werkstoff und seiner Schwindung,
von der Gestalt des Werkstückes, insbesondere von seinen Wanddicken. Um diese
Einflüsse berücksichtigen zu können, sollten die benötigten Paßflächen auf der
Zeichnung kenntlich gemacht und die erforderlichen Toleranzen eingetragen wer-
den. Ein Beispiel für das Verbinden durch Zusammenstecken zeigt Abb. 340 aus

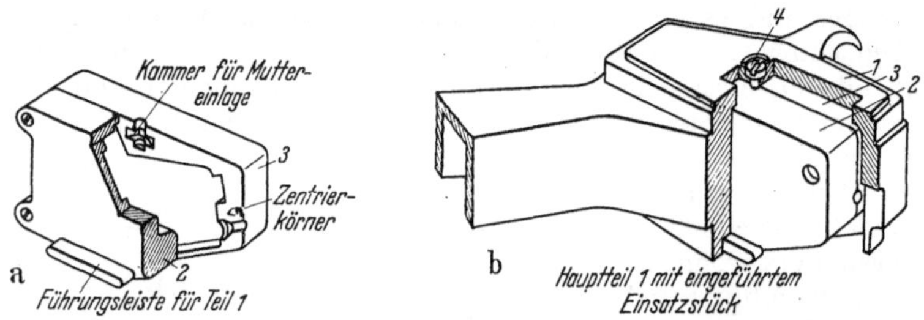

Abb. 340. Tonabnehmergehäuse. a zweiteiliger Einsatz; b Einsatz im Gehäusearm

einem Tonabnehmer. Die Teile 2 und 3 sind durch zwei gegenüberliegende Körner
zentriert und durch zwei oder drei Schrauben verbunden. Beide verbundenen
Teile sind dann in Teil 1 eingesetzt und mit der Schraube 4 und der eingelegten
Mutter befestigt.

Sollen Druckgußteile an manchen Stellen so hoch beansprucht werden, daß
der Druckgußwerkstoff diese Beanspruchung nicht aushalten kann, so können
fertige Werkstücke aus anderem, widerstandsfähigerem Werkstoff beim Gießen
des Gußstückes mit *eingebettet* werden. Von dieser Möglichkeit wird Gebrauch
gemacht bei Lager- und Gewindebuchsen, Bolzen, Zapfen, Gewindestiften, Blechteilen usw. Manchmal wird Druckguß zum Verbinden anderer Bauteile, die wegen
ihrer Wirkungsweise aus bestimmten Werkstoffen hergestellt werden müssen,
verwendet (Abb. 9 u. 10).

Solche einzubettenden Werkstücke werden nur in dem Druckgußteil richtig festgehalten, wenn der Druckgußwerkstoff auf diese Teile aufschrumpft. Das Gußteil muß an diesen Stellen so widerstandsfähig gestaltet sein, daß die durch das Aufschrumpfen entstehenden Spannungen nicht zum Bruch führen (Abb. 341). Außerdem müssen an der Verbindungsstelle die Einlegeteile eine einfach herstellbare Verformung erhalten, durch die sie im Gußstück durch Formschluß gut verankert sind. Die Form der Teile in Abb. 342 sichern sie gegen Verdrehen, die der

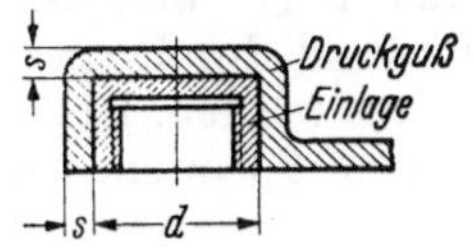
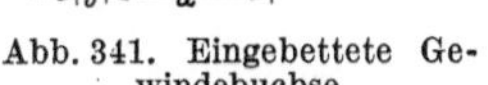

Abb. 341. Eingebettete Gewindebuchse

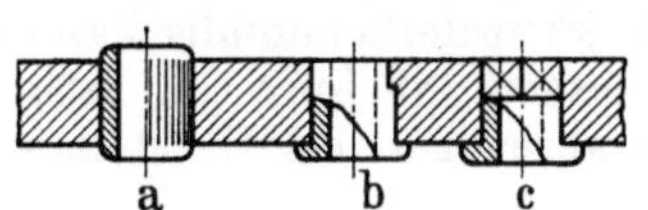

Abb. 342. Sicherung gegen Verdrehen

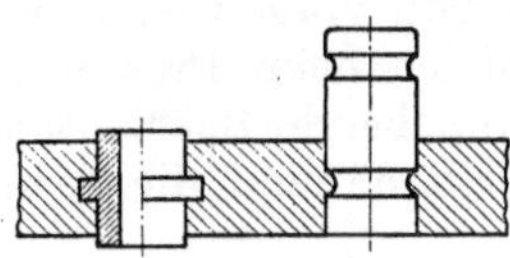
Abb. 343. Sicherung gegen Herausziehen

Teile in Abb. 343 gegen Herausziehen. Die Formen in Abb. 344 sichern sowohl gegen Verdrehen als auch gegen Herausziehen.

Die Einlegeteile müssen sich in der Gußform aufnehmen und in der erforderlichen Lage festhalten lassen. Die Stellen, an denen diese Teile gehalten werden, müssen deshalb maßhaltig sein. Dabei muß die Aufnahme so fest sein, daß die Teile auch bei dem erheblichen Druck des einströmenden Gußmetalles ihre Lage beibehalten. Unter Umständen können die Aufnahmeansätze oder -zapfen nach

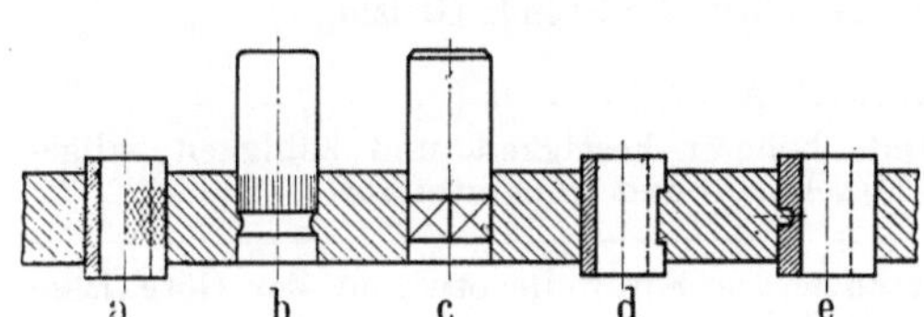

Abb. 344. Sicherung gegen Verdrehen und Herausziehen

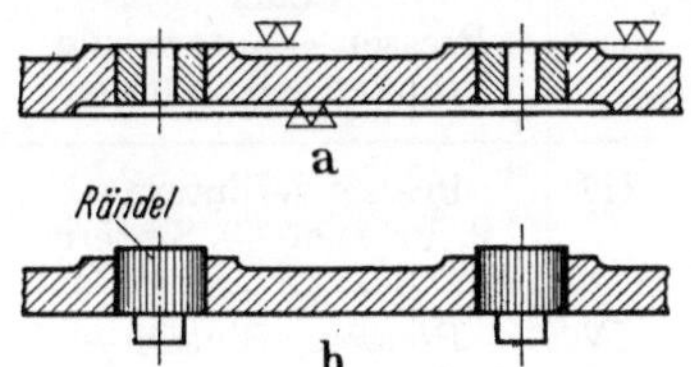

Abb. 345. Eingebettete Teile mit Aufnahmezapfen, die später entfernt werden. a Fertigstück, nachgearbeitet; b Druckgußstück

dem Fertigstellen des Gußstückes entfernt werden (Abb. 345). Die Gestaltung des Einlegeteiles muß ein falsches Einlegen ausschließen, um Ausschuß zu vermeiden. Da das Einlegen von Teilen die Gießzeit verlängert, ist aus wirtschaftlichen Gründen von dieser Möglichkeit nur dann Gebrauch zu machen, wenn es unbedingt notwendig ist. Je mehr Teile einzulegen sind, um so länger dauert die Herstellung und um so leichter kann Ausschuß entstehen.

Besteht die Gefahr der Korrosion infolge elektrolytischer Kontaktwirkung, so können die Einlegeteile an den Haltestellen mit einem Schutzüberzug versehen werden.

D. Pulvermetallische Bauteile

25. Verfahren

Bei den nach diesem Verfahren hergestellten Bauteilen wird als Ausgangswerkstoff Metallpulver, das man mit chemischen oder mechanischen Methoden gewonnen hat[1], verwendet. In Pressen wird diesem Pulver Gestalt gegeben. Das

---

[1] Ausführliche Darstellungen dieser Technik mit zahlreichen Schrifttumsangaben findet man in den Monographien: SKAUPY, F.: Metallkeramik. 4. Aufl. 1950, 1. Aufl. 1929. Weinheim/Bergstr. — KIEFFER, R., u. W. HOTOP: Pulvermetallurgie und Sinterwerkstoffe. 2. Aufl. 1948. Berlin. — ZAPF, G.: Gesinterte Formteile. Stuttgart 1957.

Pulver kann mit einem Kunstharz als Bindemittel gemischt sein, das den Pulverteilchen den Zusammenhalt und den fertig aus der Presse kommenden Bauteilen
die erforderliche Festigkeit gibt. Meist werden jedoch die aus der Presse kommenden Teile durch eine Wärmebehandlung gesintert, wodurch die Pulverteilchen
einen festen Zusammenhalt erhalten. Das Sintern wird meist durch eine besondere
dem Pressen folgende Arbeitsoperation, nämlich durch Glühen in besonderen
Glühöfen unter Schutzgas, durchgeführt. Das Pulver kann aber auch in Sonderfällen vorgewärmt und heiß vorgepreßt werden, wodurch der Pulverwerkstoff
gleich beim Pressen sintert. Erforderlichenfalls kann das Preßteil durch spanabhebende Bearbeitung oder durch Nachpressen fertig bearbeitet werden. In der
Tab. 38 sind die Arbeitsverfahren für das Herstellen gesinterter Formteile zu-

Tabelle 38. *Arbeitsverfahren für das Herstellen gesinterter Formteile*

		Verfahrensfolge	Hinweise für die Anwendung
Einfachpreßverfahren	I	Pressen—Sintern	einfachster Herstellungsgang für untergeordnete Formteile mit geringer Beanspruchung, Maßgenauig-keit $\sim \pm 0{,}1$
	II	Pressen—Sintern— Kalibrieren oder Pressen—Sintern und Tränken—Kalibrieren	Formteile mit höheren Genauigkeitsforderungen müs-sen nach dem Sintern kalibriert werden. Maßgenauig-keit $\sim \pm 0{,}05$. Verschließen der Poren durch Trän-kung (z. B. selbstschmierende Gleitlager)
Doppelpreßverfahren	III	Pressen—Sintern— 2. Pressen—2. Sintern	Formteile höherer Festigkeit und Zähigkeit, allge-meine Maschinen- und Apparateteile
	IV	Pressen—Sintern— 2. Pressen—2. Sintern— Kalibrieren oder Pressen—Sintern— 2. Pressen—Sintern u. Tränken—Kalibrieren	Sehr maßgenaue Formteile etwa in der Güteklasse JT 6 und JT 7

sammengestellt. Nach dem Herstellen und Vorbehandeln des Metallpulvers
(Mischen unter Zusatz von Schmiermitteln) folgt das Pressen im Einfach- oder
Doppelpreßverfahren. Bei höheren Genauigkeitsforderungen wird das Formteil
nach der Fertigstellung kalibriert. Höhere Dichte im Gefüge (und damit auch
höhere Festigkeit) läßt sich im Doppelpreßverfahren erreichen.

Die Sinterteile, die je nach Verfahren, Preßdruck und Sintertemperatur bzw.
-zeit unterschiedlich porös sind, werden oftmals durch Tränken (Cu- oder Cu-Leg.-
Schmelzbad) abgedichtet. Die Tränkungsverfahren bieten mancherlei Vorteile,
z. B. können die dichten Teile gelötet oder galvanisch plattiert werden. Nachteilig wirkt sich u. U. der hohe Kupferverbrauch aus, auch leidet die Oberflächengüte durch die Tränkung. Formteile mit hohem Kupfergehalt sind nicht im Einsatz härtbar.

Auf die Gestaltung der Bauteile hat besonders der Preßvorgang (Abb. 346)
Einfluß. Da es sich bei dem Pulver um eine fließträge Masse handelt, wird das
Preßteil beim einseitigen Pressen (a) infolge der Reibung an dem Mantel und der
inneren Pulverreibung an der Unterseite weniger dicht als oben. Wird dagegen

das Teil von beiden Seiten gepreßt (b), so wird es oben und unten gleichmäßig dicht. Dieselbe Wirkung erreicht man, wenn bei feststehendem Unterstempel der Mantel zusätzlich bewegt wird (c)[1]. Deshalb werden die Preßwerkzeuge für das pulvermetallurgische Fertigungsverfahren nach diesem Gesichtspunkt aufgebaut. Für die Ausbildung des Werkzeuges ist im Hinblick auf den Verdichtungsvorgang der sog. Füllraumfaktor des Metallpulvers wichtig, der weitgehend von der Form und der Größe der Pulverkörner abhängig ist. Dieser Faktor gibt an, um wieviel

der Raum, den die Pulvermenge zur Herstellung eines Bauteiles ausfüllt, größer ist als der Raum des gepreßten Teiles (Abb. 347). Der Füllfaktor ist verhältnismäßig groß, er liegt bei den gebräuchlichen Metallpulvern zwischen 2 und 3.

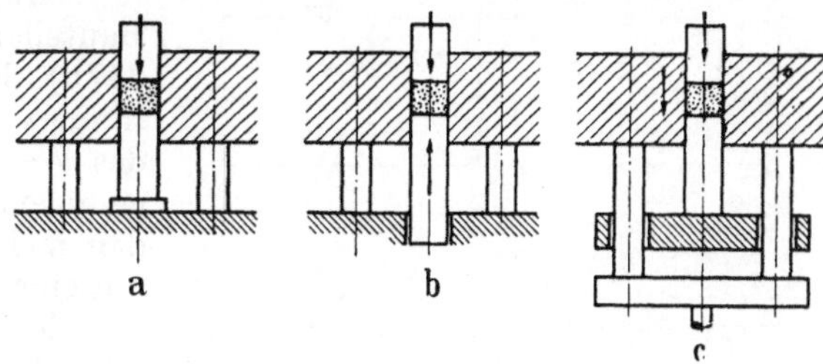

Abb. 346. Verdichtungsvorgang. a durch Bewegen des Oberstempels; b durch Bewegen des Ober- und Unterstempels; c durch Bewegen des Oberstempels und des Mantels

Sollen abgesetzte Körper mit verschiedenen Preßhöhen hergestellt werden (Abb. 347a), so muß, um überall eine annähernd gleiche Dichte zu erhalten, der Füllraum nach der Abstufung aufgeteilt werden. Bei anderen Preßverfahren für besser fließende Massen, wie z. B. Kunstharz, ist diese Aufteilung nicht nötig. Der Füllraum gibt die Form des Preßkörpers in Preßrichtung, also verzerrt, wieder. Das Preßwerkzeug muß so aufgebaut sein, daß es zunächst vor dem Pressen die Pulvermenge in Füllstellung aufnehmen kann. Beim Pressen muß es dann durch Stempelverschiebung in die Preßstellung übergehen. Nach dem Pressen muß es den

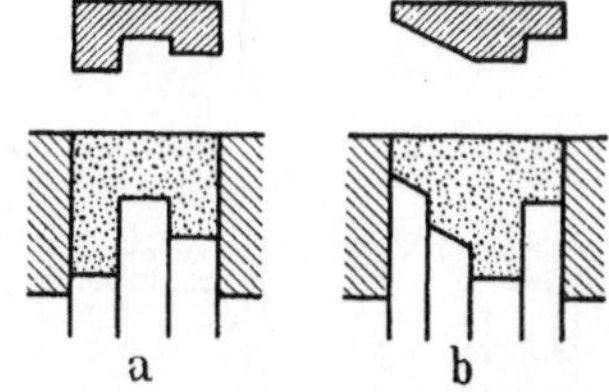

Abb. 347. Preßling mit zugehörigem Füllraum. a Preßling mit geraden Absätzen; b Preßling mit schrägen Absatz

verdichteten Körper in Ausstoßstellung freigeben. Abb. 348 zeigt den Aufbau eines solchen Werkzeuges für das in Abb. 347a dargestellte Werkstück mit drei Stufen. Die Grundplatte *1* ist auf dem Pressentisch aufgespannt. Die Mantelplatte *2* mit dem Formeinsatz *3* ist über Säulen mit der Säulenplatte *4* verbunden. Am Oberteil *5* ist der obere Stempel befestigt. Ferner sind noch untere Stempel *6* vorhanden, die zum Teil mit Vorhebern *7* versehen sind. Die Säulenplatte *4* und das Oberteil *5* werden von der Bewegung der Presse ausgesteuert. In Füllstellung (Abb. 348a) hält die Säulenplatte *4* die Stempel mit den Stempelvorhebern *7* in der obersten Stellung, so daß am Formeinsatz *3* der notwendige Füllraum entsteht. Nach Füllung setzt sich der Stempel des Oberteiles *5* auf die Masse und schließt damit den Füllraum ab. Bei der Preßbewegung (Abb. 348b) wird auch die Mantelplatte *2* mit der Säulenplatte *4* nach unten bewegt. Dadurch können sich die Stempel *6* zueinander so lange verschieben, bis sie auf der Grundplatte aufsitzen. Der Raum für den Preßling entspricht bei dieser Stellung des Werkzeuges seiner endgültigen Form. Wird dann die Säulenplatte mit dem Mantel noch weiter nach unten bewegt, so wird das Werkstück freigelegt (Abb. 348c) und kann dem Werkzeug entnommen werden.

---

[1] Siehe auch H. SILBEREISEN: Das pulvermetallurgische Fertigungsverfahren. Werkstattstechnik 40 (1950), S. 203—208.

Da beim Pressen Werkstoff von einem Querschnitt in den anderen verdrängt wird, erhält man nicht immer gleichmäßige Dichteverteilung, wenn man die Preßhöhe nach der Berechnung wählt. Durch Korrigieren dieser Höhen nach der praktischen Erfahrung läßt sich jedoch die Ungleichmäßigkeit in der Dichte ausgleichen.

Schwieriger ist die Herstellung von Bauteilen mit schrägen Flächen (Abb. 347b). Einer engen Stufung des Füllraumes steht der komplizierte Aufbau des Werkzeuges mit schwachen, nicht genügend festen Stempeln entgegen. In den meisten Fällen nimmt man deshalb mit einer zweifachen Aufteilung vorlieb.

Die Vorteile des pulvermetallurgischen Herstellungsverfahrens lassen sich aus der Lösung folgender beiden vollständig verschiedenartigen Aufgabenstellungen ersehen:

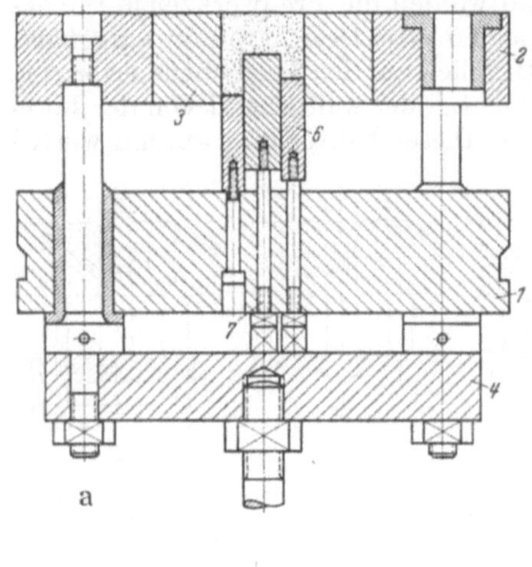

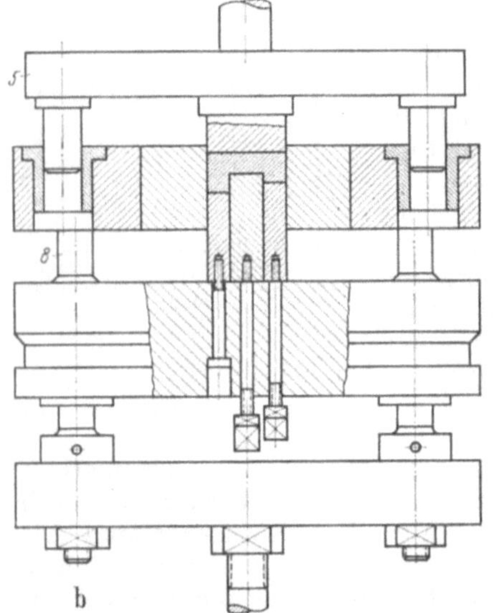

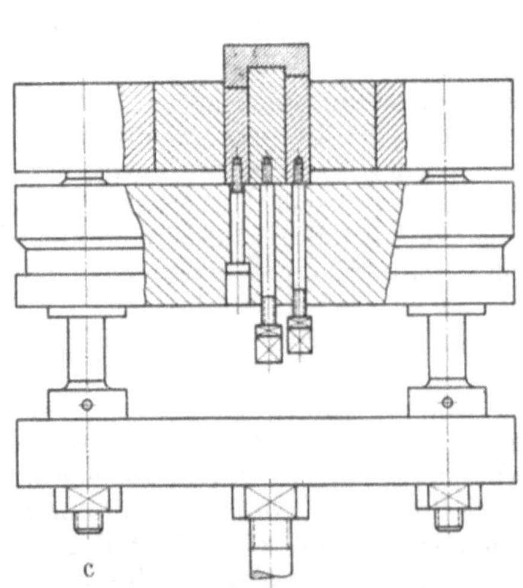

Abb. 348. Preßwerkzeug. a in Füllstellung; b in Preßstellung; c in Ausstoßstellung

1. Es können Werkstoffe zusammengestellt und verwendet werden mit Eigenschaften, die auf dem Wege des Schmelzens nicht zu erreichen sind.

2. Mit diesem Verfahren können Bauteile hergestellt werden, deren Herstellung auf anderem Wege durch Gießen, Schmieden, Zerspanen usw. unwirtschaftlicher oder überhaupt nicht möglich ist.

26. Werkstoffe

Das Verfahren wurde in der Industrie in größerem Umfang zuerst bei Metallen mit sehr hohem Schmelzpunkt, nämlich bei *Wolfram* und *Molybdän* in der Glühlampentechnik zur Herstellung der Glühfäden angewendet. Ein anderes wichtiges

Anwendungsgebiet sind die Hartmetalle, insbesondere für Ziehsteine, Schneid-
und Meßwerkzeuge u. dgl.[1]

Als Baustoffe für elektrische Kontakte haben außer dem reinen Wolfram Verbundmetalle Bedeutung erhalten. *Verbundmetalle* sind aus Bestandteilen zusammengesetzt, die keine oder eine sehr beschränkte Mischbarkeit aufweisen;
solche Stoffe lassen sich deshalb nur metallkeramisch herstellen. Die ältesten
Metalle dieser Art sind die Kupfer- und Bronzekohle, die für Bürsten an elektrischen Motoren und Generatoren und für andere Stromabnehmer verwendet
werden. Diese Bürsten werden aus einem Gemisch von Kohle- oder Graphit-
pulver und Kupferpulver gepreßt, dem gegebenenfalls Zinn, Zink, Blei zugesetzt
ist, und dann in der Nähe des Kupferschmelzpunktes zu festen Körpern gesintert.

Andere Kontaktwerkstoffe werden aus Verbundmetallen hergestellt, die aus
zwei *metallischen* Bestandteilen hergestellt sind: einem hochschmelzenden Metall
wie Wolfram oder Molybdän und einem niedrigschmelzenden Metall wie Kupfer
oder Silber. Der erste Bestandteil gibt dem Verbundmetall die hohe Härte, durch
die es warmverschleißfest und temperaturbeständig wird; durch den zweiten
Bestandteil ist das Metall gut wärme- und elektrizitätsleitend.

Für die Feinwerktechnik sind ferner die pulvermetallurgisch hergestellten
magnetischen Werkstoffe von Bedeutung. Die Eisen-Nickel-Aluminium-Legierun-
gen, die sich wegen ihrer guten magnetischen Eigenschaften für Dauermagnete
eignen, lassen sich nach dem Gießen nur durch Schleifen, jedoch nicht durch
Schmieden oder spanabhebend bearbeiten. Deshalb ist das pulvermetallurgische
Verfahren hier das Gegebene. Diese Dauermagnete lassen sich nach zwei Verfahren herstellen: Entweder wird das Metallpulver mit Kunstharz als Bindemittel
gemischt und dann gepreßt; oder die Formteile werden ohne Bindemittel nach
dem Pressen gesintert, wodurch noch etwas günstigere magnetische Werte erzielt
werden (Abb. 349). Durch Neuentwicklungen von Dauermagneten aus feinem
Eisenpulver oder einem Pulver aus einer
Eisen-Kobalt-Legierung scheint dem pulvermetallurgischen Verfahren in Zukunft
für die Herstellung von Dauermagneten
eine besonders große Bedeutung zuzukom-
men[2]. Das Pulver wird für diesen Zweck
nur gepreßt, nicht gesintert.

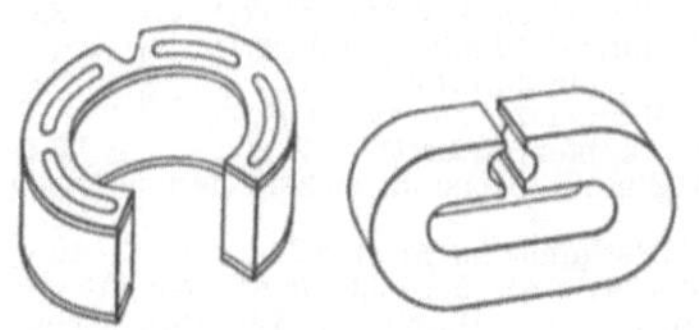

Abb. 349. Beispiele für Dauermagnetformen

Die Herstellung von Bauteilen aus
Metallpulver hat auch für Körper, die
magnetisch weich sein sollen, die also eine
kleine Koerzitivkraft haben sollen, Anwendung gefunden. Das durch Zersetzung von
Karbonylen gewonnene Eisen- und Nickel-
pulver hat wegen seiner Reinheit die hierfür
notwendigen magnetischen Eigenschaften.
Zur Herstellung von sog. Massekernen, die
besonders für die Hochfrequenztechnik
große Bedeutung erhalten haben, wird

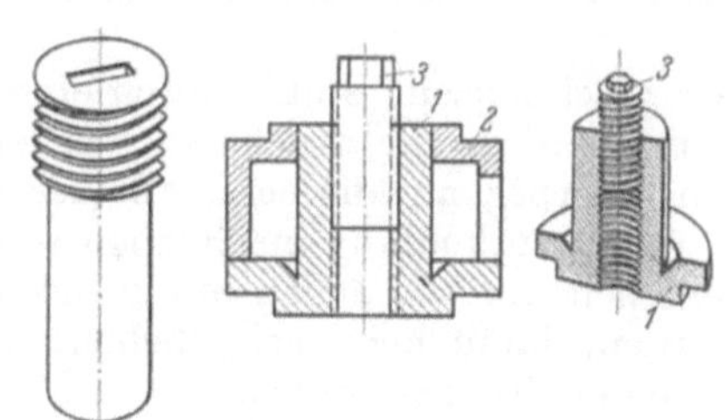

Abb. 350. Beispiele für Formen von Massekernen

[1] Nähere Angaben s. A. FEHSE: Die Anwendung von Hartmetall im Werkzeugbau.
Werkstattstechn. u. Betr. 80 (1947) S. 50—56.
[2] FAHLENBACH, H.: Neuentwicklungen auf dem Gebiet der magnetischen Werkstoffe.
Z. VDI 92 (1950) S. 565—570.

dieses Karbonyleisenpulver mit Kunstharz warm gepreßt. Die Eisenteilchen müssen durch die Bindemasse gut voneinander getrennt sein, damit die Wirbelstromverluste gering werden (Abb. 350).

Auf pulvermetallurgischem Wege können Bauteile aus Werkstoffen hergestellt werden, die verschiedene Eigenschaften haben, indem man die verschiedenen Metallpulver aufeinanderschüttet, preßt und sintert. Auf diese Weise lassen sich z. B. Bimetalle für Temperaturschalter und -regler, Thermometer usw. herstellen.

Aus *Sintereisen* bzw. *Sinterstahl* können in der Feinwerktechnik Lager und Getriebeteile, wie Zahnräder, Hebel usw. und andere Bauteile gefertigt werden. Als Lagerwerkstoff sind Sintereisen und Sinterbronze wegen ihrer Porosität gut geeignet, durch die sie 20 Vol.-% Öl aufzunehmen in der Lage sind. Dadurch ist die Schmierung günstig, weil bei den kleinen Abmessungen in der Feinwerktechnik sich eine weitere laufende Schmierung erübrigt.

Die mechanischen Eigenschaften des Sintereisens sind abhängig vom Preßdruck, dessen Größe mit Rücksicht auf die Beanspruchung der Preßwerkzeuge nicht höher als $60 \cdots 80$ kp/mm² sein darf (Tab. 39)[1]. Je größer der Preßdruck ist, um so größer ist die Dichte und um so kleiner ist der Porositätsgrad des Preßteiles. Bei Verwendung von reinem Eisenpulver ist die Zugfestigkeit und Härte geringer und die Bruchdehnung höher als bei kohlenstofflegiertem Eisenpulver. Die mechanischen Eigenschaften können durch Tränken mit Kupfer verbessert werden[2]. Das Optimum liegt etwa bei 60 kp/mm². Sinterstahlteile können ebenso

Tabelle 39. *Eigenschaften von Sinterwerkstoffen auf Eisenbasis.*

Nr.	Werkstoff	Wichte g/cm³	Porositätsgrad % etwa	Härte H_v kp/mm²	Zugfestigkeit kp/mm²	Dehnung %	Schlagfestigkeit[1] mkp/cm²
1	Sintereisen C < 0,1%	6,6···7,0[2]	13···11	70··· 80	20···23	10···15	5···7
2	Sinterstahl mit etwa 0,5% C ..	6,5···6,7	17···14	130···150	35···40	4··· 6	2···4
3	Sinterstahl mit etwa 0,9% C ..	6,5···6,7	17···14	170···190	50···55	2··· 4	1···3
4	Sintereisen, kupfergetränkt[3] ..	8,0	—	190···210	45···50	8···10[4]	4···5
5	Sinterstahl mit etwa 0,5% C, kupfergetränkt[3]	8,0	—	230···260	65···70	5··· 7[5]	3···4
6	Sinterstahl mit etwa 0,9% C, kupfergetränkt[3]	8,0	—	280···300	75···80	3··· 5[6]	2···3
7	Einsatzsinterstahl, nickellegiert	7,4···7,6	5···3	180···200[8]	45···50[7]	8···10	5···7

[1] Bestimmt an Flachstäben von 6×10 mm Querschnitt, ohne Kerbe. [2] Bei selbstschmierenden Lagern ist die Wichte etwa $5{,}8 \cdots 6{,}0$ g/cm³, dementsprechent sind auch die Festigkeiten niedriger. [3] Kupfergehalt etwa $10 \cdots 15$ Vol.-%. [4] Durch eine Vergütungsbehandlung kann die Dehnung bei etwa gleichbleibender Festigkeit auf $15 \cdots 18\%$ gesteigert werden. [5] Durch eine Vergütungsbehandlung kann die Dehnung auf $10 \cdots 14\%$ gesteigert werden. [6] Durch eine Vergütungsbehandlung kann die Dehnung auf $8 \cdots 10\%$ gesteigert werden. [7] Kernfestigkeit. [8] Kann durch Einsatzhärte auf eine Oberflächenhärte von $58 \cdots 61$ R_C gebracht werden.

wie geschmolzene Stähle durch eine Wärmebehandlung gehärtet und damit vergütet werden. Die Ergebnisse werden allerdings beeinflußt von der Porosität der Sinterkörper, auf die bei der Behandlung Rücksicht genommen werden muß.

Eine Aufkohlung im Salzbad sowie eine galvanische Behandlung der Sinterteile soll nur bei Teilen mit dichtem Gefüge (Körperdichte > 7) vorgenommen werden, damit keine schädlichen, Korrosion verursachenden Rückstände in die Poren eindringen können.

Beim Vergleich der Festigkeits- und Härtewerte von Sinterteilen mit denen von Teilen aus kompakten geschmolzenem Werkstoff ist der Gefügeunterschied

---

[1] Nach F. Benesovsky, Gesinterte Fertigformteile. Werkst. u. Betr. 83 (1950) S. 257 bis 260.

[2] Siehe H. Silbereisen, Das pulvermetallurgische Fertigungsverfahren. Werkstatttechnik 40 (1950) S. 203···208.

zu beachten. Die üblichen Härteprüfverfahren ergeben beim Sinterwerkstoff infolge der Porosität kleinere Werte, als es der Härte der Einzelkristalle des Metallskelettes entspricht.

27. Preßgerechtes Gestalten

Für die Anwendung des pulvermetallurgischen Verfahrens zur Herstellung von Bauteilen im Vergleich zu anderen Verfahren sind entweder wirtschaftliche oder technische Gesichtspunkte maßgebend. Beim Vergleich spielen die Kosten des Werkstoffes, die bei Pulver höher liegen als beim Guß, und vor allem die Kosten der Werkzeuge eine Rolle. Infolge der hohen Werkzeugkosten ist das pulvermetallurgische Verfahren nur dann wirtschaftlich tragbar, wenn die Stückzahl je nach Beschaffenheit des Bauteiles mindestens 5000···10 000 Stück betragen. Daneben können aber die spezifischen Eigenschaften der Sinterkörper, die durch andere Verfahren nicht zu erreichen sind, maßgebend für ihre Anwendung sein.

Bei der Gestaltung von aus Metallpulver gepreßten Teilen sind mit Rücksicht auf den Preßvorgang folgende Richtlinien zu beachten: Zur Vermeidung eines zu harten Aufschlages der Stempel dürfen die Teile in Preßrichtung nicht zu dünn gemacht werden: Die Mindestdicke liegt etwa bei 2 mm. Die Höhe eines zylindrischen Bauteiles, das in Richtung der Zylinderachse gepreßt wird, soll möglichst das Dreifache des Durchmessers nicht überschreiten, weil sonst die Dichte des Gefüges zur Mitte hin zu gering wird. Wesentliche Konstruktionsrichtlinien ergeben sich aus dem Aufbau der Werkzeuge. Eine Berührung zwischen Ober- und Unterstempel muß vermieden werden. Folglich soll in Preßrichtung stets eine Mantelfläche von geringer Höhe vorgesehen werden (Abb. 351). Formteile mit runder Mantelfläche bzw. Rundprofil in Preßrichtung sind daher ungünstig (Abb. 352a) und durch entsprechende Flächen zu ersetzen (Abb. 352b). Um kräftige Preßstempel mit hoher Lebenszeit zu erhalten, dürfen messerscharfe Kanten nicht vorgesehen werden (Abb. 353). Dies gilt besonders für abgesetzte Formteile, die unterteilte Preßstempel benötigen (Abb. 354a). Auf den abgerundeten Auslauf, wie er bei Gußteilen üblich ist, muß verzichtet werden (Abb. 354b).

Zylinderformen lassen sich besser pressen als Kugelformen (Abb. 355). Schräglaufende Formen sind zu vermeiden (Abb. 356), weil die Stempelausbildung hierfür schwierig wäre.

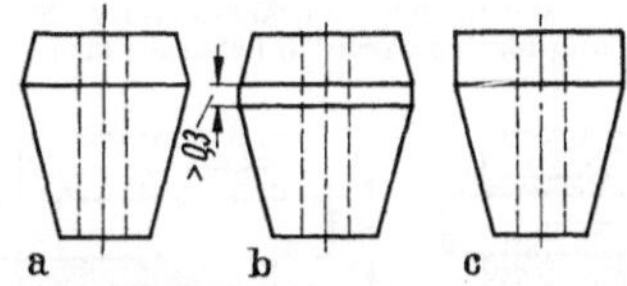

Abb. 351. Keine Berührung zwischen Ober- und Unterstempel. a ungünstig; b und c besser

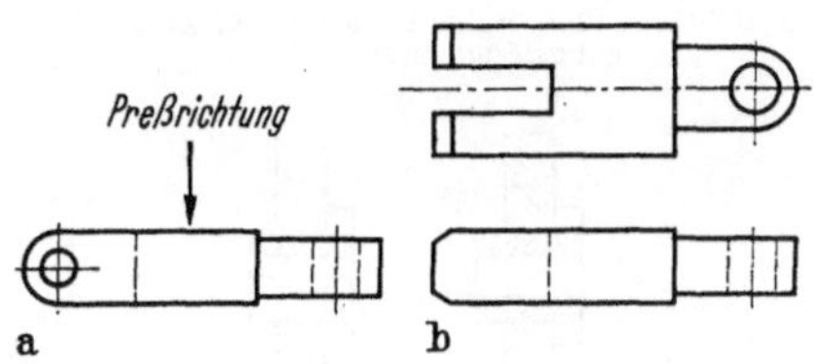

Abb. 352. Keine runde Mantelfläche in Preßrichtung. a ungünstig; b besser

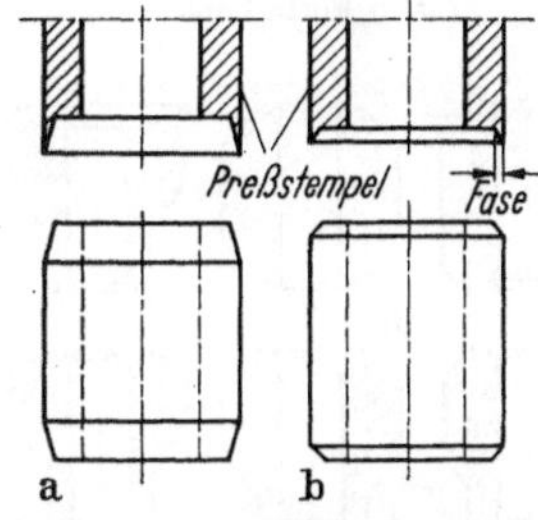

Abb. 353. Preßstempel möglichst ohne messerscharfe Kante. a ungünstig; b besser

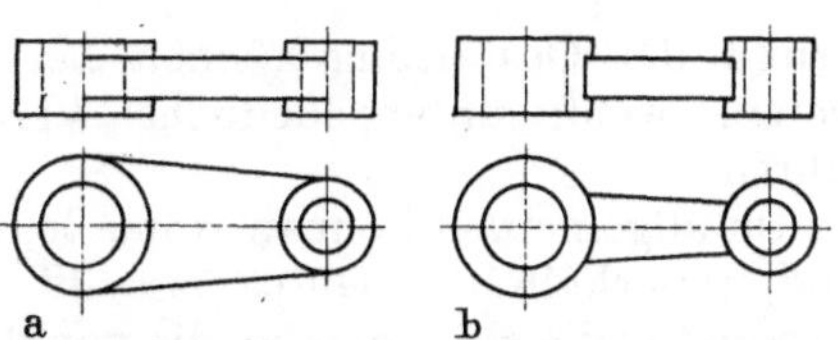

Abb. 354. Abgerundete Ausläufe bei abgesetzten Formteilen vermeiden. a ungünstig; b besser

Bei Drehknöpfen können Rändel, wenn sie grob genug sind, mitgepreßt werden, Kordeln und Schrägrändel dagegen nicht.

Die Verzahnungen von Zahnrädern lassen sich bis zu einem Modul von 1,5 pressen. Lagerbuchsen von Gleitlagern sollen nicht länger als das Zweifache des Wellendurchmessers sein. Wird aus anderen konstruktiven Gründen ein längeres Lager benötigt, so muß die Lagerbuchse geteilt werden (Abb. 357). Die Wanddicke s der Lagerbuchse darf nicht zu dünn sein ($s > 0,2d$), damit sie eine genügende Menge Öl aufnehmen kann, wodurch die Notlaufeigenschaften besser werden. Auch der Lauf wird dadurch infolge besserer Dämpfung ruhiger. Haben die Lagerbuchsen einen Bund, so muß der bei gedrehten Buchsen übliche Einstich fehlen (Abb. 358). In DIN 733 und 734 sind Abmessungen für Einring- und Zweiring-Kurzgleitlager genormt, bei denen als Werkstoff unter anderem auch Sintereisen und Sintermetall vorgesehen sind. Die Abmessungen entsprechen denen der Wälzlager; sie können deshalb gegen diese ausgewechselt werden.

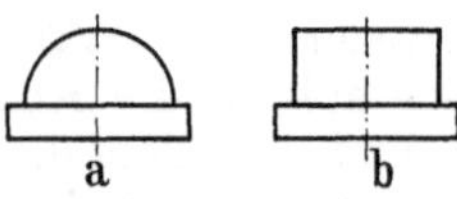

Abb. 355. Ersatz der Kugelform (a) durch die bessere Zylinderform (b)

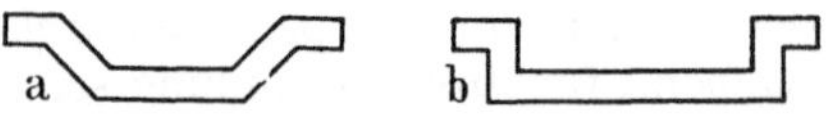

Abb. 356. Vermeiden schräglaufender Formen. a ungünstige Form; b bessere Form

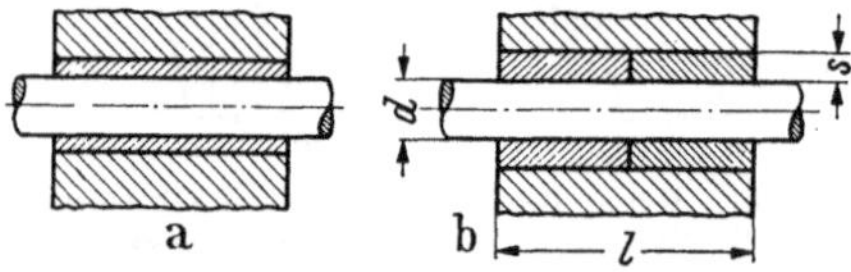

Abb. 357. Lagerbuchsen kurz ($l < 2d$), Wanddicke ($s > 0,2d$). a ungünstige Form; b bei großer Führungslänge zwei Buchsen

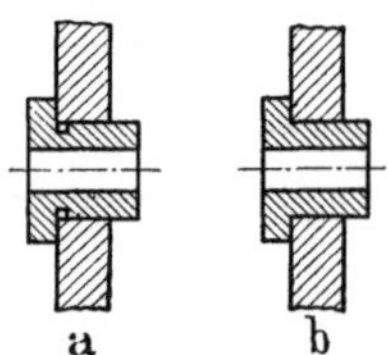

Abb. 358. Lagerbuchse mit Bund. a Einstich ungünstig; b Form besser

Bei Kalottenlagern, wie sie z. B. bei Kleinmotoren verwendet werden, läßt sich eine vollständige Kugelform des Außenmantels nicht durch Pressen herstellen, sie wird deshalb durch zwei kugelförmige Halbschalen ersetzt, zwischen denen sich zwecks Erleichterung der Herstellung ein zylindrischer Teil befindet. Beispiele sind in Abb. 359 wiedergegeben.

Löcher ($d > 2$ mm) können in Bauteilen mit eingepreßt werden, wenn sie in Preßrichtung liegen. Sacklöcher erhalten keine Spitze. Querbohrungen sowie Hinterschneidungen sind nicht möglich.

Die erreichbare Maßgenauigkeit hängt im wesentlichen von der Genauigkeit des Werkzeugs, der Füllung und der Maschineneinstellung ab. Maßfehler auf

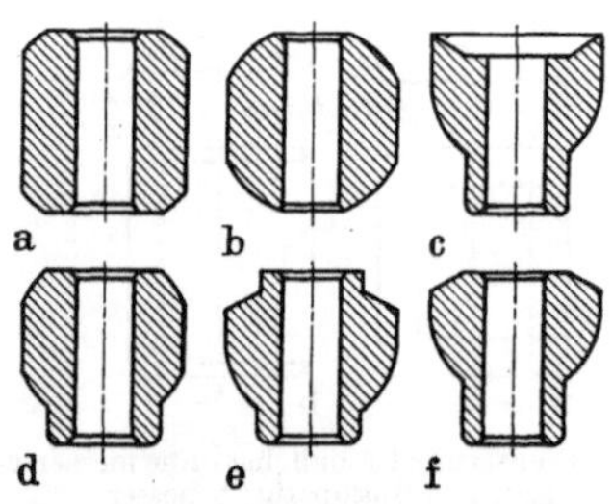

Abb. 359. Formen für Kalottenlager

Grund der Gestaltung können bei Teilen mit ungleicher Pulverteilung auftreten, wenn unterschiedliche Verdichtungen zu ungleicher Rückfederung führen.

Im allgemeinen können Abmaße, die ausschließlich vom Werkzeug bestimmt sind, innerhalb der Güteklasse JT 6 bis JT 7 eingehalten werden. Hingegen müssen für die Höhenmaße, die von der Pulververfüllung und der Presseneinstellung abhängen, zulässige Abweichungen von 0,2···0,2 mm in Kauf genommen werden.

Infolge ihrer Porosität sind Sintereisenteile korrosionsanfälliger als kompakte Teile. Die Oberfläche kann jedoch mit den üblichen Verfahren wie Ölen, Brünieren, Metallstrahlen, Aufbringen elektrolytischer Überzüge, Verzinken, Bondern, Lakkieren und Emaillieren geschützt werden.

II. Nichtmetallische Bauteile

A. Bauteile aus Kunststoff

a) Umformteile

28. Überblick über die Verfahren

Das thermoelastische Umformen umfaßt eine Reihe von Warmformverfahren für Halbzeuge (Platten, Folien, Rohre, Schläuche) aus thermoplastischen Kunststoffen[1]. Die Halbzeuge werden vollständig oder nur in der Umformzone erwärmt und in verfahrensgerechten Werkzeugen, Vorrichtungen oder Maschinen umgeformt. Die Halbzeugdicke bleibt dabei im wesentlichen erhalten. Die aufzuwendenden Temperaturen richten sich nach dem zu verarbeitendem Werkstoff und sind so zu wählen, daß sich die Umformung oberhalb der Einfrier- und unterhalb der Fließtemperatur vollziehen kann. Nach der Formgebung wird das Formteil abgekühlt, wodurch die umgelagerten Molekülverbände unter gewissen inneren Spannungen in ihrer neuen Lage einfrieren.

Das einfachste thermoelastische Umformen ist das Biegen oder Abkanten von Streifen, Platten oder Rohren, sowie das Ziehen, Stanzen oder Strecken von entsprechenden Zuschnitteilen. Außerdem werden Umformungen mit Druckluft (Blasverfahren) oder in Vakuum (Saugverfahren) durchgeführt, wobei entweder in den freien Raum oder gegen eine Negativform gearbeitet wird. Die Anwendung der verschiedenen Verfahren richtet sich nach der Gestalt des Formteils, den geforderten Eigenschaften, der Maßgenauigkeit, dem auftretenden Reckgrad und den Stückzahlen; denn auch wirtschaftliche Erwägungen, besonders bei der Anschaffung von Spezialmaschinen, müssen berücksichtigt werden.

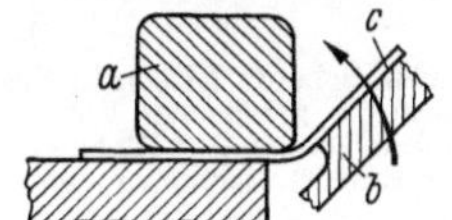

Abb. 360. Abkanten. *a* Holzbalken, *b* Abkantleiste, *c* Kunststoffplatte

Für das *Abkanten* in bestimmten Winkeln oder das *Biegen* bzw. *Rollen* der Platten zu Formteilen genügen meist einfache Vorrichtungen (Abb. 360 u. 361). Die Kunststoffplatten werden nur in der Biegezone durchgehend gleichmäßig erwärmt. Die Temperatur richtet sich nach dem Werkstoff, sie beträgt z. B. bei Hart-PVC etwa 130 °C.

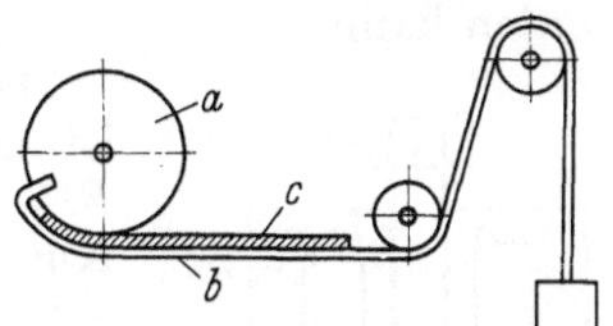

Abb. 361. Rundbiegen (Rollen). *a* Kern, *b* Rolltuch, *c* Kunststoffplatte

Beim *Ziehen* (Tiefziehen und mechan. Strecken) werden die erwärmten Kunststoffplatten mittels eines Stempels umgeformt, der entweder mit einem Gegenstempel zusammenarbeitet oder den Werkstoff durch den Ziehring ins Freie zieht, wobei das Nachgleiten des Werkstoffes durch einen Niederhalter gesteuert wird (Abb. 362). Nach Erreichen der gewünsch-

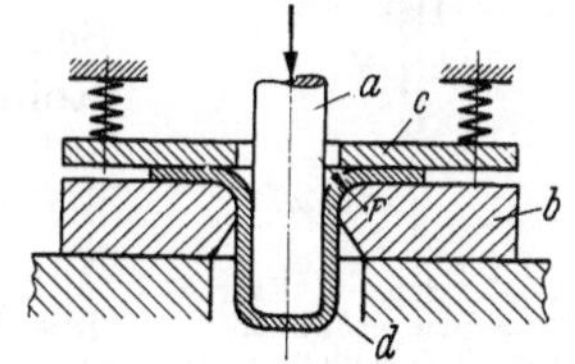

Abb. 362. Tiefziehen. *a* Stempel, *b* Ziehring, *c* federnder Niederhalter, *d* Formteil

---

[1] Grundlagen s. VDI-Richtlinie 2008, Bl. 1.

ten Ziehtiefe muß der Niederhalterdruck den Werkstoff noch weiter fest gegen den Ziehring pressen und halten, bis eine bestimmte Abkühlung des Formteils erreicht ist und eine Rückformung nicht mehr eintreten kann.

Beim *Formstanzen* wird mit Positiv-(Patrix) und Negativform (Matrix) gearbeitet (Abb. 363). Das mit der erwärmten Kunststoffplatte zusammengefahrene Werkzeug muß im Verformungsendpunkt wieder so lange stehenbleiben, bis das Formteil hinreichend abgekühlt ist und eine Rückformung ausbleibt.

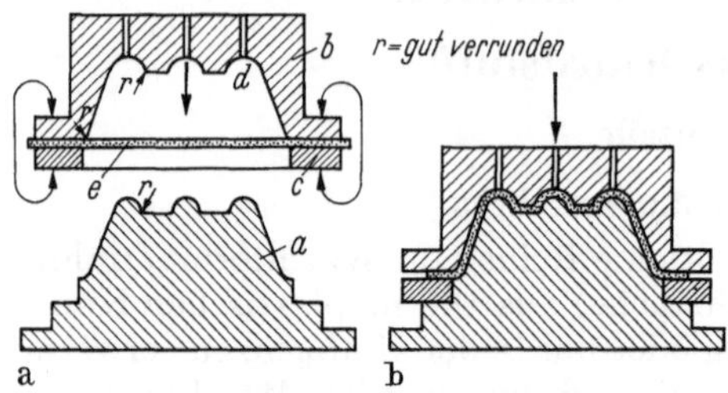

Abb. 363. Formstanzverfahren. a Werkzeug geöffnet; b Werkzeug geschlossen. *a* Stempel (Unterteil); *b* Gesenk (Oberteil); *c* Niederhalter; *d* Entlüftung; *e* vorgewärmte Kunststoffplatte

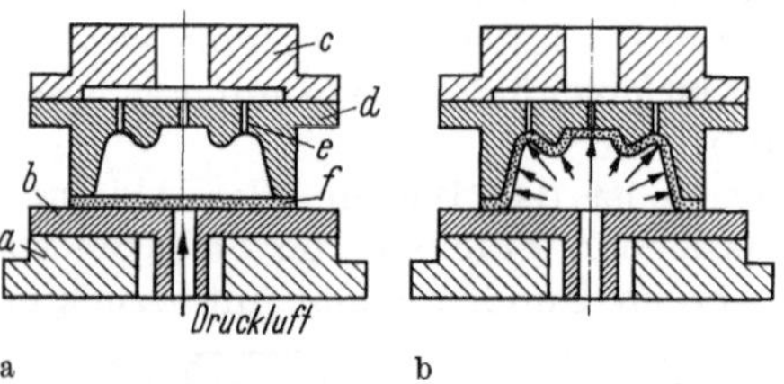

Abb. 364. Schema Blasen in Negativform. a aufgesetzte Blasform; b geblasener Formkörper unter Innendruck stehend. *a* Unterteil, *b* Blasplatte, *c* Oberteil, *d* Blasform, *e* Entlüftungsbohrungen, *f* Kunststoffplatte

Umformungen durch *Blasen* mit Druckluft können sowohl bei Platten als auch bei anderen extrudierten Vorformlingen (z. B. Schläuche) ausgeführt werden. Das einfachste Verfahren ist das Strecken mittels Druckluft ins Freie. Die in einem Rahmen eingespannte und vorgewärmte Platte wird dabei zur Herstellung einer gewölbten Fläche mit Druckluft angeblasen.

Genauere Formteile lassen sich jedoch durch Einblasen der erwärmten Kunststoffplatte in eine der gewünschten Außenform entsprechenden Negativform erreichen (Abb. 364). Wird dabei ein höherer Verformungsgrad gewünscht, so kann die Platte zunächst in die Form hinein mechanisch vorgestreckt werden, wobei der Werkstoff aus den Randflächen nachgleitet. Beim Einblasen der Druckluft verformt sich dann der erwärmte Werkstoff weiter

und legt sich gegen die Oberfläche der Blasform. Der Luftdruck hält an, bis der Formling genügend abgekühlt ist (etwa auf 60 °C) und der Blasform entnommen werden kann.

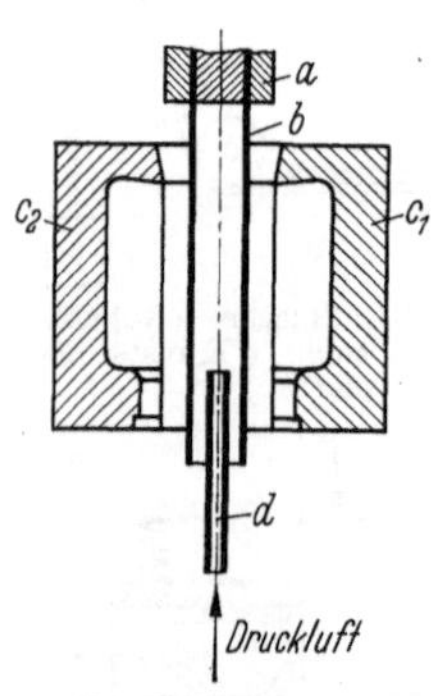

Abb. 365. Schema Extrusions-Blasverfahren. *a* Düse, *b* Schlauch, c_1, c_2 Blasform, *d* Blasrohr

Das Herstellen flaschenartiger Hohlkörper durch Blasen ist grundsätzlich nach zwei Verfahren möglich[1]. Beim *Extrusions-Blasverfahren*[2] wird die im Extruder erzeugte Kunststoffschmelze im Ringspalt eines Spritzkopfes als Schlauch senkrecht nach unten gespritzt und läuft unmittelbar in ein geöffnetes zweiteiliges Werkzeug. Durch Schließen des Werkzeugs werden am Vorformling die oben und unten überstehenden Enden abgequetscht und die Schneidkanten verschweißt. Gleichzeitig wird durch ein Rohr oder eine Hohlnadel Druckluft durch den Behälterhals eingeblasen, die den schlauchartigen Vorformling aufbläht und an die gekühlte Blasformwand preßt (Abb. 365). Nach Erreichen einer genügenden Abkühlung öffnet sich das Werkzeug und ein fertiges Hohlformteil verläßt die Form.

---

[1] HOLZMANN, R.: Das Hohlblasverfahren. Z. Techn. Mitt. 57 (1964) S. 320···328.

[2] DOMININGHAUS, H.: Herstellen geblasener Hohlkörper aus Polyäthylen. Kunststoff-Rundschau 7 (1960) S. 421···426.

Die Güte eines so erzeugten flaschenartigen Hohlkörpers ist wesentlich von der Schweißnahtgüte und der Gleichmäßigkeit der Wanddicke abhängig.

Die Arbeitsweise des Extruders kann diskontinuierlich oder kontinuierlich sein. Im ersten Falle wird der Extruder während der Blas- und Kühlzeit abgeschaltet, während im zweiten Falle die Blasform eine relative Bewegung zum kontinuierlich austretenden Vorformling ausführt.

Beim Extruder-Blasverfahren wird der Vorformling in der „ersten Hitze" verarbeitet, es liegt demnach eine thermoplastische Formung vor.

Nach einem zweiten Verfahren werden die Formteile aus vorgefertigten Folien, Platten oder Rohrstücken hergestellt, die für das Blasen erst wieder erhitzt werden müssen, was eine Formung im thermoelastischen Bereich darstellt. Der Aufbau der Werkzeuge und das Ansetzen der Blasdorne ist im wesentlichen ähnlich dem gezeigten Grundprinzip. Bei kleineren Teilen werden Mehrfachformen verwendet.

Eine Umkehrung des Blasens beim Druckluftverfahren ist das *Saugen* beim Vakuumverfahren, bei dem der atmosphärische Druck für das Verformen einer eingespannten und erwärmten Kunststoffplatte oder -folie ausgenutzt wird. Nach dem Aufbau der Werkzeuge unterscheidet man Negativ- und Positivformen.

Die *Negativform* ohne Vorstreckeinrichtung hat den einfacheren Aufbau und wird für Formteile bevorzugt, die einen geringen Verformungsgrad aufweisen. Nach Abb. 366 wird die auf der Form dicht abschließende erwärmte Kunststoffplatte durch Absaugen der Luft in die konkave Form hineingezogen. Höhere Formungsgrade werden erreicht, wenn die Folie mittels geeigneter Streckstempel in die Form hinein vorgestreckt wird.

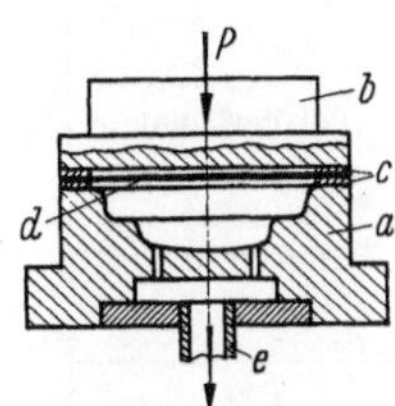

Abb. 366. Vakuum-Negativ-Verfahren. *a* Negativform (mit Sauglöchern); *b* Oberteil, *c* Dichtungen, *d* Kunststoffplatte, *e* Saugstutzen

Die *Positivform*, die zur Herstellung größerer und tieferer Formteile benutzt wird, hat in der Regel eine mechanische oder pneumatische Vorstreckeinrichtung. In Abb. 367 ist das Schema einer Positivformung in kombinierter Arbeitsweise

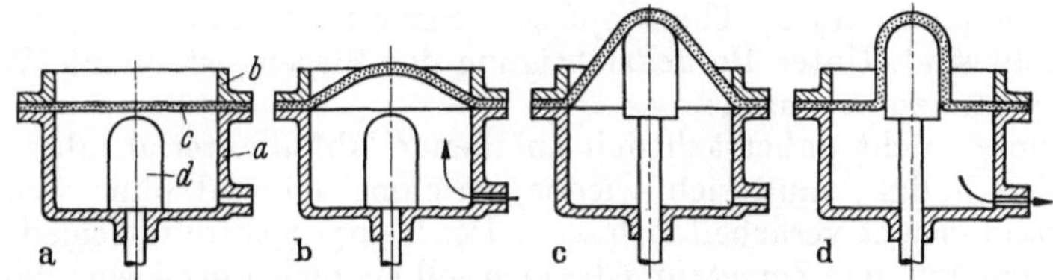

Abb. 367. Positiv-Verformung in kombinierten Verfahren. a Heizen der aufgespannten Kunststoffplatte; b Vorblasen in den freien Raum; c Vorstrecken mittels Stempel; d Vakuumverformung über den Stempel als Positivform.
a Gehäuse mit Druckluft- und Vakuumanschluß, *b* Spannrahmen, *c* Kunststoffplatte, *d* Streckstempel

dargestellt. Die eingespannte und erwärmte Kunststoffplatte wird in der ersten Stufe durch Blasen vorgeformt, danach in der zweiten Stufe mit einem Ziehstempel vorgestreckt und schließlich in der dritten Stufe über diesen Ziehstempel vakuumverformt. Durch dieses Vorblasen und Vorstrecken und die damit verbundene, absichtlich unterschiedliche Aufheizung wird eine möglichst gleichmäßige Wanddicke des Formteils erreicht.

29. Werkstoffe

Neben dem am meisten verwendeten Hochdruck- und Niederdruck-Polyäthylen sowie Polypropylen werden je nach den chemischen und physikalischen

8*

Tabelle 40. *Thermoplaste für thermoelastische Umformung*

Werkstoff	Verarbeitungstemperatur °C	Hinweise für Eigenschaften und Verarbeitung	Hinweise für die Anwendung
Polyäthylen und Polypropylen	~160°	großer Temperaturspielraum, ausreichende Zähigkeit, Abfall mehrmals verwendbar, gut kälte- und wärmebeständig, wasserdampfdicht	Vielzahl von Typen mit unterschiedlicher Dichte ermöglichen größte Anwendung. Kosten liegen günstig
ABS (Acryl-Butadien-Styrol-Mischpolymerisat)	~195°	thermische Stabilität ausreichend, Abfallverarbeitung möglich, jedoch erschwert	Nur für spezielle Einsatzgebiete geeignet
Acetalharz	~180°	hohe mechanische Festigkeit, gut verarbeitbar, jedoch thermisch empfindlich, Abfallverarbeitung bedingt möglich	verhältnismäßig teuer, nur für spezielle Einsatzgebiete (z. B. Druckbehälter)
CA (Celluloseacetat)	~170°	mitunter schwierige Verarbeitung in bezug auf Temperaturführung, Abfallverarbeitung bedingt möglich, feuchtigkeitsempfindlich, zäh, spröde	möglichst keine Hinterschneidungen im Blaswerkzeug, speziell für Benzinfläschchen, Chemikalien, Verpackungen
Polyamid	~225°	nicht einfache Verarbeitung, Temperaturführung empfindlich, Oberfläche oxydationsempfindlich (daher schwer schweißbar), Abfallverarbeitung bedingt möglich, jedoch unrentabel	Kosten verhältnismäßig hoch, Einsatzgebiet auf spezielle technische Hohlkörper begrenzt (abriebfest)
Polycarbonat	~225°	Verarbeitung nicht immer leicht, Abfallverwertung bedingt möglich, sehr reißfest	vorwiegend für Verpackungen und technische Hohlkörper, verhältnismäßig teuer
Polystyrol	~170°	entspricht etwa dem Celluloseacetat, glasklare Typen lassen sich schwieriger verarbeiten (spröde)	nur für spezielle Einsatzgebiete
PVC (Polyvinylchlorid)	~130°	vorwiegend wird PVC hart verarbeitet, Abfallverwertung bedingt möglich, wenn geringe Verfärbungen zulässig (VDI 2008, Bl. 2). Chemische Eigenschaften siehe DIN 16929, Richtlinien für Schweißen DIN 16930 und 16931, Verarbeitung von PVC-hart-Rohren DIN 16928	Behälter für Lebensmittel, PVC weich für technische Hohlkörper, günstige Rohstoffkosten

Anforderungen noch andere Thermoplaste angewendet, wie sie in Tab. 40 zusammengestellt sind. Unter Berücksichtigung des Blasens ist für die Werkstoffauswahl folgendes zu beachten:

Das mitunter nicht unbeträchtlich anfallende Abfallmaterial (abgequetschte Schlauchenden u. dgl.) muß sich wieder einschmelzen und ohne wesentlichen Kostenaufwand erneut verarbeiten lassen. Der Temperaturunterschied zwischen dem plastischen und dem Zersetzungsbereich soll möglichst groß sein, damit keine Qualitätsbeeinträchtigungen (Verbrennung, Verfärbung usw.) eintreten können. Auch soll das Material im plastischen Bereich zäh-viskos sein, damit sich der Vorformling vom Austritt aus der Düse bis zur Einführung in die Blasform nicht zu sehr reckt.

Schließlich müssen die Kosten für die Herstellung der Hohlkörper in einem angemessenen Verhältnis zu den anderer Werkstoffe stehen (z. B. Glas, Holz, Papier u. dgl. m.).

30. Umformgerechtes Gestalten

Beim thermoplastischen Umformen sind neben der Kenntnis des Werkstoffverhaltens im plastischen Zustand wichtige Hinweise bezüglich der Werkzeuge und Formteilabmessungen zu beachten.

Für das *Biegen* und *Abkanten* werden die Kunststoffplatten nur in der Biegezone erwärmt, die mindestens der fünffachen Werkstoffdicke entsprechen sollte. Der Biegeradius ist möglichst groß zu wählen, damit kein Aufreißen in der Biegung eintritt. Man wähle etwa $r \geqq 2s$ (Abb. 368). Die Werkstoffdicke sollte nicht mehr als $10 \cdots 12$ mm betragen, da bei dickeren Platten erhebliche Schwierigkeiten auftreten.

Das Tiefziehen nach dem Schema Abb. 362 eignet sich besonders zum Herstellen rotationssymmetrischer Hohlkörper mit möglichst gleichmäßiger Wanddicke. Bei günstigen Kantenabrundungen, besonders an der Einlaufkante des Ziehrings ($r \geqq 3s$) können die Ziehtiefen das Zwei- bis Dreifache des Stempeldurchmessers betragen. Der Ziehspalt ist etwa $10 \cdots 15\%$ größer als die Werkstoffdicke zu wählen.

Das *Formstanzen* (Abb. 363) wird für stark gewölbte und unregelmäßige Formteile bei mäßiger Höhe und dickeren Werkstoffen (jedoch $s < 10$ mm) gewählt. Auch kleine Teile aus Folien und Platten bis zu 1,5 mm Dicke lassen sich gut durch Formstanzen herstellen. Die Werkstoffdicke bleibt am Formteil erhalten.

Beim *Blasen* und *Saugen* lassen sich die Maße der äußeren Gestalt genau einhalten, jedoch müssen Wanddickenunterschiede in Kauf genommen werden.

Die Abb. 369 zeigt als Beispiel für das Negativ-Saugverfahren einen Deckel, der aus einer Kunststoffplatte 1,5 × 200 × 250 mm thermoelastisch umgeformt wurde. Der vom Einspannen herrührende Abfallrand wird nachträglich abgetrennt.

Wesentlich anders sind die Gestaltungsmöglichkeiten beim *Extrusionsblasen* zur Herstellung technischer Hohlkörper[1]. Durch besondere Verstelleinrichtungen am Düsenspalt können nicht nur gleichmäßige Wanddicken, sondern auch gewollte ungleiche Dicken an besonders gewünschten Stellen erreicht werden. Auf diese Weise sind z. B. Verstärkungen möglich, die entweder die Steifigkeit erhöhen oder die Weiterverarbeitung z. B. durch Recken (Abb. 370) ermöglichen.

---

[1] Bemerkenswert hierzu sind die Hinweise in der angegebenen Lit. 2, s. Fußnote S. 114.

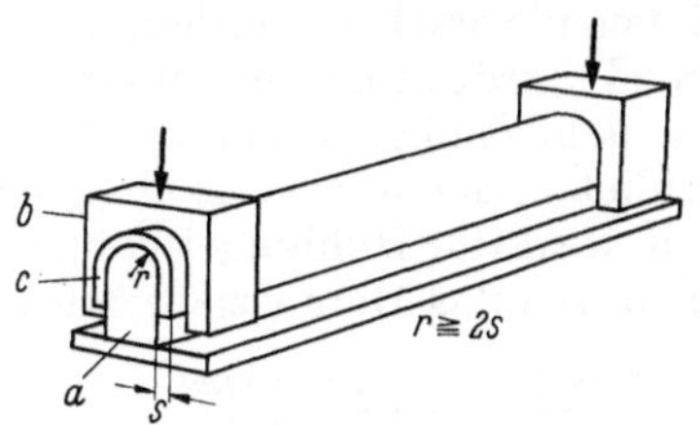

Abb. 368. Biegen im einfachen Biegewerkzeug. *a* Stempel, *b* Biegebacken, *c* gebogenes Werkstück

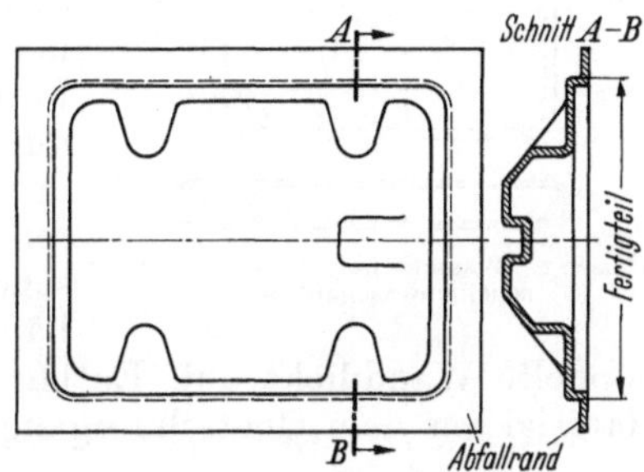

Abb. 369. Deckel, hergestellt im Negativ-Saugverfahren

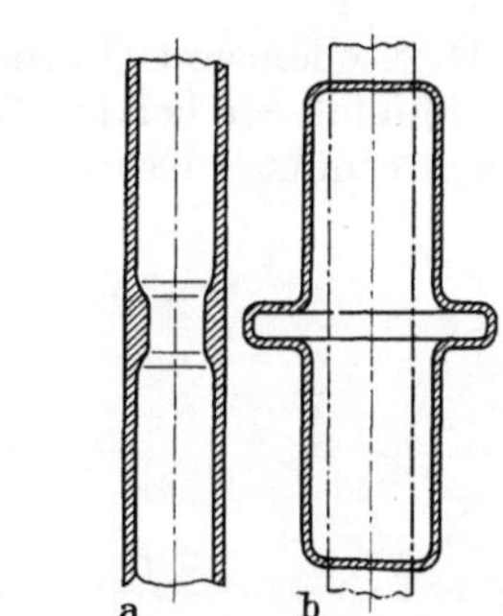

Abb. 370. Hohlkörper mit ausgeblasener Manschette in gleicher Wanddicke. *a* Vorformling, *b* Fertigteil (die eingezeichnete Strich-Punkt-Linie zeigt die Größe des Vorformlings)

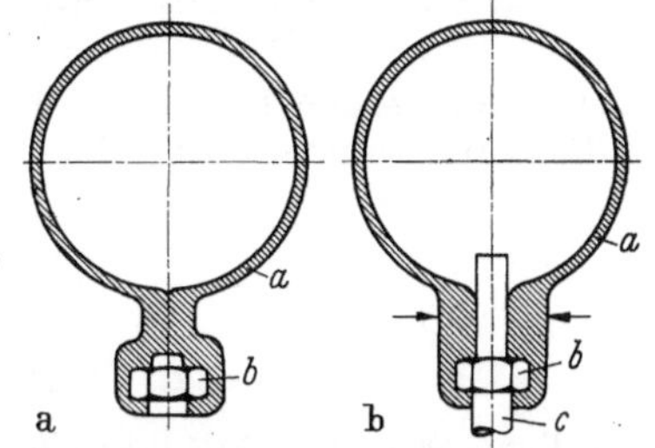

Abb. 371. Allseitig geschlossene Schwimmerkugel. a Fertigteil mit eingeschlossener Messingmutter; b Zwischenstufe

Geblasene Hohlkörper können auch mit zusätzlichen Teilen aus gleichem Werkstoff, die während des Blasvorganges mit einschweißen, oder mit Metalleinlagen versehen werden, wie das Beispiel in Abb. 371 zeigt. Die Schwimmerkugel a trägt im Stutzen eine eingebettete Messingmutter b. Diese Mutter wird vor dem Schließen der Blasform auf den Blasdorn c gesteckt, so daß sich beim Schließen der Form das plastische Material fest um die Mutter legt. Zur gleichen Zeit wird die Hohlkugel geblasen (Abb. 371b). Die unerwünschte freie Öffnung, die durch das Herausziehen des Blasdornes entsteht, läßt sich leicht durch Schie-

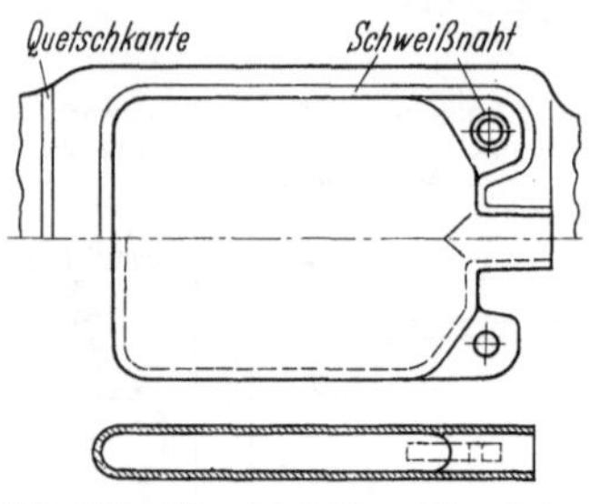

Abb. 372. Wasserbehälter für Autoscheibenwaschanlage

ber verschließen, die das noch plastische Material des Stutzens zwischen Kugel und Mutter zusammendrücken.

Hohlkörper mit rechteckigem Querschnitt im Seitenverhältnis $< 5 : 1$ werden in bezug auf gleichmäßige Wanddicke kritisch. Eine einwandfreie Fertigung aus schlauchartigen Vorformlingen ist nur mit Spezialeinrichtungen möglich.

Die Abb. 372 zeigt einen nach dem Blasverfahren hergestellten Wasserbehälter für eine Autoscheibenwaschanlage. Die zur Befestigung des Behälters vorgesehenen beiden Laschen weisen die doppelte Wanddicke auf. Entlang den Schweißnähten wird das überschüssige Material aus dem Quetschvorgang durch Stanzen entfernt.

31. Festigkeitsbedingtes Gestalten

Beim Herstellen von Umformteilen durch Formstanzen, Blasen oder Saugen können — ähnlich wie bei den Blech-Stanzteilen (Abschn. 12) — besondere Forderungen nach erhöhter Gestaltfestigkeit leicht erfüllt werden. Die meist auf Biegung oder Verdrehung beanspruchten Teile erhalten in den gefährdeten Stellen Sicken, Wulste, abgesetzte Ränder, Spiegel oder Wölbungen, die so zu gestalten sind, daß die Umformverfahren nicht beeinträchtigt werden.

So zeigt Abb. 369 einen Deckel mit hochgezogener Randversteifung. Die vier tief heruntergezogenen Befestigungsaugen werden durch die schrägen Deckelwände gut versteift. In Abb. 373 ist ein

Abb. 373. Tiefgezogener Behälter aus PVC-Plattenmaterial.
Größe: 475×300 mm, 200 mm hoch (Werkfoto: Dynamit
AG., Troisdorf)

größerer tiefgezogener Behälter dargestellt, bei dem der Rand durch einen Wulst und die Seitenwände durch Sicken versteift sind.

b) Preßteile

32. Überblick über die Verfahren

a) Formpressen. Die Begriffe für Arbeitsverfahren und Arbeitsmittel der Preßtechnik für Preßmassen sind in DIN 16 700 festgelegt. Beim Preßverfahren wird der Kunstharzpreßstoff in geteilten Preßwerkzeugen auf Kurbel-, Kniehebel-, Spindelpressen oder auf hydraulischen Pressen mit hohem Druck, der bei flachen Teilen etwa $150 \cdots 250 \text{ kp/cm}^2$, bei Teilen mit hochgezogenen Wänden bis zu 700 kp/cm² beträgt, geformt. Da meist Kunststoffe mit härtbarem Kunstharz als Grundstoff gepreßt wird, werden sie in geheizten Preßformen warm gepreßt. Die Preßmasse wird dem Werkzeug in Pulverform zugeführt, wobei das Pulver als kaltgepreßte Tabletten vorgeformt werden kann. Dieses Vorformen wird dann bevorzugt, wenn die Preßmasse vor dem Einfüllen in das Werkzeug vorgewärmt werden soll. Dadurch wird die Preßmasse gleichmäßiger erwärmt und vermieden, daß bereits ein Teil der Preßmasse ausgehärtet ist, bevor die Masse die Form vollständig ausgefüllt hat. Außerdem wird durch das Vorwärmen das Preßteil homogener und die Spannungen werden geringer. Bei großen, dickwandigen Teilen ist diese Vorbereitung unerläßlich, aber auch bei kleinen Teilen kann sie vorteilhaft sein, weil die eigentliche Preßzeit dadurch abgekürzt wird, das Werkzeug geschont wird usw.

Die Preßwerkzeuge sind aus hochwertigem Stahl hergestellt. Je nach dem Aufbau unterscheidet man dabei im wesentlichen sog. Füllraum- und Backen-Preßformen (Abb. 374 u. 375)[1]. Die Füllraumform wird wegen ihres einfachen Aufbaus am meisten angewendet. Die Preßoberfläche ist gehärtet und poliert. Je nach der Form des Werkstückes können feste oder bewegliche Kerne, Schieber, Formteilungen vorgesehen sein. Besondere Auswerferstifte oder auch Luftdruckeinrichtungen sorgen für das Auswerfen der Werkstücke. Sind hohe Stückzahlen erforderlich und läßt die Größe des Teiles es zu, so können Mehrfachformen verwendet werden, d. h. in einer Form werden mit einem Arbeitsgang mehrere Teile hergestellt.

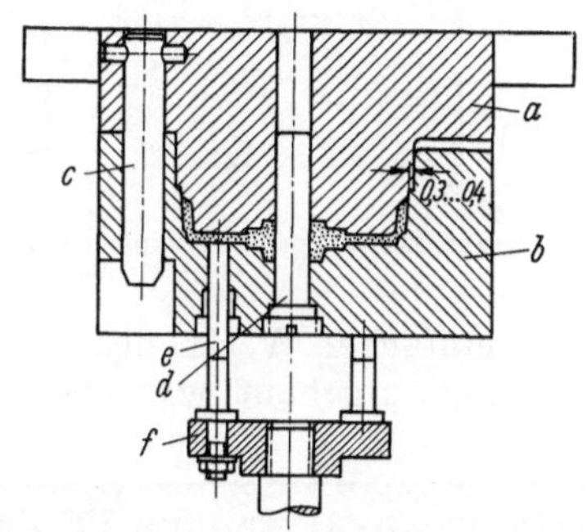

Abb. 374. Einf. Füllraum-Preßform mit Auswerfer. *a* Oberteil, *b* Unterteil, *c* Säulenführung, *d* fester Kern, *e* Ausstoßer, *f* Traverse

Die Preßmasse muß dem Werkzeug dosiert zugeführt werden, wozu gegebenenfalls besondere Dosiereinrichtungen verwendet werden. Die Tablettenform der Preßmasse erleichtert das Dosieren, weil einfach abgezählt werden kann. Die Preßmasse wird in das untere Werkzeugteil eingefüllt. Dann wird das Oberteil sofort herunterbewegt und die Form damit geschlossen. Die Preß-

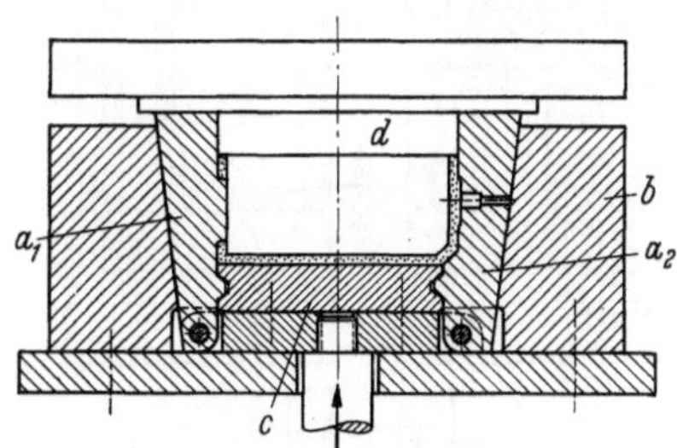

Abb. 375. Backenform mit angelenkten Backen. a_1, a_2 Backen, *b* Backenfutter, *c* Unterstempel mit Scharnierplatte, *d* Stempel

masse wird zusammengedrückt und fließt infolge des hohen Druckes und der Temperatur, die an den Formwänden etwa $160 \cdots 180\,°\text{C}$ beträgt. Durch diese Wärme wird das Harz polymerisiert und dadurch in einen Zustand umgewandelt, in dem der Stoff durch Wärme nicht mehr weich wird. Die Zeit zum Aushärten des Teiles, wie man diesen Vorgang nennt, ist von der Beschaffenheit des Stoffes und von der Form des Preßteiles, in erster Linie von der Wanddicke abhängig. Bei Schnellpreßmassen kann man mit $10 \cdots 45\,\text{s}$ je 1 mm Wanddicke rechnen.

---

[1] Näheres über den grundsätzlichen Aufbau der Preßformen s. K. RABE: Kunststoff-Formteile. Stuttgart 1960.

Nach dieser Zeit wird die Form geöffnet und das heiße, aber formsteife Preßteil mittels Auswerfer oder Preßluft ausgeworfen.

Da die Oberflächenbeschaffenheit des Preßteiles von der des Werkzeuges abhängig ist, muß dessen Oberfläche hochglanz poliert werden, wenn das Werkstück eine hochglänzende Oberfläche haben soll.

b) Spritzpressen. Beim Spritzpressen wird die Preßmasse in einer besonderen Druckkammer stark komprimiert und durch einen Spritzkanal (Düse) in den Formenraum der geschlossenen Form gespritzt. Der Aushärtungsvorgang vollzieht sich durch die chemische Umwandlung des Harzes. Die meist zweiteiligen Werkzeuge unterscheiden sich im wesentlichen durch die Anordnung der Druckkammer (s. Abb. 376).

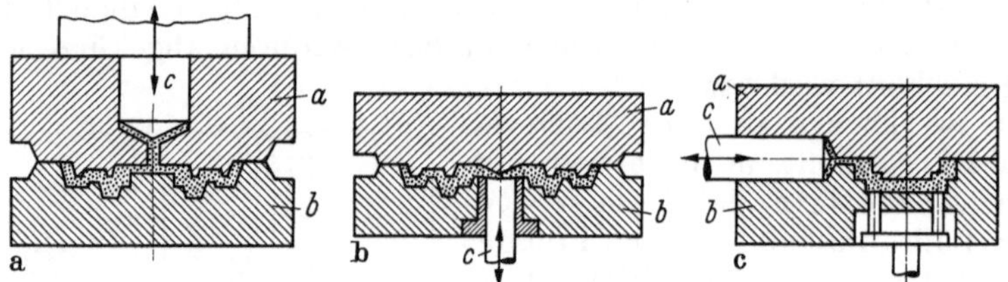

Abb. 376. Spritzverfahren. a Spritzpressen von oben; b Spritzpressen von unten; c Spritzpressen von der Seite. *a* obere Formenhälfte, *b* untere Formenhälfte, *c* Spritzkolben

Die einfachen Werkzeuge sind als Backen-Spritzpreßformen mit mechanischer Zuhaltung aufgebaut, während die in der Regel hydraulisch geschlossenen Mehrfachwerkzeuge zweiteilige Einsätze aufweisen, die in einen meist genormten Formhalter eingesetzt werden (Abb. 377).

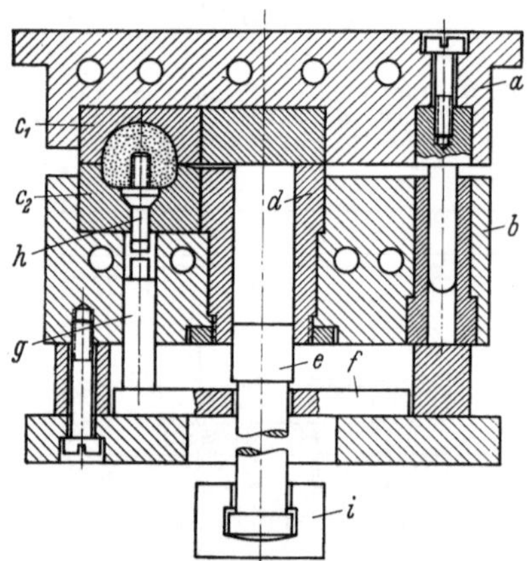

Abb. 377. Spritzpreßform für Spritzpressen von unten. *a* Oberteil, *b* Unterteil, c_1, c_2 Formeinsätze, *d* Spritzzylinder, *e* Spritzkolben, *f* Austoßtraverse, *g* Ausstoßer, *h* Preßgewindestift, *i* Preßunterkolben

Beim Spritzpressen wird die Preßmasse beim Durchgang durch die heiße Düse gleichmäßig durchgewärmt, fließt besser und härtet besser durch. Das Gefüge des Preßteils wird daher homogener und damit weniger anfällig gegen Feuchtigkeitsaufnahme, wodurch sich der elektrische Isolationswert verbessert. Bei der wirtschaftlichen Betrachtung beider Preßverfahren liegen im Spritzpressen u. U. erhebliche Vorteile, besonders wenn es sich um dickwandige Formteile oder um Teile mit Metalleinpressungen handelt. Nachteilig kann sich die geringere mechanische Festigkeit infolge der Füllstofforientierung auswirken. Auch lassen sich nicht alle Duroplaste im Spritzpreßverfahren verarbeiten (Frage des Füllstoffes).

Manche Sorten von Preßmassen, vorwiegend die Typen 30, 31 und 131, können auf *Strangpressen* zu Profilstäben, Rohren u. dgl. verarbeitet werden. Der Werkstoff wird in der Presse von einem Kolben durch ein beheiztes entsprechend geformtes Mundstück gedrückt. Bei härtbaren Preßmassen muß die Temperatur des Mundstückes zum Aushärten des Werkstoffes ausreichen. Sollen die Stäbe aber nachträglich noch gebogen werden, so werden sie beim Pressen noch nicht vollständig ausgehärtet, sondern in noch formbarem Zustand einer Biegevorrichtung zugeführt; erst die fertigen Stücke werden dann ausgehärtet.

33. Werkstoffe

Die Kunststoffe, aus denen durch Pressen Bauteile für die Feinwerktechnik hergestellt werden können, haben eine sehr verschiedenartige chemische Zusammensetzung, die lediglich die Eigenart gemeinsam haben, daß sie eine hochmolekulare Struktur aufweisen[1].

Mit Rücksicht auf die Handhabung dieser Stoffe bei der praktischen Verwendung ist eine Typeneinteilung vorgenommen worden, die in DIN 7708 enthalten ist. Dieser Einteilung liegt die Zusammensetzung und die Verarbeitungsart zugrunde. Die einzelnen Stoffe sind durch einige mechanische, thermische und elektrische Eigenschaften gekennzeichnet.

Tab. 41 gibt eine Übersicht über die wichtigsten aushärtbaren Kunststoffe (Duroplaste) mit ihren Typenbezeichnungen, Hinweisen über ihre Zusammensetzung und Angaben über ihre Eigenschaften. Aus diesen Angaben können Schlüsse für die praktische Anwendung dieser Stoffe gezogen werden.

Die Kunststoffe auf der Grundlage von *Phenolharz*, die auch unter dem Namen *Bakelite* bekannt sind, werden für Bauteile der Feinwerktechnik und Elektrotechnik am meisten angewendet, weil sie neben guten mechanischen und elektrischen Eigenschaften, insbesondere ihrer Isolierfähigkeit, auch gut wärmebeständig sind, wegen ihrer Härtbarkeit während des Herstellungsprozesses der Teile. Die Eigenschaften der verschiedenen Phenolharze sind weitgehend abhängig von den verwendeten Füllstoffen. Holzmehl als Füllstoff (31) gibt dem Kunststoff gute Bearbeitbarkeit durch Pressen, so daß auch kompliziertere Bauformen herstellbar sind. Ferner isoliert dieser Stoff elektrisch gut und ist billiger als die Bakelite mit anderen Füllstoffen. Ähnliche Eigenschaften hat das Phenolharz mit Zellstoffflocken als Füllstoff (51), allerdings ist der spezifische Widerstand nicht so hoch. Zellstoffschnitzel (54) und Zellstoffbahnen (57) erhöhen wesentlich die Kerbzähigkeit und Schlagbiegefestigkeit des Werkstoffes, allerdings auf Kosten des Gütegrades der Verarbeitbarkeit. Noch günstiger bei Schlagbeanspruchungen verhalten sich Kunststoffe mit Gewebestücken (74) und -schichten (77). Asbestfasern (12) erhöhen die Wärmefestigkeit, während Gesteinsmehlfüllung (11) noch günstigere elektrische Widerstandswerte ergibt. Die Auswahl des Werkstoffes muß also nach den Anforderungen an das Bauteil getroffen werden.

Phenolharze lassen sich nur in dunklen Farben herstellen. Sollen die Teile hellere Farben erhalten, so können sie als Kunststoffe auf der Grundlage von *Carbamiden*, z. B. dem Harnstoff, hergestellt werden. Diese sog. *Aminoplaste* werden ebenso wie die Phenoplaste verarbeitet: Sie werden gepreßt und durch Wärmebehandlung gehärtet. Die Verarbeitung ist allerdings schwieriger, weil Preßtemperatur und Preßzeit in engen Grenzen eingehalten werden müssen, um gute brauchbare Preßstücke zu erhalten. Die Werkstoffeigenschaften der fertigen Teile sind denen aus Phenolharz vergleichbar.

Eine weitere typisierte Preßmasse, deren wesentliche Bestandteile ungesättigte Polyesterharze und Füllstoffe sind (Glasfasern oder andere anorganische Füllstoffe), ist die *Polyester-Preßmasse* in den Typen 801, 802 u. 803 nach DIN 16 911.

Die ungesättigten Polyesterharze sind als sog. „Gießharze" bekannt. Durch Mischpolymerisation, z. B. mit Styrol, und unter Mitwirkung von Katalysatoren und Beschleunigern erhält man harte Formkörper. Durch Zusatz von Glasfasern oder dgl. können die mechanischen Eigenschaften erheblich verbessert werden.

---

[1] Von dem umfangreichen Schrifttum auf diesem Gebiet sollen hier nur einige Veröffentlichungen genannt werden: v. MEYSENBUG, C. M. Frhr.: Kunststoffe für Ingenieure, München 1965. — SAECHTLING, H., u. ZEBROWSKI, W.: Kunststoff-Taschenbuch, München 1965. — WANDEBERG, E.: Kunststoffe, Berlin 1959.

Von den Duroplasten aus der Reihe der Polymerisate sind noch die Epoxyharze, auch *Epoxid-* oder *Äthoxylinharze* genannt, anzuführen. Sie können durch die Reaktion von Epichlorhydrin mit vorzugweise Bisphenolen hergestellt werden. Sie haben zunächst linearen Aufbau und enthalten Hydroxyl- und Epoxid-

Tabelle 41. *Die wichtigsten typisierten Formpreßstoffe (Duroplaste).*

	Typ	Füllstoff (Beispiele)	Kennzeichnende Eigenschaften	Hinweise für die Anwendung
Phenolharz	11 11,5 12 13 13,5 13,9 15 16	Schiefermehl Asbest Glimmer Asbest „	guter Isolierstoff, spröde, Brennbarkeit gering, sehr geringe Wasseraufnahme, Fließvermögen und Maßhaltigkeit gut, Preßgewinde schlecht, Biegefestigkeit 5 kp/mm², Wichte 1,8, gut für Spritzpressen höhere Festigkeit bei allgemeiner Beanspruchung, Biegefestigkeit 7 kp/mm², schlechtes Fließvermögen, keine dünnen, hohen Wände, Wanddicke mindestens 2 mm, Preßgewinde sehr schlecht	Bauteile für höhere Temperaturen (bis 150 °C) und bei Beanspruchung durch Wasser und feuchte Räume, z. B. Heizungsgriffe, Heizgerätestecker, Lampenfassungen, Aschenbecher, Griffe für Bügeleisen und Kochtöpfe, Kabelmuffen, Reibbeläge Feuchtraumschalter
	30 30,5 31 31,5 31,8 31,9 32	Holzmehl „ „	Isolierstoff für Schwachstromtechnik, nicht für dauernde Wasserbeanspruchung, gute Maßhaltigkeit, gutes Fließvermögen, Preßgewinde möglich, gut für Spritzpressen geeignet, Typ 31.8 tropenfest, Biegefestigkeit 6···7 kp/mm², hochglänzende Oberflächen, meist schwarz, braun, Wichte 1,35	Größte Anwendung aller Typen, Gehäuse aller Art für Photo, Radio, Büromaschinen, Fernsprecher, Entwicklerdosen, Armaturen- und Klemmbretter, Fensterrahmen, Zählerteile, Hahnküken, Lampenfassungen
	51 51,5 51,9 52 54 57	Papierfasern Zellstoff Faserstücke Papierschnitzel (Zellstoff) Faserbahnen, Papierbahnen (Zellstoff)	mechanisch fester Bau- und Isolierstoff für statische und dynamische Beanspruchung, Oberfläche nicht so gut wie bei Typ 31, für Spritzpressen geeignet stoßfester Bau- und Isolierstoff, schlechtes Fließvermögen, schlechte Maßhaltigkeit, keine dünnen hohen Wände, Kerbzähigkeit gut, Biegefestigkeit 8 kp/mm², Preßgewinde gut, Wichte 1,4 Formgebung mit geschichteten Bahnen, schlechte Oberflächen, höchste Biegefestigkeit 12 kp/mm²	Rolladenteile, Ventilatorjalousien Staubsaugergehäuse o. dgl. Lager, Zahnräder Karosserieteile (beulensicher)
	71 71,8 71,9 74 74 5 74 9 75 77 83 84	kurze Fasern (Textil) Gewebestücke (Textil) Faserstränge Gewebebahnen (Textil) Textil u. Holz Textilschnitzel	gute mechanische Festigkeit, nicht feuchtigkeitsbeständig, schwierige Gratentfernung, gute Maßhaltigkeit, Spritzpressen ist möglich, Wichte 1,4 wie zuvor, Wanddicke mindestens 2 mm, schlagfest, Oberfläche schlechter als Typ 31 festesterKunstharzpreßstoff,splitterfest.Fließvermögen und Maßhaltigkeit schlecht, nur für einfache Teile mit glattem und wechselndem Querschnitt, Formgebung mit geschichteten Bahnen	magnetfreie, bruchsichere und schlagfeste Gehäuse, z. B. Schiffskompaß, Nähmaschinen, Hochspannungsschaltgeräte, Lager, Zahnräder, Teile für Rasten
Harnstoffharz	130 130,5 131 131,5	Holzmehl Zellstoff	gutes Fließvermögen, gute Maßhaltigkeit, geringe Wärmebeständigkeit (100 °C), Preßgewinde schlecht, lichtechte Farben, geschmacklos, gleichmäßige Wanddicke einhalten	Fernsprechapparate, Schalterteile, Modelle, Eßgeschirr, Fensterrahmen, Bauteile für Automobil- und Flugzeugbau, Haushaltgeräte
Melaminharz	150 152 152,7 153 153,5 154 155 156 157	Holzmehl Zellstoff Baumwollfasern B.-Schnitzel Gesteinsmehl Asbestfaser	höhere Wärmefestigkeit, allgemein bis 125 °C, (Typ 156 bis 140 °C), kriechstromfest, die verschiedenen Füllstoffe kennzeichnen besondere mechanische und elektrische Eigenschaften (siehe DIN 7708 Bl. 3). Typ 150 zeigt große Nachschwindung, folglich geringere Maßhaltigkeit	Klemmbretter, Sockel, Schalterteile

gruppen, die mittels Aminen oder Säureanhydriden dibasischer Carbonsäuren vernetzt werden. Die Epoxyharze können je nach Ausführung entweder unter erhöhter Temperatur mit oder ohne Hinzugabe eines zusätzlichen Härters oder schon bei Raumtemperatur nach Hinzugabe eines Härters in den vernetzten Endzustand übergeführt werden (ausgehärtet). So entstehen bei geringem Schwund unlösliche Produkte, die sich durch hohe Haftung auf den meisten Werkstoffen, durch gute mechanische und dielektrische Eigenschaften bei hoher Chemikalien-Beständigkeit auszeichnen. Epoxyharze werden als Bindemittel (Klebstoff), Preß- und Gießharze sowie für Überzüge (Lacke) verwendet. So lassen sich Metalle und andere Werkstoffe, wie Glas, Kautschuk, Keramik und härtbare Kunststoffe (z. B. glasfaserverstärkte) gut miteinander verkleben. Die Verbindungen zeigen durch die hohen Adhäsions- und Kohäsionskräfte hervorragende Festigkeiten. Das Harz bildet die Verbindungsfuge zwischen den Fügeteilen und verfestigt sich im allgemeinen ohne Anwendung von Druck und praktisch ohne Schwund.

Große Anwendung finden die *Epoxyharze als Gießharze*, z. B. beim Zusammenfassen elektrischer Bauteile zu Einheiten hoher mechanischer und elektrischer Festigkeit. Für das Umgießen werden Epoxyharze mit größeren Molekülen und einer geringeren Zahl von Vernetzungsstellen bevorzugt, da diese zu zähelastischen Endprodukten aushärten. Dabei sind Wandstärken jeder beliebigen Dicke möglich.

Für die Herstellung gegossener Bauteile werden den Epoxyharzen Füllstoffe zugesetzt, wobei sich Glimmerpulver gut bewährt hat. Wenn hohe Konzentrationen zur Erhöhung der Wärmeleitfähigkeit erforderlich sind, kann Quarzpulver zugesetzt werden. In der Anwendung als Preßmasse werden den Epoxyharzen kurze Glasfasern als Füllstoffe beigegeben.

34. Preßgerechtes Gestalten

Das fertigungsgerechte Gestalten eines aus einer Preßmasse hergestellten Werkstückes verlangt eine weitgehende Berücksichtigung der Preßformen, des Werkstoffes und des Verfahrens[1].

Das Preß- oder Spritzwerkzeug hat, bedingt durch den Herstellungsprozeß, negativ die Gestalt des Werkstückes. Trotzdem besteht ein Maßunterschied zwischen der kalten Form und dem kalten Preßteil, der auf das Schwinden des Werkstoffes zurückzuführen ist. Die Werkstückform im Werkzeug muß deshalb um das Schwindmaß größer sein als das Werkstück selbst. Das Schwindmaß ist hauptsächlich vom Werkstoff abhängig, aber auch die Aushärtung und die Temperatur, mit der die Preßmasse vorgewärmt wird, ist von Einfluß. Die richtige Bemessung des Werkzeuges bei gegebenen Werkstückabmessungen ist deshalb in hohem Maße von der Erfahrung des Fertigungsfachmannes abhängig. Daraus ergibt sich für die Konstruktion die Regel, daß der Werkstoff für ein Preßteil nicht geändert werden darf, wenn die Preßform bereits vorhanden ist, daß also für einen bestimmten Werkstoff nur eine bestimmte Form verwendet werden darf. Infolge des Schwindens können bei ungeschickter Gestaltung die Preßteile in der Preßform „kleben", was zu Störungen im Fertigungsablauf führen kann.

Maße für Paßstellen und andere Anschlußstellen sowie für sonst wichtige Formen müssen toleriert werden, damit bereits bei der Preßformgestaltung und -herstellung darauf Rücksicht genommen werden kann. Für die Herstellungsgenauigkeit ist maßgebend, ob die Maße formgebunden (Abb. 378a) oder nicht form-

---

[1] VDI-Richtlinien: Gestaltung von Kunstharzpreßteilen. VDI 2001. März 1966.

gebunden (Abb. 378 b) sind. Die Genauigkeit der formgebundenen Maße ist abhängig von der Herstellungsgenauigkeit des Werkzeuges und dem Werkzeugverschleiß, außerdem von der Ungleichmäßigkeit innerhalb des gleichen Preßmassetyps, die ungleiche Schwindung zur Folge haben usw. Bei den nicht formgebundenen Maßen kommen noch andere Einflüsse, wie z. B. die Gratdicke in Preßrichtung, dazu. Toleranzen sollen so grob wie möglich vorgesehen werden, weil enge Toleranzen die Werkzeuge verteuern, eine besondere Masseauswahl benötigen, evtl. verteuernde Sondermaßnahmen, wie Kühlen, Richten,

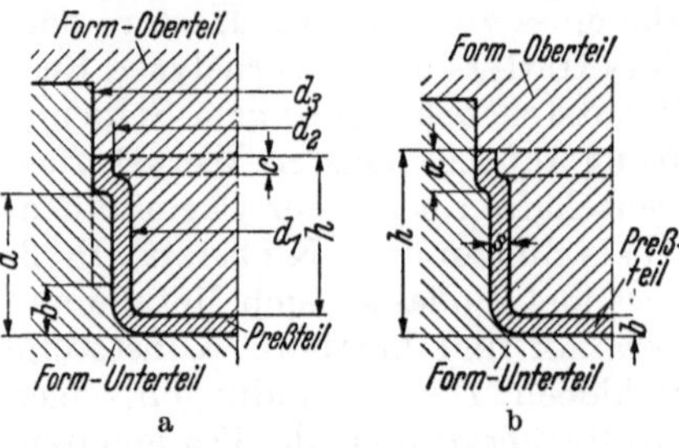

Abb. 378. Maße am Formpreßteil. a formgebundene Maße; b nichtformgebundene Maße

Einzelpressen oder sogar eine spanabhebende Nacharbeit verlangen. Im Normblatt DIN 7710, Bl. 1, sind Toleranzwerte zusammengestellt, die je nach den Anforderungen in den verschiedenen Stufen gewählt werden können.

Beim Gestalten von Preßteilen sind mit Rücksicht auf ihre Fertigung einige grundlegende Regeln zu beachten, die den Richtlinien für Druckgußgestaltung in mancher Hinsicht ähneln.

Da der Preßstoff spröde ist, müssen scharfe Kanten und Ecken an Außenkonturen, Durchbrüchen, Rippen u. dgl. vermieden werden (Abb. 379 u. 380). *Abgerundete Kanten* steigern damit die Festigkeit, erleichtern aber auch das Fließen der Preßmasse in der Form und machen außerdem das Teil häufig ansehn-

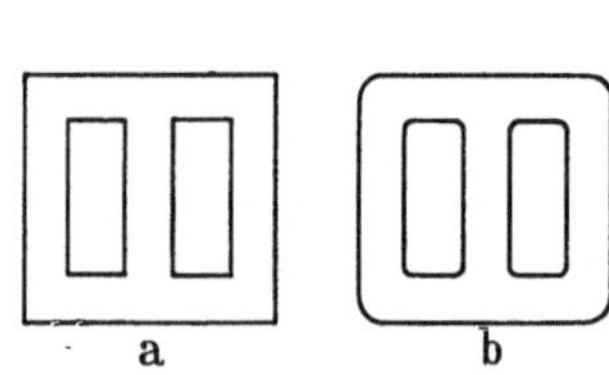

Abb. 379. Ausbildung von Kanten und Ecken. a ungünstig; b günstig

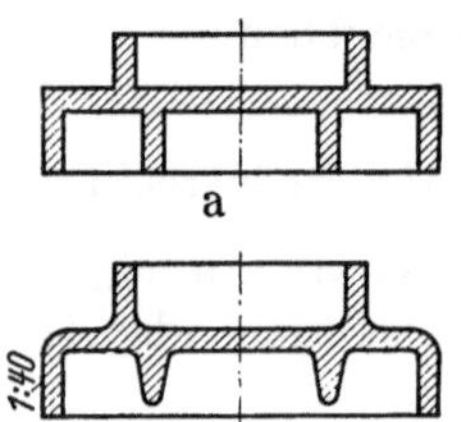

Abb. 380. Rippen, Schrägen und Rundungen. a schlecht; b gut

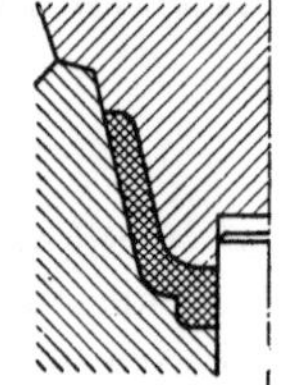

Abb. 381. Kantenausbildung

licher. Der Rundungshalbmesser sollte nicht kleiner als 0,5 mm gemacht werden. Die Kanten, die durch das Zusammentreffen verschiedener Werkzeugteile entstehen (Abb. 381), dürfen mit Rücksicht auf eine einfache Werkzeuggestaltung nicht abgerundet werden.

Damit die Teile sich aus der Preßform gut ausheben lassen, müssen alle Flächen in Ausheberichtung *geneigt* werden. Die Größe der Neigung ist von der Höhe abhängig: bis 10 mm Höhe ist eine Neigung von 1 : 10 erforderlich, bei Höhen bis 100 mm genügt eine Neigung von 1 : 40, bei Höhen bis 200 mm 1 : 100. In die Zeichnung soll die Neigung nicht durch Winkelangabe, sondern mit Maßen am Fuß und am Kopf der geneigten Fläche festgelegt werden. Auch an Schiebern, die zurückgezogen werden müssen, bevor das Werkstück aus der Form ausgeworfen wird, ist eine Neigung der Flächen zweckmäßig.

Die Mindestwanddicke eines Preßteiles ist von der Größe des Teiles, insbesondere von seiner Tiefe abhängig (Abb. 382). Dünne Wände sind nur für Teile aus Preßstoff mit einer großen Festigkeit angebracht. Bei Löchern soll die Wanddicke den dritten Teil der Lochlänge nicht unterschreiten. Ungleiche Wanddicken und Stoffanhäufungen härten ungleich aus (Abb. 383), wodurch Spannungen verursacht werden. Die Aushärtezeit richtet sich stets nach den dicksten Stellen.

Mit Rücksicht auf die Herstellung der Preßform, die die Werkstückform negativ enthält, muß diese möglichst einfach sein. Das Werkstück muß so gestaltet sein (Abb. 384), daß sich eine einfache Formteilung ergibt. Besondere Seitenschieber und Querzüge machen das Werkzeug kompliziert und den Arbeitsvorgang umständlich. Deshalb werden die Werkstücke besser so gestaltet, daß keine Querzüge erforderlich sind (Abb. 385). Deshalb müssen auch Unterschneidungen vermieden werden, die — wenn überhaupt — nur mit Querzügen herstellbar sind (Abb. 386). Der Konstrukteur muß sich klar darüber sein, in welcher Richtung das Werkstück zweckmäßig gepreßt wird und wo die Naht zu liegen kommt; denn danach richtet sich weitgehend die Gestaltung des Teiles. Wird eine Fläche durch die Naht unterbrochen, so ist es günstig, an dieser Stelle eine Wulst vorzusehen, weil dann der Grat leicht entfernt werden kann, ohne die Fläche zu zerkratzen (Abb. 387).

Damit Lochstifte zum Pressen von Löchern beim Öffnen der Form und beim Auswerfen des Werkstückes keine Schwierigkeiten verursachen, weil sie besonders infolge des Schwindens zu fest sitzen könnten, muß ihre Form leicht konisch sein. Damit der Lochstift den Preßdruck auch aushält, darf er nicht länger als das Zweifache des Durchmessers gemacht werden. Sollen tiefere Löcher mitgepreßt werden, so müssen die Lochstifte an der Wurzel verstärkt werden (Abb. 388). Um ein hartes Aufschlagen des Lochstiftes zu ver-

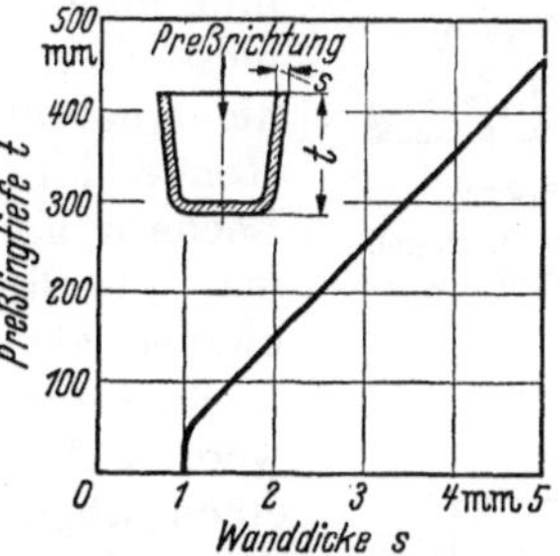

Abb. 382. Wanddicke in Abhängigkeit von der Tiefe des Preßteiles

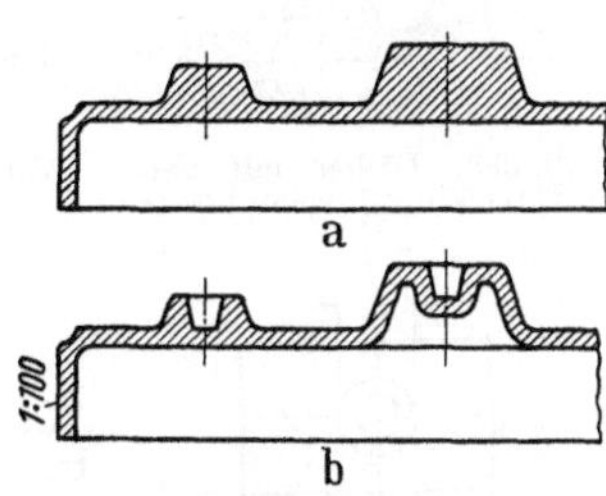

Abb. 383. Vermeiden von Werkstoffanhäufungen

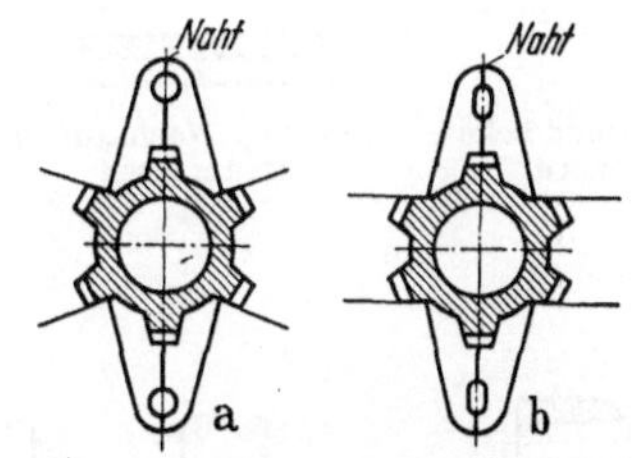

Abb. 384. Gestaltung mit Rücksicht auf Formteilung. a ungünstig; b günstig

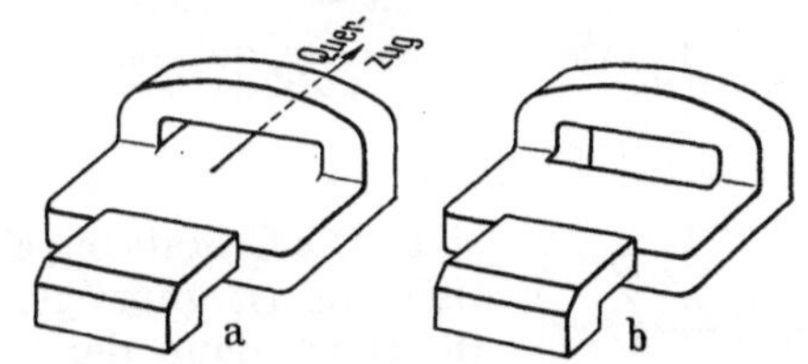

Abb. 385. Vermeiden von Unterschneidungen. a Querzug notwendig; b ohne Querzug herstellbar

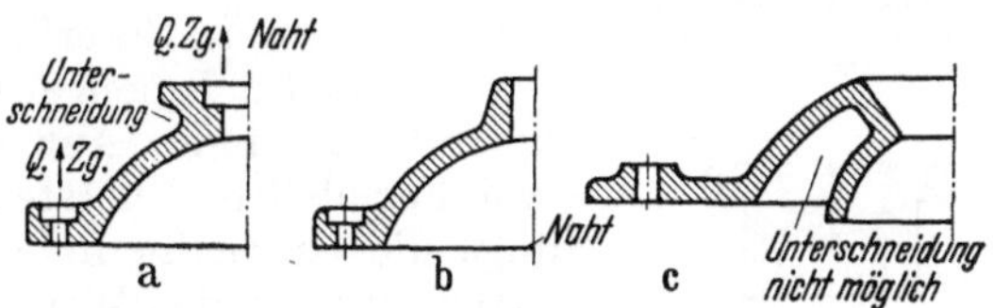

Abb. 386. a Ungünstige Formgebung; b günstige Formgebung bei anderer Nahtlage; c Unterschneidung nicht herstellbar

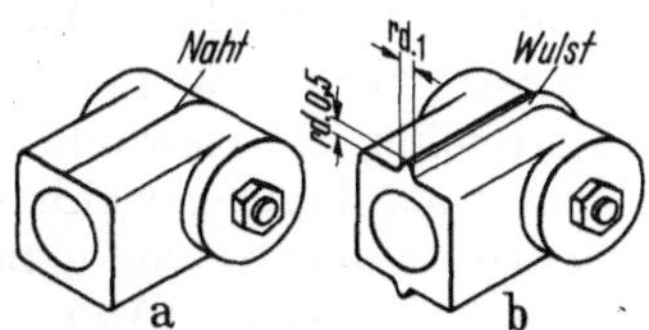

Abb. 387. Wulst an der Naht. a ungünstig; b günstig

meiden, läßt man das Loch möglichst nicht ganz durchgehen, sondern läßt eine dünne Wand stehen (Abb. 389), die nachträglich leicht entfernt werden kann. Um Bruch zu vermeiden, dürfen Löcher nicht zu dicht an den Rand gesetzt werden. Die Randdicke s (Abb. 390) muß mindestens gleich dem Lochdurchmesser sein. Läßt sich diese Randdicke nicht einhalten, so wird das Loch zum Rande hin geöffnet (Abb. 391). Bei Löchern an Ecken von Teilen macht man die Stegbreite s (Abb. 392) nicht kleiner als $^1/_3 \cdots {}^1/_4$ der Teildicke h. Lochkanten dürfen nicht abgerundet werden (Abb. 393), weil ein solches Loch einen abgesetzten Stempel erfordert, dessen Absatz Markierungen hinterläßt. Soll jedoch das Loch abgesetzt sein (c), so kann am Absatz der Übergang gerundet werden. Seitenlöcher müssen parallele Achsen haben (Abb. 394), damit sie mit einem Seitenschieber herstellbar

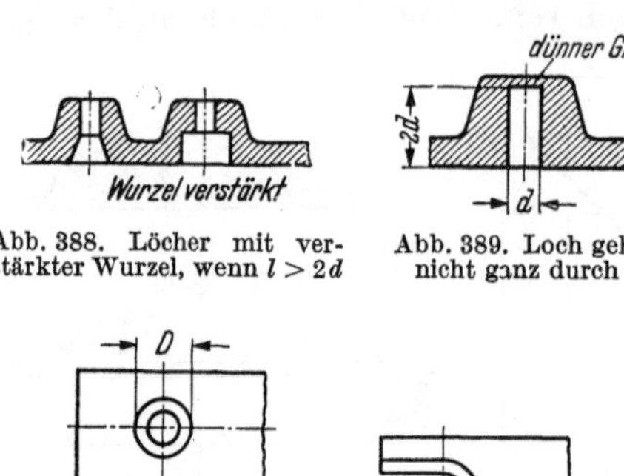

Abb. 388. Löcher mit verstärkter Wurzel, wenn $l > 2d$

Abb. 389. Loch geht nicht ganz durch

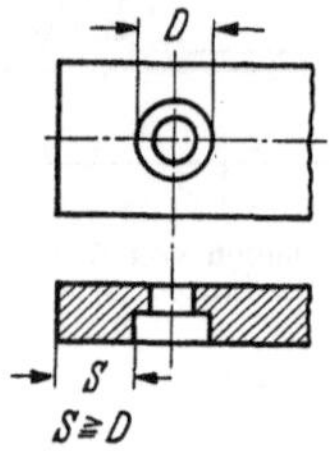

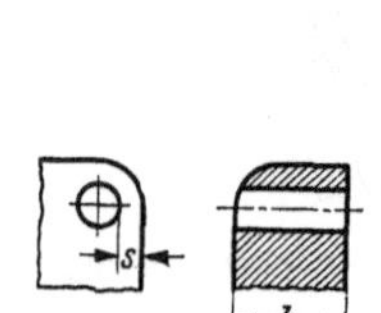

Abb. 390. Randdicke bei Löchern

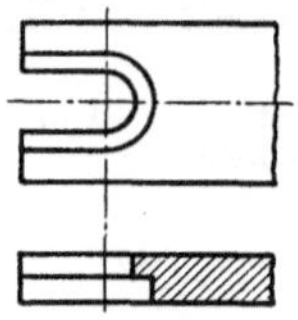

Abb. 391. Nach außen offenes Loch

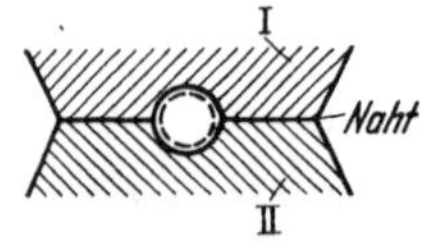

Abb. 392. Randdicke bei hohen Teilen

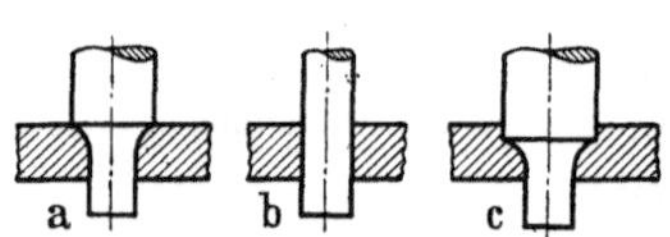

Abb. 393. Gestaltung der Lochkanten. a schlecht; b besser; c auch gut

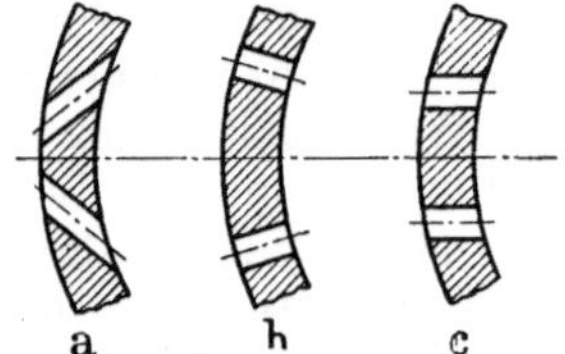

Abb. 394. Lage mehrerer Löcher. a nicht möglich; b ungünstig; c gut

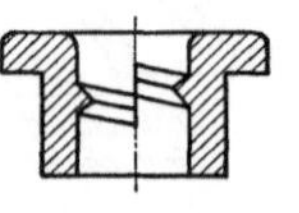

Abb. 395. Pressen von Bolzengewinden mit Naht am Gewinde

sind. Die Gestaltung eines Werkstückes mit Löchern in Preßrichtung ist günstiger als mit Löchern senkrecht zur Preßrichtung; denn der Seitenschieber wird dadurch vermieden und die Fertigung wird wirtschaftlicher.

Gewinde lassen sich mitpressen, wenn der Durchmesser nicht zu klein ist. Sie erfordern im Werkzeug herausschraubbare Kerne für Innengewinde und abschraubbare Muttern für Außengewinde. Außengewinde lassen sich billiger mit zwei Formhälften herstellen (Abb. 395), dann muß allerdings die Gratnaht in Kauf genommen werden. Gewinde verteuern zwar das Werkzeug, die Fertigung wird aber billiger, als wenn das Gewinde nachträglich ein- oder aufge-

Abb. 396. Muttergewinde mit einem Gang

schnitten wird. Außerdem wird das gepreßte Gewinde besser als das geschnittene, weil durch das Einschneiden die Preßoberfläche zerstört wird. Bei Kunststofftypen mit feiner Struktur wird eine Toleranzgüte „mittel" nach DIN 13 erreicht; das Gewinde wird glatt, sauber und zylindrisch, sollte aber nicht kleiner als 3 mm gewählt werden. Bei Typen mit gröberer Struktur darf ein Gewindedurchmesser von 5 mm nicht unterschritten werden. Muttergewinde mit nur einem Gang (Abb. 396) lassen sich ohne Kern mitpressen. Die Formteilungsfläche, an der der Ober- und Unterstempel zusammenstoßen, liegen an diesem Gewindegang und sind diesem angepaßt. Manchmal genügt es sogar, wenn der Gewindegang nur von zwei Warzen mit einem Querschnitt des Gewindeprofils gebildet wird.

Sollen *Rändelungen* an Stellgriffen mitgepreßt werden, so sollte die Teilung so grob wie möglich gewählt werden: nicht kleiner als 1,5, möglichst aber 2···4 mm. Der Grat an einem Rändel läßt sich schlecht entfernen (Abb. 397a), wenn die Teilungsebene mit dem Rändel abschließt. Hört das Rändel vorher auf, bleibt also ein kurzer zylindrischer Absatz stehen, so läßt sich an diesem der Grat leichter entfernen (Abb. 397b). An Stelle der Rändel können für denselben Zweck Profilierungen (Abb. 398), schmale Leisten (Abb. 399), Kerben (Abb. 400) oder Flächen (Abb. 401) vorgesehen werden, die formtechnisch günstiger sind als Rändel. Kordelungen lassen sich nicht pressen.

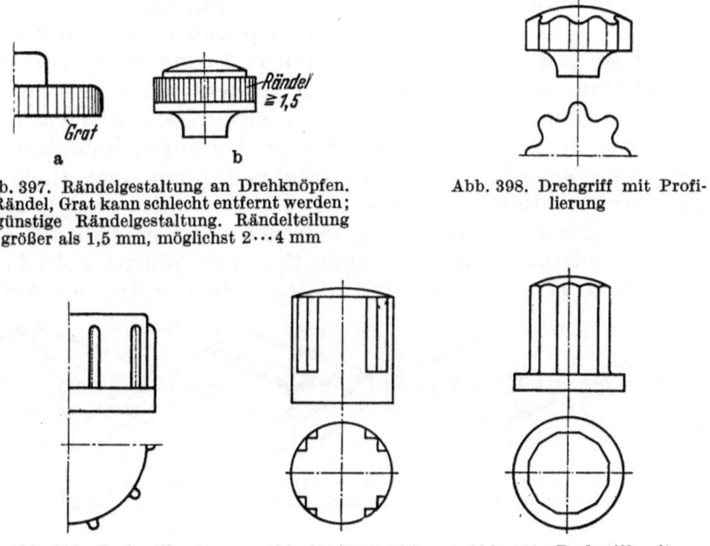

Abb. 397. Rändelgestaltung an Drehknöpfen. a Rändel, Grat kann schlecht entfernt werden; b günstige Rändelgestaltung. Rändelteilung größer als 1,5 mm, möglichst 2···4 mm

Abb. 398. Drehgriff mit Profilierung

Abb. 399. Drehgriff mit schmalen Leisten

Abb. 400. Drehgriff mit Kerben

Abb. 401. Drehgriff mit ebenen Flächen

Die Beschaffenheit der *Werkstückoberfläche* ist von der Oberfläche der Preßform abhängig, kann aber durch Nacharbeit verbessert werden. Wird für nicht sichtbare Teile kein Wert auf eine formschöne Oberfläche gelegt, so genügt eine *Stumpfpressung*, wobei die Gratnähte sichtbar bleiben. Bei sichtbaren Oberflächen wird *Glanzpressung* angewendet. Ohne Nacharbeit wird die Oberfläche nicht gleichmäßig blank, deshalb wird sie für höhere Ansprüche poliert oder geglänzt. Ist das Glänzen unerwünscht, so kann die Oberfläche *mattiert* werden. *Gemusterte* Oberflächen erfordern einen besonderen Aufwand am Werkzeug.

35. Festigkeitsbedingtes Gestalten

Preßteile, die eine hohe mechanische Festigkeit haben müssen, werden aus Preßmassen hergestellt, deren Festigkeitseigenschaften (s. DIN 7708, Bl. 1) günstig sind. Auch nichtgeschichtete Preßmassen wie 16, 74, 54 weisen Werte für Schlagzähigkeit, Kerbzähigkeit und Dehnung auf, die diejenigen des Graugusses übertreffen. Die Härte und die Dauerfestigkeit sind ebenfalls günstig, die Zugfestigkeit dagegen ist gering, geringer als bei Grauguß. Die Festigkeitswerte der Preßstoffe sind in der Größe mit denen des Aluminiumgusses vergleichbar.

Was den Kunststoffen im Vergleich zu metallischen Werkstoffen an Festigkeit mangelt, kann durch eine geschickte Gestaltung ausgeglichen werden. Besonders die Querschnitte, die die größten Beanspruchungen aufzunehmen haben, müssen widerstandsfähig gestaltet werden, damit die Spannungen nicht zu hoch werden. An plötzlichen Querschnittsänderungen, Nuten, Kerben, Durchbrüchen usw. (Abb. 402), können Spannungen auftreten, die die sonst im Stück entstehenden Spannungen um das Mehrfache übersteigen. Durch sinnvolle Gestaltung müssen solche Spannungsspitzen vermieden werden.

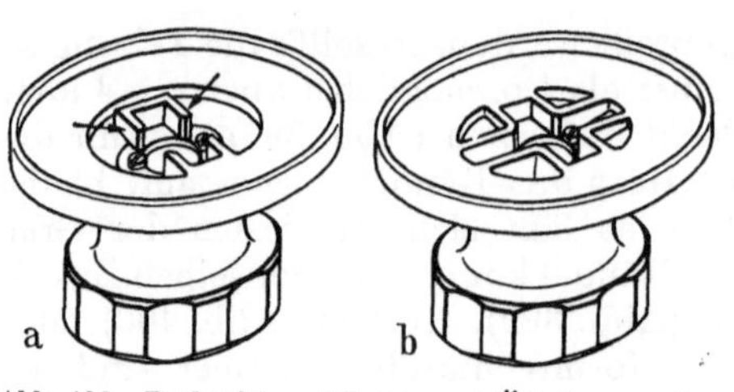

Abb. 402. Drehgriff. a Rippen zum Übertragen der Drehbewegung (am Pfeil) zu schwach; b bessere Rippenversteifung

Ferner muß so gestaltet werden, daß innere Spannungen, herrührend vom Herstellungsvorgang, nicht entstehen können. Dickenunterschiede im Querschnitt z. B. kühlen ungleichmäßig ab, schwinden infolgedessen auch verschieden und verursachen innere Spannungen. Hierzu kommt bei ungleichmäßiger Werkstoffverteilung eine unterschiedliche Durchhärtung und damit wechselnde Festigkeit. Durch Rippenkonstruktionen, Wölbungen, Profilierungen u. dgl. kann in der Gestaltung dieser Forderung Rechnung getragen werden. Abb. 403 zeigt einige Konstruktionen für Grundplatten in ungünstiger und günstiger Ausführung. Die Form in Abb. 403a ist ungünstig, weil die Grundplatte an vier Auflagestellen

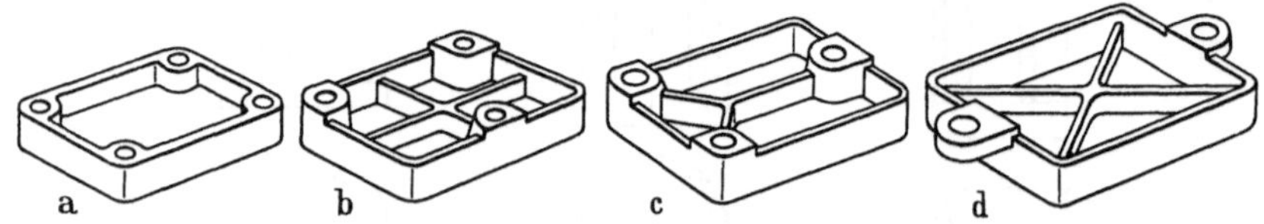

Abb. 403. Grundplatte. a Form schlecht, Vierpunkt- bzw. Randauflage; b und c Form günstiger, Dreipunktauflage; d Form auch günstig, Zweipunktauflage; Rippengestaltung bei b···d gut

angeschraubt wird, wodurch bei Unebenheiten leicht Spannungen entstehen. Die Augen schließen zu scharfkantig an den Seitenwänden an, die Wände sind zu wenig versteift. Die Ausführungen b, c und d zeigen günstige Versteifung durch Rippen, wobei diese an den Übergangsstellen gut gerundet sein müssen. Durch die Befestigung an zwei oder drei Stellen ist immer eine gute Auflage vorhanden, besonders wenn die Augen gegenüber dem Rand und dieser gegenüber den Rippen vorstehen. Es genügt, wenn die Augen um 0,5···1 mm vorstehen.

Günstige Gestaltungen von Preßstoffteilen an Befestigungsaugen zeigen die Abb. 404b···d und 405b gegenüber einigen ungünstigen Ausführungen in den Abb. 404a und 405a. Der Werkstoff ist am Auge zu sehr angehäuft, das Auge schließt mit dem Rand ab und gewährleistet deshalb keine sichere Auflage. Die Form wird günstiger, wenn das Auge dünn gemacht und durch Rippen (Abb. 404b)

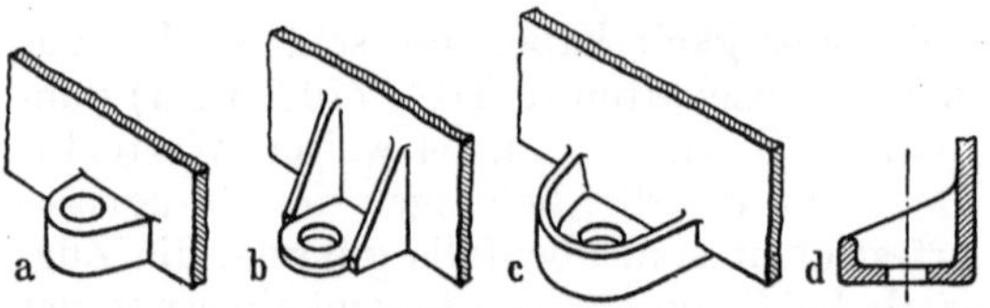

Abb. 404. Befestigungsaugen. a schlechte Form; b, c und d bessere Formen

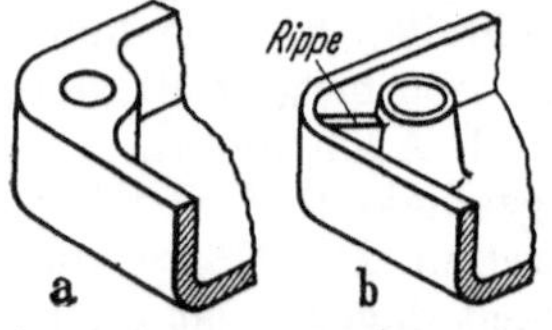

Abb. 405. Augen innen liegend. a schlechte Form; b bessere Form

oder Ränder (Abb. 404c) versteift wird. Außerdem stehen die Augen in den Ausführungen der Abb. 404b und c vor und gewährleisten damit eine Auflage an den gewollten Stellen. Ist ein Auge durch einen Rand versteift (Abb. 406), so muß beim Anschrauben eine Unterlegscheibe verwendet werden, deren Durchmesser so groß ist, daß der Rand die Anzugskraft mit aufnehmen kann. Ist ein Langloch vorgesehen, so darf, um Querschnittsunterschiede zu vermeiden, das Auge nicht kreisrund ausgebildet werden (Abb. 407), sondern es muß dem Loch angepaßt sein.

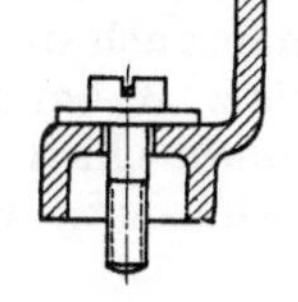

Abb. 406. Befestigung am Auge mit genügend großer Unterlegscheibe

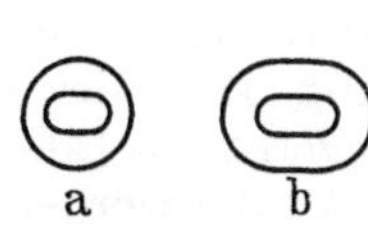

Abb. 407. Form des Auges dem Loch angepaßt. a ungünstig; b günstiger

Winkel, Doppelwinkel und ähnliche Profile dürfen nicht durch Wandverdickungen (Abb. 408a), sondern müssen durch Rippen versteift werden (Abb. 408b und c). Eine rippenähnliche Versteifung erhält man auch, wenn längs der Profilkante an einer Stelle oder an mehreren die Wandung eingezogen wird (Abb. 408d). Ebene Wandun-

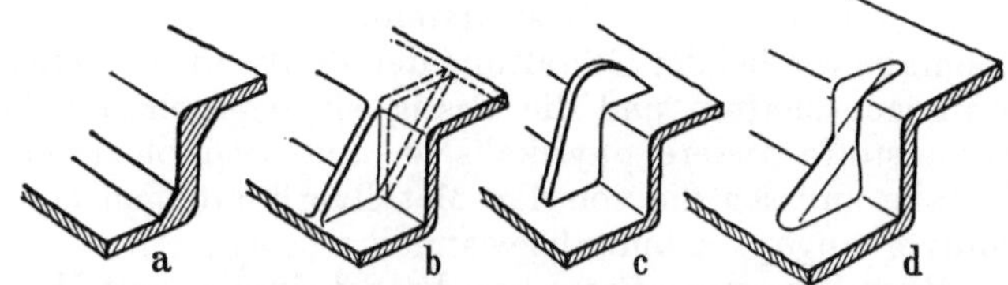

Abb. 408. Versteifung von Winkelprofilen. a Form schlecht, weil Werkstoff angehäuft; b Rippen auf beiden Seiten; c Rippe auf einer Seite über die Stufung gezogen; d Wandung zur Versteifung eingezogen

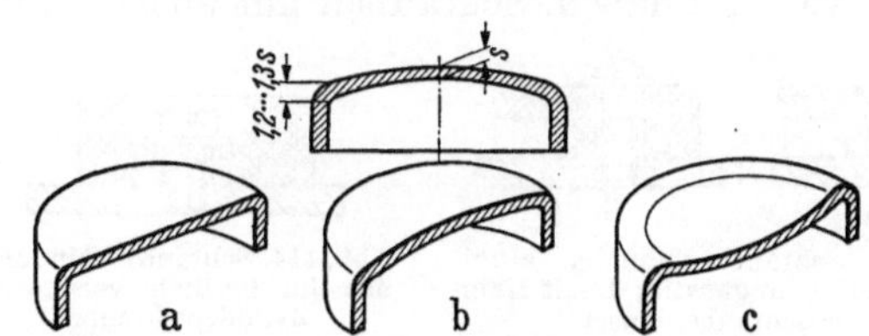

Abb. 409. Flacher Hohlkörper. a Bodenwandung eben, ungünstig; b Bodenwandung nach außen gewölbt; c Bodenwandung nach innen gewölbt

gen (Abb. 409a) sind nicht so widerstandsfähig wie gewölbte (Abb. 409b u. c); deshalb werden an Gehäuseteilen, Deckeln oder anderen Hohlkörpern die Bodenflächen oft entweder nach innen oder nach außen gewölbt ausgeführt, wobei es zweckmäßig ist, in der Mitte der Bodenwandung diese dünner gegenüber dem Rande zu machen. Bodenflächen,

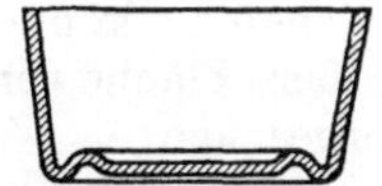

Abb. 410. Hohlkörper mit durch Wulst versteifter Bodenfläche

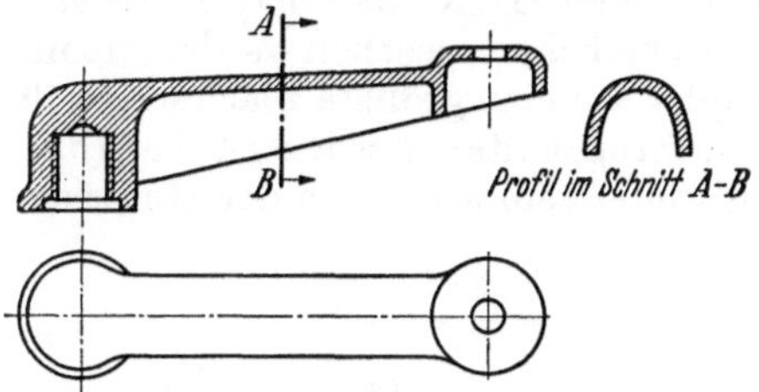

Abb. 411. Kurbel durch Profilierung versteift

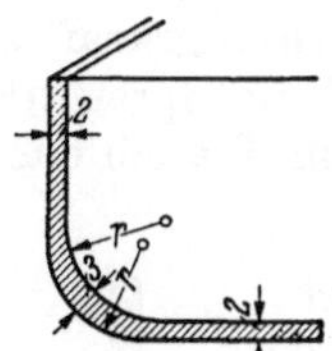

Abb. 412. Versteifung eines Hohlgefäßes durch Verdickung der Wandung an der Bodenrundung

die eine gute Auflage haben sollen, können an Stelle der Wölbung nach innen, die unter Umständen unerwünscht und störend ist, eine Versteifung durch eine wulstförmige Profilierung (Abb. 410) erhalten.

9 a   Sieker/Rabe, Feinwerktechnik KB 13, 2. Aufl.

Bei auf Biegung beanspruchten Werkstücken, z. B. Hebeln, Kurbeln (Abb. 411) od. dgl., wird durch Profilierung des Querschnittes trotz dünner Wandung eine widerstandsfähige steife Form erreicht.

Gelegentlich kann man auch durch etwas unterschiedliche Wanddicken eine Versteifung erhalten, wie z. B. am Bodenübergang eines hochwandigen Gefäßes (Abb. 412); der Dickenunterschied darf aber nicht zu groß gewählt werden (s. eingetragene Maße in Abb. 412), wenn die gleichmäßige Durchhärtung nicht gefährdet werden soll.

36. Fügegerechtes Gestalten

Beim Zusammenfügen von Preßstoffteilen untereinander oder mit Metallteilen müssen neben Gesichtspunkten eines wirtschaftlichen Zusammenbaus ebenfalls wie bei der Gestaltung der Preßstoffteile selbst die Verfahren, die Werkstoffeigenschaften und die Festigkeitseigenschaften berücksichtigt werden. Da Kunststoffe andere physikalische und technologische Eigenschaften haben als Metalle, müssen die von den Metallverbindungen her bekannten Fügeverfahren sinnvoll angepaßt und abgewandelt werden.

Beim Zusammenfügen von Preßstoffteilen mit Metallteilen mittels *Schrauben* soll hauptsächlich aus Festigkeitsgründen möglichst das Metallteil das Gewinde tragen. Die Befestigungsschrauben müssen vom Rand des Teiles einen genügend großen Abstand haben. Schrauben mit ebener Auflage des Schraubenkopfes sind den Senkschrauben vorzuziehen (Abb. 413), weil bei diesen infolge der Keilwirkung des Kopfes leicht Bruch entstehen kann. Die Durchgangslöcher für die Schrauben und die Senkungen für die Schraubenköpfe (Abb. 414) müssen einen genügend großen Durchmesser erhalten, um Maßabweichungen infolge der Werkstoffschwindung ausgleichen zu können. Damit sich die Kraft beim Anziehen der Schraube auf eine größere Fläche verteilt, werden meist Unterlegscheiben unter dem Schraubenkopf vorgesehen.

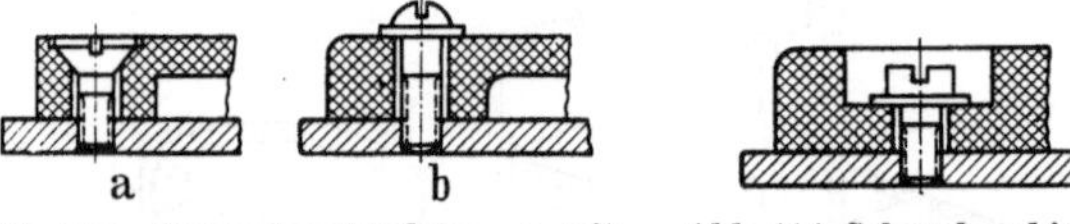

Abb. 413. Schraubverbindung. a mit Senkschraube, ungünstig; b mit Halbrundschraube, besser

Abb. 414. Schraubverbindung mit im Preßteil versenkter Zylinderschraube

Bei *Nietverbindungen* an Preßstoffteilen dürfen die Kräfte zur Bildung von Nietköpfen nicht direkt auf den Preßstoff wirken, weil dieser Werkstoff spröde ist und deshalb nicht plastisch nachgeben kann. Um die Nietkraft von vornherein klein zu halten, werden vorwiegend Rohrnietformen (DIN 7339 und 7340) verwendet. Aber auch dann müssen noch Unterlegscheiben vorgesehen werden, damit die Verformungskraft zur Bildung des Nietkopfes auf eine größere Fläche verteilt wird und die Spreizkräfte von dem Preßstoff ferngehalten werden (Abb. 415a). Deshalb muß auch das Loch im Preßstoffteil weiter sein als das in der Unterlegscheibe.

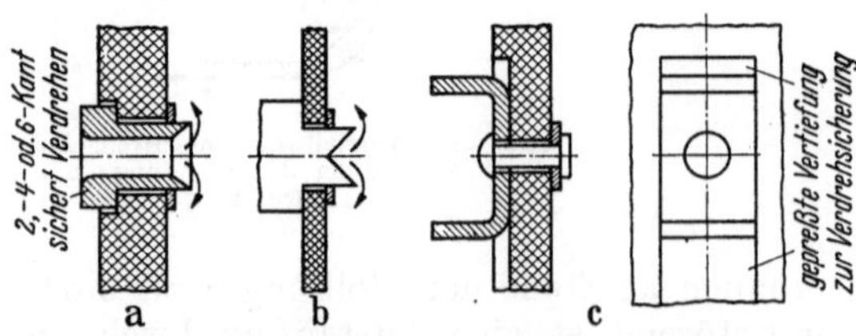

Abb. 415. Nietung mit Unterlegscheiben. a Bördelnietung; b Kerbnietung; c verdrehsichere Befestigung mit einem Niet

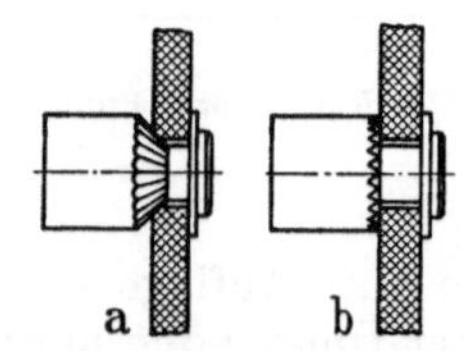

Abb. 416. Verdrehsicherung durch Rändel. a Rändel auf Kegelansatz; b Stirnrändel

Eine in ein Preßstoffteil einzunietende Buchse (Abb. 416) kann durch Rändelung der Auflagefläche gegen Verdrehen gesichert werden. Eine Zahnscheibe an Stelle einer glatten Unterlegscheibe kann dem gleichen Zweck dienen. Unrunde Metallteile werden in Vertiefungen des Preßstoffteiles, die sich beim Pressen leicht herstellen lassen, aufgenommen (Abb. 415a und c), so daß ein Verdrehen des Metallteiles gegenüber dem Preßstoffteil nicht mehr möglich ist. Dies ist besonders dann bedeutsam, wenn bei der späteren Verwendung Verdrehkräfte an der Verbindung auftreten, wie z. B. an dem Kontaktstück in Abb. 417.

Für untergeordnete Zwecke können Metallteile durch Kerbnägel (DIN 1476) an Preßstoffteilen befestigt werden.

Ähnliche Voraussetzungen wie beim Nieten gelten beim *Verlappen* von Metallteilen in Preßstoffteilen. So ist z. B. eine Verlappung nach Abb. 418a, bei der

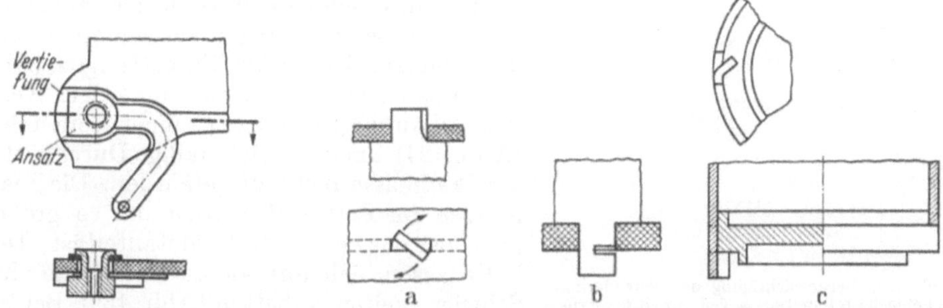

Abb. 417. Einnietmutter mit Ansatz für Verdrehsicherung

Abb. 418. Lappenverbindung. a schlechte Lappenausbildung; b gute Lappenausbildung; c Anwendung

durch Verdrehen des Lappens die Verbindung hergestellt wird, ungünstig, weil durch die Verformung des Lappens bis zu seiner Wurzel das Preßstoffteil auseinander getrieben wird. Wird der Lappen geschlitzt (Abb. 418b) und beim Herstellen der Verbindung nur der äußere Teil verformt, so bleibt der Preßstoff dabei unbeansprucht.

Preßstoffteile lassen sich mit Metallteilen durch *Einbetten* dieser Teile im Preßstoff beim Herstellen der Preßstoffteile verbinden. Die Metallteile werden in die Preßform eingelegt und dann vom Preßstoff umpreßt[1]. Diese Einbettungen werden vorgesehen, wenn an das Bauteil stellenweise Anforderungen in bezug auf Festigkeit, elektrische Leitfähigkeit usw. gestellt werden, die der Preßstoff nicht erfüllen kann. Da das Einbetten von Metallteilen die Herstellung der Preßstoffteile komplizierter macht und damit verteuert, wird es nur dann angewendet, wenn andere Verbindungsverfahren nicht möglich oder unwirtschaftlicher sind. Oft können Einbettungen vermieden werden, wenn man durch geschickte Formgebung die Teile nur zusammenzustecken braucht, um sie miteinander zu verbinden. Ist eine Einbettung nicht zu vermeiden, so müssen sowohl die einzubettenden Metallteile als auch die Preßstoffteile richtig gestaltet werden, damit bei der Herstellung kein Ausschuß entsteht. Der Preßstoff darf sich an dem eingebetteten Teil nicht so stark verziehen, daß er reißt. Die Metallteile müssen sich im Werkzeug so sicher aufnehmen lassen, daß sie sich unter der Einwirkung des Preßdruckes nicht verlagern oder verformen. Deshalb dürfen auch die Metallteile nicht in den stärksten Preßmassestrom gelegt werden (Abb. 419).

---

[1] Siehe auch VDI/VDE-Richtlinie 2251, Bl. 6.

9*

Preßstoff hat einen etwa viermal größeren linearen Ausdehnungskoeffizienten als Metall, er schwindet also beim Abkühlen viel mehr als dieses. Beim Einbetten muß diese Eigenschaft beachtet werden. Deshalb müssen z. B. längere Metallteile in der Mitte verankert werden (Abb. 420). Metallteile dürfen auch nicht zu dicht unter der Oberfläche liegen (Abb. 421), weil sonst an diesen Stellen Ausbauchungen entstehen. Eine feste Verbindung durch Einbetten erhält man nur dann, wenn der Preßstoff das Metallteil umgibt und nicht umgekehrt. Soll trotzdem Preßstoff in Metall eingebettet werden (Abb. 422), so muß für eine gute Verankerung gesorgt werden. Durch das stärkere Schwinden des Preßstoffes entstehen Spannungen, die zum Bruch führen, wenn die Gestalt des Teiles nicht so widerstandsfähig ist, daß diese Spannungen aufgenommen werden können. Einseitige Einbettungen (Abb. 423) müssen deshalb vermieden werden. Werkstoffanhäufungen dürfen nicht entstehen (Abb. 424), um das gleichmäßige Durchhärten der Preßmasse nicht zu gefährden. Die Spannungen im Preßstoff werden um so größer, je größer das eingebettete Metallteil ist. Deshalb lassen sich nur kleine Metallteile ohne Schwierigkeiten einbetten (Abb. 425). Bei Metallteilen, die elektrische Spannung führen,

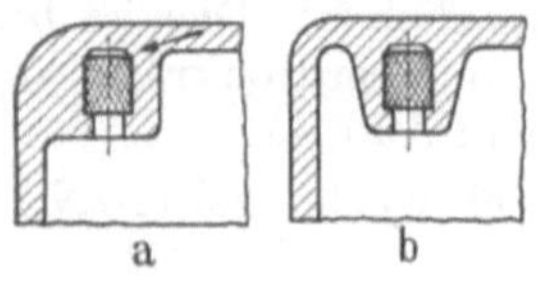

Abb. 419. Eingebettete Buchse. a Form ungünstig, weil Buchse in Hauptfließrichtung der Preßmasse liegt; b Form besser

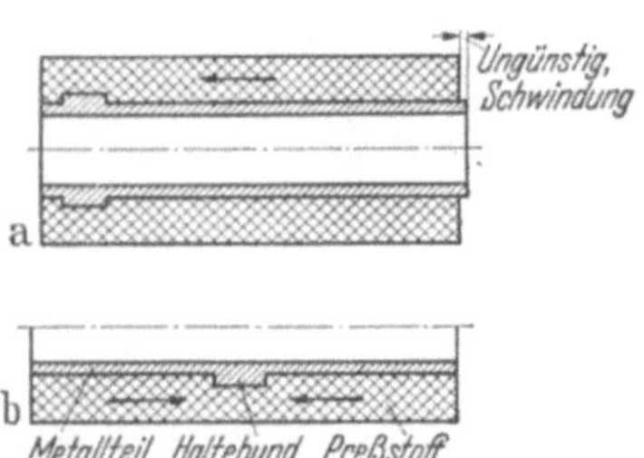

Abb. 420. Berücksichtigung der Schwindung bei eingebettetem Teil. a Teil einseitig verankert, ungünstig; b Teil in der Mitte verankert, besser

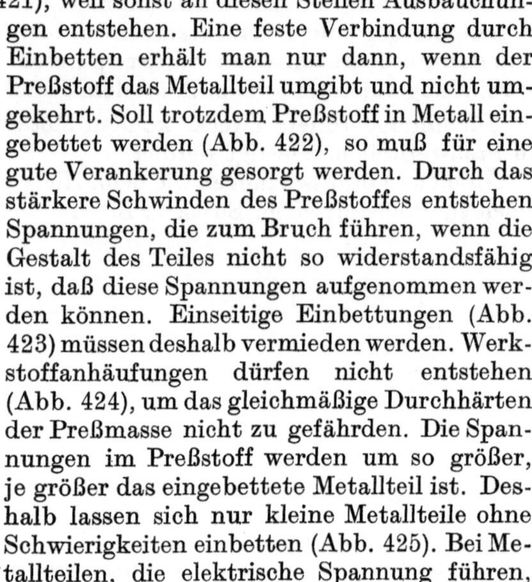

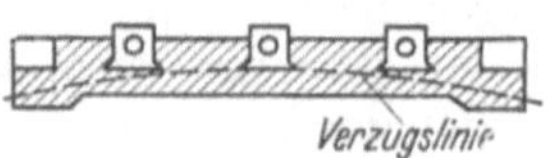

Abb. 421. Lage des eingebetteten Teiles. a zu dicht an der Oberfläche, Ausbauchung; b Form besser

Abb. 422. Metall umschließt Preßteil. a Form ungünstig; b Form besser

Abb. 423. Metallteile einseitig eingebettet, Werkstück verzieht sich

Abb. 424. Werkstoffanhäufung vermeiden. a Form ungünstig; b und c Formen besser

erfordert die Berücksichtigung der Kriech- und Luftstrecken besondere Gestaltungsmaßnahmen (Abb. 426 und 427). Soll eine eingebettete Metallbuchse mit der Oberfläche des Preßstoffteiles abschließen (Abb. 428), so muß ein Auge vorgesehen werden, damit nachträglich übergeschliffen werden kann. Ragt

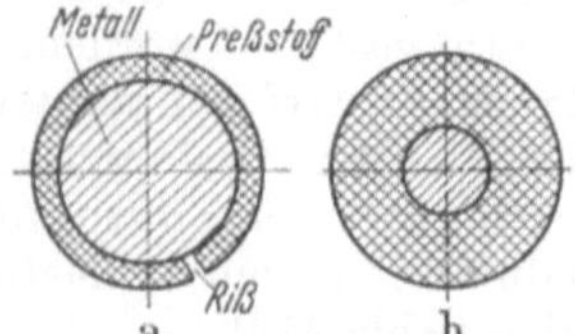

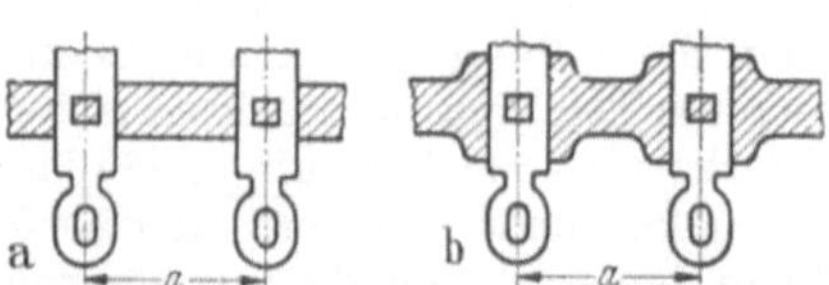

Abb. 425. Querschnittsverhältnisse. a Querschnitt des Metallteiles zu groß, Wandung des Preßstoffteiles zu dünn; b besseres Querschnittsverhältnis

Abb. 426. Eingebettete Lötösen. a Kriechstrecke kurz, ungünstig; b Kriechstrecke länger, Form günstiger

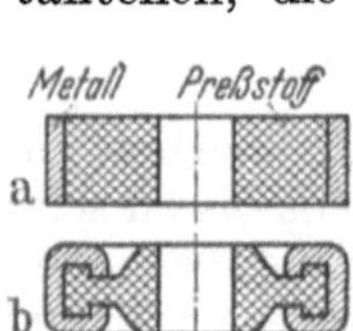

die Buchse aus dem Preßstoffteil heraus, so muß sie rund gestaltet sein, damit
der Preßgrat leicht entfernt werden kann (Abb. 428c).

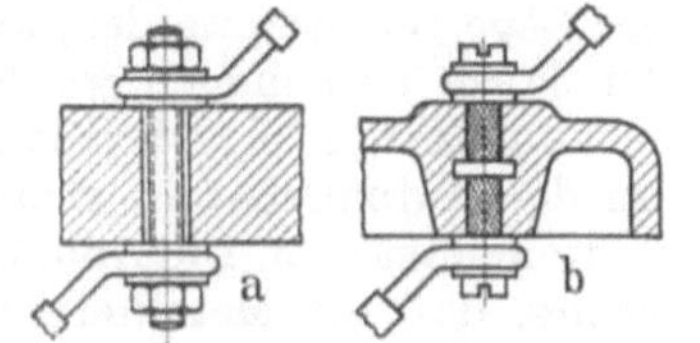

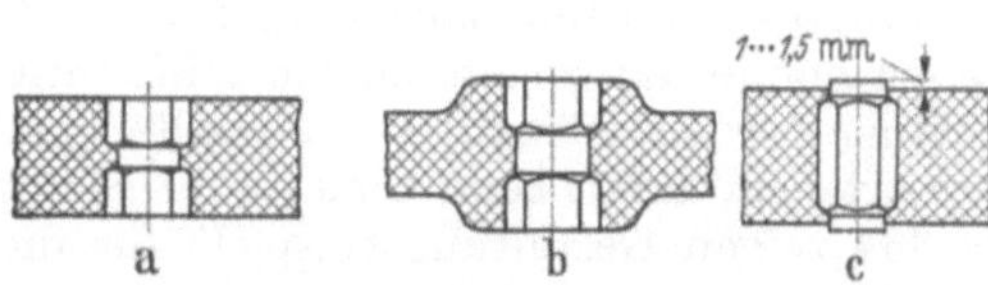

Abb. 427. Schraubklemme. a Preßteil zu dick;
b Metallteil eingebettet

Abb. 428. Eingebettete Muttern. a ungünstige Formgebung;
b Auge zum Nacharbeiten; c Preßgrat läßt sich leicht entfernen

In Preßstoff eingebettete Metallteile sitzen an sich bereits fest, weil — wie
bereits erwähnt — Preßstoff beim Abkühlen mehr schwindet als Metall. Trotzdem
werden die Metallteile durch eine besondere Formgebung zur Sicherheit noch
besonders im Preßstoff verankert. Welche Formgebung dabei den Vorzug erhält,
richtet sich nach dem Fertigungsablauf des Metallteiles und nach den vorkommenden Beanspruchungen am fertigen Bauteil. Metallteile mit kreisrundem Querschnitt sind günstiger als Teile mit anderen Profilen, weil die Maßnahmen am
Werkzeug zu ihrer Aufnahme leichter herstellbar sind. Abb. 429 zeigt als Beispiel

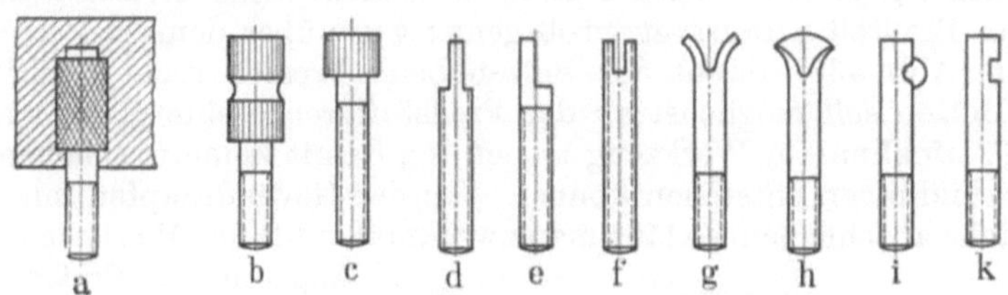

Abb. 429. Gestaltung der Verankerung für Gewindebolzen

die Gestaltungsmöglichkeiten von einzubettenden Gewindebolzen. Die Ausführungen c···f sind ungünstig, weil die Preßmasse in die Gewindegänge eindringen
kann. In Abb. 430 sind entsprechende Ausführungen von Gewindemuttern dargestellt. In DIN 16903 sind Abmessun-
gen solcher Einpreßmuttern genormt. Sie
liegen in drei Ausführungen vor: offen,
geschlossen (mit Scheibe) und geschlossen
(mit Sackloch); diese Formen sollten bevorzugt verwendet werden.

Abb. 431 zeigt einige Beispiele für eingebettete Metallteile, die aus Blech her-

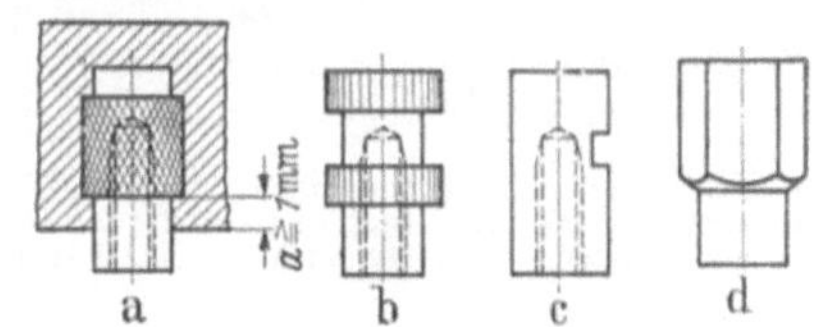

Abb. 430. Gestaltung der Verankerung für Gewindebuchsen

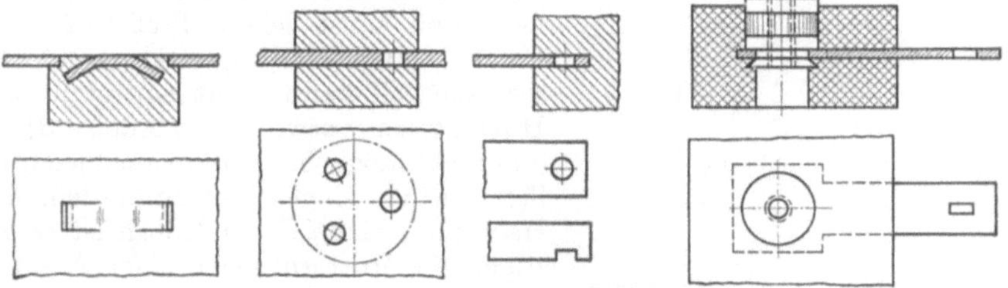

Abb. 431. Verankerung von Blechteilen

gestellt sind. Die Verankerung läßt sich, besonders wenn die Blechteile gestanzt sind, leicht durch Ausklinkungen oder Löcher erreichen.

Die einzubettenden Metallteile müssen sich leicht in die Preßform einlegen lassen, sie müssen in dieser beim Pressen gut in ihrer Lage gehalten werden, und die Preßteile müssen nach dem Pressen leicht der Form entnommen werden können, ohne daß umständliche Hilfseinrichtungen zum Halten der Metallteile betätigt werden müssen. Die Metallteile müssen an der Aufnahmestelle richtig toleriert sein, damit beim Einlegen keine Schwierigkeiten entstehen. Die Abb. 432 bis 434 zeigen Gestaltungsbeispiele für die Forderung, daß die Metallteile im

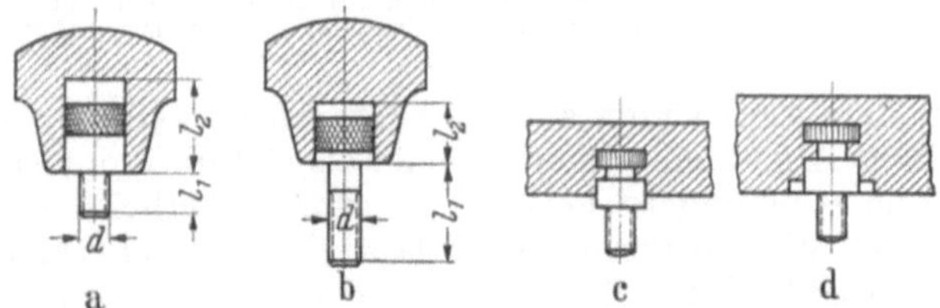

Abb. 432. Eingebettete Gewindebolzen. a l_1 zu klein gegenüber l_2, ungünstig; b Abmessungen besser; c zylindrischer Ansatz zum Halten in der Preßform; d Vertiefung für Auge am Werkzeug

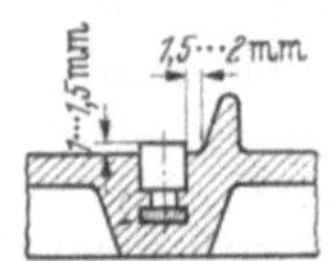

Abb. 433. Metallteil nicht zu dicht an Rippe

Werkzeug sicher gehalten werden müssen. Bei einem vollen Bolzen muß der Teil, der aus dem Preßteil herausragt, groß genug gegenüber dem Teil sein, der eingebettet ist (Abb. 432), damit der Bolzen beim Pressen nicht schief gedrückt wird. Der Bolzen soll möglichst an der Preßstoffgrenze eine glatte zylindrische Fläche zur Aufnahme im Werkzeug tragen (c), damit keine unschönen und störenden Gratbildungen entstehen können. Soll der Gewindezapfen mit der Preßstoffoberfläche abschließen, so läßt man zweckmäßig (d) das Werkzeug mit einem Auge in das Preßstoffteil eingreifen. Metallteile dürfen nicht zu dicht an Rippen, Wände oder dgl. gelegt werden (Abb. 433), weil dadurch Aufnahmeschwierigkeiten im Werkzeug eintreten können. Muttern oder Buchsen lassen sich auch einbetten, wenn sie nicht aus dem Preßteil herausragen oder bis zu ihrer Oberfläche reichen (Abb. 434). Sie werden dann von einem Dorn gehalten, auf den sie aufgesteckt oder aufgeschraubt werden. Muttern sollen möglichst aufgeschraubt werden, weil sonst leicht Preßstoff in die Gewindegänge eindringen kann (b). Dieser Nachteil kann nicht eintreten, wenn Hutmuttern verwendet werden (d). Ist dies nicht möglich, so kann auch nachträglich Gewinde eingeschnitten werden. Beim Halten auf einen Gewindedorn ist es günstiger, die Muttern gegen einen Ansatz zu schrauben, um ihm einen sicheren Halt

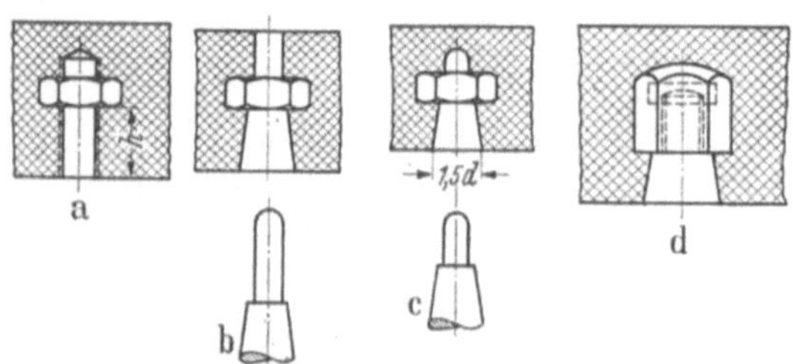

Abb. 434. Muttern unsichtbar eingebettet. a Lage kann sich leicht verändern; b Preßstoff dringt in Gewindegänge ein; c Preßstoff dringt auch noch etwas in Gewindegänge ein; d Hutmutter günstig

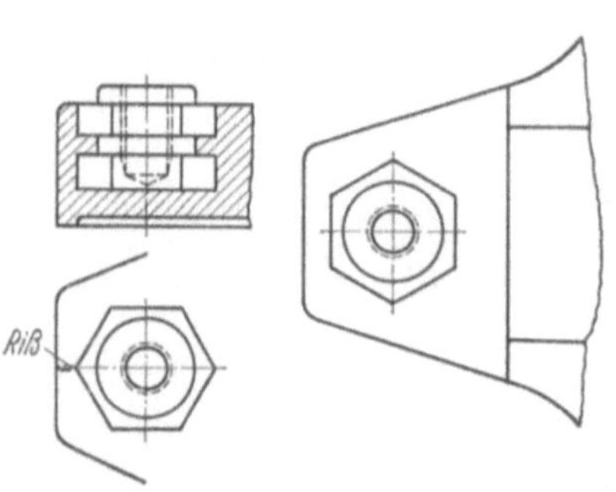

Abb. 435. a ungünstige Lage der eingebetteten Mutter; b günstige Lage

zu geben. Wird dies nicht gemacht (a), so kann sich die Mutter beim Pressen leicht verdrehen; das Maß h kann dann schlecht eingehalten werden. Sechskantmuttern, die dicht am Rand liegen (Abb. 435), müssen so gelegt werden, daß eine Fläche des Sechskantes (b) und nicht eine Kante diesem Rand zugekehrt ist, um das Reißen an dieser Stelle zu verhindern.

Bei Metallteilen, die quer zur Preßrichtung liegen (Abb. 436), besteht die Gefahr der Verlagerung beim Pressen. Durch eine Stütze (b) kann diese Gefahr verringert werden. Zur Aufnahme des Teiles ist meist eine Kernbeilage erforderlich.

Da das Einbetten von Metallteilen in Preßstoffteilen einen komplizierteren Aufbau der Preßform bedingt und den Preßvorgang erschwert, wird es — wenn irgend möglich — vermieden und durch andere Anordnungen ersetzt. Günstiger ist das *Einlegen* von Metallteilen in dafür vorgesehene Ausnehmungen, Vertiefungen, Durchbrüche usw., die bei günstiger Lage preßtechnisch leicht herstellbar sind.

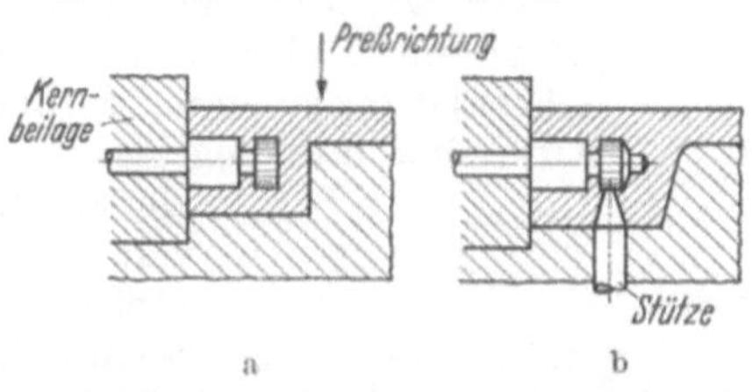

Abb. 436. Eingebettetes Metallteil quer zur Preßrichtung. a Teil verschiebt sich leicht beim Pressen; b Teil abgestützt

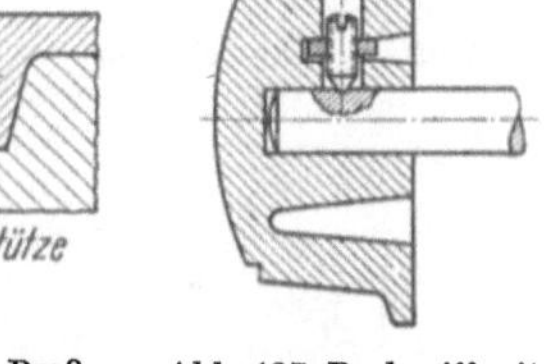

Abb. 437. Drehgriff mit eingelegter Mutter

Diese eingelegten Teile werden dann meist durch Verbindungselemente, die sowieso vorgesehen werden müssen, nebenbei mit gegen Herausfallen gesichert. So zeigt z. B. Abb. 437 die Befestigung eines Drehgriffes auf einer Welle mit einer Klemmschraube. Da beim Anziehen der Schraube das Muttergewinde stark beansprucht wird, ist eine Mutter eingelegt, die nach dem Herstellen der Klemmverbindung wegen der hindurchgehenden Schraube nicht mehr aus dem Preßteil herausfallen kann. Abb. 438 zeigt eine ähnliche Verbindung von Metallstücken, die zur Herstellung elektrischer Leitungsverbindungen dienen, mit einer Preßstoffleiste. Die Ausnehmungen zur Aufnahme der Metallteile lassen sich leicht kernlos zwischen dem Ober- und Unterteil der Preßform herstellen. Die Metallteile werden in die fertige Preßstoffleiste eingeschoben und durch die Anschlußschrauben zum Anklemmen der elektrischen Leitung auf der einen Seite gegen Herausfallen gesichert. In dem Preßstoffteil in Abb. 439, das als Steckbuchse dient, sind aus Blech hergestellte Stanzteile in Ausnehmungen eingelegt und durch zwei Schweißpunkte je zwei Teile *1* und *2* bzw. *1a* und *2a* so zusammengefügt, daß sie nicht mehr herausfallen können.

Ähnliche *Schachtelverbindungen*, die meist bei elektrischen Geräten verwendet werden, er-

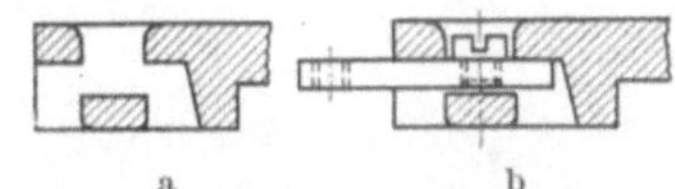

Abb. 438. Preßteil mit eingestecktem Anschlußteil. a Preßteil; b Metallteil eingesteckt und mit Klemmschraube gehalten

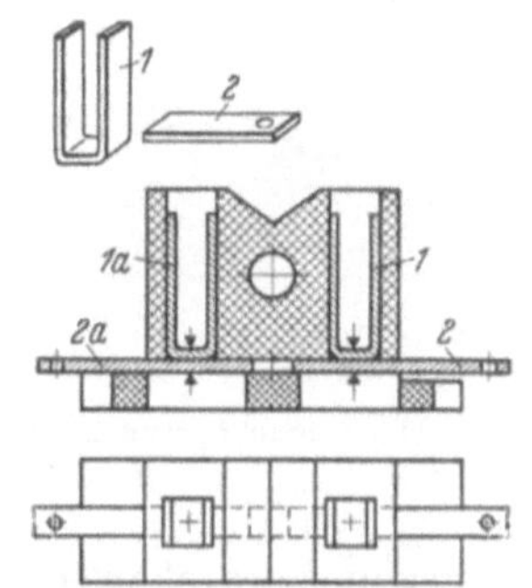

Abb. 439. Steckbuchsen in Preßteil

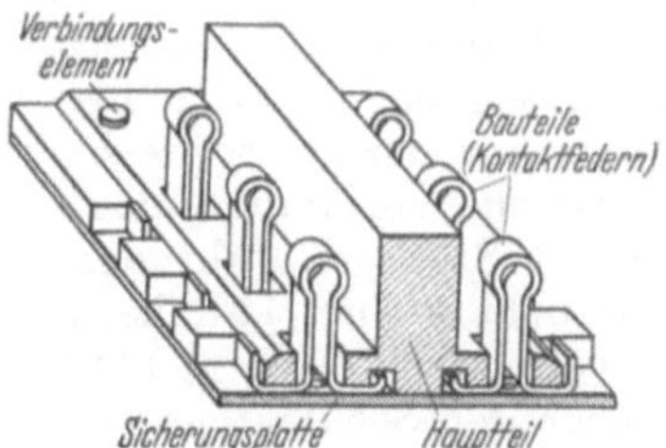

Abb. 440. Leiste mit Steckkontakten

hält man, wenn durch die Verbindung zweier Preßstoffteile durch Schrauben, Niete od. dgl. eingelegte Metallteile mit verbunden werden. Entweder dient das Zusammenfügen der Preßstoffteile ausschließlich dem Befestigen der Metallteile oder dieser Zweck wird nebenbei mit erreicht. Als Beispiel zeigt Abb. 440 eine Mehrfachsteckkontaktleiste, in der die aus Band gebogenen Steckkontakte in Durchbrüche des Hauptteiles eingesteckt und an Ausnehmungen gehalten werden. Eine Hartpapierplatte, die an zwei oder mehr Stellen mit dem Hauptteil vernietet wird, hält sämtliche Steckkontakte fest, so daß sie nicht mehr herausfallen können.

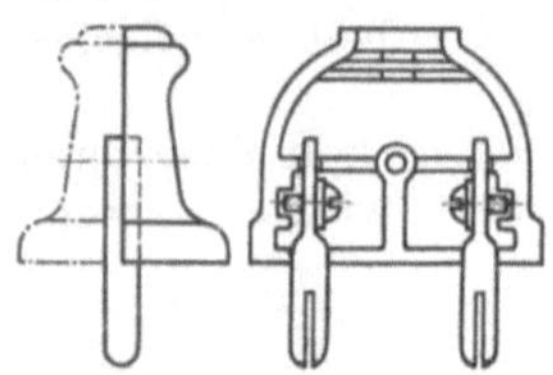

Abb. 441. Doppelstecker

Der Doppelstecker in Abb. 441 ist aus zwei gleich geformten Teilen zusammengesetzt, die mit einer Schraube miteinander verbunden sind. Die Steckerstifte sind nur eingelegt, sie werden durch Anziehen der einen Schraube unverrückbar mit gehalten. Die beiden Preßstoffteile werden aus fertigungstechnischen Gründen zweckmäßig gleich gestaltet, obgleich manche Einzelteile der Form nur einseitig benötigt werden, damit man sie in einer Preßform herstellen kann.

Ein weiteres komplizierteres Beispiel zeigt Abb. 442, eine Lampenschraubfassung mit Steckereinrichtung. Durch das Zusammenfügen der beiden Schalenhälften *1a* und *1b* durch zwei Hohlniete werden eine ganze Reihe von Metallteilen und Preßstoffteilen für die elektrische Funktion des Bauteiles mit verbunden, ohne daß Einbettungen von Metallteilen im Preßstoff notwendig sind. Der eingelegte Gewindering *2* ist durch eine Ausnehmung, in die eine Nase des Preßstoffteiles ein-

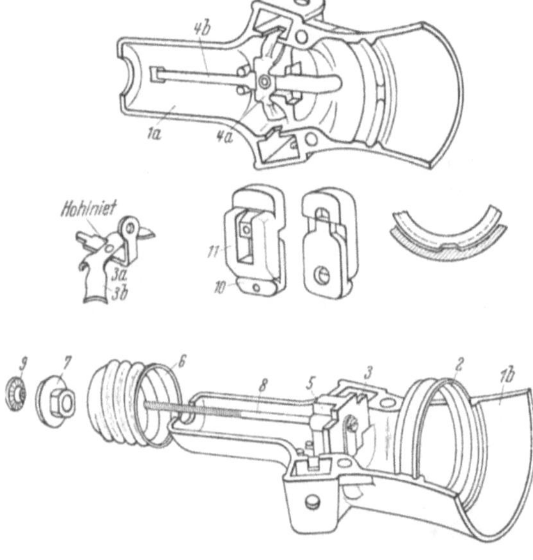

Abb. 442. Schraubfassung mit Steckereinrichtung

greift, gegen Verdrehen gesichert. Vier Kontaktteile *3a*, *3b*, *4a* und *4b*, die paarweise durch Hohlniete zu den Bauteilen *3* und *4* miteinander verbunden sind, dienen zur elektrischen Stromführung. Ein Preßstoffteil *5* sichert den Abstand der Teile *3* und *4*. Die Sockelkappe *6* wird über die zusammengelegten Schalenteile geschoben, in die ein Preßstoffteil *7* eingedrückt ist. Die Verbindungsschraube *8* hält mit der Mutter *9* die Teile *5*, *6* und *7* zusammen und stellt zugleich die elektrische Verbindung des Teiles *3* mit dem Teil *9* her. Die Sicherungsschieber, die die Steckereinführungsöffnungen von innen verschließen, wenn sie nicht gebraucht werden, bestehen aus zwei zusammengelegten Preßstoffteilen *10* und *11*, die von einer Feder (nicht dargestellt) auseinandergedrückt werden. Zwei durch Löcher der Schalenteile *1a* und *1b* gesteckte Rohrniete verbinden dann sämtliche zusammengesteckten Teile der Fassung.

Kunststoffteile lassen sich unter Umständen durch *Kleben* oder *Leimen*[1] miteinander verbinden. Beim Kleben haften die Teile infolge ihrer Klebfähigkeit aneinander, oder diese Fähigkeit wird durch ein Lösemittel herbeigeführt; die Verbindung wird also ohne Verwendung von Zwischenschichten aus einem anderen Stoff hergestellt. Nichthärtbare Kunststoffe lassen sich auf diese Weise miteinander verbinden.

Beim *Leimen* werden zwei Werkstücke mit einem verbindenden Mittel, einem Leim, miteinander verbunden. Für diese hauptsächlich bei härtbaren Kunststoffen verwendete Methode werden Kunstharzleime mit Säurehärtebeschleunigern benutzt. Ein Zusammenfügen von Werkstücken durch Leimen kommt nur dann in Frage, wenn das Bauteil aus formtechnischen Gründen aus einem Stück nicht herstellbar ist. Die Leimfuge, die weniger haltbar ist als das gepreßte Teil, muß durch eine geeignete Gestaltung mit Ansätzen, Zentrierrändern u. dgl. entlastet werden. Abb. 443 zeigt ein aus zwei Teilen zusammengeleimtes Hohlgefäß, das wegen der engen Öffnung aus einem Stück nicht herstellbar ist. Die Teile greifen mit Zentrierrändern ineinander, mit denen sie möglichst schon fest zusammen-

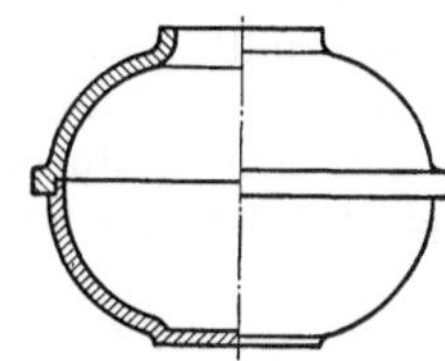

Abb. 443. Hohlgefäß, aus zwei Teilen zusammengesetzt

sitzen sollen. Das Leimen in der Paßfuge macht dann die Verbindung lediglich unlösbar. Bei Belastungen werden die Kräfte ganz oder zum Teil vom Zentrierrand aufgenommen, so daß die Leimstelle entlastet ist.

c) Spritzgußteile
37. Überblick über die Verfahren

Thermoplastische Formmassen, angeliefert als Granulat, werden im geschmolzenen Zustand unter Druck durch eine Düse in die geschlossene Form eingespritzt (ähnlich wie bei einer Metall-Druckgußmaschine) und zu *Spritzgußteilen* verarbeitet. Man bezeichnet die thermoplastischen Massen daher häufig mit „Spritzgußmassen". Diese Massen erfahren während ihrer Verformung in der maßgeblichen Temperatur keine chemische Umwandlung, sie „härten nicht aus", sondern erstarren in der kalten Form. Anfallender Abfall, durch Einguß und Verbindungskanäle, kann daher in bestimmten Prozentsätzen der Originalmasse zugesetzt, also wieder verarbeitet werden, was bei den Duroplasten nicht der Fall ist. In Abb. 444 ist schematisch der Aufbau einer normalen Spritzgußmaschine mit Kolbenaggregat dargestellt. Aus einem Masse-Vorratsbehälter *f* fällt über eine Dosiereinrichtung (im Schema nicht dargestellt) das Granulat in den sog. Masse-

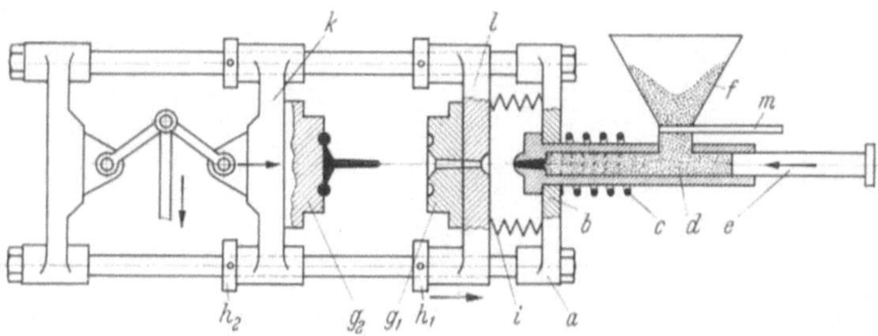

Abb. 444. Schema einer Kolben-Spritzgußmaschine für thermoplastische Massen. *a* Maschinenständer, *b* Düsenkopf, *c* Heizung, *d* Spritzzylinder, *e* Spritzkolben, *f* Masse-Vorratsbehälter, g_1, g_2 bewegliche Formhälften, h_1, h_2 Anschläge, *i* Federn, *k* Formschließplatte, *l* Düsenplatte, *m* Sperrschieber der Dosiereinrichtung

---

[1] Begriffe s. DIN 16921.

oder Spritzzylinder *d* und wird hier auf Fließtemperatur erhitzt. Zu diesem Zwecke ist der Zylinder *d* in der Regel mit einer Außenheizung *c* versehen, die so bemessen sein muß, daß die eingebrachte Füllung durchweg die für das Spritzen erforderliche Plastizität erhält. Der Spritzkolben *e* spritzt dann unter hohem Druck die heiße, plastische Masse durch eine Düse *b* in die gegen die Düse gefahrene Form.

In vielen Fällen beträgt der spezifische Spritzdruck (gemessen am Spritzkolben) etwa $800 \cdots 2000 \ \mathrm{kg/cm^2}$, jedoch werden auch höhere Spritzdrücke erreicht.

Die Form wird entweder rein mechanisch über Kniehebel, oder mechanisch-hydraulisch mit Kniehebel in Verbindung mit einem hydraulischen Antrieb, oder sogar vollhydraulisch ohne Verwendung von Kniehebeln geschlossen. Ein guter Formschluß trägt wesentlich zur Maßeinhaltung bei Spritzgußteilen bei, denn ungenügender Formschluß ergibt unzulässige Gratbildung und damit keine maßlich genauen Formteile.

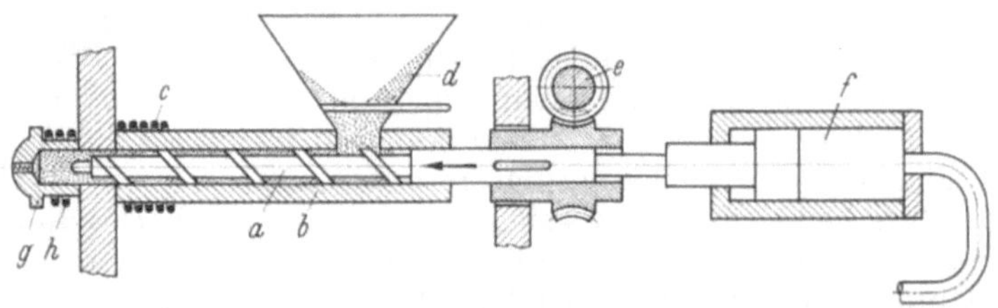

Abb. 445. Schema eines Schneckenaggregats für Spritzgußmaschinen. *a* Schneckenkolben, *b* Zylinder, *c* Heizung, *d* Masse-Vorratsbehälter, *e* Getriebe für Schneckendrehung, *f* Hydraulik für Schneckenschub, *g* Düse (mit Verschluß), *h* Düsenheizung

Für die Herstellung hochbeanspruchter Spritzteile, die bei bester thermischer Schonung des Kunststoffes eine völlig gleichmäßig durchwärmte, spritzfähige Masse erfordern, sind sog. *Schneckenspritzgußmaschinen* entwickelt worden, die an Stelle des Spritzkolbens eine Transportschnecke nach Art der Schneckenpressen aufweisen. Diese Transportschnecke dient dabei gleichzeitig als Druckelement für das Ausspritzen aus der Düse. Die Spritzgußmasse wird dem von außen beheizten Zylinder *b* kontinuierlich bei drehendem Schneckenkolben *a* zugeführt und hier plastifiziert. Der eigentliche Spritzvorgang kann dabei nach zwei verschiedenen Grundprinzipien eingeleitet werden. Entweder wird für das Ausspritzen der Masse die Spritzdüse gegen den Schneckenkolben oder umgekehrt

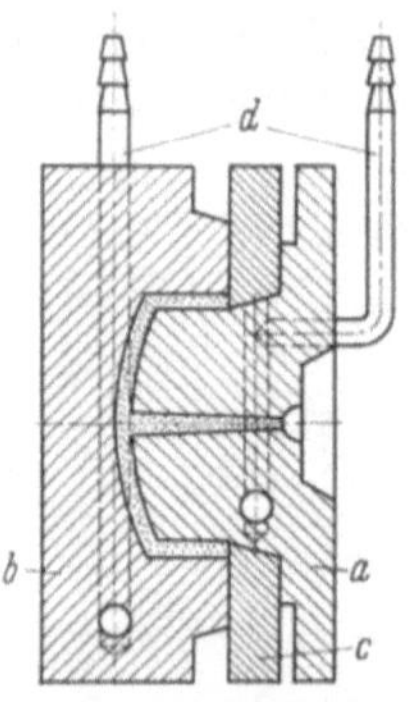

Abb. 446. Anspritzen eines topfförmigen Spritzlings von innen. *a* Stempelplatte, *b* Gesenkplatte, *c* Abstreifplatte, *d* Wasseranschluß

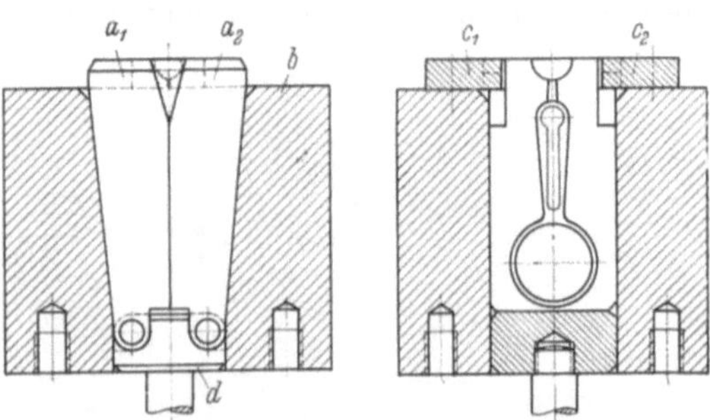

Abb. 447. Zweibacken-Spritzgußform mit angelenkten Backen. a_1, a_2 Backen, *b* Futter, c_1, c_2 Keilplättchen, *d* Ausstoßplatte

der Schneckenkolben gegen die Düse bewegt. Im vorliegenden Schema ist das zweite Arbeitsprinzip wiedergegeben. Die völlig homogen durchknetete und durchwärmte Masse schichtet sich im Zylinder vor der Schnecke auf, die Düse g ist durch einen nicht dargestellten Verschluß geschlossen, die Rückwärtsbewegung des Schneckenkolbens wird durch einen verstellbaren Anschlag begrenzt. Ist die für einen Schuß dosierte Masse genügend erweicht, dann wird der Schneckenkolben wie der bei der Kolbenmaschine übliche Einspritzkolben nach vorn gedrückt, z. B. durch eine Hydraulik f, und spritzt die heiße Masse durch die nun geöffnete Düse in die gegengefahrene geschlossene Form. Eine Rückstausperre verhindert den Rückfluß der plastischen Masse längs der Schneckengänge, so daß sich der Einspritzdruck in der gleichen Größenordnung wie bei einer Kolben-Spritzgußmaschine halten läßt.

Die Werkzeuge, die in der Regel zweiteilig sind, werden im Gegensatz zu den Preßformen nicht geheizt, sondern gekühlt. Im Aufbau unterscheidet man auch hierbei einfache Werkzeuge nach Art der Füllraumform (Abb. 446) und Backenspritzgußformen (Abb. 447). Jegliche Schieber für Hinterschneidungen oder Schraubeinsätze u. dgl. müssen bei den Vorgängen der Werkzeugschließung und -öffnung automatisch gesteuert werden. Diese Steuereinrichtungen machen die Werkzeuge kompliziert und führen oftmals zu vorzeitigem Verschleiß. Als Beispiel zeigt Abb. 448 das Schema eines Mehrfachwerkzeugs für Kappen mit Innengewinde, die so um ein zentrales Antriebsrad d angeordnet sind, daß beim Drehen dieses Rades sämtliche Gewindekerne c gleichzeitig herausgeschraubt werden. Hierzu tragen die Gewindekerne jeweils ein Zahnrad, das sich mit dem zentralen Antriebsrad im Eingriff befindet. Das Antriebsrad wird zweckmäßig über ein Steilgewinde (z. B. verwundener Vierkantstab e) gedreht, wobei die Steilgewindespindel eine Schubbewegung bei der Werkzeugöffnung erhält.

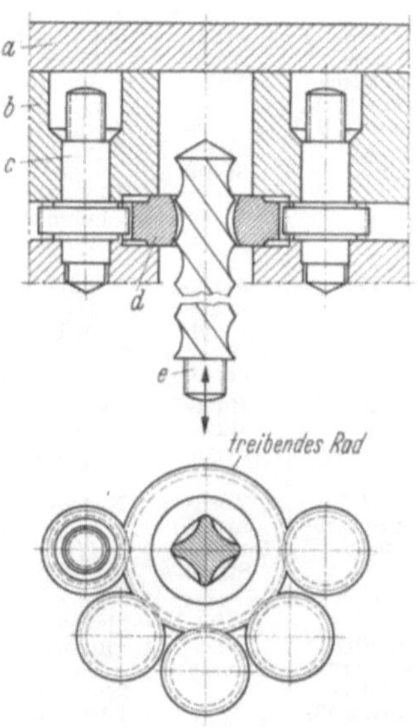

Abb. 448. Teil einer Mehrfachform mit schraubbaren Gewindekernen. a Düsenplatte, b Einsatzplatte, c Gewindekerne mit Zahnrad, d Zentral-Antriebsrad, e Steilgewindespindel

38. Werkstoffe

Die Thermoplaste sind überwiegend aus Fadenmolekülen aufgebaut; sie können sich dehnen, verknäueln und aneinander abgleiten, obwohl der Molekülaufbau durch starke Nebenkräfte gehalten wird. Sie sind vorwiegend Polymerisate und nur zum geringen Teil Polykondensate bzw. Polyaddukte. Die Thermoplaste bekommen in der Regel keine Füllstoffe, der Kunststoff ist die Gerüstsubstanz, und als Begleitsubstanz sind Weichmacher, Stabilisatoren sowie Farbstoffe und Pigmente gegeben, die oftmals wesentlich die besonderen Eigenschaften der Kunststoffe bestimmen.

Aus der kaum zu übersehenden Vielzahl der Kunststoffe sind in der Tab. 42 die wichtigsten Thermoplaste mit ihren kennzeichnenden Eigenschaften zusammengestellt, um einen Überblick für den Einsatz der erst z. T. genormten Spritzgußmassen zu bekommen.

Tabelle 42. *Die wichtigsten Spritzgußwerkstoffe (Thermoplaste).*

Werkstoff-bezeich-nung	Ausgangs-stoffe	Handels-namen® u. a.	Kennzeichnende Eigenschaften	Hinweise für die Anwendung
Cellulose-acetat (CA-) Cellulose-aceto-butyrat (CAB-Spritzguß-masse)	Cellulose und Essig-säure Mischester: Essig-säure/ Butter-säure	Trolit, Ecarcn, Cellidor CA Typ 431···435 DIN 7742. CAB Typ 411···413 DIN 7743	nicht entflammbar, lichtdurchläs-sig, färbbar, beständig gegen Benzin und Öle, wird angegriffen von Alkohol, Azeton, Benzol, Wichte 1,3, guter Glanz, wenig Staubanziehung, CAB gut wetter- und maßbeständig, beliebige Einfärbung	Platten, Folien, Profile und Spritz-gußteile, Massenartikel der Schwachstromtechnik und Funk-technik, Blendscheiben, Brillenge-stelle, Beschläge, Schreibmaschinen-tasten, Telefonteile, Autolenkräder
Polystyrol (PS-) u. Misch-polymeri-sate z. B. AS-	Äthyl-Benzol (Styrol) Acryl-nitril-Styrol	Polystyrol III, IV, Vestyron D, N, S Trolitul, Typ 501 u. 502 DIN 7741 Luran, Vestyron B	sehr isolationsfähig, korrosionsfest, feuchtigkeitsfest, glasklar oder ge-färbt, Wichte 1,05 bis 1,09, wärme-beständig bis 80 °C, hinreichende Oberflächenhärte, guter Oberflä-chenglanz, Sonder-Polystyrol mit Schlagzähigkeit 70 kpcm/cm². Poly-styrol mit Quarzmehl gefüllt hat höhere Wärmebeständigkeit und Härte sowie geringere Schwindung. Mischpolymerisate haben gegenüber Polystyrol wesentliche Erhöhung der Dehnung und der Kerbschlag-zähigkeit, hochschlagfest, gute me-chanische Eigenschaften	Massenartikel aller Art, Kleinstteile unter 1 g, Großteile über 1 kg, Gebrauchsgeräte in leuchtenden Farben, Spulenkörper, Werkzeug-griffe, Akkumulatorenkästen, Be-schläge, Gehäuse, Schalterteile, Zah-lenrollen, Verkleidungen, Schalen für Kühlschränke, Schaumstoffe, Mischpolymerisate, Spritzgußteile für hochschlagfeste Bauteile der Elektrotechnik, Textil- und Auto-mobilindustrie, Schreibmaschinen-koffer, Vakuumtiefteile
AZS-	Acryl-nitril-Vinyl-carbazol-Styrol	Poly-styrol EH		
BS-	Buta-dien-Styrol	Vestyron HS Trolitul TS		
ABS-Spritzguß-masse	Acril-nitril-Butadien-Styrol	Novodur		
Poly-methyl-methacrylat (PMMA-Spritzguß-masse)	Acetylen und Blausäure	Plexigum, Resorit Typ 525···528 DIN 7745	hart, zäh, alterungs- und witte-rungsbeständig, glasklar, optisch hochwertig, Brechungsindex zwi-schen 1,4 und 1,56, Einfärbungen möglich, unempfindlich gegen schroffe Temperaturwechsel, Wichte 1,18. Verbindungen durch Kleben oder Schweißen möglich, Spritzguß schwieriger	Modellbau, Haushaltungsgegen-stände, optische Linsen, Fahrzeug-verglasungen, Autolampen, Musik-instrumente; *Strangpreßteile:* Pro-file, Rohre, Schläuche
Polyvinyl-carbazol (PZS-Spritzguß-masse)	Acetylen (Vinyl-carbazol)	Luvican M 170 Trolitul Lu	hervorragend elektrisch isolierend, geringste dielektrische Verluste, transparent, Brechungsindex 1,696, äußerst geringe Wasseraufnahme, formbeständig bis 160 °C, Wichte 1,2, wasserdampfundurchlässig	Spritzgußteile für Bauelemente der Hochfrequenztechnik (Fernsehen); Apparateteile, die bei erhöhten Temperaturen korrosionsbeständig sein sollen; Flügelräder, optische Linsen
Poly-carbonat (PC-Spritzguß-masse)	Kohlen-säure und mehr-wertige aroma-tische Oxyd-verbindung	Makrolon, Lexan	hart, zäh, elastisch, hoch dauer-standsfest, geringer Schwund, ge-ringe Wasseraufnahme (< 0,36%), witterungsbeständig, hochwarmfest (135 °C), höchste Kälteschlagfestig-keit, bis − 190 °C elastisch, keine Versprödung in Kälte, nagelbar, glasklar, transparent einfärbbar, lichtecht, schlagfest, elektrisch gut isolierend	Gehäuse, Deckel, Gestellteile, Hebel, Einbauteile für Schreibmaschinen, Rechenmaschinen, Haushalt-maschinen, elektr.-mechan. Geräte aller Art, Nägel für Sonderzwecke, Zahnräder, Getriebeteile, Präzisions-teile, Ventilatoren, Kühlschränke, Gebläse, Motorgehäuse, Schaugläser, Lampenglas, Autobau, Spulenkör-per, Kontaktleisten, Schalterteile, Telefon
Polyvinyl-chlorid (PVC-Form-masse)	Acetylen und Salzsäure (Vinyl-chlorid) Vinyl-chlorid und Acrylsäure	Vinoflex, Vestolit, Mipolam, Hostalit, Vinnol Typ 640···642 DIN 7748 Astralon	höchst korrosionsfest, elektrisch iso-lierend, wärmebeständig bis 70 °C, Wärmeausdehnung etwa siebenmal so groß wie bei Eisen, Wichte 1,34; pulverförmiges PVC kann versspritzt werden. Näheres DIN 7708 Bl. 6. Verbindungen durch Kleben oder Schweißen möglich, geruch- und geschmacklos	Auskleidungen von Behältern, Pum-pen, Ventilatoren, Kühler, Schwim-mer, Galvanisier- und Beizkörbe, Ablaufrinnen, Schöpfwerke, Schank-anlagen, Säureabzugskamine, Bier-fässer, Teile für Spinnmaschinen, Fußbodenbeläge, Dichtungen, Schallplatten, Tonbänder, Lampen-schirme, Spielzeug Bauteile der FWT und Fernmelde-technik

Tabelle 42 (Fortsetzung)

Werkstoffbezeichnung	Ausgangsstoffe	Handelsnamen® u. a.	Kennzeichnende Eigenschaften	Hinweise für die Anwendung
Polyäther (PN-)	Polyäther und Chlor	Penton (USA.)	zähhart, gut elektrisch isolierend, hoch wärmefest, flammwidrig, 160 °C Gebrauchstemperatur	Ventile, Hähne, Teile der chemischen Industrie bei hohen Korrosionsanforderungen
Polyamid (PA-Spritzgußmasse)	Phenol und Benzol oder Rizinusöl	Nylon, Perlon, Ultramid, Polyamid A, B, Trogamid, Durethan BK Rilsan	hornartig, zäh, elastisch, je nach Aufbau bis zu 130 °C wärmebeständig, beständig gegen organische Lösungsmittel, große mechanische Festigkeit, unempfindlich gegen Stoßbeanspruchung, hohe Schall- und Schwingungsdämpfung, gute Gleiteigenschaften, höchste Abriebfestigkeit, gute spanabhebende Bearbeitung, Feuchtigkeitsaufnahme aus Luft und bei Wasserberührung	Formstücke für allgemeine Konstruktionsteile: Zahnräder, Schnekken, Scharniere, Ventile, Lager, Türgriffe, künstliche Zähne, Schalterteile, Teile für Rechenmaschinen, Film- und Schallwiedergabegeräte, Haushaltmaschinen, medizinische Geräte, Schwachstromtechnik, Küchengeräte, Spielzeuge
Polyurethan (PU-Spritzgußmasse)	Diisocyanate und Dialkohole	Durethan U	wie Polyamid, jedoch geringere Wasseraufnahme, gedeckt farbig und opak, Einstellung weich und hart, gute elektrische Eigenschaften	Rohre, Stangen, Profile, Spritzgußteile aller Art für Wassermesser, Kupplungen, Zahnräder u. a. m., Folien und Blaskörper
Polyäthylen (PE-Spritzgußmasse)	Äthylen (Hochdruck-) Äthylen und Aluminiumhydrid (Niederdruck-)	Lupolen H, Hostalen G, Vestolen	paraffinartig, zäh, fest, biegsam, sehr isolationsfähig und korrosionsfest, kältebeständig, geschmack- u. geruchfrei, geringste Wasseraufnahme, sauerstoffdurchlässig, Temperaturbereich von −50° bis +110 °C. Wichte 0,92. Pulver für Flammspritz- und Sinterverfahren, beständig gegen Säuren und Laugen	Isoliermaterial für Hochfrequenztechnik (Fernsehen), Kabel, Seekabel, Wasserleitungsrohre, Verpackungsmaterial für Lebensmittel und Gefrierpackungen, Flaschen, Bienenwaben, Chemikalien, feste Trichter, Becher, medizinische Apparate
Polytetrafluoräthylen und Polytrifluorchloräthylen (PCTFE-Spritzgußmasse)	Chloroform und Flußsäure	Teflon, Fluon Hostaflon TF Hostaflon C	höchste Einsatztemperatur von −180 bis +260 °C, wetterbeständig, lichtbogen- und hervorragend kriechstromfest, nicht flammbar, beständig gegen Chemikalien, niedriger Reibungswert, klebwidrig, unquellbar, Herstellung meist im Sinterverfahren	elektrischer Apparatebau, Hochfrequenztechnik (Fernsehen), Radarbau, Kabelverlegung, Auskleidungen von Gefäßen und Teigmisch- und Teigknetmaschinen, Ventile für Säuren und Laugen, Dichtungen, Membrane für Pumpen, selbstschmierende Lager und Schieber für sehr aggressive Flüssigkeiten, Bauteile im chemischen Apparatebau
Polypropylen (PP-Formmasse)	Propylen	Hostalen PP, Moplen AD und AS, Luparen	ähnlich Polyäthylen, jedoch bessere Wärmebeständigkeit (120−150 °C), höhere Elastizität, höhere Reißfestigkeit, gute Oberflächenhärte, keine Spannungskorrosion, geringe Wichte ($\gamma = 0{,}9$), bester Oberflächenglanz, beliebige Farbeinstellungen, nagelbar, gut verklebbar, gute elektrische Eigenschaften	Geräteteile aller Art, insbesondere Teile der Elektro-, Radio- und Fernsehindustrie, Elektronik

® Die Handelsnamen sind registriert.

Sieht man von der leichtentflammbaren Nitrocellulose, die bereits schon um 1880 im Spritzgußverfahren verarbeitet wurde, ab, so ist als älteste und heute noch praktisch bedeutende Spritzgußmasse des Celluloseacetat zu betrachten.

Celluloseacetat wird durch Veresterung natürlicher Cellulose mit Essigsäure gewonnen. Diese CA-Spritzgußmassen liefern Spritzgußteile mit sehr guter Zähigkeit, die ein ausgezeichnetes Oberflächenverhalten besitzen. Die mechanische Festigkeit ist bedingt durch den Veresterungsgrad, dagegen kann die Härte durch Art und Menge eines Weichmachungsmittels variiert werden.

Veresterungen sind auch mit anderen Säuren möglich, wobei vor allem der Mischester mit Essigsäure/Buttersäure bedeutend ist, denn er liefert das wichtige *Celluloseacetobutyrad* (CAB-Spritzgußmasse).

Das Polystyrol ist aus Makromolekülen mit verschieden großen Kettenlängen aufgebaut. Durch Einarbeiten von Zusatzstoffen, z. B. Pigmentfarbstoffen, Füllstoffen, Gleit- und Schmiermitteln oder durch Mischen zweier oder mehrerer Styrol-Polymerisate bzw. Styrol-Mischpolymerisate entstehen verschiedenartige Polystyrolprodukte. Sie unterscheiden sich im wesentlichen durch ihr mittleres Molekulargewicht, durch die Verteilung der verschieden großen Moleküle sowie durch Reinheit bzw. durch die evtl. Zusatzstoffe.

Aus den Grundstoffen Acetylen und Blausäure lassen sich *Acryl-* und *Methacrylsäureester* herstellen und bei ihrer Polymerisation durch entsprechende Variationen eine große Reihe verschiedenartiger Produkte mit voneinander abweichenden Eigenschaften bilden. Für die Verarbeitung zu Bauteilen kommen hauptsächlich die *Polymethacrylate* in Frage, von denen die harten Werkstoffe in ihren mechanischen und thermischen Eigenschaften etwa mit denen der Polystyrole vergleichbar sind. Sie sind besonders gut maßhaltig und optisch wertvoll, wobei der Werkstoff nicht nur glasklar durchscheinend, sondern auch undurchsichtig aber diffus-durchscheinend sein kann. Für Spritzgußzwecke werden Granulate geliefert, die meist Mischpolymerisate mit geringen Anteilen von Polyacrylsäureester sind, wobei zusätzliche Weichmachungsmittel und Gleitmittel die Verarbeitung erleichtern.

Auf der Basis von *Polyvinylcarbazol* wird ein Polymerisat mit hoher Wärmefestigkeit hergestellt. Die mechanischen Eigenschaften hängen von dem Grad der Warmreckung und der Homogenität des Gefüges ab und werden im Bereich von tiefen Temperaturen bis in die des Erweichungspunktes (etwa 180 °C) kaum verändert. Da die Erweichung erst bei höheren Temperaturen beginnt, ist das Verarbeiten auf gewöhnlichen Spritzkolbenmaschinen etwas schwierig, geeigneter sind hierfür die Schneckenspritzgußmaschinen.

Polyvinylcarbazol ist ein guter elektrischer Isolator mit geringen dielektrischen Verlusten und daher besonders geeignet für Bauteile der Hochfrequenz-, Rundfunk- und Fernsehtechnik.

Bei den *Polycarbonaten* handelt es sich um Polykondensationsprodukte, die sich aus Verbindungen der Kohlensäure und mehrwertigen aromatischen Oxidverbindungen bilden lassen. Aus diesen Kunststoff können technische Präzisionsteile mit guten mechanischen Eigenschaften hergestellt werden, die sowohl in trockener als auch in feuchter Atmosphäre dimensionsstabil bleiben, hart und steif und trotzdem elastisch sind. Der oftmals bei anderen Kunststoffen gefürchtete Kaltfluß tritt hier im normalen Temperaturbereich erst bei hohen Zugbeanspruchungen auf. Daraus ergibt sich eine gute Dauerstandfestigkeit bei sehr geringer elastischer Dehnung. Das hat zur Folge, daß die Wanddicke von Formteilen im allgemeinen niedriger gehalten werden kann, jedoch möglichst nicht unter 0,7 mm.

Durch Anlagerung von Salzsäure an Acetylen entsteht Vinylchlorid, aus dem durch Polymerisation *Polyvinylchlorid (PVC)* gebildet wird. Je nach dem Polymerisationsgrad und durch Zugabe von Weichmachern lassen sich verschiedene Eigenschaften der Produkte erzielen. Der Weichmacher erhöht die Beweglichkeit der einzelnen Fadenmoleküle gegeneinander und verleiht dadurch dem Kunststoff die gewünschte Weichheit und Elastizität. Je nach dem Mischungsverhältnis erhält man steife, lederartige und gummiartige Massen (Weich-PVC). Ohne den Umweg über den Weichmacher kann man aus dem PVC-Pulver direkt eine plastisch verformbare Masse herstellen, die meist zu Halbzeugen (Platten, Profile, Rohre) verarbeitet wird (Hart-PVC).

Während sich die weichmacherhaltigen Polyvinylchloride (mit mehr als 20%
Weichmacher) gut auf Schneckenpressen und Spritzgußmaschinen verarbeiten
lassen, treten bei den weichmacherfreien Polyvinylchloriden oftmals Schwierigkeiten auf, da hier der Verarbeitungsbereich in bedrohlicher Nähe der Zersetzungs-
temperatur liegt. Durch geeignete Zusätze und mit Hilfe besonders hierfür aus-
gebildeter Werkzeuge und Maschinen ist es jedoch möglich, auch Hart-PVC im
Spritzguß- und Spritzpreßverfahren zu verarbeiten.

Ein Zumischen von synthetischen Kautschukarten zu Polyvinylchlorid führt
(ähnlich wie bei Polystyrol) zu schlagfesten Produkten.

Die *Polyamide* haben ein hohes Molekulargewicht, die Moleküle stellen lang-
gestreckte lineare Gebilde mit Stickstoff-, Kohlenstoff-, Wasserstoff- und Sauer-
stoffatomen dar. Nach den Grundbausteinen lassen sich die Polyamide zunächst
in zwei Gruppen einteilen: Gruppe A der „Nylontyp" und Gruppe B der „Perlon-
typ". Hierzu lassen sich noch weitere Gruppen bilden, z. B. Polyundecanamid
auf der Grundlage von Rizinusöl; auch ist das polyamidähnliche lineare *Poly-
urethan* den Polyamiden zuzuordnen. Schließlich lassen sich auch noch Misch-
polyamide bilden, die weicher sind als lineare Polyamide, wobei durch Zusatz
ausgewählter Weichmacher die Weichheit noch erhöht wird.

Die Polyamide zeichnen sich im allgemeinen durch besonders gute Gleiteigenschaften (kleiner Reibungswert, geringer Verschleiß), niedriges spezifisches
Gewicht, hohe Festigkeit und große Zähigkeit, sowie gute chemische Beständigkeit aus. Sie sind unempfindlich gegen Stoßbeanspruchung und ermöglichen eine
hohe Schall- und Schwingungsdämpfung. Eine leichte spanabhebende Bearbeitung ist möglich, wobei die bearbeiteten Teile in ihren Eigenschaften nur unbedeutend von Formspritzteilen abweichen. Einige Polyamidarten nehmen aus der
Luft und bei Wasserberührung Feuchtigkeit auf, so daß sich hierbei eine Quellung
bis zu 3% ergeben kann.

Polyäthylen-Spritzgußmassen sind hochmolekulare Paraffin-Kohlenwasser-
stoffe mit Kristallit-Schmelzpunkten von 112···135 °C.

Je nach der Anwendung von Druck und Wärme bei der Herstellung wird
zwischen Niederdruck- und Hochdruck-Polyäthylen unterschieden. Mit diesen
unterschiedlichen Herstellungsverfahren ergibt sich auch ein verschiedenartiger
Aufbau der Makromoleküle.

Beim *Hochdruck-Polyäthylen* (Druck etwa 2000 atü) liegt eine weitverzweigte
Molekülstruktur vor. Das *Niederdruck-Polyäthylen* (Druck etwa 50···100 atü) ist
nahezu linear aufgebaut, es entsteht eine engere Packung mit größeren Zusammen-
haltskräften. Eine höhere Dichte mit größerer Härte und Zähigkeit ist die Folge.
Das Polyäthylen ist mit einer Wichte von 0,92···0,94 ein sehr leichter Kunststoff, er bleibt auch bei tieferen Temperaturen geschmeidig und biegsam. Der
Werkstoff läßt sich gut verspritzen, ziehen und schweißen. Eine weitere Verbesserung des Werkstoffes ist durch Einwirkung energiereicher Strahlen, wie sie
z. B. bei Kernumwandlungen frei werden, erreicht worden.

Polytetrafluoräthylen ist dem Polyäthylen ähnlich, unterscheidet sich von diesem aber dadurch, daß am Kohlenstoff der Molekülkette anstatt Wasserstoff-
atome Fluoratome gebunden sind, d. h., der Wasserstoff des Äthylens ist vollständig durch Fluor substituiert. Es ergibt sich ein Werkstoff mit hoher Erwei-
chungstemperatur (328 °C), der sich jedoch im üblichen Spritzgußverfahren nicht
verarbeiten läßt. Polytetrafluoräthylen hat die höchste Einsatztemperatur von
−180···+260 °C und ist praktisch gegen alle Chemikalien beständig. Außerdem
ist der Kunststoff unquellbar, nicht flammbar, hervorragend kriechstromfest und
hat einen niedrigen Reibungswert. Hieraus ergibt sich die bevorzugte Anwendung

in der chemischen Industrie, der Hochfrequenztechnik und im Gerätebau für selbstschmierende Lager und Schieber für sehr aggressive Flüssigkeiten.

Polypropylen ist ein dem Polyäthylen verwandter Kunststoff, der nach einem sog. stereospezifischen Polymerisationsverfahren[1] unter Verwendung bestimmter Ziegler-Natta-Katalysatoren hergestellt wird. Diese Katalysatoren bewirken, daß ein Produkt mit regelmäßig angeordneten Seitenketten und daher höherer Kristallinität (isotaktische Struktur) entsteht.

Gegenüber dem ebenfalls im Niederdruckverfahren hergestellten Polyäthylen ergeben sich bei dem Polypropylen wesentliche Vorteile, wie verbesserte Hitzebeständigkeit, höhere Elastizität, erhöhte Reißfestigkeit, größere Oberflächenhärte, keine Spannungskorrosion. Da es möglich ist, den isotaktischen Aufbau des Polypropylens zu variieren, lassen sich gemäß den Forderungen des Verbrauchers verschiedene Typen mit unterschiedlichen, den Erfordernissen angepaßten Eigenschaften aufstellen.

Die Eigenschaften des Polypropylens richten sich nach dem Aufbau, jedoch kann man zusammenfassend noch hervorheben: außerordentlich geringe Wichte (etwa 0,9), ausgezeichneter Oberflächenglanz, beliebige Farbeinstellungen, nagel- und schraubfähig, Dauertemperaturbeständigkeit bei 120···150 °C, die jedoch bei Berührung mit Metallen, wie Kupfer, Mangan und deren Legierungen, ungünstig beeinflußt wird, unabhängig von umgebender Feuchtigkeit, wobei eine einfache Verklebung mit Haftklebern möglich ist. Die elektrischen Eigenschaften auch bei hohen Frequenzen sind ausgezeichnet, so daß sich viele Verwendungszwecke in der Elektroindustrie, insbesondere der Radio- und Fernsehindustrie ergeben.

39. Spritzgerechtes Gestalten

Bei der Gestaltung der Spritzgußteile sind gewisse Konstruktionsgrundsätze zu beachten, die sich — ähnlich wie beim Pressen — auf die Werkzeuge, den Werkstoff und das Verfahren beziehen.

Die thermoplastischen Kunststoffe schwinden bei der Verarbeitung. Dabei ist zwischen der eigentlichen Schwindung (Maßunterschied zwischen kalter Form und erhaltenem Spritzteil) und der Nachschwindung zu unterscheiden. Die Nachschwindung äußert sich als Maßänderung des aus der Form kommenden Spritzgußteils gegenüber dem Teil nach einer thermischen Nachbehandlung (Zeit und Temperatur sind dem Werkstoff anzupassen).

Neben der Gestalt des Spritzteils, der Länge und dem Querschnitt der Fließwege und des Angusses (Abb. 449) üben Spritzdruck, Nachdruckzeit, Masse- und Formtemperatur einen wesentlichen Einfluß auf die Schwindung aus. Für maßgenaue Teile ist also bei der Fertigung darauf zu achten, daß die Nachschwindung gering bleibt. Wenn auch die Werte der Schwindung vorwiegend den Formenbauer interessieren, so muß sie doch dem Konstrukteur bekannt sein (Tab. 43).

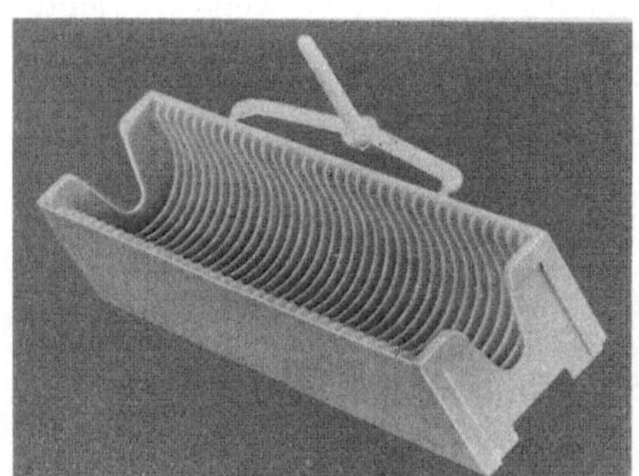

Abb. 449. Einfaches Spritzteil mit Anguß, Verteiler und Anschnitt

---

[1] Ein Polymerisationsverfahren wird als „stereospezifisch" bezeichnet, wenn es die Polymerisation wahlweise zur Bildung von Polymerketten führen kann, die eine bestimmte sterische Struktur unter den vielen theoretisch möglichen Stereoisomeren aufweisen. Man bezeichnet daher das durch stereospezifische Polymerisation von Propylen hergestellte Produkt oftmals mit „isotaktisches" Polypropylen.

Tabelle 43. *Durchschnittswerte der Schwindung bei einigen Spritzgußmassen.*

Spritzgußmasse	Schwindung in %
Polystyrol	0,5 ···0,7
Polyvinylchlorid Hart-PVC	0,4 ···0,6
Weich-PVC	1,5 ···2,0
Polyvinylcarbazol	0,6 ···0,8
Polymethacrylat	0,7
Polyäthylen	0,8 ···2,0
Polyamid	1,0 ···2,0
Celluloseacetat und Cellulose-Azetobutyrat (CAB)	0,5

Ähnliches gilt für die Wahl und Gestalt des Angusses[1]. Eine allgemeine Regel besagt, daß der Anguß am besten auf die Stelle des Spritzteils gesetzt wird, wo die größte Massenanhäufung auftritt; denn diese Stelle bleibt am längsten plastisch, so daß der zum Ausgleich der Schwindung erforderliche Nachdruck gut wirksam werden kann. Unter günstigen Umständen lassen sich hiermit die gefürchteten Einfallstellen am Spritzteil vermeiden.

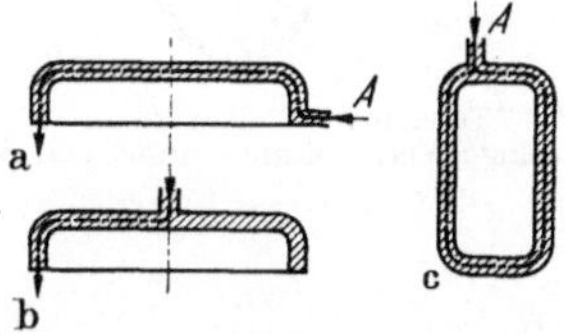

Abb. 450. Fließwege in verschiedenen Spritzgußteilen

Werte über *Toleranzen* und *zulässige Abweichungen* für Spritzgußteile können dem Normblatt DIN 7710, Bl. 2 entnommen werden.

Die *Mindestwanddicke* der Spritzgußteile wird durch die Festigkeitsrücksichten und die Länge des Fließweges (Weg, den die Spritzgußmasse innerhalb des Werkzeugs zurücklegen muß, Abb. 450) bestimmt. Zu dünne Wände ergeben oftmals Schwierigkeiten in der Fertigung, zu dicke Wände kühlen zu langsam ab und neigen zu Lunker- oder Einfallstellen. Im allgemeinen liegen die Wanddicken zwischen 0,6 und 3 mm. Richtwerte für Mindestwanddicken von Spritzgußteilen mit Rücksicht auf die Fließwege sind in Abb. 451 dargestellt.

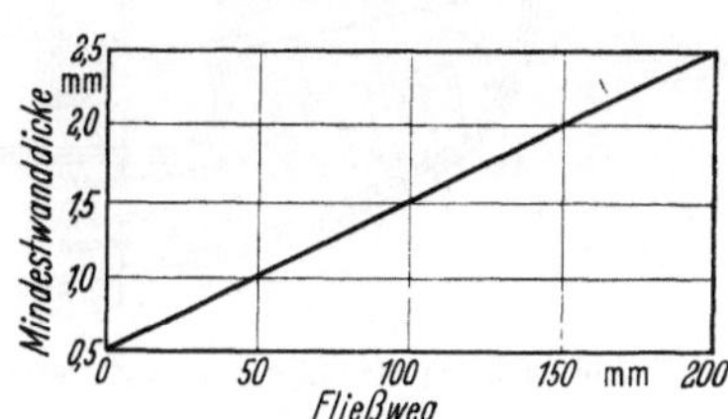

Abb. 451. Mindestwanddicke in Abhängigkeit vom Fließweg (nach VDI-Richtlinie 2006)

Die Wände sollen möglichst überall gleich dick sein (Abb. 452), damit sich der Spritzling gleichmäßig abkühlt und Einfallstellen vermieden werden. Werkstoffanhäufungen führen stets zu Einfallstellen (Abb. 453). Das Beispiel in Abb. 454 zeigt, wie eng der Gerätekonstrukteur mit dem Verarbeiter bzw. Formenbauer zusammenarbeiten muß, um gerade bei Spritzgußteilen zu einwandfreien Ergebnissen zu gelangen. So zeigt Abb. 455 die eine Hälfte eines zweiteiligen leichten

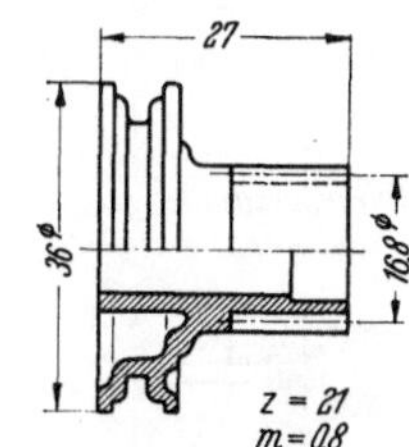

Abb. 452. Seilscheibe mit Zahnrad aus einem Schmalfilmprojektor

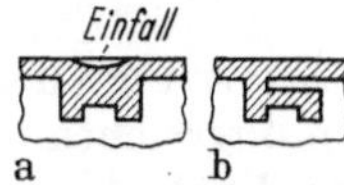

Abb. 453. Werkstoffanhäufung vermeiden. a Werkstoffanhäufung muß Einfallstelle ergeben; b günstiger gestaltet, in allen Partien gleiche Wanddicke

---

[1] Siehe VDI-Richtlinie 2006.

Telefonhörers als gut durchgearbeitetes Spritzgußteil. Besonders bei Radnaben oder dgl. entstehen leicht Werkstoffanhäufungen. Um dies zu vermeiden, können die Naben z. B. ausgehöhlt (Abb. 456) und mit Rippen gegen den Radkörper versteift werden (Abb. 457).

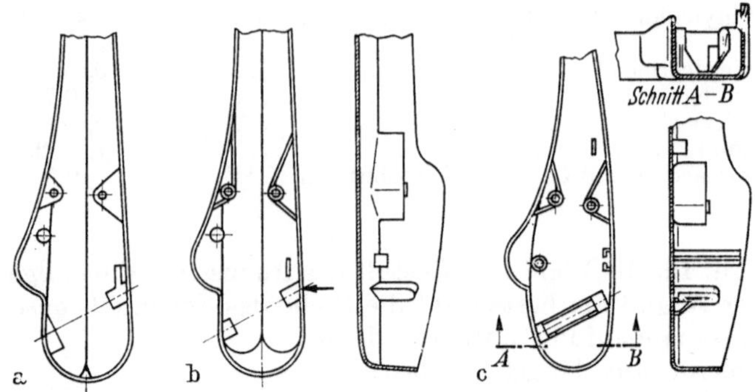

Abb. 454. Tonarm aus Polystyrol. a 1. Entwurf ungünstig, nicht werkstoffgerecht; b 2. Entwurf besser, wenn auch noch geringe Werkstoffanhäufung; c 3. Entwurf noch besser, geringe Werkstoffanhäufungen wirken sich nicht mehr auf die äußere Oberfläche aus

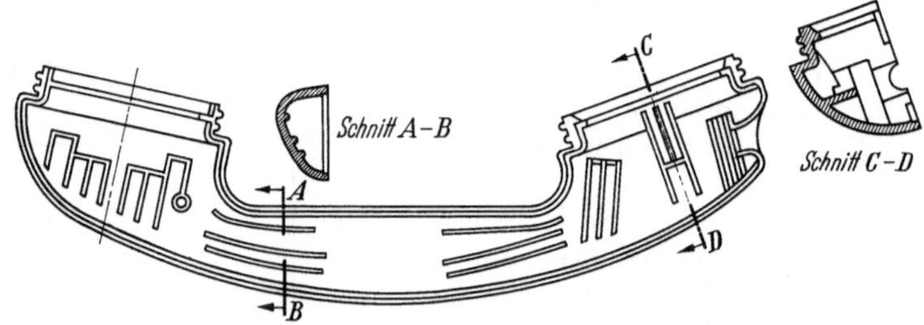

Abb. 455. Spritzgußtechnisch gut gestalteter Telefonhörer (eine Hälfte, die andere ist gegengleich)

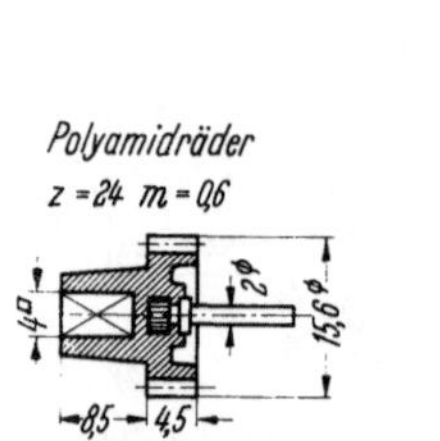

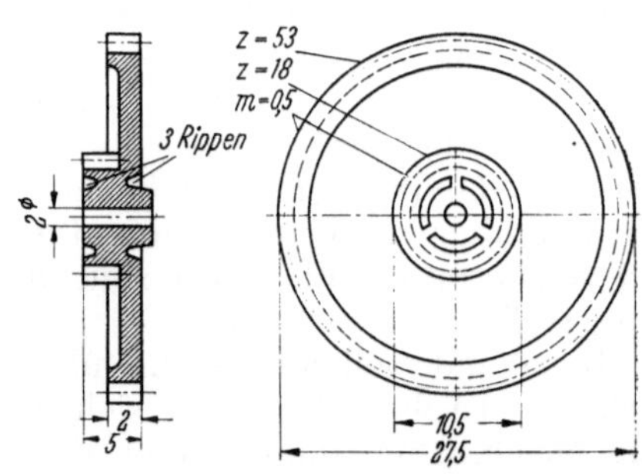

Abb. 456. Kleines Zahnrad mit einge- spritzter Achse

Abb. 457. Radblock aus Polyamid

Da die Spritzlinge beim Öffnen der Form ausgeworfen werden, müssen sie in der Entformungsrichtung eine Neigung ($\sim 1 : 100$) aufweisen. Das gilt auch für Kernzüge und Schieber für Bohrungen, Aussparungen und Durchbrüche. Hinterschneidungen in Entformungsrichtung (äußere und innere) sind zwar möglich, sollten jedoch vermieden werden, da sie stets besondere Schieber, Einsätze oder dgl. erfordern, die die Werkzeuge erheblich verteuern. Das Schema Abb. 458 zeigt die wesentlichen Bauteile einer Spritzgußform mit Schieber für äußere

Hinterschneidungen. Der keilartige Schieber *b* ist an der Düsenplatte *a* befestigt, er bewegt bei der Öffnungs- bzw. Schließbewegung des Werkzeugs die Schieber-

platte *c* mit der daran befestigten Gesenkbacke *d* quer zur Einspritzrichtung. Der Öffnungsweg muß dabei so groß sein, daß der Spritzling mittels geeigneter Auswerfer oder Ausdrückstifte *f* vom Stempel *e* abgeworfen werden kann. Bei Spritzgußteilen mit inneren Hinterschneidungen muß der Stempel

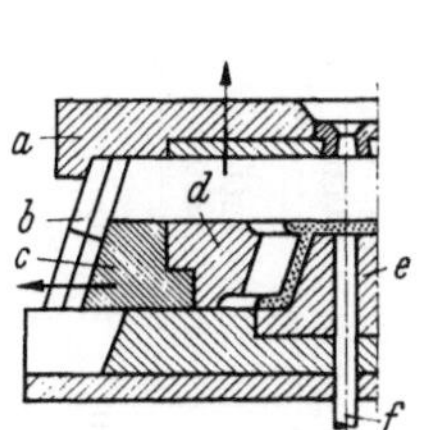

Abb. 458. Spritzgußform mit Schieber für äußere Hinterschneidung. *a* Düsenplatte, *b* Schiebertrieb, *c* Schieberplatte, *d* Gesenkbacke, *e* Stempel, *f* Ausdrückstift

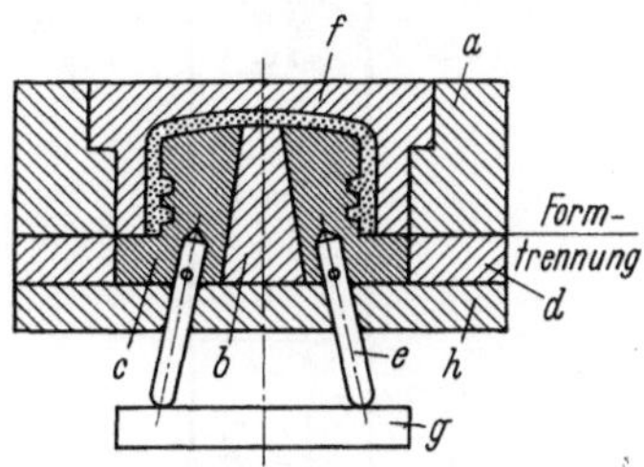

Abb. 459. Spritzgußform mit Schieber für innere Hinterschneidungen. *a* Düsenplatte, *b* mittl. Einsatzteil, *c* Einsatzschieber, *d* Einsatzplatte, *e* Steuerstifte, *f* Einsatzbuchse, *g* Ausstoßplatte, *h* Bodenplatte

aufgeteilt werden; nach Herausziehen eines Mittelteils lassen sich die Teile nach innen zusammenrücken. Im Beispiel Abb. 459 wird das Innengewinde des Spritzlings mit zwei Einsatzschiebern *c* hergestellt, die mit einem mittleren Einsatzteil *b* den Kern bilden. Beim Vorstoßen der Auswerferplatte *g* nähern sich die beiden Einsatzschieber *c* entsprechend der Schrägstellung der beiden Steuerstifte *e*, wodurch die inneren Hinterschneidungen entformt werden.

40. Festigkeitsbedingtes Gestalten

Bei den thermoplastischen Kunststoffen liegen die mechanischen Festigkeiten wegen des elastischen Verhaltens des Werkstoffes im allgemeinen besonders günstig, wenn sie einwandfrei in den Werkzeugen und Maschinen verarbeitet worden sind. Fehlerhafte Verarbeitung macht sich bei den Formteilen durch starke innere Spannungen bemerkbar, die sich nicht immer sofort auswirken, sondern die oftmals erst nach längerer Zeit, nachdem die innere Spannung die Dauerstandsfestigkeitsgrenze erreicht hat, zum Verzug oder Bruch führen. Aber auch an den Stellen, wo die inneren Spannungen nicht so stark sind, kann die Festigkeit unzureichend sein, wenn bei einer äußeren Beanspruchung die innere und äußere Spannung in gleicher Richtung zusammenfallen. Es wird daher oftmals versucht, die inneren Spannungen durch eine nachträgliche Wärmebehandlung auszugleichen; der Werkstoff wird dehnfähiger, so daß die Spannung in Formänderungsarbeit umgesetzt werden kann.

In der Tab. 44 sind für die bekanntesten Thermoplaste einige mechanische und thermische Eigenschaften zusammengestellt. Dabei ist zu bedenken, daß die Verteilung der Festigkeit eines Spritzgußteiles unter Umständen noch beträchtlich von der Art und Lage des Angusses abhängen kann. Auch ist es nicht unwichtig, ob die Festigkeit in Fließrichtung der Masse oder quer hierzu gemessen wird.

Beim Verspritzen der Masse durch die Düse und Angußkanäle des Werkzeugs bestimmt die zwangsweise Einordnung der Moleküle den Gefügeaufbau der Thermoplaste. Die langen Fadenmoleküle ordnen sich parallel zur Spritzrichtung an und behalten diese Orientierung auch in der Form bzw. im erstarrten Zustand bei. Diese Orientierung tritt besonders an der Spritzteiloberfläche (also außen) in Erscheinung und ergibt eine unterschiedliche mechanische Festigkeit im gesamten Gefüge. In der Längsrichtung der Orientierung wird die größte Festig-

10*

Tabelle 44. *Mechanische und thermische Eigenschaften einiger Thermoplaste*

Werkstoff	Wichte g/cm³	Zug-festigkeit kp/cm²	Biege-festigkeit kp/cm²	Druck-festigkeit kp/cm²	Schlag-zähigkeit kpcm/cm²	Bruch-dehnung %	Elastizitäts-modul kp/cm²	Kugeldruck-härte (nach 60'') kp/cm²	Max. Gebrauchs-temperatur °C≈
Polyäthylen Hochdruck	0,92	140−180	110	−	..bricht	400−600	2000	130	70
Niederdruck	0,94	300	280	−	..nicht	1000	4500	300	90
Polyvinylchlorid	1,38	520−600	600−1200	750	>100	50−150	30000	900	50−60
Polyvinylcarbazol	1,19	250	500	−	5	−			150
Polymethylmethacrylat	1,18	500	900	1000	20	−	30000	1500−1800	70
Polystyrol VI	1,05	400−500	700−1000	900−1000	20−25	2−3		900−1000	60−80
Polystyrol III	1,05	450	1000	1000	20			1000	65
Styrol-Mischpolymerisate mit Acrylnitril	1,08	550−700	1200−1300	1150	35	2−3		1200	80
mit Acrylnitril und Butadien	1,08	390	620	480	85	>25		850	70
Mischpolymerisate aus 70% Acrylnitril 30% Methylmethacrylat	1,17	950	1500	−	66	>30	45000	1900−2000	−
Polytetrafluoräthylen	2,2	100−200	110	70−120	8,6	250−400	3500	120	200
Polytrifluorchloräthylen	2,1	400	600	3000−5000	bricht nicht	30−80	13000	600−900	160
Polyamid Typ A	1,13	600−800	700−1000	1000	bricht nicht	20−200[1]	16000	800−1000	90
Typ B	1,13	500−600	350− 500	900		20−250[1]	7000	400	80
Polyurethan	1,21	500−600	300− 700	500−800	>150	40−100[1]	9000	700	80
Polypropylen	0,9	300−360	450	1100		600−1200	15000−20000	580−720	120−150
Polycarbonat	1,2	620−670	1100−1200	790−840	>150		22000−25000	870−1000	135−140
Zelluloseazetobutyrat CAB Typ 411	1,2−1,35	350−500	550	450−575	18	40	17000−25000	1200	60−70
412			450		15				
413			380		12				

[1] Höhere Werte gemessen im trockenen Zustand

keit erreicht, quer dazu ist sie jedoch geringer. Derartige Orientierungen sind nicht bei allen Thermoplasten gleich stark ausgeprägt, sie treten z. B. bei Polystyrol wesentlich stärker in Erscheinung als bei Polyamid.

Für die Struktur eines Spritzteils ist es daher nicht gleichgültig, von welcher Stelle aus der Anguß erfolgt. Nach Möglichkeit ist die Form nur von einer Stelle aus zu füllen, wobei der Anguß bei kleinen Teilen meist seitlich, bei großflächigen in der Mitte liegen sollte, damit sich die Masse gleichmäßig nach allen Seiten verteilen kann. Schwieriger liegen die Verhältnisse, wenn die Gestalt des Spritzteils ungleichmäßig ist und von mehreren Kernen durchzogen wird. Hier wird sich der Materialfuß in der Form vielfach teilen und mehrere Fließwege bilden, die sich an irgendeiner Stelle wieder vereinigen. An diesen Zusammenflußstellen treten dann „Bindenähte" auf, die die Struktur nachteilig beeinflussen. Wie hieraus zu ersehen ist, muß zur Erzielung einer genügenden Spritzteilfestigkeit der Konstrukteur mit dem Formenbauer eng zusammenarbeiten, wenn sich die Orientierungen nicht festigkeitsmindernd auswirken sollen.

Für gute Gestaltfestigkeit sind richtig angeordnete Rippen unerläßlich (Abb. 460 u. 461).

Da jedoch am Übergang von der Rippe zur Wand zwangsläufig eine Werkstoffanhäufung entsteht, bilden sich hier meist geringe Einfallstellen. Damit derartige Markierungen nicht allzu sehr auffallen, kann die Oberfläche der Form durch Sandstrahlen aufgerauht werden.

Die Abb. 462 zeigt hinsichtlich der Festigkeit ein günstig

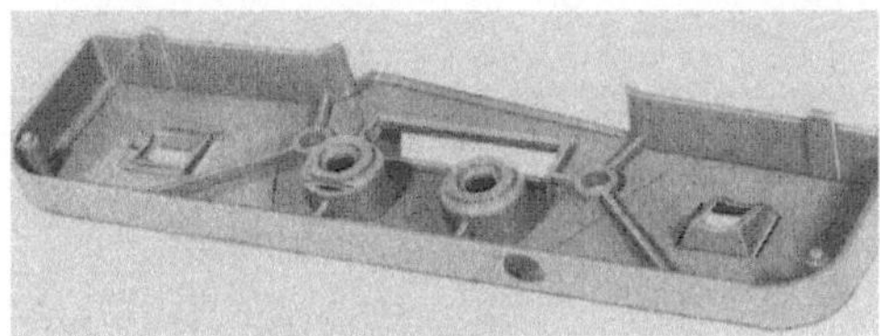

Abb. 460. Gut verrippte Abdeckkappe

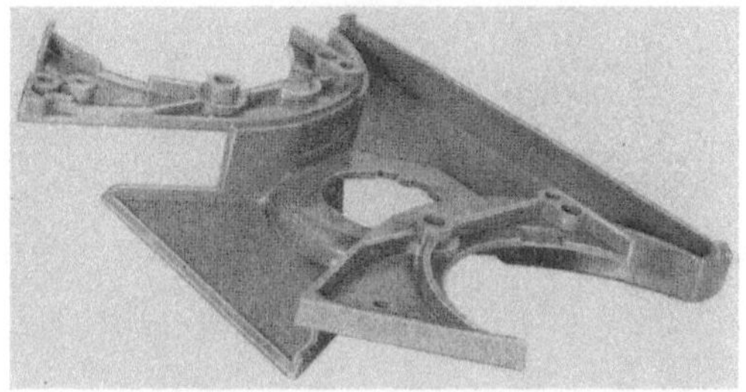

Abb. 461. Gestellteil eines Gerätes

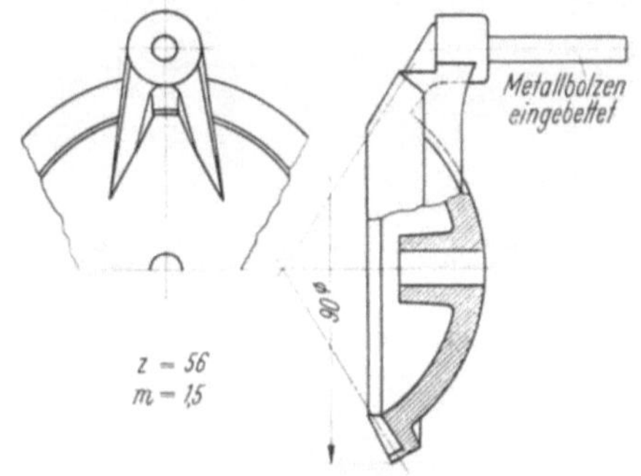

Abb. 462. Schrägverzahntes Kegelrad mit Kurbelarm (aus PMMA-Spritzgußmasse)

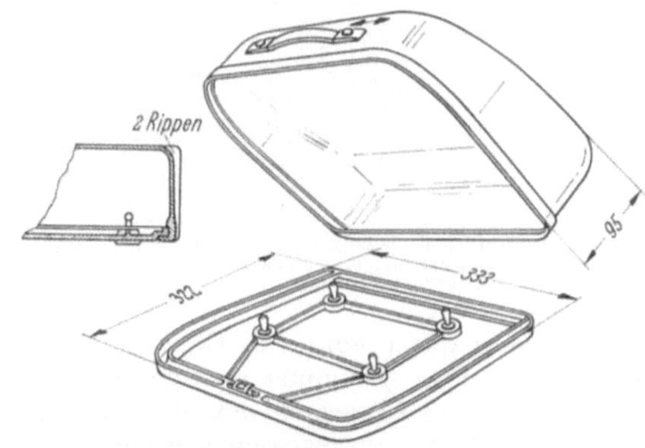

Abb. 463. Schreibmaschinenkoffer aus schlagfestem Polystyrol gespritzt. Gewicht: 1,2 kg

gestaltetes Kegelrad mit einem Kurbelarm, der gut durch Rippen abgesteift ist. Die Radkranzausbildung, die den Zähnen eine erhöhte Festigkeit gibt (s. Schnittdarstellung), ist besonders beachtlich.

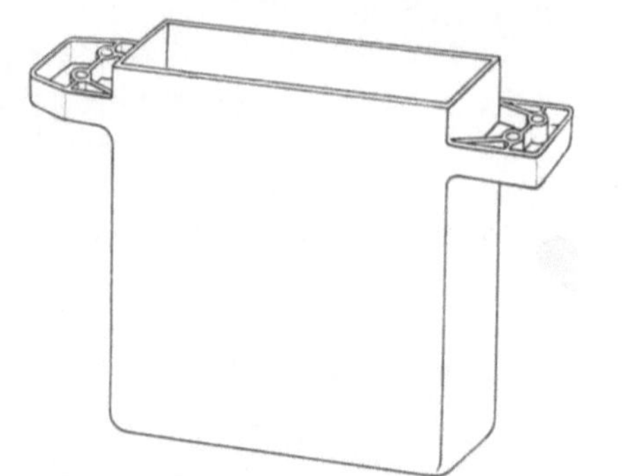

Abb. 464. Schutzkappe mit durch Rippen versteifte Befestigungslaschen

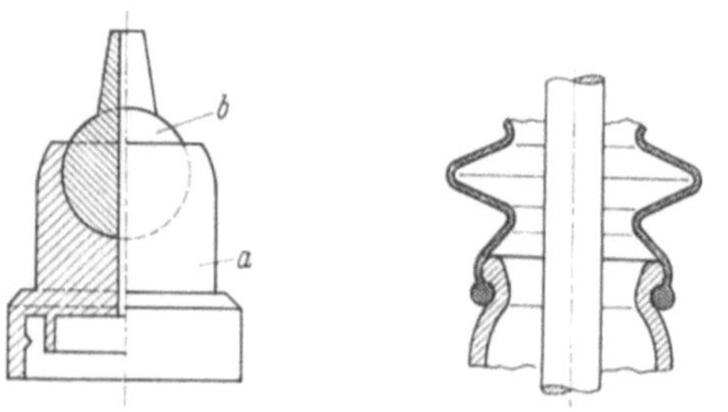

Abb. 465. Flaschengießerverschluß aus Polyäthylen

Abb. 466. Faltenbalg mit Ringwulstanschluß

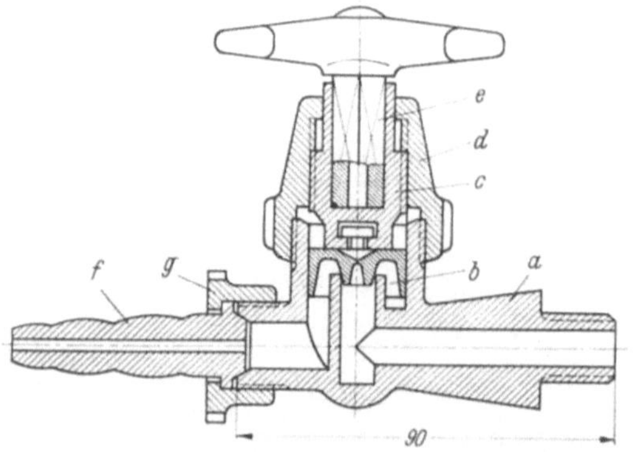

Abb. 467. Auslaufventil aus Polyamid. *a* Gehäuse; *b* Ventilkegel; *c* Spindel; *d* Überwurfmutter; *e* Steck-Sterngriff; *f* Schlauchtülle, *g* Überwurfmutter

Schreibmaschinenkoffer, z. B. aus schlagfestem Polystyrol (Abb. 463) sind leicht und ansehnlich. Bei der Gestaltung ist durch profilierte Ränder und Wölbungen eine ausreichende Steifigkeit gegeben. An der Koffer-Aufstellseite sind zweckmäßig zwei Rippen anzuordnen.

Laschen, Flanschteile oder Augen an dünnwandigen Schutzkappen oder dgl., die zur Befestigung dienen, müssen durch Rippen (Abb. 464) versteift werden.

41. Fügergeechtes Gestalten

Das Verbinden (Fügen) von Kunststoffteilen miteinander wird hinsichtlich der Werkzeuge und der wirtschaftlichen Kunststoffverarbeitung in vielen Fällen konstruktiv günstiger sein als die Herstellung in einem Stück. Gestaltungsmäßig ist es durchaus möglich, lösbare und unlösbare Fügestellen zu schaffen.

Lösbare Kunststoffverbindungen lassen sich oftmals durch geschickte Ausnutzung der elastischen Eigenschaften der Formteile herstellen. Die dabei erforderlichen geringen Unterschneidungen an den Formteilen müssen im Bereich der zulässigen Bauteilfederung liegen. So besteht z. B. der Flaschengießerverschluß in Abb. 465 aus zwei Spritzgußteilen, von denen die Flaschenkappe *a* in einer kugeligen Ausnehmung mit geringer Unterschneidung die drehbare Spritztülle *b* aufnimmt. Beide Teile werden durch einfaches Einschnappen der Spritztülle in die Höhlung des Kappenschachtes zusammengesetzt. Steht die Tülle gerade nach oben (wie im Bild dargestellt), so decken sich die Bohrungen in Tülle und Kappe und der Flascheninhalt kann ausgegossen werden. Durch einfaches Kippen der Tülle um wenige Grade wird der Auslaufkanal geschlossen.

Besonders bei weichen gummiähnlichen Thermoplasten können Spritzgußteile so gestaltet werden, daß sie sich mit entsprechenden Wulsten durch Zusammenstecken verbinden lassen (Abb. 466).

Schraubverbindungen bei Spritzgußteilen sind gut möglich, wenn das Gewinde mitgespritzt wird. Abb. 467 zeigt ein Auslaufventil mit drei Schraubverbindungsstellen, die durchaus kräftig angezogen werden können. Abb. 468 zeigt eine Verbindung unter Verwendung üblicher Metallschraubteile. Die Gewindebuchse *a* mit Sechskant zwecks Drehsicherung ist zusammen mit einer Polystyrolhülse *c* im Formteilauge *b* eingeklebt. Die Gewindebuchse muß aus dem Auge etwas herausragen um dem anzuschraubenden Teil *d* eine Anlage zu bieten.

Für leicht lösbare Verbindungen eignen sich auch gut die *Renkverbindungen*. Im Beispiel Abb. 469 sind beide Teile, das Rohrteil *a* mit den keilförmigen Einrenklappen und das Fassungsteil *b* mit den entsprechenden Einrenkausnehmungen, sind als Fertigteile aus Polyamid gespritzt. Das Fassungsteil *b* hat dabei noch drei angespritzte Zapfen für die Aufnahme und Befestigung einer Blechplatte. Die Zapfen werden durch thermoplastische Verformung — wie auch im Beispiel Abb. 470 — mit einem erwärmten Kolben plastisch verformt (*Warmnietung*).

Unlösbare Kunststoffverbindungen werden gewöhnlich durch *Kleben* hergestellt. Die Auswahl der Klebstoffe (DIN 16 920) richtet sich nach der Kunststoffart, jedoch scheiden grundsätzlich alle wasserlöslichen Klebstoffe aus. Spritzgußteile aus gleichen Spritzgußmassen werden meist durch Lösungsmittel verbunden, die die Fügestellen der zu verbindenden Teile auflösen, wobei zusätzlich in den Lösungsmitteln ein bestimmter Prozentsatz der zu verbindenden Spritzgußmasse gelöst sein kann. Für das Kleben von Spritzgußteilen aus verschiedenartigen Spritzgußmassen sind Spezialkleber entwickelt worden, die am besten von Fall zu Fall mit dem Hersteller beraten werden.

Die Fügestellen werden für das Kleben möglichst durch Ansätze, Zentrierungen oder dgl. entlastet, wie z. B. in Abb. 471 dargestellt. Die Abb. 472 zeigt als Anwendungsbeispiel ein Tischuhrengehäuse, bestehend aus den drei Spritzgußteilen *a* bis *c*, die sämtlich durch Kleben miteinander verbunden sind.

Weitere unlösbare Verbindungen erhält man durch *Ein-*

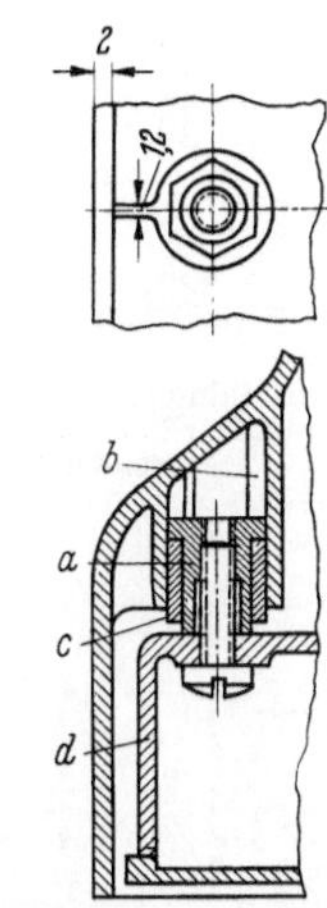

Abb. 468. Schraubverbindung. *a* Metall-Gewindemutter, *b* Auge im Formteil, *c* Polystyrolhülse eingeklebt, *d* Anschraubteil

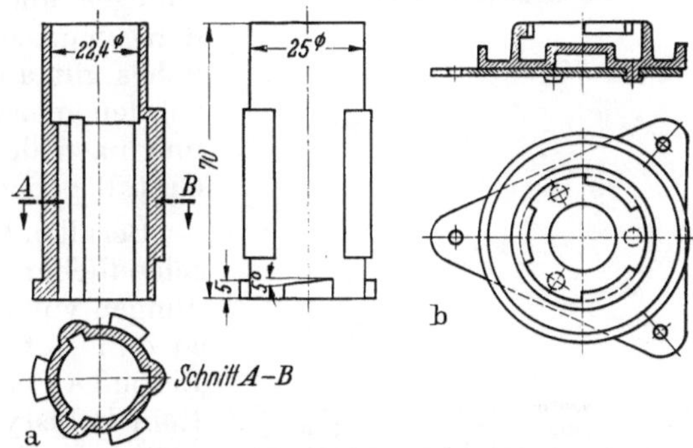

Abb. 469. Sprühsichere Röhrenfassung in Fernsehgeräten aus Polyamid. a Rohrteil mit Einrenklappen; b Fassungsteil mit Einrenkausnehmungen an einem Blechteil befestigt

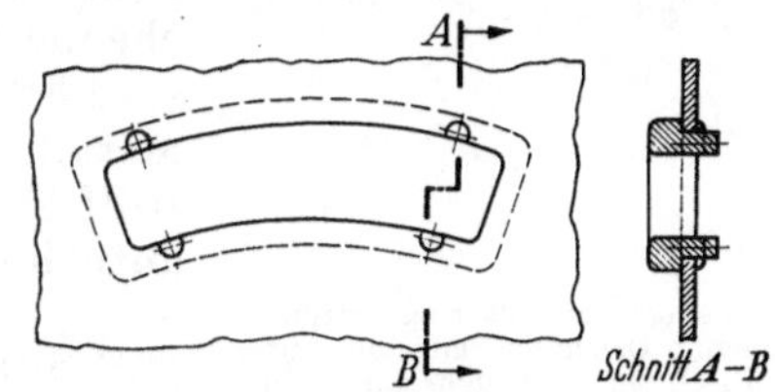

Abb. 470. Zierleiste mit Zapfen für thermoplastische Verformung

bettungen[1], bei denen die in das Werkzeug eingelegten Metallteile mit der Spritzgußmasse umspritzt werden (Abb. 473). Der Metallkörper wird im Bereich der

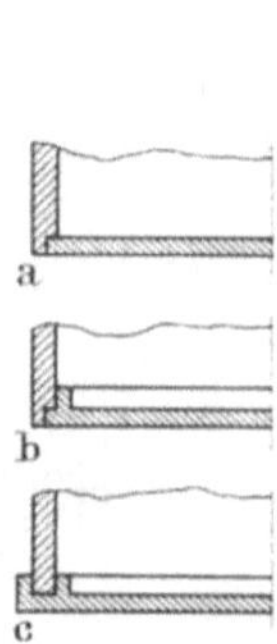

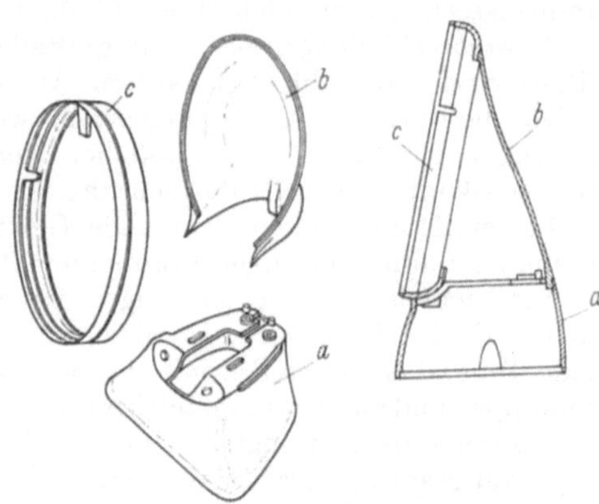

Abb. 471. Ausbildung der Fügestelle für Klebverbindungen. a einfacher Falz; b doppelter Falz; c umfassender Falz

Abb. 472. Uhrengehäuse, dreiteilig zusammengeklebt. *a* Gestell-Grundkörper, *b* Halteschale, *c* Haltering

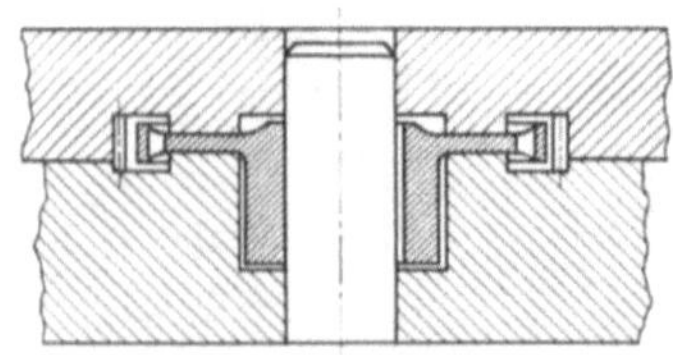

Abb. 473. Schema für die Spritzform zum Spritzen eines Polyamid-Zahnkranzes um eine gesinterte Nabe

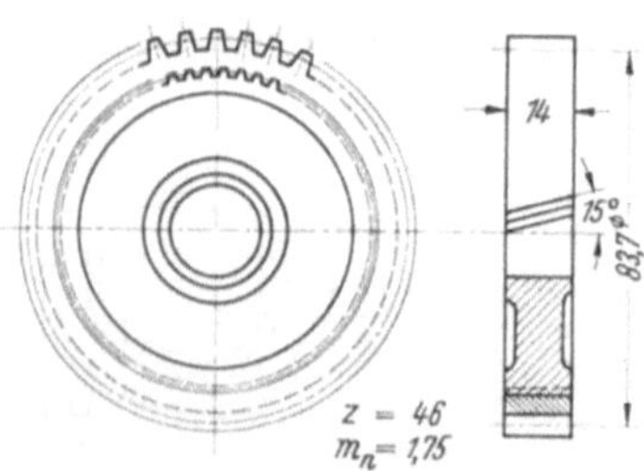

Abb. 474. Schrägverzahntes Zahnrad aus Polyamid, aufgespritzt auf Aluminium-Radkörper mit Zwischenverzahnung zur Verankerung

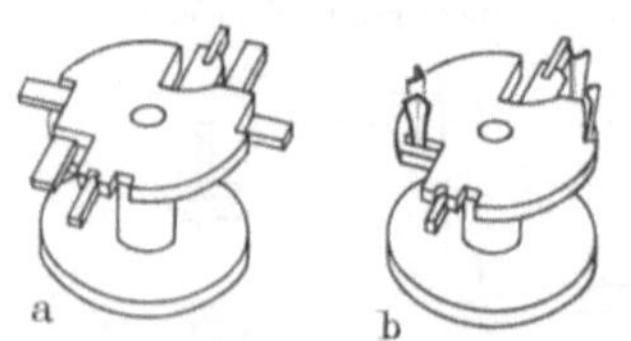

Abb. 475. Spulenkörper mit eingebetteten Lötanschlüssen. a Blechteile glatt zum Aufnehmen; b Blechteile nach dem Einbetten gebogen

Einbettung so gestaltet, daß der umspritzte Kunststoff eine sichere Verankerung findet (Abb. 474). Besondere Schwierigkeiten ergeben sich oftmals beim Einbetten mehrerer dünner Blechteile. Sind diese alle aus gleichem Werkstoff, so wird man sie zweckmäßig als Schnitteil am Rand zusammenhängend, also aus einem Stück bestehend, in die Spritzform einlegen und erst nach der Fertigstellung zu den gewünschten Einzelteilen auftrennen. Ähnliches gilt auch für gebogene Blechteile. Diese werden meist besser als Schnitteil eingebettet und nach dem Umspritzen in die gewünschte Gestalt gebogen (Abb. 475).

Bei allen Einbettungen sind jedoch die unterschiedlichen Wärmedehnungen und Schwindungen von Metall und Kunststoff zu beachten, so daß stets mit Spannungen zu rechnen ist. Besonders bei spröden Kunststoffen, etwa wie Rein-Polystyrol, können beim Erkalten Risse auftreten. Dagegen sind Kunststoffe mit hoher Dehnung, z. B. Polyäthylen, weniger empfindlich, weil sich die Spannungen durch entsprechende Verformungen ausgleichen können. Bei spröden Kunststoffen ist daher das eingelegte Metallteil mit einer hinreichend dicken Kunststoffschicht zu umgeben, die die Spannungen aufnehmen kann.

---

[1] Siehe Richtlinie VDI/VDE 2251, Bl. 6 Einbettungen.

B. Bauteile aus Keramik

42. Überblick über die Verfahren

Als weitere nichtmetallische Werkstoffe werden in der Feinwerktechnik keramische Stoffe verwendet, besonders wenn an die elektrische und thermische Isolierfähigkeit hohe Ansprüche gestellt werden. Die keramische Masse wird in Trommelmühlen aufbereitet und dann in Filterpressen entwässert, bevor sie in bildsamem Zustand kalt verarbeitet wird. (Abb 476). Für die Formgebung gibt

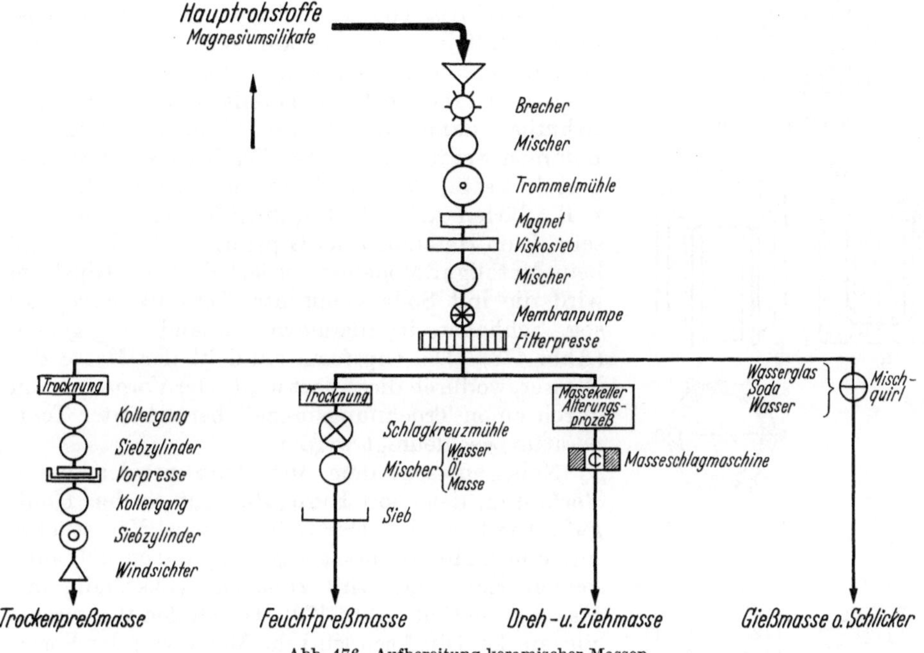

Abb. 476. Aufbereitung keramischer Massen

es verschiedene Verfahren: das Gießen und Drehen in Gipsformen, das Pressen in Stahlformen und das Strangpressen durch Stahlmundstücke. Durch einen Brennvorgang in einem dafür vorgesehenen Ofen werden die Werkstücke hart und fest. Dieses Brennen kann in zwei Stufen durchgeführt werden: dem Vortrocknen und dem Sintern. Im vorgetrockneten sog. weißtrockenen oder verglühten Zustand, der bei einer Temperatur von etwa 900 °C erreicht wird, ist das Werkstück so fest wie Kreide. Es kann spanabhebend mit Bohrern, Fräsern, Carborundumscheiben usw. bearbeitet werden. Bei dem zweiten Brand, dem Glattbrand, bei einer Temperatur von 1350 °C, sintert der Werkstoff und wird dadurch so hart, daß er danach notfalls nur noch von Carborundum- oder Diamantschleifscheiben angegriffen werden kann. Diese Möglichkeit darf deshalb nicht mehr zur eigentlichen Formgebung, sondern nur zur Erhöhung der Genauigkeit ausgenutzt werden. Ohne diese Nacharbeit läßt sich folgende Maßtoleranz einhalten: durch Gießen $\pm 3\%$, durch Feuchtpressen $\pm 1{,}5 \cdots 2\%$, durch Trockenpressen $\pm 1\%$. Im Interesse einer wirtschaftlichen Fertigung sollte der Konstrukteur mit dieser Genauigkeit auszukommen versuchen. Durch Nacharbeit nach dem Fertigbrand läßt sich durch Schleifen und Polieren ohne weiteres eine Genauigkeit von $\pm\,^1/_{1000}$ mm erreichen.

Die Eigenarten der Herstellungsverfahren keramischer Werkstücke beeinflussen in starkem Maße ihre Konstruktion. Die Werkstücke schwinden sehr, wenn sie gebrannt werden, und können sich dabei leicht verziehen. Beim Glattbrand beträgt die Schwindung je nach Masse etwa 13···17%, bei Massen der Gruppe 300 sogar bis 45%. Durch sog. Bomse (Abb. 477) werden die Werkstücke beim Brennen gestützt, um das Verziehen zu verringern. Auch die große Härte der fertigen Werkstücke muß beim Konstruieren berücksichtigt werden.

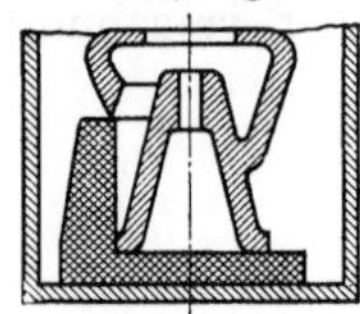

Abb. 477. Stützboms

Das *Gießen* von keramischen Werkstücken ist dem Metallgießverfahren ähnlich. Die Formen bestehen hier allerdings aus Gips, die 50···70 Abgüsse aushalten. Die Form ist geteilt und auseinandernehmbar, damit das gegossene Teil der Form entnommen werden kann. Die Werkstücke müssen so gestaltet sein, daß das Herausnehmen möglich ist, z. B. dürfen keine Unterschneidungen vorhanden sein. Zum Herstellen der Gipsform sind ebenso wie beim Metallguß Modelle erforderlich. In die Gipsform wird die mit Soda gemischte Keramikmasse, der sog. Schlicker, in flüssigem Zustand eingegossen (Abb. 478). Die Gipsform entzieht der Masse das Wasser, wodurch diese hart wird. Der Vorgang kann durch einen Trocknungsprozeß bei erhöhter Temperatur beschleunigt werden.

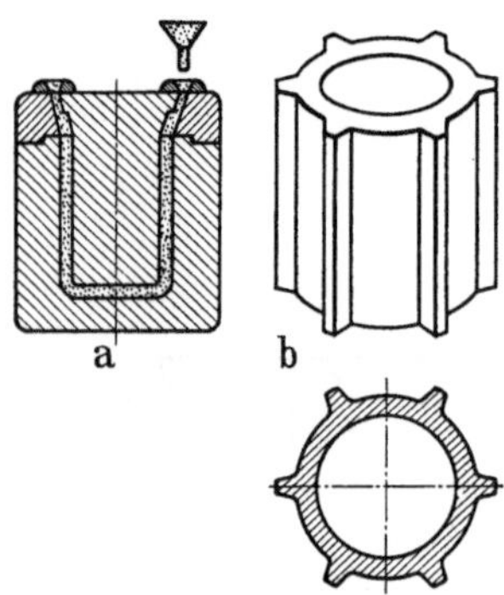

Abb. 478. Kernguß. a Querschnitt durch die Form; b Gußstück

Neben diesem dem Metallguß vergleichbaren Verfahren, dem sog. Kernguß, gibt es den Hohlguß. Die Form zur Herstellung eines Werkstückes mit einem Hohlraum ist ungeteilt und enthält auch keinen Kern. Sie wird zunächst vollständig mit Masse ausgefüllt (Abb. 479). Durch den Wasserentzug an der Gipsform wird die Masse von der Formwandung aus fest. Hat die festgewordene Masse die erforderliche Wanddicke erreicht, so wird die innere noch flüssige Masse abgegossen. Es bleibt ein hohles Werkstück übrig, dessen Wandung überall gleich dick ist, dessen Innenkonturen also den Außenkonturen entsprechen (b).

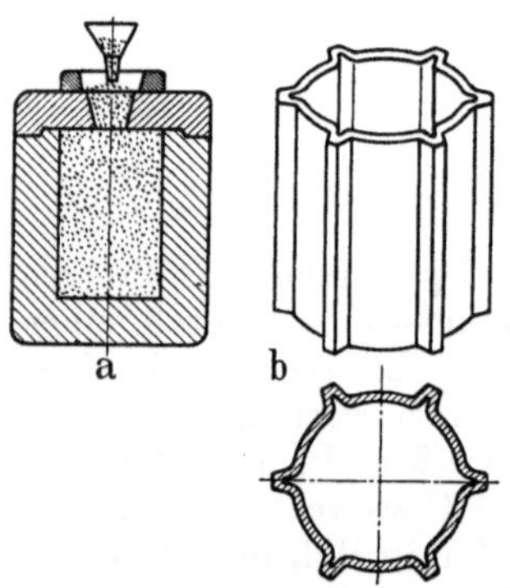

Abb. 479. Hohlguß. a Querschnitt durch die Form; b Gußstück

Zur Formgebung von Rotationskörpern werden *Drehverfahren* angewendet. Hierbei kann eine Gipsform als Hilfsmittel mit verwendet werden. Die Masse wird in diese Form gepreßt und dann mittels Schablonen (Abb. 480) die Form des Drehkörpers ausgearbeitet. Im Gegensatz zu diesem *Eindrehen* kann ein Werkstück aber auch auf einer Töpferscheibe *freigedreht* werden. Die Masse wird auf der Scheibe mit der Hand vorgeformt und dann mittels einer Schablone abgedreht.

Profilstäbe, Rohre u. dgl. werden auf Strangpressen hergestellt. Die Masse wird in einem Preß-

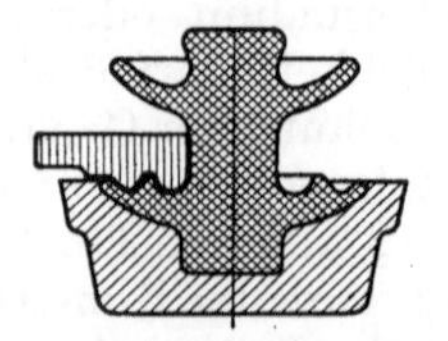

Abb. 480. Eindrehen mit Schablone

zylinder (Abb. 481) eingefüllt und dann mittels eines Kolbens durch ein dem Profil entsprechend geformtes Mundstück gedrückt oder — wie man auch sagt — gespritzt. Da die Masse sich in den Preßzylinder nicht nachfüllen läßt, ist die Länge des Profilstabes von dem Fassungsvermögen des Zylinders und von dem Querschnitt des Profils abhängig. Bei kleineren Querschnitten werden die Stablängen größer als bei größeren. Auf diese Weise lassen sich Rohre mit Wanddicken bis zu 0,2 mm herunter und Innendurchmesser bis zu 0,6 mm herstellen[1]. Die Wanddicke soll den zehnten Teil des Außendurchmessers nicht unterschreiten.

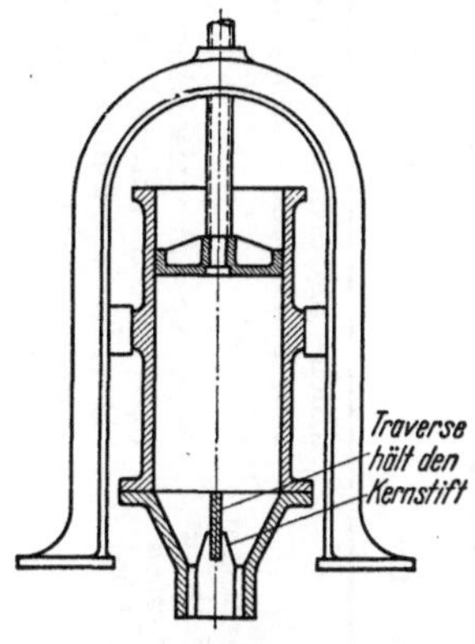

Abb. 481. Strangpressen

Bei hohen Stückzahlen können Keramikteile in Stahlformen *gepreßt* werden. Dieses Verfahren ist aber nur für kleine Abmessungen anwendbar, hat also hauptsächlich für den Feinwerkbau Bedeutung. Je nachdem, ob die Masse naß oder trocken verarbeitet wird, unterscheidet man das Naß- und das Trockenpressen. Der Aufbau der Werkzeuge ist für beide Verfahren unterschiedlich. Beim Naßpressen (Abb. 482a) kann der überschüssige Werkstoff durch dafür vorgesehene Kanäle entweichen. Beim Trockenpressen dagegen muß die Masse genau dosiert in die Preßform eingefüllt werden. Da die Keramikmasse

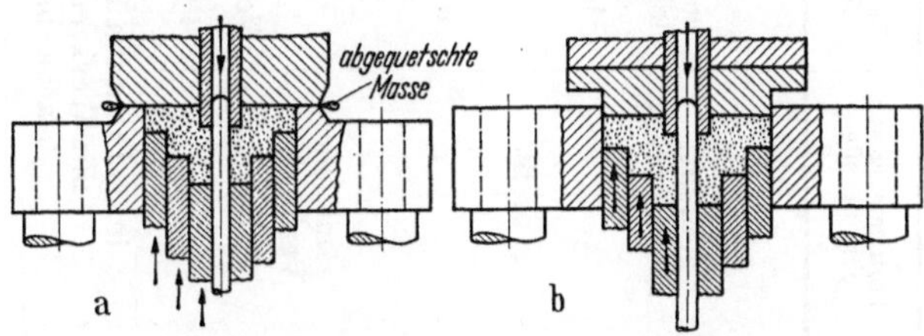

Abb. 482. Preßverfahren. a Naßpressen; b Trockenpressen

unter dem Einfluß des Stempeldruckes nicht so fließen kann wie z. B. Kunstharzmasse, muß ähnlich wie bei den Preßformen für Metallpulverteile (s. S. 107) der Füllraum in Richtung des Preßdruckes dem Füllfaktor entsprechend größer sein als das fertige Werkstück. Bei abgestuften Werkstücken (Abb. 482) sind deshalb besondere Schieber erforderlich, damit während des Pressens die Füllraumabmessungen in die Fertigteilabmessungen übergehen können. Die Teile sollen möglichst fertig aus der Presse kommen; Nacharbeiten, die nach dem Vorglühen noch möglich sind, sollen auf kleine Löcher, Schlitze, Nuten, Gewinde u. dgl. beschränkt bleiben.

Müssen keramische Werkstücke Formen haben, deren Herstellung aus preß- oder brenntechnischen Gründen in einem Stück schwierig oder gar nicht möglich ist, so können sie aus mehreren Teilen zusammengesetzt werden (s. Abb. 7 u. 499).

43. Werkstoffe

Porzellan und eine Reihe weiterer keramischer Massen werden in der Feinwerktechnik vorwiegend an den Stellen verwendet, wo es auf eine gute elektrische und thermische Isolation ankommt. Manchmal sind aber auch andere günstige Eigenschaften für die Wahl dieses Werkstoffes maßgebend; denn die keramischen Bauteile haben neben der guten Isolierfähigkeit eine hohe Festigkeit, sie sind temperaturbeständig, nehmen keine Feuchtigkeit auf, altern nicht und sind korro-

---

[1] BALKE, H.: Die Fertigungsverfahren der Hochfrequenzkeramik. Feinmech. u. Präz. 51 (1943) S. 5···13.

Tabelle 45. *Technische Feinkeramik. (Keramische Isolierstoffe für die Elektrotechnik nach DIN 40685.)*

Gruppe	Typ KER.	Werkstoff Benennung Rohstoffe	Aussehen der Scherben	Formgebung vor dem Brande	Kennzeichnende Eigenschaften	Anwendungsgebiete
100	110,1 110,2	Aluminium-Silikat-Keramik (Hartporzellan) setzt sich zusammen aus: Kaolin (etwa 50%) Feldspat (etwa 25%) Quarz (etwa 25%)	dicht, weiß, durchscheinend	gegossen, gedreht, stranggepreßt	mechanisch u. elektrisch gut, thermisch brauchbar	Hoch- und Niederspannungsisolatoren, Isolierteile (auch große Abmessungen)
	111					Niederspannungsisolatoren und Isolierteile, ferner Kessel, Behälter, Einsätze, Kreiselpumpen, Rohre, Hähne, Rührer, Walzen besonders der chemischen Industrie
	120	Porzellan (steinzeugartig)		gepreßt		
200	210	Magnesium-Silikat-Keramik überwiegend magnesium-silikathaltige Erzeugnisse Rohstoffe: Speckstein bzw. Talk, Verbindungen aus Magnesia, Kieselsäure und Wasser	dicht	sämtliche Verfahren	mechanisch sehr fest	Niederspannungsisolierteile, Isolierperlen
	220		dicht Normalsteatit		kleiner Verlustfaktor	Hoch- und Niederspannungsisolatoren, Isolierteile aller Art, Kondensatoren
	221		Sondersteatit dicht, grau			besonders Kondensatoren der Hochfrequenztechnik
	240		porös	im gebrannten Zustand mit Werkzeugen bearbeitbar		maßgenaue Isolierteile, auch für Einbau in Vakuum
300	310 311	} Titandioxid-Keramik enthalten überwiegend Titanoxid (Rutil)	dicht, grau oder rötlich	sämtliche Verfahren	siehe ausführliche Angaben in DIN 40685 S. 2 und 3	Kondensatoren, besonders der Hochfrequenztechnik (z. B. Röhrchenkondensatoren) ferner Bauteile für vollkeramische Kleinsuper
	320	enthält Magnesiumtitanat				
	330 331	} enthalten Titanoxid in chem. Verbindung oder im Gemenge mit anderen Oxiden				
	340	Strontium od. Kalziumtitanat		} außer gedreht		
	350 351	} Bariumtitanat enthaltend				

400	410	Aluminium-Magnesium-Silikat-Keramik	dicht	sämtliche Verfahren	sehr kleine Wärmedehnung	temperaturwechselbeständige Isolierungen, Bauteile mit kleinster Wärmeausdehnung
500	510	Poröse Keramik tonsubstanz- oder z. T. auch magnesium-silikathaltige Massen mit verschiedenen Zusätzen	feinporös weiß	sämtliche Verfahren	kleine Wärmedehnung, temperaturwechselbeständig	Formteile für Funken- und Lichtbogenschutz, Heizleiterträger für Elektrowärmegeräte (Heizplatten usw.). Verwendbar bis zu Heizleitertemperaturen von 1000 °C
	511		feinporös braun			
	512		grobporös braun			
	520		feinporös weiß bis braun			bis zu 1200 °C
	530					Temp. > 1300 °C
600	610	Tonerdekeramik Massen mit hohem Aluminiumoxidgehalt	dicht	sämtliche Verfahren	hohe Feuerfestigkeit und Wärmeleitfähigkeit	Isolierrohre aller Art, Schutzrohre, Zündkerzenisolatoren
700	710	Oxidkeramik Aluminiumoxid	dicht	sämtliche Verfahren	sehr hohe bis höchste Feuerbeständigkeit	Schutzrohre für Pyrometer, Isolierteile für Hochtemperaturöfen und Kathoden von Elektronenröhren, Zündkerzenisolatoren
	720	Magnesiumoxid	porös			
	730	Zirkonoxid stabilisiert	dicht			

sionsbeständig. Die keramischen Isolierstoffe sind typisiert. Die Tab. 45 gibt einen
Überblick nach dem Normblatt DIN 40 685. Es enthält neben den Angaben über
kennzeichnende Eigenschaften und Hauptanwendungsgebiete eine ausführliche
Zusammenstellung aller technischen Werte, insbesondere der technischen Werte
für Kondensatorkeramik.

Aluminium-Silikat-Keramik (Gruppe 100). Die Werkstoffe dieser Gruppe sind
Porzellane, die je nach dem Mischverhältnis ihrer Bestandteile Kaolin, Feldspat
und Quarz etwas unterschiedliche Eigenschaften haben. Sie haben eine gute Form-
starrheit und Dichte, durch die sie selbst bei hohen Drücken flüssigkeits- und gas-
dicht bleiben. Porzellan ist wetterfest und sein Gefüge unterliegt keiner Änderung
durch Altern oder Ermüden. Hartporzellan hält hohe Temperaturen und Tem-
peraturwechsel aus, ohne zu erweichen.

Porzellan wird hauptsächlich durch Pressen geformt und im weißtrockenen
Zustand bearbeitet, Hartporzellan und Pyrometerporzellan werden gegossen,
gedreht und stranggepreßt. Vorwiegend wird Porzellan für Hoch- und Nieder-
spannungsisolatoren verwendet. Andere Anwendungsgebiete sind: Rohrleitungen,
Ventile, Pumpen, Mahltrommeln zum trockenen und nassen Mahlen von Chemikalien, Farbstoffen, keramischen Massen u. dgl. Die Oberflächen sind glatt und
widerstandsfähig gegen das Abreiben und Abschleifen durch feste Körper, Flüssigkeiten und Gase. Infolge der hohen Widerstandsfähigkeit gegen chemische Einwirkungen wird die Oberfläche nicht zersetzt und verkrustet.

Einigen Prozellanen ist etwas Magnesiumsilikat (4···5%) beigemischt.

Magnesium-Silikat-Keramik (Gruppe 200). Diese keramischen Massen bestehen aus Magnesium, Kieselsäure und Wasser und werden auch Speckstein oder
Talk genannt. Der Hauptvertreter dieser Gruppe ist das sog. Steatit. Dieser Werkstoff hat gute elektrische Eigenschaften, insbesondere einen großen Isolations-
widerstand, eine hohe Durchschlagsfestigkeit und geringe dielektrische Verluste.
Aber auch die mechanischen Eigenschaften sind günstig: der Werkstoff ist fest
gegen Zug-, Druck-, Biege-, Schlagbiege- und Schleifbeanspruchungen. Der Elastizitätsmodul liegt zwischen 11 000 und 13 000 kp/mm², die Elastizität ist also sehr
hoch.

Steatitteile werden meist unglasiert verwendet, weil dieser Werkstoff im
Gegensatz zu Porzellan auch ohne Glasur seine guten Eigenschaften behält, z. B.
auch nicht hygroskopisch wird. Die Formgebung läßt sich mit den für keramische
Massen üblichen Verfahren durchführen. Das Hauptanwendungsgebiet von Bau-
teilen aus diesem Werkstoff liegt, bedingt durch seine Eigenschaften, auf dem
Gebiet der Elektrotechnik, insbesondere der Hochfrequenztechnik.

Titandioxid-Keramik (Gruppe 300). Diese Werkstoffe enthalten entweder
überwiegend Titandioxid in der Form des Minerals Rutil, oder sie enthalten
Magnesiumtitanat oder Titandioxid, das mit anderen Oxiden chemisch gebunden
oder gemischt ist. Da bei diesen Stoffen ebenso wie bei denen der Gruppe 200 der
dielektrische Verlustfaktor sehr klein ist, werden sie für Hochfrequenzkondensa-
toren verwendet, die bei kleinen Abmessungen hohe Kapazitätswerte aufweisen
sollen. Ihre Formgebung kann mit allen für keramische Massen üblichen Verfahren vorgenommen werden.

Aluminium-Magnesium-Silikat-Keramik (Gruppe 400). Diese keramischen
Stoffe enthalten im wesentlichen Magnesiumoxid, Tonerde, Kieselsäure und
Alkalimetalloxide. Der lineare Ausdehnungskoeffizient dieser Massen ist besonders klein, kleiner als der seiner Bestandteile. Deshalb können sie schnelle Tem-
peraturänderungen aushalten. Diese Stoffe dienen daher zur Herstellung von

temperaturwechselbeständigen Isolierungen und von Bauteilen mit kleiner Wärmeausdehnung.

Poröse Keramik (Gruppe 500). Diese Massen sind tonhaltig, zum Teil enthalten sie auch Magnesiumsilikat und andere Zusätze. Sie werden in üblicher Weise geformt und dienen hauptsächlich als Heizleiterträger, z. B. in Kochplatten auch in der Form von Isolierperlen, als Funkenlöschkammern und ähnlichen Zwecken in der Elektrotechnik.

Oxidkeramik (Gruppe 600 und 700). Diese Keramikmassen lassen sich nach den üblichen Verfahren mit guter Maßhaltigkeit formen. Sie sind beständig bei hohen Temperaturen und durchschlagsfest bei hohen elektrischen Spannungen. Aus diesen Eigenschaften ergeben sich ihre Anwendungen für Zündkerzen, Pyrometerrohre und andere Isolatoren, die hohe Temperaturen aushalten müssen. Die Massen der Gruppe 700, die fast aus reinen Oxiden bestehen, werden z. B. für Isolierteile an Elektronenröhren verwendet, an die hohe Ansprüche gestellt werden.

In der Vakuumtechnik verwendet man Oxidkeramik mit etwa 96% Al-Oxid, z. B. $Al_2O_3 + SiO_3 + MgO_3$.

Nichtmetallische Dauermagnete (sog. Oxidmagnete) bestehen aus Bariumferrit (z. B. $BaFe_{12}O_{19}$) mit einigen Zusätzen[1]. Die stabförmigen oder auch mehrpolige Magnete zeichnen sich durch hohe Koerzitivkraft aus und werden u. a. im Lautsprecherbau, als Bremsmagnete in Zählern, sowie für kleinere Elektromotoren, Generatoren und Kupplungen verwendet. Sie werden als Fertigteile in verhältnismäßig einfachen Preßwerkzeugen hergestellt, so daß preisgünstige Serienfertigungen möglich sind.

44. Formungsgerechtes Gestalten

Für die Gestaltung keramischer Stoffe gelten ähnliche Richtlinien wie für Metalle und Kunststoffe. Zum Teil müssen sie hier noch strenger eingehalten werden, weil die Teile beim Brennen hohen Temperaturen ausgesetzt sind und die Schwindung sehr groß ist. Die Formen müssen möglichst einfach sein, die Kanten müssen gerundet, klein profilierte Querschnittsformen, wie z. B. Rändelungen mit feinen Teilungen, feingängige Gewinde usw. müssen ganz vermieden werden, Werkstoffanhäufungen, Unterschneidungen, schrägliegende Wandungen usw. sind ungünstig. An einigen Gestaltungsbeispielen sollen diese Richtlinien erläutert werden: Die Abb. 483 und 484 zeigen einige Profile für das Strangpressen in günstiger und ungünstiger Gestalt. Kanten dürfen nicht scharf (Abb. 484a, b und c), sondern müssen gerundet (d, e und f) ausgeführt werden. Die Rippen in c sind gegenüber den Wandungen zu dünn, in f sind sie in der Dicke den Wandungen angepaßt. Bei ungleicher Querschnittsverteilung (Abb. 484a

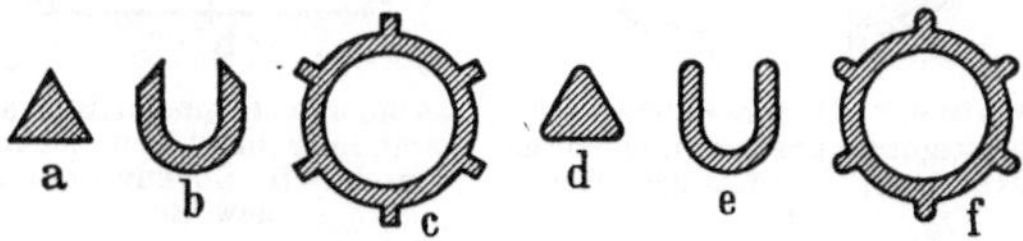

Abb. 483. Stranggepreßte Profile, a···c Formen ungünstig, scharfe Kanten; d···f Formen günstiger, Kanten gerundet

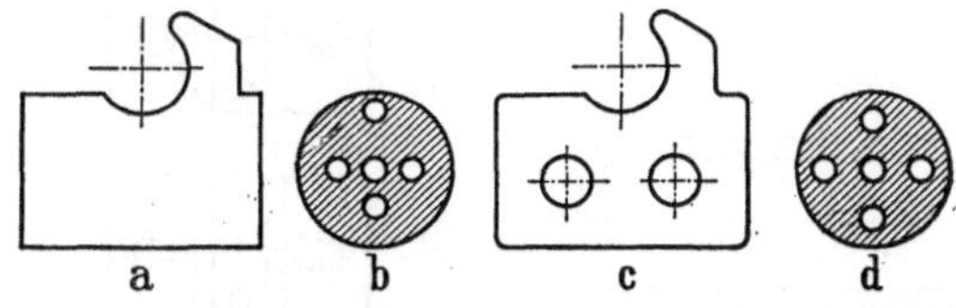

Abb. 484. Querschnittsverteilung. a und b ungünstig; c und d günstig

---

[1] NENTWIG, K.: Keramische Magnete und ihre praktische Bedeutung. Z. Feinwerktechn. 59 (1955) 5, S. 160···162.

und b) besteht die Gefahr, daß der Profilstab sich krümmt; besser sind deshalb die Ausführungen in c und d. Die Löcher in c dienen lediglich dem Zweck, den Stoff über den ganzen Querschnitt gleichmäßig zu verteilen.

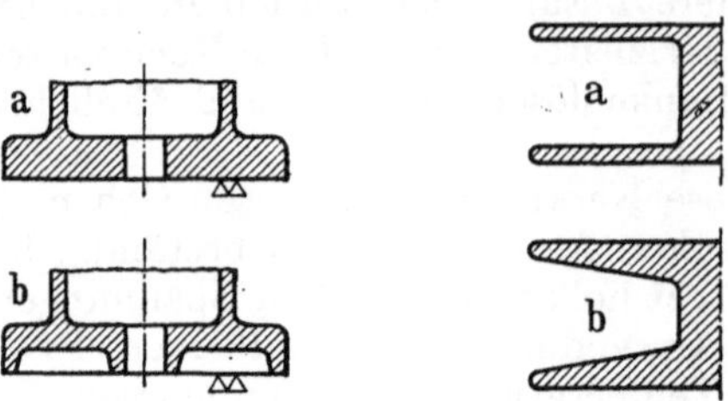

Abb. 485. Wanddicke. a ungleich; b gleich

Abb. 486. Seitenwandungen ohne Schräge und zu dünn, ungünstig; b Seitenwandungen besonders innen schräg

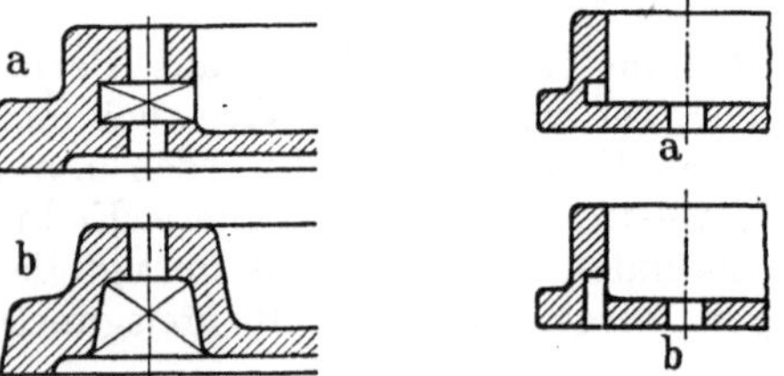

Abb. 487. Seitenzüge vermeiden. a ungünstige Form; b günstigere Form

Abb. 488. a ungünstige Form, Seitenschieber; b günstige Form

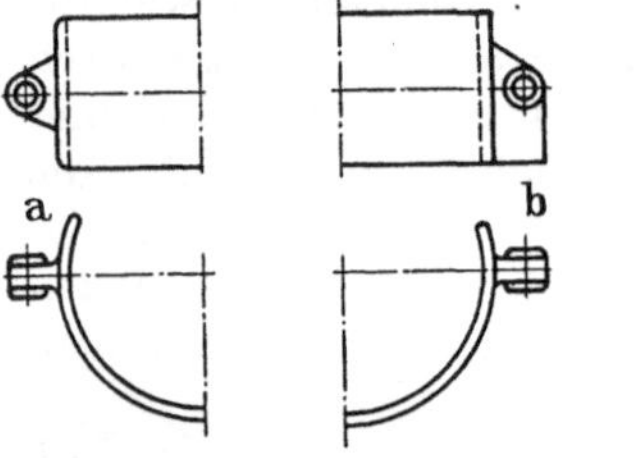

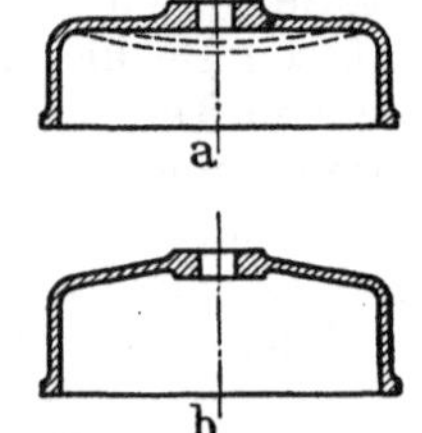

Abb. 489. Seitlich herausragendes Befestigungsauge. a ungünstige Gestaltung; b günstige Gestaltung

Abb. 490. Kappe. a Bodenwandung biegt sich leicht durch; b Bodenwandung gewölbt

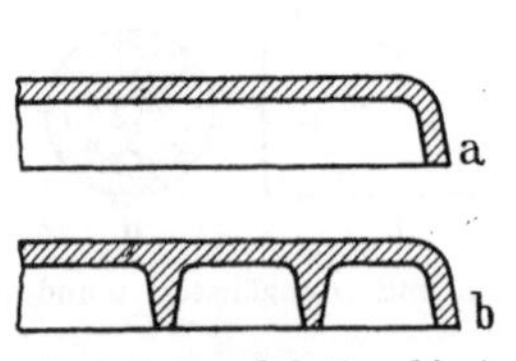

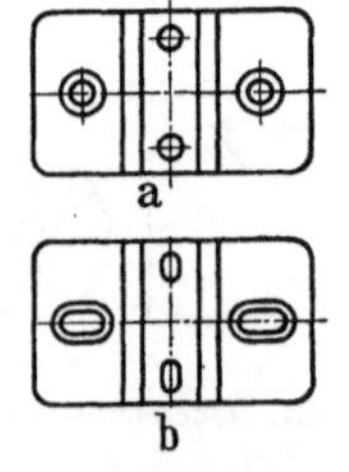

Abb. 491. Grundplatte. a biegt sich leicht durch; b besser durch Rippen versteift

Abb. 492. Befestigungslöcher besser als Langlöcher (b) ausbilden, weil Lochabstand schwierig genau einhaltbar (a)

Um die Entstehung von Spannungen beim Brennen und Schwinden zu vermeiden, müssen die Wanddicken eines Keramikteiles möglichst überall gleich groß sein (Abb. 485). Wanddicken unter 3 mm verziehen sich leicht im Brand, deshalb sollte diese Dicke möglichst nicht unterschritten werden, oder wenn dies nicht angängig ist, so sollte die Wand an der Wurzel verstärkt werden (Abb. 486). Diese Verstärkung ist auch notwendig, um schräge Flächen zum besseren Ausheben des Teiles aus der Preßform zu erhalten.

Seitliche Durchbrüche und Unterschneidungen (Abb. 487a und 488a) benötigen zur Herstellung seitliche Schieber, die das Werkzeug kompliziert und teuer machen. Deshalb soll möglichst so gestaltet werden (Abb. 487b und 488b), daß man ohne Seitenschieber auskommt.

Abb. 489 zeigt ein Werkstück mit einem seitlichen Befestigungsauge. Zieht man das Auge bis zur Auflage herunter, so erübrigt sich eine sonst notwendige Stütze beim Brennen. Waagerecht gelegene ebene Wände biegen sich leicht durch (Abb. 490a); deshalb werden sie besser gewölbt ausgebildet (b) oder durch Rippen versteift (Abb. 491). Durch Langlöcher (Abb. 492) können Ungenauigkeiten in den Lochabständen leicht unschädlich gemacht werden. Werden Löcher zu dicht an die Außenkante gesetzt, so wird die Wand an dieser Stelle zu dünn und reißt leicht. Ist ein kleiner Abstand nicht zu vermeiden, so werden die Löcher und Senkungen zur Kante hin offen ausgebildet (Abb. 493). Als Anhalt für Lochabstände von Kanten können folgende Mindestwerte dienen (Abb. 494):

für $h \geqq 10$ mm: $\qquad s = {}^1/_4 h$, $\qquad$ jedoch nicht unter 1 mm,
für $h = 11 \cdots 20$ mm: $\quad s = {}^1/_5 \cdots {}^1/_6 h$,
für $h > 20$ mm: $\qquad s = 3,5$ mm.

Konische Löcher sind fertigungstechnisch günstiger als zylindrische.

Im allgemeinen wird die Oberfläche keramischer Bauteile widerstandsfähiger, wenn sie glasiert wird. Sie kann ganz oder teilweise glasiert werden, wobei Flächen, auf denen die Körper beim Brennen aufliegen oder gestützt werden, immer unglasiert bleiben müssen, damit sie auf der Unterlage nicht festbrennen. Auch bleiben meist Gewinde und solche Flächen unglasiert, auf

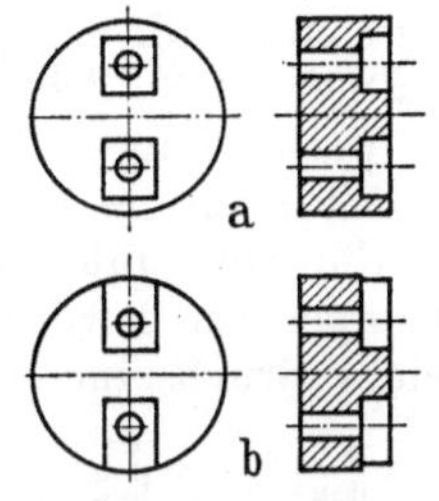

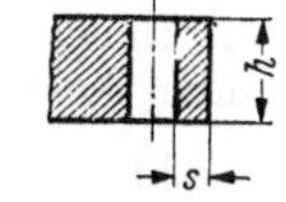

Abb. 493. Randlöcher. a Randdicke an Vertiefung zu klein; b Vertiefung nach außen offen

Abb. 494. Randdicke s bei Löchern

die andere Bauteile gesetzt werden. Für Oberflächenarten und Kennzeichnungen glasierter und metallisierter Flächen sind Richtlinien in DIN 140 Bl. 7 enthalten. Glasurfarben für bestimmte Teile elektrischer Geräte findet man in DIN 40686.

Für die Herstellungsgenauigkeit sind Richtlinien in DIN 40680 enthalten. Danach werden zwei Genauigkeitsgrade unterschieden: die Grob- und Mitteltoleranz. Die Genauigkeit der *Grobtoleranz* ist durch Gießen und Drehen ohne weiteres zu erreichen. Bei den Konstruktionen ist diese Genauigkeitsstufe möglichst zugrunde zu legen, weil höhere Anforderungen die Fertigung verteuern. Die *Mitteltoleranz* kann nur durch Pressen eingehalten werden. In Zeichnungen muß sie beim Maß mit angegeben werden. Eine *noch kleinere Toleranz* ist nur durch Nacharbeit oder durch besondere Herstellungsmaßnahmen zu erreichen. Deshalb kann diese Genauigkeit nur nach Rücksprache mit dem Fertigungsfachmann vorgesehen werden.

Die Oberflächengüte eines fertig gebrannten keramischen Werkstückes läßt sich durch Schleifen verbessern; sie ist dann besser als die durch Glattbrand erzielte. Die Stellen der Oberfläche, die nachgearbeitet werden sollen, müssen leicht zugänglich sein und klein gehalten werden, um unnötig viel Schleifarbeit zu vermeiden. An Stelle von großen zu bearbeitenden Flächen sind deshalb Warzen (Abb. 495), Bünde, Ränder (Abb. 496) u. dgl. vorzusehen. Um Wellen spitzenlos

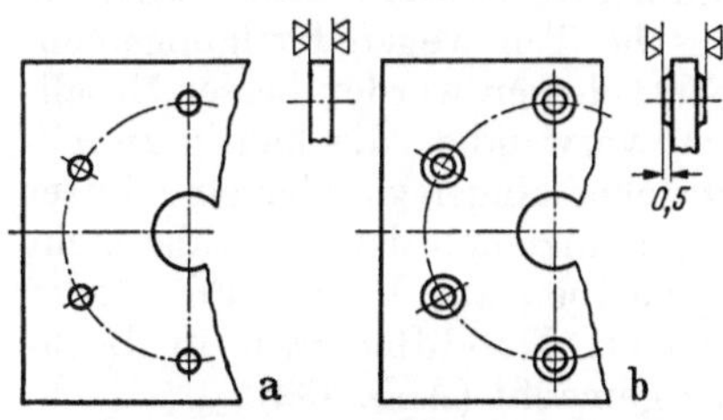

Abb. 495. Deckplatte. a gesamte Platte muß nachgeschliffen werden; b Platte nur an den Augen der Befestigungslöcher geschliffen

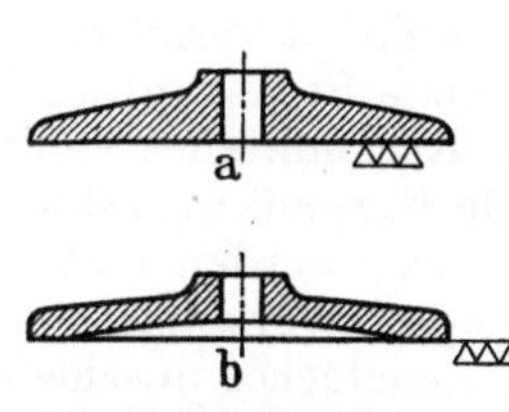

Abb. 496. a Auflagefläche groß, große Schleiffläche; b Fläche hohl geformt, nur Rand nachgeschliffen

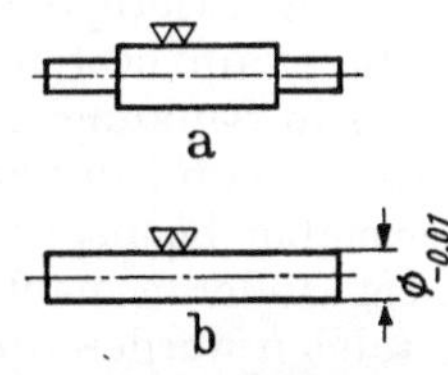

Abb. 497. Keramikwelle. a Ansätze ungünstig; b glatte unabgesetzte Welle, kann spitzenlos im Durchgangsverfahren geschliffen werden

nach dem Durchgangsschleifverfahren schleifen zu können, dürfen sie an den Enden nicht abgesetzt sein (Abb. 497).

45. Fügegerechtes Gestalten

Glasieren. Dieselbe Glasur, mit der die Oberfläche eines Keramikteiles glatt und unempfindlich gemacht wird, kann zum Zusammenfügen von Keramikteilen verwendet werden. Die fertiggebrannten Einzelteile werden an der Fügestelle mit Glasur bestrichen, dann in einer Glasiervorrichtung zusammengehalten und in einem Muffelofen bei etwa 800···900 °C zusammengeschmolzen. Die Glasur wirkt hierbei als Feuerkitt; die Verbindungsstelle wird ebenso fest wie der Werkstoff selbst. Die Werkstoffe der Einzelteile müssen allerdings gleiche Ausdehnungskoeffizienten haben, und die Teile müssen während des Zusammenschmelzens überall auf die gleiche Temperatur erwärmt werden, weil sonst infolge der auftretenden Spannungen leicht Bruch eintritt.

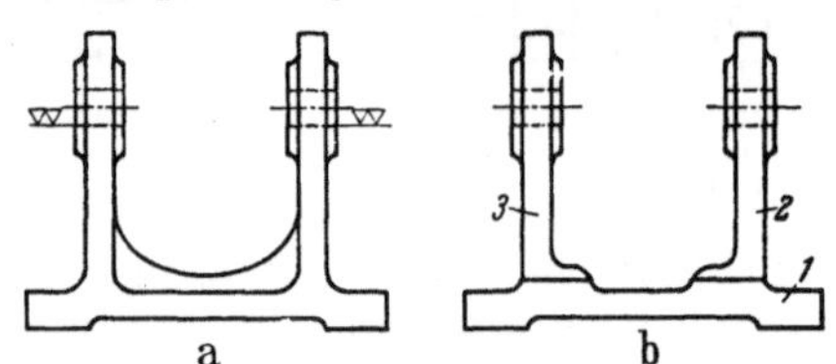

Abb. 498. Lagerbock. a Einteilgestaltung, ungünstig; b Mehrteilgestaltung, günstiger

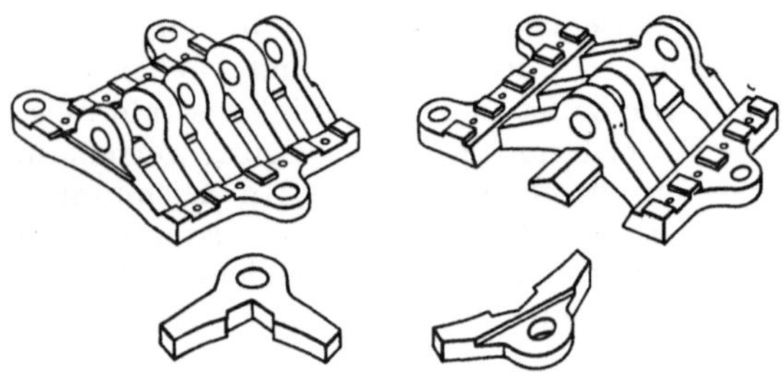

Abb. 499. Bürstenhalter, zusammenglasiert

Das Zusammenfügen mehrerer Teile durch Glasieren wird vorgesehen, wenn das Bauteil aus einem Stück schwierig oder überhaupt nicht herstellbar ist, oder wenn Genauigkeiten erforderlich sind, die nur hierdurch erreicht werden können. Abb. 498 zeigt einen Lagerbock, bei dem ein Zusammenfügen aus drei Teilen günstiger ist als eine Einteilgestaltung. Bei dem Bürstenhalter in Abb. 499 ließ die Genauigkeitsanforderung eine Herstellung aus einem Stück nicht zu. Die Stege werden einzeln gefertigt und planparallel geschliffen. Sowohl die Toleranz zwischen den einzelnen Kammern als auch die Gesamttoleranz zwischen der ersten und der letzten Kammer lassen sich auf diese Weise in engen Grenzen einhalten. Ein weiteres Beispiel ist bereits in Abschn. 2 besprochen und in Abb. 7 dargestellt.

Schrauben. Keramische Werkstücke lassen sich untereinander und mit Werkstücken aus anderen Werkstoffen durch Schrauben verbinden. Dabei wird die Einformung des Muttergewindes in das keramische Teil wegen fertigungstechnischer Schwierigkeiten möglichst vermieden. Statt dessen werden besser Metallmuttern, am besten normale Sechskantmuttern, verwendet, die häufig zweckmäßig in Senkungen des Keramikteiles verdrehsicher eingelegt oder eingekittet werden. Damit der spröde Keramikwerkstoff beim Anziehen der Schraube nicht übermäßig beansprucht wird, werden Unterlegscheiben aus Pappe, Fiber oder einem anderen nachgiebigen Werkstoff verwendet. Maßdifferenzen in Lochabständen werden durch Langlöcher unschädlich gemacht (Abb. 492).

Nieten. Da keramische Stoffe stoßempfindlich sind, dürfen Nietverbindungen nur mit Vorsicht angewendet werden. Allenfalls können mit dünnwandigen Rohrnieten Verbindungen vorgenommen werden.

Ein Warmnietverfahren hat sich dagegen gut bewährt, bei dem stoßartige Beanspruchungen des Keramikteiles vermieden werden. Bei diesem Verfahren, dem sog. elektrothermischen Stauchverfahren[1] wird der Niet über Kupferelektroden von einem elektrischen Strom erwärmt und dann zusammengedrückt (Abb. 500). Beim Erkalten des Nietes werden die Teile fest zusammengezogen, da Metall einen höheren Ausdehnungskoeffizienten hat als Keramik. Der Niet schrumpft beim Erkalten langsam, so daß das keramische Teil nicht stoßartig

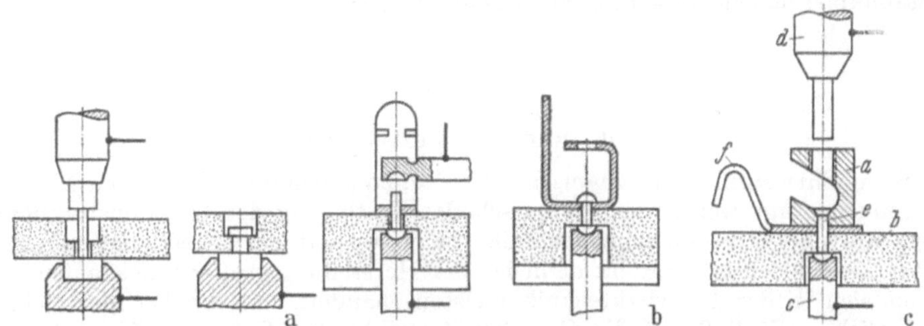

Abb. 500. Elektrothermische Verbindungen

beansprucht wird. Bei größeren Querschnitten kann der Zapfen ausgebohrt werden ($s : h \approx 1 : 10$, Abb. 501), damit die Verformung durch das Stauchen auf kleine Stoffmengen beschränkt bleibt.

Metallisieren und Löten. Auf Oberflächen von Keramikteilen können Metallüberzüge aufgebracht werden. Hierfür gibt es mehrere Verfahren: Das flüssige Metall

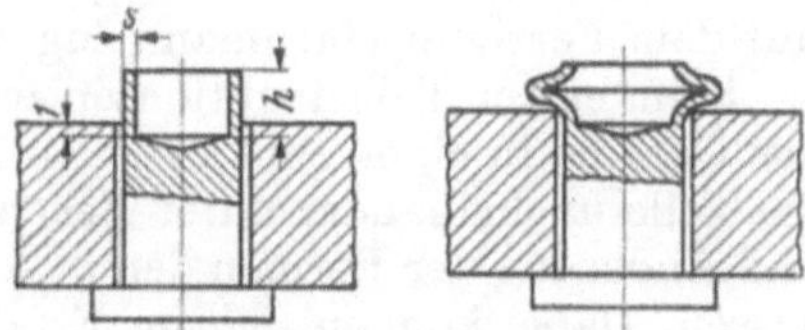

Abb. 501. Hohlzapfen für elektrothermische Verbindung

wird feinverteilt auf die Oberfläche des kalten Teiles aufgespritzt. Fester haftet die Metallschicht, wenn sie kathodisch aufgestäubt wird. Am besten gelingt die Metallisierung durch das Aufbrennen einer Metallschicht; dieses Verfahren ist deshalb am gebräuchlichsten. Die zu metallisierende Fläche wird mit einer Silber- oder Kupferlösung bestrichen oder bespritzt, und dann wird das Teil auf 500 bis 700 °C erhitzt. Dabei verbrennen die Lösungsstoffe, und das Metall schlägt sich sehr fest als dünne Schicht auf die Keramikfläche nieder. Diese Schicht, die etwa $^1/_{1000}$ mm dick ist, läßt sich durch Wiederholen des Prozesses oder auch durch Bespritzen oder Galvanisieren verstärken. Erfahrungsgemäß ist ein zweimaliges Aufbrennen am günstigsten. An Rändern solcher Metallbelegungen, an denen die Gefahr der Loslösung besteht, können kleine Sacklöcher vorgesehen werden, an denen die Metallschicht sich verankert und dadurch besser festhaftet.

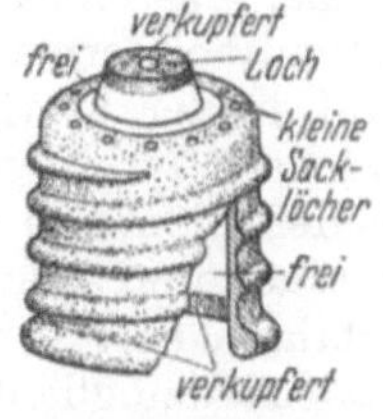

Abb. 502. Glühlampensockel aus Keramik mit verkupferter Oberfläche

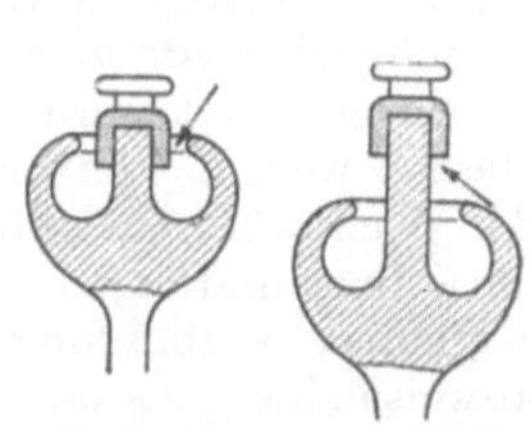

Abb. 503. Isolator mit angelötetem Metallteil. a ungünstige Form; b günstige Form

---

[1] OSENBERG, W.: Neuartiges Arbeitsverfahren. Masch.-Bau Betr. 16 (1937) S. 495···498. Neues elektrothermisches Verbindungsverfahren für den Zusammenbau von Metallteilen mit keramischen Körpern. Feinmech. u. Präz. 47 1939) S. 43···48.

11*

Abb. 502 zeigt einen Lampensockel aus Keramik, dessen Oberfläche teilweise verkupfert ist. Die elektrischen Anschlußleitungen werden an den Metallschichten angelötet.

Auch andere Metallteile können auf die metallisierte Fläche aufgelötet und auf diese Weise Metall mit Keramik verbunden werden. Die Lötstelle muß zur Herstellung der Verbindung gut zugänglich sein. In Abb. 503 ist eine günstige Gestaltung einer ungünstigen gegenübergestellt für die Lötverbindung einer Metallkappe mit einem keramischen Isolierkörper.

Schluß

46. Konstruktionsbeispiele

Beim Entwerfen feinmechanischer Geräte, zu denen die behandelten Bauteile zusammengefügt werden, müssen nach der Festlegung der funktionsbedingten Elemente und Abmessungen ebenfalls die wirtschaftlichen Fertigungsmöglichkeiten berücksichtigt werden; denn bei der Herstellung großer Stückzahlen, um die es sich in der Feinwerktechnik meistens handelt, übt die Fertigung einen wesentlichen Einfluß auf die Gestaltung sowohl der Teile — wie wiederholt gezeigt wurde — als auch des ganzen Gerätes aus. Der Konstrukteur muß selbst die Verfahren der Massenfertigung gut übersehen; darüber hinaus muß er aber mit dem Fertigungsfachmann eng zusammenarbeiten.

Beim ersten Konstruktionsentwurf wird man zunächst die notwendigen Teile des Gerätes in einen funktionellen Zusammenhang bringen, erst dann wird man die Teile nacheinander unter Beachtung ihrer Teilfunktion in der Ausgestaltung und Änderung der Formen den in Aussicht genommenen Fertigungsverfahren anpassen. Dabei können sich im Erfahrungsaustausch zwischen Konstrukteur und Fertigungsingenieur Gesichtspunkte ergeben, die zur Entwicklung neuer Fertigungsverfahren führen; meistens wird jedoch die Fertigung dem Konstrukteur den Weg zu einer brauchbaren zweckmäßigen Konstruktion weisen.

Diese wechselseitige Beeinflussung von Konstruktion und Fertigung fördert die Wirtschaftlichkeit des Betriebes. Die Verfahren der Massenfertigung, insbesondere die Verfahren der spanlosen Formung erfordern häufig den Einsatz kostspieliger Sonderwerkzeuge, Einrichtungen und Sondermaschinen, manchmal auch langwierige Entwicklungsversuche. Für die Wahl der Konstruktion aus mehreren Entwürfen ist deshalb meistens die Untersuchung des Kostenaufwandes entscheidend. Hierbei muß neben der Herstellung der Teile auch ihr Zusammenbau berücksichtigt werden. Bei Massenherstellung muß die Montage maschinell und möglichst von ungelernten Arbeitern ausführbar sein. Die Konstruktion muß so durchgebildet werden, daß in der Fertigung möglichst grobe Toleranzen zugelassen werden können. Vielfach lassen sich enge Toleranzen durch elastische oder plastische Ausbildung der Elemente an der Verbindungsstelle vermeiden. Schraubverbindungen sind teuer und müssen deshalb möglichst durch andere geeignetere Verbindungsverfahren ersetzt werden. Häufig bietet die Schachtelbauweise eine günstige Gestaltungsmöglichkeit.

Mit einigen Beispielen soll der Einfluß der Fertigungsverfahren auf die konstruktive Gestaltung gezeigt werden. Sie zeigen besonders dem noch unerfahrenen Konstrukteur, wie häufig durch kleine Änderungen wesentliche technische Verbesserungen erzielt werden. Er darf sich nicht mit dem ersten Entwurf begnügen, sondern muß durch weitere Entwürfe die Bauteile abwandeln und weiter entwickeln, bis die technisch beste Form gefunden ist. Sie entsteht niemals sofort auf

Anhieb, sondern sie muß allmählich Gestalt gewinnen. Scheinen mehrere Möglichkeiten gleichwertig zu sein, so muß für die Entscheidung eine eingehende Kalkulation herangezogen werden.

1. Beispiel. Die Nockenwelle eines Walzenschalters ist in einem Blechgestell gelagert. Ihre vier Schaltstellen sollen durch ein Rastgesperre gesichert werden. In Abb. 504 ist das Rastgesperre mit dem Rastrad *1*, dem Rasthebel *2*, der eine Rolle *3* trägt, und der Feder *4* dargestellt. Für die Aufhängung der Feder bei *A* und die Lagerung des Rasthebels bei *B* sind Nietstifte vorgesehen. Die Weiterentwicklung und Anpassung dieser beiden Stellen an die übrige Konstruktion soll an einigen Ausführungsmöglichkeiten gezeigt werden.

Entwürfe zur Federaufhängung bei A: In Abb. 505 sind einige stiftförmige Federaufhängungen dargestellt, die in der Lagerplatine befestigt sind. Der Nietstift in Abb. 505a ist ein Drehteil mit einem Zapfen und einem Einstich. Der Kerbstift in Abb. 505b ist handelsüblich, er ist in einem Loch mit

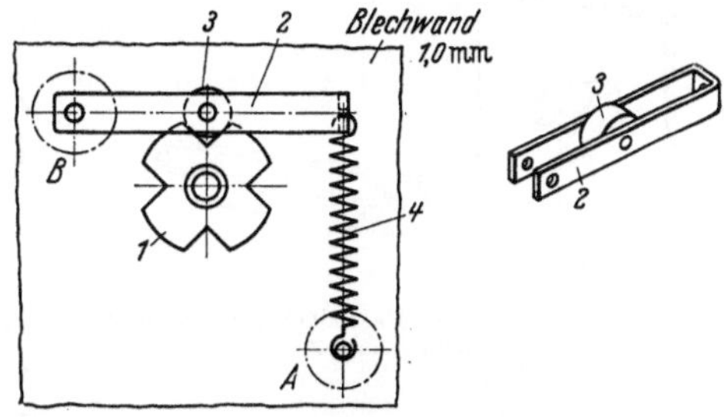

Abb. 504. Rastgesperre an einem Walzenschalter. *1* Rastrad, *2* Rasthebel, *3* Rolle, *4* Rastfeder

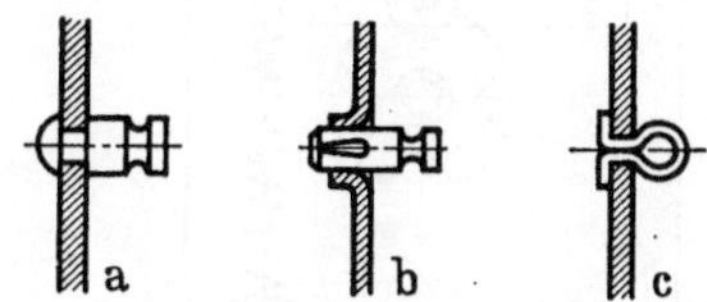

Abb. 505. Stiftformen für die Federaufhängung. a Nietstift; b Kerbstift; c Splint

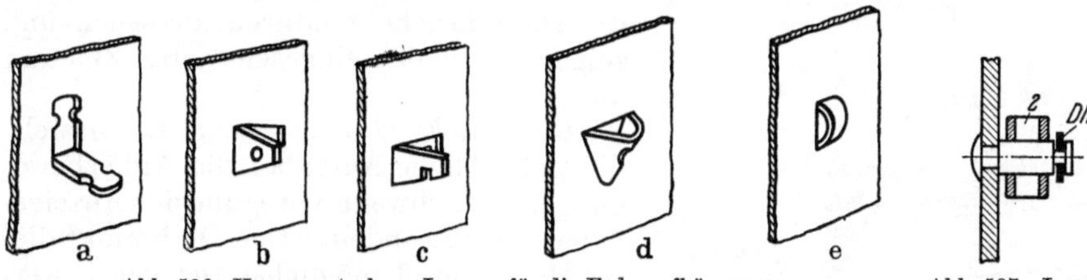

Abb. 506. Herausgestochene Lappen für die Federaufhängung

Abb. 507. Lagerung des Rasthebels *2* auf Nietstift mit Sicherungsscheibe

düsenförmig herausgezogener Wandung befestigt. Der handelsübliche billige Splint in Abb. 505c erfordert für seine Befestigung ein besonderes Montagewerkzeug.

Der Aufwand eines besonderen Teiles für die Federaufhängung mit seiner Befestigung in der Platine kann gespart werden, wenn aus der Platine ein Lappen oder dgl. (s. „Durchreißen" in Abb. 68) herausgestochen wird (Abb. 506), an dem die Feder aufgehängt wird. Die Ausführungen in b und c weisen eine bessere Festigkeit auf als die in a. Noch günstiger sind die Formgebungen in d und e, weil die offenen Durchbrüche in der Lagerplatine vermieden werden. Bei der Form in Abb. 506d hängt die Feder unbehinderter, die Form in Abb. 506e ist dagegen einfacher und deshalb billiger.

Entwürfe zur Rasthebellagerung bei B: Ähnlich wie bei der Federaufhängung läßt sich der Nietstift als Lagerzapfen des Rasthebels vermeiden. Da der Rasthebel nur kleine Schwenkbewegungen auszuführen hat, genügt eine offene Lagerung, die ohne besonderes Lagerteil mit einem herausgestochenen Lappen erreicht werden kann (Abb. 508). Die Rastfeder hält zugleich den Schluß in der Lagerung aufrecht.

In Abb. 509 ist das vollständige Rastgesperre noch einmal dargestellt mit den abgewandelten Ausführungen der Stellen A und B, die durch ihre spanlose Formbarkeit der Wirtschaftlichkeit bei Massenherstellung gerecht werden.

2. Beispiel. Ein magnetisch betriebenes Schauzeichen mit schwenkbarer Anzeigefläche für den Einbau in eine Schalttafel soll entworfen werden. Für die Konstruktion sollen normale Rundrelais nach DIN 41221 ohne Kontaktfedersatz verwendet werden, die ohne wesentliche Änderung den laufenden Fabrikationsserien entnommen werden sollen. Die Stückzahl wird mit 5000 im Monat angenommen. Das Gehäuse soll aus Preßstoff hergestellt werden.

Abb. 510 zeigt eine Prinzipskizze vom Aufbau des Gerätes. Die Anzeigefläche mit abwechselnd schwarzen und weißen Feldern wird gegenüber einem Frontblech mit Durchbrüchen bewegt. Im Ruhezustand werden die weißen Felder der Anzeigefläche verdeckt; bei eingeschaltetem Schauzeichen sind die weißen Felder durch die Durchbrüche hindurch zu sehen und zeigen damit den eingeschalteten Zustand an.

Getriebliche Grundformen: Es besteht die getriebliche Aufgabe, die Ankerbewegung in die Schwenkbewegung des Anzeigehebels umzuwandeln. Der Drehpunkt dieses Hebels muß möglichst tief gelegt werden, um eine kleine Krümmung der Anzeigefläche und einen kleinen Schwenkwinkel zu erhalten. In Abb. 511 sind einige Anordnungen schematisch dargestellt, mit denen diese Bedingungen erfüllt sind.

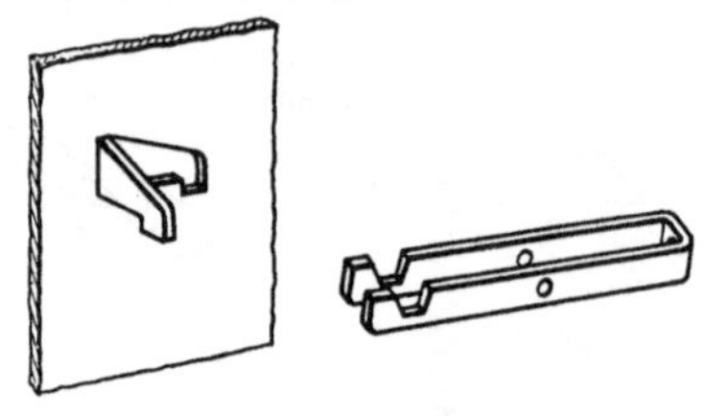

Abb. 508. Lagerung des Rasthebels am herausgestochenen Lappen

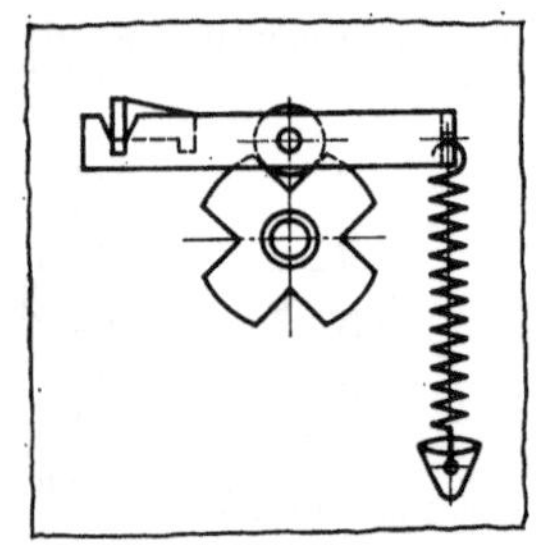

Abb. 509. Abgewandelter Entwurf des Rastgesperres

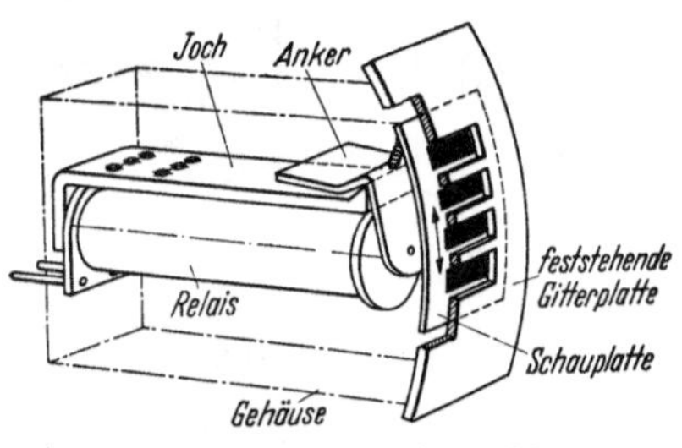

Abb. 510. Prinzipskizze von einem elektromagnetisch betriebenen Schauzeichen

Mit Rücksicht auf die Reibung sind Drehgelenke günstiger als andere Übertragungsformen. Feste Lagerstellen sollen in möglichst kleiner Zahl vorgesehen werden. Danach stehen die Ausführungsformen b und d zur engeren Wahl. Ausführung b erscheint von diesen beiden Lösungen vorteilhafter, weil die Bewegung von dem günstiger gelegenen Schenkel des Ankers abgenommen wird.

Konstruktionsentwürfe: In dem Entwurf in Abb. 512 ist — wie auch in weiteren Abwandlungen — die Verwendung des vorhandenen Relais mit seinen Bauteilen weitgehend berücksichtigt. Die zusätzlich benötigten Bauteile sind aus Blech hergestellt. Entsprechend der grundsätzlichen Anordnung in Abb. 511a wird die Bewegung vom Anker a über das Bauteil c auf den Anzeigehebel b mittels Stifte an c übertragen, die in Langlöchern des Teiles b eingreifen. Teil c ist U-förmig so gebogen, daß das Maß m der Ankerbreite entspricht. Dadurch genügt für seine

Befestigung am Anker a eine Schraube 3. Lagerteil d ist mit den Schrauben 4 am Joch befestigt, wobei die Gewindelöcher, die sonst für die Befestigung der Kontaktfedern verwendet werden, ausgenutzt werden. Mit den Schrauben 4 wird zugleich die Blattfeder F befestigt. Das Drehgelenk 2 wird durch Nieten gebildet.

Trotzdem diese Lösung wegen ihres einfachen Aufbaues günstig erscheint, ist sie wegen der größeren Reibungsverluste in der Kulissenführung ungünstiger als eine Lösung nach Schema Abb. 511b. Außerdem kann der Aufbau wesentlich vereinfacht und mit Rücksicht auf eine Massenfertigung verbessert werden. Die Teile c und d insbesondere sind ungünstig gestaltet; denn die Blechteile erfordern einen großen Aufwand an Werkzeugen und Werkstoff.

In Abb. 513 ist ein zweiter Entwurf dargestellt. Das Bauteil c wirkt hier wirklich als Koppel, die — entsprechend dem Schema in Abb. 511b — gelenkig mit dem Anker a und dem Anzeigehebel b verbunden ist. Teil c hat die Form eines Drahtbügels, der mittels eines besonderen Blechteils a_1 mit dem Anker gelenkig verbunden ist. Das andere Gelenk wird einfach dadurch gebildet, daß die abgebogenen Drahtenden des Bügels c in Löchern des Hebels b aufgenommen werden.

Der Lagerwinkel d ist ein U-förmig gebogenes Blechteil. Der Drehpunkt 2 des Hebels b erhält durch diese Gestaltung eine noch etwas tiefere Lage als in Ausführung Abb. 512. Der Lagerwinkel d wird mit dem Anschrauben des Relais an der Gehäusegrundplatte befestigt.

In Abb. 514 ist eine vereinfachte Bügelbefestigung am Anker a dargestellt: Ein aus einem Blechstreifen hergestellter Splint 3 wird in ein Loch des Ankers a aufgenommen und umgreift den Drahtbügel c. Dadurch wird die teure Schraubverbindung (3 in Abb. 513) vermieden.

Abb. 515 zeigt eine noch günstigere Gestaltung der Verbindung zwischen den Teilen a und c unter Benutzung der Feder F. Der

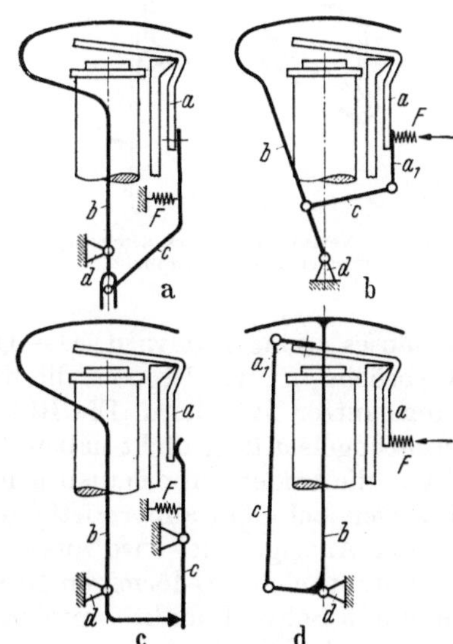

Abb. 511. Getriebliche Grundformen

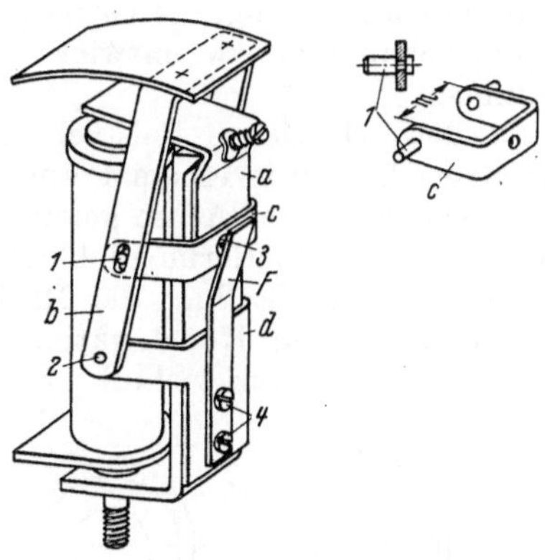

Abb. 512. Entwurf des Schauzeichens

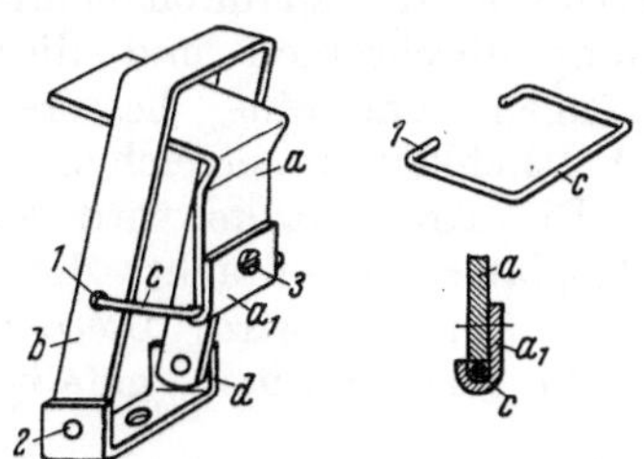

Abb. 513. Abgewandelte Konstruktion, Koppel c als Drahtbügel ausgebildet

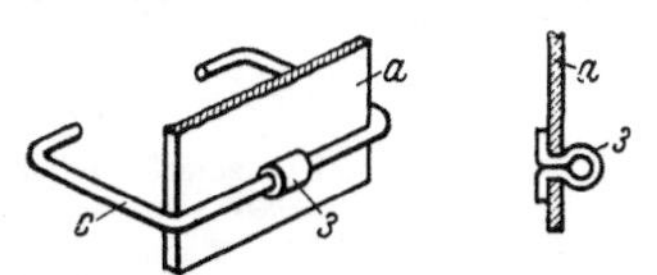

Abb. 514. Gelenkige Verbindung der Koppel c am Anker a mittels eines Splintes

Drahtbügel *c* wird in eine gestanzte Rille des Ankers *a* eingelegt. Dadurch wird ein offenes Drehgelenk gebildet. Die Feder *F* legt sich gegen den Draht *c* und sichert damit die Lagerung.

Auch die Lagerung *2* des Anzeigehebels läßt sich im Aufbau vereinfachen (Abb. 516), wenn man als Lagerzapfen die Enden eines Drahtbügels verwendet, der nach Art der Schachtelbauweise[1] in eine Rille des aus Preßstoff hergestellten

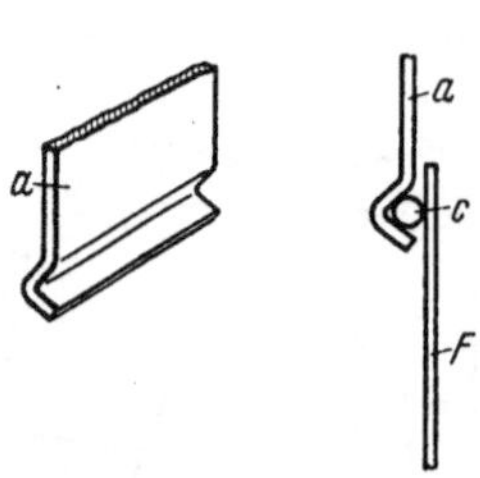

Abb. 515. Vereinfachung des Drehgelenkes zwischen den Teilen *a* und *c*

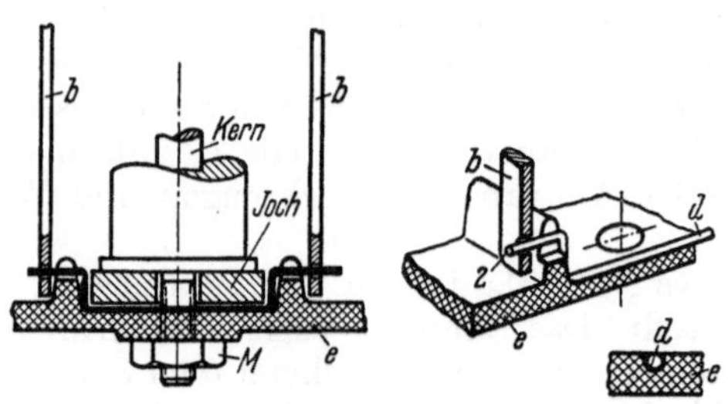

Abb. 516. Lagerung des Anzeigehebels *b*

Gehäuses *e* eingelegt wird. Der Drahtbügel wird in seiner Lage gesichert durch Ausbrüche in zwei Rippen, die die Lage des Relais beim Anziehen der Befestigungsmutter *M* sichern. Die Rille in der Gehäusegrundplatte zur Aufnahme des Drahtbügels *d* liegt dicht neben dem Befestigungsloch, damit also außerhalb der Mitte; die beiden Rippenausbrüche können dagegen in der Mitte liegen, wenn der Anzeigehebel nicht außermittig gelagert werden soll.

Der Anzeigehebel wird aus Gründen der Werkstoffersparnis aus zwei Teilen hergestellt, einem U-förmigen Lagerbügel und einer gekrümmten Anzeigescheibe, die durch Schweißpunkte miteinander verbunden werden.

Ähnliche Überlegungen müssen beim Entwurf des Gehäuses angestellt werden, wenn z. B. die Ausbildung der Durchbrüche an der Vorderseite, die Hubbegrenzung mit Justierung, die Grundplattenanordnung, die Befestigung des Gehäuses in der Schalttafel usw. entwickelt werden, um zu der technisch besten Lösung zu kommen.

3. Beispiel. Dieses Beispiel ist dem optischen Gerätebau entnommen. Eine Kreuzmarke soll in einem Fernrohr zur Festlegung der optischen Achse in zwei senkrecht zu dieser Achse gelegenen Richtungen, die auch zueinander senkrecht liegen, zwecks Justiermöglichkeit verstellbar sein (Schema Abb. 517). Nach Justierung soll die Stellung der Marke mit genügender Sicherheit bestehen bleiben.

Die folgenden Konstruktionen für diese Aufgabe zeigen auch auf diesem Gebiet der Feinwerktechnik, wie die Arbeitsverfahren der spanlosen Formung vordringen und sich gegenüber den Verfahren der spanabhebenden Formung durchsetzen und diese verdrängen, um eine bessere Wirtschaftlichkeit zu erreichen.

Die Kreuzmarke wird auf eine Glasplatte aufgebracht, die Strichplatte genannt wird. Diese wird in einem Metallrahmen gefaßt (Abb.

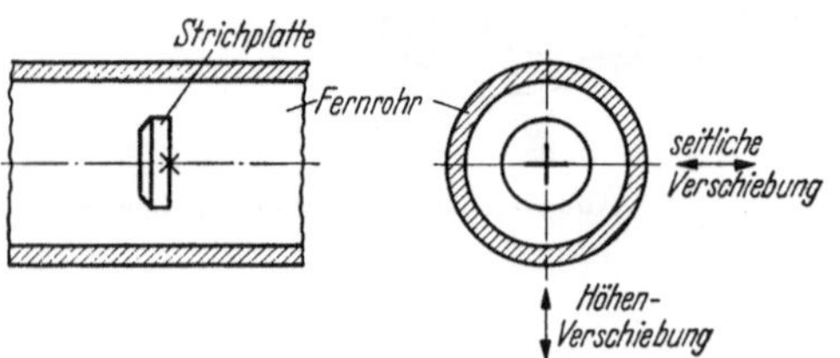

Abb. 517. Fernrohr mit Kreuzmarke, schematisch dargestellt

---

[1] RABE, K.: Zusammenbau in Schachtelbauweise. Feinwerktechnik Jg. 54 (1950) S. 132 bis 134.

518). Bei Verwendung eines Vorschraubringes (a) für die Befestigung der Strichplatte in dem Metallrahmen muß verhältnismäßig viel Dreharbeit aufgewendet werden; es ist ein besonderes Verbindungselement, nämlich der Vorschraubring, erforderlich, und es muß Gewinde geschnitten werden. Wirtschaftlich günstiger ist die Bördelverbindung (b), bei der durch Umdrücken eines gratförmigen Randes die Strichplatte mit dem Rahmen verbunden wird.

In dem ältesten Entwurf (Abb. 519) wird die Einstellbarkeit in zwei

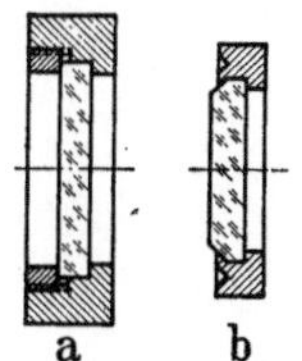

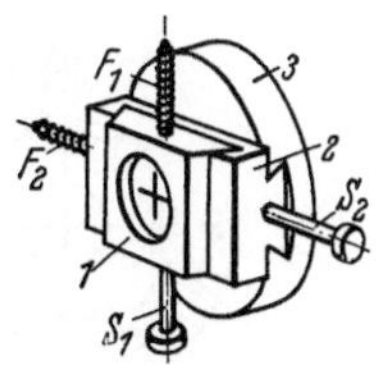

Abb. 518. Fassungen für die Strichplatte. a Schraubverbindung; b Bördelverbindung

Abb. 519. Kreuzschlittenführung

senkrecht aufeinander stehenden Richtungen mit einem Kreuzschlitten erreicht: Der Rahmen *1* mit der Strichplatte ist durch eine Schwalbenschwanzführung gegenüber dem Teil *2* verschiebbar. Durch eine zweite Schwalbenschwanzführung läßt sich das Schlittenteil *2* gegenüber dem Ring *3* verschieben, der mittels Schrauben mit dem Fernrohr fest verbunden ist. Die Schlitten werden mit den im Fernrohr geführten Stellschrauben S_1 und S_2 gegen die Kraft von Druckfedern F_1 und F_2 verstellt. Mit der Kraft der Federn werden die Schlitten zurückgeschoben, wenn die Schrauben zurückgedreht werden.

Schwalbenschwanzführungen sind teuer in der Herstellung. Abb. 520 zeigt eine einfachere Ausführung eines Schubgelenkes: Die Anlage beider Gelenkteile wird durch eine Feder F gesichert, die in einer einfach herstellbaren Nut geführt ist.

Eine wesentliche Vereinfachung des Aufbaues erhält man, wenn man die Kreuzschlittenführung durch eine Plattenführung ersetzt (Abb. 521). Zwischen zwei im Fernrohr befestigten Ringen *1* und *2*, die durch einen Distanzring (nicht dargestellt) auf Abstand gehalten werden können, läßt sich der die Strichplatte

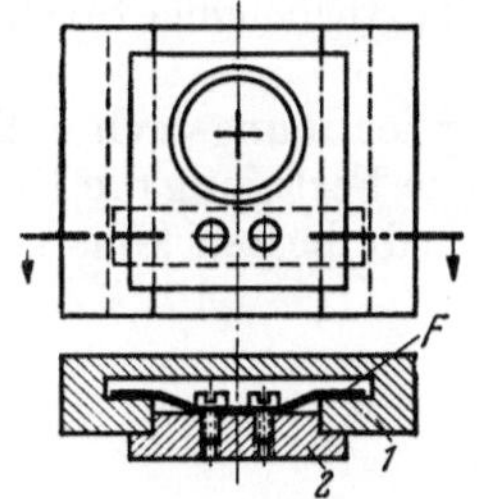

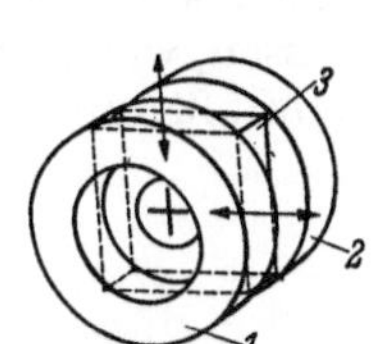

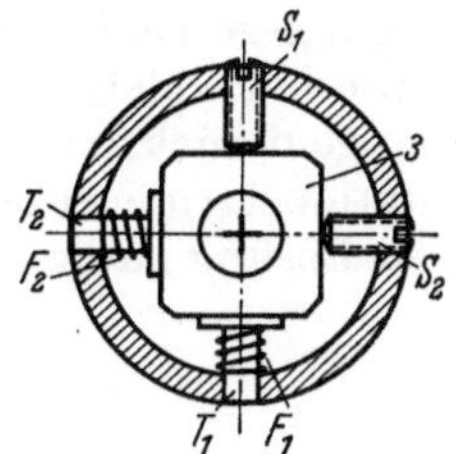

Abb. 520. Abgewandelte Ausführung der Schlittenführung

Abb. 521. Schema einer Plattenführung

Abb. 522. Justiereinrichtung

tragende Rahmen bewegen. Mit den Stellschrauben S_1 und S_2 (Abb. 522) wird die Strichplatte in zwei Richtungen verschoben, wobei zwei Federn F_1 und F_2 wie bei den Ausführungen in Abb. 519 wieder die Gegenkräfte ausüben. Eine Verdrehung der Strichplatte wird durch Stifte T_1 und T_2 verhindert, die an der Anlageseite tellerförmige Ansätze mit größerem Durchmesser tragen. Eine einfachere Ausführungsform desselben Konstruktionsgedankens zeigt Abb. 523: Die tellerförmigen Ansätze sind an den Schrauben S_1 und S_2 angebracht, die Federkräfte in den beiden Verschieberichtungen werden einer geschwungenen Blattfeder entnommen.

Eine den Forderungen der Massenfertigung angepaßte Konstruktion für denselben Zweck zeigen die Abb. 524 und 525. Die Kreuzmarke wird hier durch zwei sehr dünne Drähte gebildet, die an der Stirnseite eines rohrförmig gestalteten Bau-

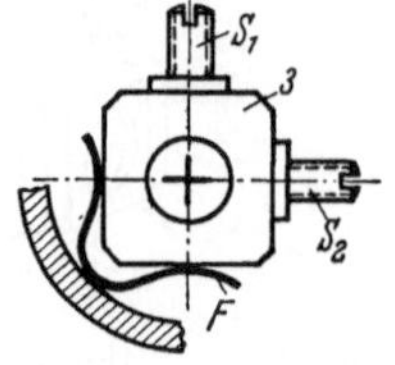

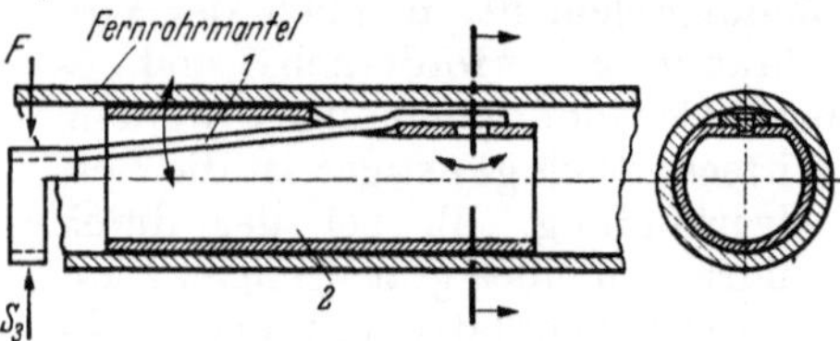

Abb. 523. Abgewandelte Ausführung
der Justiereinrichtung

Abb. 524. Ausführung mit Dreh- und Federgelenk

teiles (Abb. 525) befestigt sind. Auch bei den vorher behandelten Ausführungen läßt sich die Kreuzmarke auf diese Weise bilden. Die beiden Schubgelenke bzw. das Plattengelenk ist in der Ausführung der Abb. 524 ersetzt durch zwei sich rechtwinklig kreuzende Drehgelenke, also durch ein Kreuzdrehgelenk, wobei das eine Drehgelenk durch ein Federgelenk ersetzt ist. Das Bauteil *1* ist als Träger

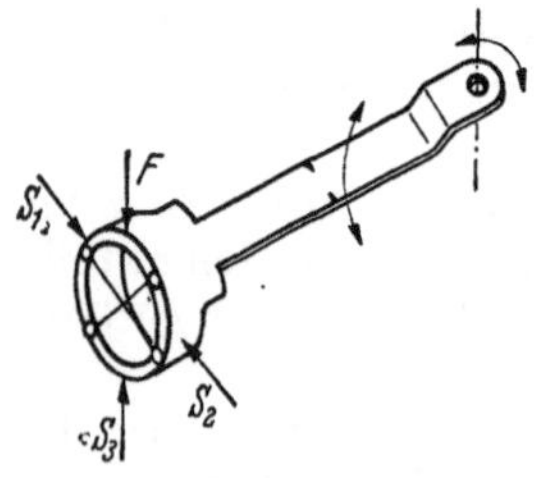

Abb. 525. Ausbildung des Kreuz-
markenträgers Bauteil 1

der Kreuzmarke rohrförmig gestaltet; nach der anderen Seite trägt es eine bandförmige Verlängerung mit einem Lagerzapfen am Ende, der als Butzen aus dem Blechstreifen herausgedrückt ist. Dieser Zapfen greift in ein gestanztes Loch des rohrförmigen Bauteiles *2* ein, wodurch ein Drehgelenk entsteht. Bauteil *2* ist fest mit dem Fernrohr verbunden. Mit zwei Stellschrauben S_1 und S_2 bzw. mit einer Stellschraube und einer Gegenfeder kann die Kreuzmarke in der einen Richtung verstellt werden. Mit einer weiteren Stellschraube S_3 wird die Kreuzmarke in der anderen Richtung senkrecht zur ersten verstellt, wobei die Gegenkraft F durch die Durchfederung des Bauteiles *1* hervorgerufen wird. Die Ausführung ist ein Musterbeispiel für eine fertigungsgerechte Gestaltung.

Die behandelten Beispiele zeigen, wie in der Gestaltung fertigungstechnische Belange berücksichtigt werden müssen, wie die wirtschaftliche Fertigung die Konstruktionsformen weitgehend beeinflußt, um zu der technisch besten konstruktiven Lösung zu kommen.

Sachverzeichnis